EUL VERLAG

Reihe: Kleine und mittlere Unternehmen · Band 24

Herausgegeben von Prof. Dr. Jörn-Axel Meyer, Berlin

Dr. Barbara Castrellon Gutierrez

Die Nachhaltigkeitsorientierung von kleinen und mittleren Unternehmen (KMU)

Der Unternehmer als Universalpromoter

Mit einem Geleitwort von Prof. Dr. Hans-Ulrich Zabel,
Martin-Luther-Universität Halle-Wittenberg

EUL VERLAG

Bibliografische Information der Deutschen Nationalbibliothek

Die Deutsche Nationalbibliothek verzeichnet diese Publikation in der Deutschen Nationalbibliografie; detaillierte bibliografische Daten sind im Internet über <http://dnb.d-nb.de> abrufbar.

Dissertation, Martin-Luther-Universität Halle-Wittenberg, 2018

ISBN 978-3-8441-0572-8
1. Auflage Dezember 2018

JOSEF EUL VERLAG GmbH
Zeithstr. 356
53721 Siegburg
Tel.: 0 22 05 / 90 10 6-80
Fax: 0 22 05 / 90 10 6-88
E-Mail: info@eul-verlag.de
https://www.eul-verlag.de

Bei der Herstellung unserer Bücher möchten wir die Umwelt schonen. Dieses Buch ist daher auf säurefreiem, 100% chlorfrei gebleichtem, alterungsbeständigem Papier nach DIN 6738 gedruckt.

Für meine Familie

Geleitwort

Klimawandel, Artensterben, Ressourcenverknappung, Müllanfall, giftige Emissionen, Trinkwasserverknappung, Wüstenausbreitung, Bodenschädigung, Ungerechtigkeiten, Krankheitsausbreitung, Gewalt, Hunger, Machtmissbrauch und viele andere Probleme verlangen eine Umorientierung von Wirtschaft und Gesellschaft weg von der problemverursachenden Geld-, Egoismus- und Wachstumsfixierung hin zur Nachhaltigkeitsorientierung aller Bereiche des gesellschaftlichen Lebens.

Die Nachhaltigkeitsorientierung stellt ab auf:

- die gleichzeitige und angemessene Beachtung ökonomischer, ökologischer und sozialer Zielkriterien bei allen Entscheidungen in Wirtschaft und Gesellschaft (unter dem Primat der Erhaltung der natürlichen Lebensgrundlagen),
- die Fokussierung auf intra- und intergenerative Gerechtigkeit sowie einen sozial- und ökologieverträglichen Technikeinsatz,
- die Zielstellung „Sicherung der Einheit von Überleben, sinnvoll, gut und frei leben für möglichst viele Menschen und Generationen".

In der vorliegenden Dissertationsschrift wird ausgehend von dieser Charakterisierung die Nachhaltigkeitsorientierung von Produkten, Prozessen und Verhaltensweisen als allgemeiner Problemlösungspfad zur simultanen Lösung von ökologischen, ökonomischen und sozialen Problemen identifiziert.

Nachhaltigkeit ist dabei auch ein ökonomisches Erfordernis, da diese mit dem Fokus auf die o. g. Zielstellung sowie auf das Vorsorgeprinzip gleichermaßen Effektivitäts- und Effizienzerfordernissen dient.

Zur systematischen Identifizierung und Generierung von Nachhaltigkeitsbeiträgen bedürfen Unternehmen des Aufbaues eines Betrieblichen Nachhaltigkeitsmanagements (BNM).

Frau Dr. Barbara Castrellon Gutierrez arbeitet in ihrer Dissertation zunächst die Zweckmäßigkeit des Einsatzes eines BNM auch für Kleine und Mittlere Unternehmen (KMU) heraus. Sie spezifiziert die Konzeption eines BNM für KMU. Als Auftaktaktivität der Konzeption fungiert eine nachhaltigkeitsbezogene Betroffenheitsanalyse, die Aussagen darüber erlaubt, ob und in welcher Intensität und mit welcher Ausbaustufe ein BNM aufzubauen ist, das die Einheit betrieblicher Erfolgssicherung mit der Wahrnehmung sozialer und ökologischer Verantwortung herstellt.

Ein zweites Ergebnis der vorliegenden Schrift fokussiert auf die Rolle des Unternehmers bei der Umsetzung dieser BNM-Konzeption in Richtung Erfolg und Verantwortung. Ausgehend von dem Promotorenmodell von Witte (und nachfolgenden Autoren) entwickelt Frau Dr. Castrellon Gutierrez die gleichermaßen originelle wie fruchtbare Idee, den Unternehmer als „Universalpromotor“ zu deklarieren und auszugestalten. Als Bestandteile des Universalpromotors deklariert die Autorin folgende Teilpromotorenrollen: Macht- und Ressourcen-, Prozess-, Fach- und Informations-, Netzwerk- und Beziehungs- sowie Verhaltenspromotor. Diese werden ausdifferenziert und in Richtung Universalpromotor vernetzt.

Das dritte Ergebnis der Arbeit unterstreicht den praktischen Gehalt und die praktische Nutzbarkeit in besonderer Weise. Es wird ein Praxisleitfaden BaSAB (Betroffenheitsanalyse, Selbstcheck, Aktionsplan, Berichterstattung) vorgestellt, der KMU dabei unterstützt, ein BNM zu betreiben.

Insgesamt zeichnet sich die vorliegende, gut strukturierte, mit der Note „Magna cum Laude“ bewertete Dissertationsschrift sowohl durch hohen wissenschaftlichen Gehalt und Originalität als auch durch große Praxisrelevanz aus.

Das herausragende Engagement von Frau Dr. Castrellon Gutierrez für das Wohl von Mensch und Natur ist sowohl in der Lehre als auch in der Forschung, sowohl in der Theorie als auch in der Praxis und in allen Teams, in denen Sie gearbeitet hat bzw. noch arbeitet (das trifft gleichermaßen auch für ihr „Familienunternehmen“ mit den Mitgliedern William, Martha und Luisa zu) allgegenwärtig und in hohem Maße beeindruckend und allerhöchster Wertschätzung würdig.

Möge dieses Engagement reichlich Früchte tragen und ihr Erfolg und Erfüllung auf all ihren weiteren Wegen bringen.

Schließlich sind solche außergewöhnlichen Engagements schicksalhaft für uns alle, denn Nachhaltigkeit ist unser Schicksal.

Damerow, 02. April 2018 Prof. Dr. Hans-Ulrich Zabel

Vorwort

Mit meinem Dissertationsthema „Nachhaltigkeit in kleinen und mittleren Unternehmen (KMU)“ konnte ich zwei meiner Hauptinteressen miteinander verbinden: die Nachhaltigkeitsforschung sowie den im Vergleich zu Großunternehmen trotz ihrer für die deutsche Wirtschaft herausragenden Bedeutung wenig beachteten KMU.

Mein herzlicher Dank gilt meinem Doktorvater Prof. Dr. Hans-Ulrich Zabel, der mich in den vergangenen Jahren nicht nur inhaltlich, sondern auch persönlich begleitet und unterstützt hat. Ebenso möchte ich mich bei Prof. Dr. Bernd Hansjürgens, dem Zweitgutachter meiner Dissertation, sowie Prof. Dr. Bernd Siebenhüner bedanken. Des Weiteren danke ich den Mitgliedern meiner Promotionsprüfungskommission Prof. Dr. Julia Müller, Prof. Dr. Dirk Möhlenbruch, und Prof. Dr. Taïeb Mellouli für Ihr Engagement.

Mein Dank gilt an dieser Stelle auch der Deutschen Bundesstiftung Umwelt (DBU), die mein Promotionsvorhaben in den ersten Jahren mit einem Promotionsstipendium unterstützt hat.

An dieser Stelle kann ich auch meinen (ehemaligen) Kolleginnen und Kollegen nicht ausreichend Dank sagen: Dr. Stefanie Brinkel, Dr. Charlotte Hesselbarth, Dr. Stefan Nertinger, Niels Liermann sowie Prof. Dr. Ralf Antes, Bianca Bernig, Ute Lorenz, Dr. Kathrin Rheinländer und Dr. Daniel Stelzer. Ohne die Diskussionen mit euch und eure moralische Unterstützung wäre mein Weg mich Sicherheit steiniger geworden.

Besonderer Dank gilt meiner Familie: Mit eurer Unterstützung habt ihr einen wesentlichen Beitrag zum Gelingen dieser Arbeit beigetragen: Herzlichen Dank für eure Geduld mit mir!

Halle, 10. Dezember 2018 Barbara Castrellon Gutierrez

Inhaltsverzeichnis

Für eine verbesserte Darstellung stehen ausgewählte Abbildungen, Tabellen sowie der BaSAB-Leitfaden unter folgendem Link zum Download bereit:

https://www.eul-verlag.de/pdf-wz/9783844105728_Abbildungen.zip

Abbildungsverzeichnis

Tabellenverzeichnis

Abkürzungsverzeichnis

AA	Account-Ability
AAR	Australien Accounting Review
ABB	Asea Brown Boveri
AGG	Allgemeines Gleichbehandlungsgesetz
BAFA	Bundesamt für Wirtschaft und Ausfuhrkontrolle
BaSAB	Betroffenheitsanalyse, Selbstcheck, Ablaufplan, Berichterstattung
BAUM e. V.	Bundesdeutsche Arbeitskreis für Umweltbewusstes Management e. V.
BG	Betroffenheitsgrad
BGB	Bürgerliches Gesetzbuch
BI	Bankinformationen
BImSchG	Bundes-Immissionsschutzgesetz
BMBF	Bundesministerium für Bildung und Forschung
BMU	Bundesministerium für Umwelt, Naturschutz und Reaktorsicherheit, seit 2013 Bundesministerium für Umwelt, Naturschutz, Bau und Reaktorsicherheit (BMUB)
BMUB	Bundesministerium für Umwelt, Naturschutz, Bau und Reaktorsicherheit
BMWi	Bundesministerium für Wirtschaft und Energie, ehemals Bundesministerium für Wirtschaft und Technologie
BNM	Betriebliches Nachhaltigkeitsmanagement
BUIS	Betriebliche Umweltinformationssysteme
BUND	Bund für Umwelt und Naturschutz Deutschland

CC	Corporate Citizenship
CCS	Carbon Capture and Storage
CDP	Carbon Disclosure Project
ChemG	Chemikaliengesetz
CO_2	Kohlendioxid
COSY	Company oriented Sustainability
CSI	Corporate Social Innovation
CSM	Centre for Sustainability Management
CSR	Corporate Social Responsibility
DBU	Deutsche Bundesstiftung Umwelt
DBW	Die Betriebswirtschaft
DGFP	Deutsche Gesellschaft für Personalführung e. V.
DIHK	Deutscher Industrie- und Handelskammertag
DIN	Deutsches Institut für Normung e. V.
DIW	Deutsches Institut für Wirtschaftsforschung
DMI	Deloitte Mittelstandsinstitut
DNK	Deutscher Nachhaltigkeitskodex
EFQM	European Foundation for Quality Management
EG	Europäische Gemeinschaft
EMAS	Eco-Management and Audit Scheme
EOP	End of Pipe
EPM	Environmental Performance Measurement

EU	Europäisch Union
EU-EHS	europäisches Emissionshandelssystem
EUREGIO	Europaregion
EWR	Europäischer Wirtschaftsraum
FCKW	Fluorchlorkohlenwasserstoffe
FFH	Flora-Fauna-Habitat
FIP	Fach- und Informationspromotor
FSC	Forest Stewardship Council
FUGO	Forschungsgruppe Unternehmen und gesellschaftliche Organisation
GRI	Global Reporting Initiative
GROWIAN	große Windenergieanlage
HaBiNa	Handwerkliche Aus- und Weiterbildung für Nachhaltigkeit
HGB	Handelsgesetzbuch
HRM	Human Resource Management
HWK	Handwerkskammer
I&K	Information- und Kommunikation
IfM	Institut für Mittelstandsforschung
Ifaa	Institut für angewandte Arbeitswissenschaft e.V.
IFRS	International Financial Reporting Standards
IHK	Industrie- und Handelskammer
IHKG	Gesetz zur vorläufigen Regelung des Rechts der Industrie- und Handelskammern
ILO	International Labour Organization

INE	Institut für Nachhaltige Entwicklung
IÖW	Institut für ökologische Wirtschaftsforschung
IPCC	Intergovernmental Panel on Climate Change
ISO	International Organization for Standardization
IUS	Integrierte Umweltschutztechnologie
IW	Institut der deutschen Wirtschaft Köln
IWÖ	Institut für Wirtschaft und Ökologie
KEMS	Kontinuierliches Emissionsmesssystem
KfW	Kreditanstalt für Wiederaufbau
KG	Kommanditgesellschaft
KMU	kleine und mittlere Unternehmen
KrWG	Kreislaufwirtschaftsgesetz
KVP	kontinuierlicher Verbesserungsprozess
LCA	Life Cycle Analysis
LfU	Bayrisches Landesamt für Umwelt
LOHAS	Lifestyle of Health and Sustainability
MM	Maschinen Markt
MODUL	Projekt „Meisterteam organisiert den Umweltschutz langfristig“
MRP	Macht- und Ressourcenpromotor
MSC	Marine Stewardship Council
NABU	Naturschutzbund Deutschland
NBP	Netzwerk- und Beziehungspromotor

NGO	Non Governmental Organization
NPPP	Nachhaltigkeits-Produkt-Prozess-Portfolio
OECD	Organisation for Economic Co-operation and Development
OHG	Offene Handelsgesellschaft
OHSAS	Occupational Health and Safety Assessment Series
ÖKOPROFIT	Ökologisches Projekt Für Integrierte Umwelt-Technik
OPPP	Öko-Produkt-Prozess-Portfolio
PR	Public Relations
Prosa	Product Sustainability Assessment
R&D	Research & Development
REN21	Renewable Energy Policy Network for the 21 Century
respACT	Responsible Action – Austrian Business Council for Sustainable DevelopmentRNERat für Nachhaltige Entwicklung
R.I.O	Resource Management, Innovation, Orbital Thinking
SA	Social Accountability
SAFE	Sustainability Assessment for Enterprises
SAPPOH	Scientific Activity Predictor from Patterns with Heuristic Origins
SBSC	Sustainability Balanced Scorecard
SE	Social Entrepreneur
SM	Stakeholdermanagement
SME	small and medium-sized enterprises
Sneep	student network for ethics in economics and practice
SRU	Sachverständigenrat für Umweltfragen

TEEB	The Economics of Ecosystems and Biodiversity
THG	Treibhausgas
T. M.	Top-Management
UBA	Umweltbundesamt
UGA	Umweltgutachterausschuss bzw. Geschäftsstelle des Umweltgutachterausschusses
UNEP	United Nations Environment Programme
UNESCO	United Nations Educational, Scientific and Cultural Organization
UNFCCC	United Nations Framework Convention on Climate Change
UN GC	United Nations Global Compact
UPJ	Unternehmen: Partner der Jugend
URS	Unternehmensregister-System
UStG	Umsatzsteuergesetz
UWF	Umweltwirtschaftsforum
VBKI	Verein Berliner Kaufleute und Industrieller e. V.
VEEK	Versammlung Eines Ehrbaren Kaufmanns zu Hamburg e. V.
VöW	Vereinigung für ökologische Wirtschaftsforschung
WBGU	Wissenschaftlicher Beirat der Bundesregierung Globale Umweltveränderungen
WCED	World Commission on Environment and Development
WHG	Wasserhaushaltsgesetz
WIN	Wirtschaftsinitiative Nachhaltigkeit
WISO	Wirtschafts- und Sozialpolitik

WiSt	Wirtschaftswissenschaftliches Studium
WISU	Das Wirtschaftsstudium
WWF	World Wide Fund For Nature
ZfB	Zeitschrift für Betriebswirtschaft
ZFO	Zeitschrift Führung und Organisation
ZFP	Zeitschrift für Forschung und Praxis
ZfU	Zeitschrift für Umweltpolitik und Umweltrecht
ZP	Zeitschrift für Planung
ZTG	Zentrum Technik und Gesellschaft

A Einleitung

A.1 Problemstellung der Arbeit

Mit einem Anteil von 99,3 % an den deutschen Unternehmen prägen kleine und mittlere Unternehmen (KMU) wesentlich die deutsche Wirtschaft.[1] Bei ihrer Tätigkeit sehen sie sich einer Vielzahl an Herausforderungen gegenüber, da unsere Welt in jüngster Zeit von zahlreichen Problemen und Krisen betroffen ist: Die Bedrohungen aus den Folgen des Klimawandels, die mit dem demografischen Wandel verbundenen Veränderungen in der Lebens- und Arbeitswelt, das fortschreitende Artensterben und der damit einhergehende Verlust an Biodiversität und die zunehmende Verknappung von Ressourcen sind nur einige Beispiele, die verdeutlichen, welchen Herausforderungen sich unsere Gesellschaft heute stellen muss.[2] Dabei wird die Lösung dieser Probleme für KMU zunehmend erfolgsrelevant und kann sogar deren Zukunftsfähigkeit bedrohen.[3] Denn mit den ökonomischen, ökologischen und sozialen Fragestellungen gehen ökonomische Einbußen sowie ökologische und soziale Knappheiten[4] einher.

Vor diesem Hintergrund gilt es den Transformationsprozess[5] in Richtung Nachhaltigkeit (Sustainability), ausgerichtet an einer humanistischen Bedürfnisbefriedigung, um damit gleichzeitig ökologische und soziale Knappheiten zu vermeiden, voranzutreiben.[6] Auf unternehmerischer Ebene wird eine nachhaltige Entwicklung insb. im Rah-

---

1 Vgl. Statistisches Bundesamt 2017a.

2 Vgl. Zabel 2011b, S. 339; Schaaf 2012, S. 43; Zabel 2011b, S. 339; Rogall 2012b, S. 36–38; Suder/Kilius 2011, S. 12; Buchholz 2009, S. 4.

3 Vgl. Zabel 2011b, S. 339; Mayer 2017, S. 22.

4 Vgl. Zabel 2010c; Antes 2013; Kreikebaum/Zabel 2008. Bei einer „Verengung der Bedürfnisbefriedigung auf monetär abbildbare Komponenten“ (Zabel 2001, S. 33) entstehen soziale Knappheiten, welche sich u. a. „in Form von Defiziten an angstfreien Zuständen, Muße, Poesie, Solidarität, Freundschaft, Liebe, sinnvoller Arbeit“ (Zabel 2001, S. 33) äußern. Neben den sozialen Knappheiten existieren ökologische Knappheiten, die bei der „Verengung der Knappheitsbewirtschaftung durch deren Ausrichtung am Preissignal“ (Zabel 2001, S. 33) entstehen. Diese werden im Verlust der Leistungen der Natur für den Menschen sichtbar (vgl. Zabel 2001, S. 39). Zu den Leistungen der Natur für den Menschen zählen: Ressourcen- und Energiespender, Aufnahmemedium für Abprodukte, Natur als Experimentierraum und Vorbild, genetische Prägungen, Flexibilitätsreserve (Dynamik, Störungskompensation) und Transformationsdienstleister (vgl. Zabel 2001, S. 29). Beide werden unter dem Begriff „neue Knappheiten“ subsummiert (vgl. Zabel 2001, S. 31–40).

5 Der Wissenschaftliche Beirat der Bundesregierung für globale Umweltveränderungen (WBGU) bezeichnet diesen Prozess als „große Transformation“, dessen Notwendigkeit sich aus den aktuellen Krisen und Problemen ergibt (vgl. WBGU 2011, S. 1–27).

6 Vgl. Zabel 2010c, S. 1 sowie Zabel 2001 und Zabel 2006; Hagemann/Hauff 2010; Müller-Christ 2014; Göllinger 2006; Seidel 2004; Costanza/Cumberland/Daly u. a. 2001; FUGO 2004; Günther 2008.

men des betrieblichen Nachhaltigkeitsmanagements (BNM) umgesetzt.[7] Während in der Vergangenheit Nachhaltigkeits- bzw. Umweltpolitik als staatliche Regulierungspolitik wahrgenommen wurden, stehen heute Unternehmen als zentrale Akteure auf dem Weg der nachhaltigen Entwicklung im Fokus.[8]

In den letzten Jahren ist eine Zunahme der nachhaltigkeitsbezogenen Forschungs- und Umsetzungsaktivitäten in Unternehmen zu beobachten, wobei trotz der herausragenden Bedeutung von KMU Großunternehmen im Fokus stehen.[9] Zumeist betrachten wissenschaftliche Untersuchungen Unternehmen als „homogene Gebilde“[10], was dazu führt, dass die Erkenntnisse zum Thema Nachhaltigkeit einfach auf KMU übertragen werden.[11] Dementsprechend ergibt sich im Feld der Nachhaltigkeitsforschung mit dem Fokus KMU eine Forschungslücke.[12] Rabbe und Schulz 2011 weisen diese Forschungslücke durch eine umfangreiche Literaturrecherche in 17 Zeitschriften für den Untersuchungszeitraum 2005 bis 2010 nach und zeigen zudem auf, dass insb. Arbeiten mit konkreten praktischen Bezügen und Handlungsempfehlungen für KMU fehlen.[13]

Auf der anderen Seite öffnen sich die KMU-Forschung und die KMU selbst Nachhaltigkeitskonzepten nur langsam: Zwar beschäftigt sich die Wissenschaft bereits seit fast 20 Jahren mit dem Thema Nachhaltigkeit in KMU, allerdings stehen lediglich punktuell Beiträge zu einzelnen Fragestellungen zur Verfügung.[14] Hinzu kommt, dass diese Forschungsarbeiten zumeist von unterschiedlichen Nachhaltigkeitsdefinitionen ausgehen, was eine Vergleichbarkeit der Forschungsleistungen erschwert. Forschungsarbeiten wie z. B. die KMU-bezogenen Arbeiten zu den Chancen und Herausforderungen der Übernahme gesellschaftlicher Verantwortung durch ein Nachhaltigkeitsmanagement sind rar.[15] Dies macht deutlich, dass die Erkenntnisse im Forschungsfeld Nachhaltigkeit in KMU immer noch lückenhaft und unbefriedigend sind.[16]

---

7 Vgl. Zabel 2006.
8 Vgl. Rheinländer 2013, S. 44. Zum Beitrag von Unternehmen für eine nachhaltige Entwicklung vgl. u. a. Pfriem 1996.
9 Vgl. z. B. Meyer 2011; Rabbe/Schulz 2011a; Grothe 2012.
10 Seeberg 2013, S. 2.
11 Vgl. Meyer 2011, S. 6.
12 Vgl. Seeberg 2013, S. 2; Meyer/Schulz 2011, S. 5f.; Rabbe/Schulz 2011a.
13 Vgl. Rabbe/Schulz 2011a, insb. S. 419–420.
14 Vgl. Meyer 2011.
15 Vgl. z. B. Grothe 2012, Meyer 2011, Hauff 2011. Zu empirische Untersuchungen bzw. Metastudien mit Bezügen zum Themenfeld Nachhaltigkeit in KMU vgl. Buchholz 2009, Buercke 2012,

In der Praxis ergibt sich daraus das Problem, dass trotz der ökologischen, sozialen und insb. ökonomischen Zweckmäßigkeit, das Thema Nachhaltigkeit in KMU mit Hilfe eines BNM zu verankern, ein systematisches BNM in KMU nur selten Anwendung findet.[17] Großunternehmen stehen bereits eine Vielzahl an Instrumenten des Nachhaltigkeitsmanagements zur Verfügung (z. B. Nachhaltigkeitsberichterstattung, Stakeholderdialog, Ökobilanzierung),[18] die zur Erfolgsrealisierung eingesetzt werden. Eine Übertragung der Forschungsergebnisse auf KMU ist aufgrund der strukturgegebenen Besonderheiten von KMU und den daraus resultierenden charakteristischen Eigenschaften wie Mangel an Zeit, an Know-how und fehlende Finanzierungsmöglichkeiten nur bedingt möglich.[19] Zudem stellt die Wissenschaft zwar partielle, aber keine ganzheitlichen Konzepte zur Umsetzung eines BNM in KMU bereit.[20]

Die Nachhaltigkeitsorientierung von KMU bzw. die Umsetzung von Nachhaltigkeitsinnovationen in und durch KMU gelten für eine gesamtgesellschaftliche nachhaltige Entwicklung als unverzichtbar.[21] Die Einführung und Anwendung eines BNM ist für KMU innovativ: Produkte, Prozesse und Verhaltensweisen müssen ökologie- und sozialverträglich gestaltet werden.[22] Zudem hat die Wissenschaft festgestellt, dass Innovationen per se als Grundlage für die Nachhaltigkeitsorientierung von KMU gelten.[23]

Da Innovationsprozesse im Nachhaltigkeitskontext komplex, fehleranfällig und von Rückschlägen bedroht sind, erscheint es zweckmäßig, frühzeitig Hindernisse bei der Nachhaltigkeitsorientierung aufzudecken und diesen entgegenzuwirken.[24] Die zahlreichen Hindernisse sind nur unter verstärktem Engagement des Unternehmers[25]

Drewski/Hartmann 2006, Ernst & Young AG Wirtschaftsprüfungsgesellschaft und Steuerberatungsgesellschaft 2008.

16 Vgl. Meyer 2011.

17 Vgl. Schaltegger/Dubielzig 2006, S. 176. Zu Best Practice Beispielen vgl. die im IÖW/Future-Ranking der Nachhaltigkeitsberichte genannten KMU (vgl. IÖW/Future e. V. 2016, S. 16–17) sowie die bei der Win-Charta erfassten KMU (vgl. Geschäftsstelle Nachhaltigkeitsstrategie/WIN/Ministerium für Umwelt, Klima und Energiewirtschaft 2014).

18 Vgl. z. B. Schaltegger/Herzig/Kleiber u. a. 2007.

19 Vgl. dazu u. a. Jochem/Bradke 2005.

20 So erarbeiten Rabbe/Schulz 2011b bspw. erste Ansätze für ein strategisch motiviertes, ganzheitliches Nachhaltigkeitsmanagement, ohne konkrete Realisierungsansätze vorzulegen.

21 Vgl. Deutscher Bundestag 1998, S. 355.

22 Vgl. zu Nachhaltigkeitsinnovationen z. B. Pfriem/Antes/Fichter u. a. 2006; zur ökologie- und sozialverträglichen Gestaltung z. B. Zabel 2001.

23 Vgl. z. B. Pfriem/Antes/Fichter u. a. 2006.

24 Vgl. Gerlach 2007.

25 Bei personenbezogenen Bezeichnungen wurde aus Gründen der besseren Lesbarkeit des Textes ausschließlich die männliche Form gewählt.

überhaupt zu überwinden, da der Unternehmer für das KMU handlungsweisend ist.[26] Ohne seine Überzeugung und sein Engagement finden Nachhaltigkeitsaspekte in KMU keine Berücksichtigung. Allerdings sind die theoretischen Erkenntnisse zur Person des Unternehmers im Nachhaltigkeitskontext noch schwach ausgeprägt.[27] Diese Forschungslücke versucht die Arbeit zu schließen.

Neben der Überwindung der Barrieren der Nachhaltigkeitsorientierung von KMU durch den Unternehmer als Universalpromotor für Nachhaltigkeit in KMU ist es essenziell, eine Aktivierung von Innovationen insb. durch die Einbeziehung der Stakeholder vorzunehmen. Dazu ist es notwendig, dem Unternehmer praxisorientierte, effektive und ganzheitliche Instrumente zur Verfügung zu stellen, die bisher nur punktuell bzw. in Ansätzen vorhanden sind.[28] Aus diesem Grund wird für den Unternehmer im Rahmen der vorliegenden Arbeit ein theoretisch fundierter, systematischer Leitfaden als Orientierungshilfe zur Umsetzung eines BNM in KMU entwickelt. Denn die Umsetzung von Nachhaltigkeit in KMU duldet keinen Aufschub mehr.

A.2 Forschungsfrage und Aufbau der Arbeit

Aus der Problemstellung ergibt sich die Forschungsfrage, wie KMU einen Beitrag zu einer nachhaltigen Entwicklung leisten und Erfolg und Verantwortungsübernahme sichern können.

Zur Beantwortung bedarf es der Klärung folgender Teilfragen:

- Welche Besonderheiten haben KMU im Nachhaltigkeitskontext (im Vergleich zu Großunternehmen)?
- Welche Bedingungen müssen bei der konzeptionellen Gestaltung eines BNM für KMU berücksichtigt werden?
- Welche Barrieren ergeben sich für KMU bei der Nachhaltigkeitsorientierung von Produkten, Prozessen und Verhaltensweisen? Wie sind diese Barrieren zu systematisieren?

---

[26] Vgl. Hauff 2011, S. 30; Grothe/Marke 2012, S. 29; Commerzbank o. A., S. 24.

[27] Die Forschungsarbeiten beziehen sich im Wesentliche auf die Untersuchung des Unternehmers im Sinne eines Social Entrepreneurs oder eine Ecopreneurs (vgl. z. B. Isaak 1998; Schaltegger/Petersen 2000; Petersen 2003; Leadbeater 1997; Dees 1998a).

[28] Vgl. z. B. UGA 2011, respACT 2013a; Buchholz 2009, S. 12–17.

- Welche Rolle kommt dem Unternehmer als Universalpromotor für Nachhaltigkeit in KMU zu? Welche spezifischen Managementkompetenzen benötigt er zur Rollenwahrnehmung und damit zur Überwindung der Barrieren bei einer neu eingeführten Nachhaltigkeitsorientierung?
- Welche Instrumente bzw. institutionelle Unterstützung benötigt der Unternehmer für die erfolgreiche Umsetzung eines BNM im KMU?

Die Grundlage zur Beantwortung der Forschungsfragen bilden drei Theoriebausteine: Unter Rückgriff auf die Konzeption eines BNM nach Zabel wird Nachhaltigkeit für KMU operationalisiert und ein Modell für die systematische Integration von Nachhaltigkeitsaspekten in die unternehmerische Tätigkeit von KMU erstellt.[29] Des Weiteren werden die Promotorenmodelle[30] sowie das Verhaltensmodell nach Zabel[31] für die Entwicklung eines Barrierenkonzeptes und die Charakterisierung des Unternehmers als Universalpromotor für Nachhaltigkeit in KMU herangezogen.

Die Forschungsfragen sowie die oben genannten Theorien sind ausschlaggebend für die Gliederung der Arbeit: Aufbauend auf den begrifflichen Grundlagen zu KMU (***Kapitel B.1***) werden die aktuellen Herausforderungen für KMU beispielhaft dargestellt (***Kapitel B.2***) um die Relevanz und Aktualität der vorliegenden Arbeit zu verdeutlichen. Nachhaltigkeitsmanagement eignet sich als Problemlösungskonzept zur Bewältigung der in der Arbeit vorgestellten Herausforderungen, wie in ***Kapitel B.3*** gezeigt wird. Dabei gilt es, die im Nachhaltigkeitskontext relevanten Charakteristika von KMU herauszustellen und bei der Umsetzung eines ganzheitlichen BNM in KMU zu berücksichtigen (***Kapitel B.4 und B.5***).

Die Nachhaltigkeitsorientierung sichert KMU nicht nur die „Licence to operate“, sie eröffnet KMU bei zunehmender Brisanz der ökologischen und sozialen Knappheiten für den Erfolg bedeutsame, wettbewerbsbestimmende Potenziale.[32] Deshalb wird in ***Kapitel C.1*** ein neuer, nachhaltigkeitskonformer Erfolgsbegriff entwickelt und darauf aufbauend dargestellt, dass der Erfolg eines BNM in KMU eng mit dem Grad der Verantwortungsübernahme durch das KMU für Mensch und Natur verbunden ist. ***Kapi-***

---

29 Zur Konzeption des BNM nach Zabel vgl. u. a. Zabel 2006; Hesselbarth 2009.

30 Basierend auf dem Promotorenmodell von Witte werden die Arbeiten von Hauschildt und Chakrabarti sowie Gemünden und Walter als Grundlage verwendet. Zum Promotorenmodell nach Witte vgl. u. a. Witte 1973; Witte 1999; Hauschildt/Salomo 2011.

31 Zum Verhaltensmodell nach Zabel vgl. u. a. Zabel 2011b, Zabel 2005; Zabel 2001 sowie anwendungsorientiert Rheinländer 2013.

32 Vgl. Castrellon Gutierrez/Mittelstädt/Zabel 2014, S. 153; Schaltegger/Dubielzig 2006, S. 175.

tel C.2 zeigt, welche wechselseitigen Ansprüche zwischen KMU und den Stakeholdern bestehen, um darauf aufbauend das KMU als Verantwortungssubjekt darzustellen (***Kapitel C.3***). Da die Person des Unternehmers richtungsweisend für das Unternehmensverhalten und damit den Grad der Verantwortungsübernahme von KMU ist, muss er von der Anwendung eines BNM überzeugt sein, um die Aufgaben gemeinsam mit den Mitarbeitern umsetzen zu können: deshalb wird in ***Kapitel C.3*** zudem die Person des Unternehmers im Nachhaltigkeitskontext charakterisiert. Unter Berücksichtigung von Erfolgs- und Verantwortungsaspekten werden in ***Kapitel C.4*** Möglichkeiten der konzeptionellen Ausgestaltung des BNM im KMU erarbeitet.

Zur Überwindung der Barrieren, die bei der Umsetzung eines BNM in KMU vorhanden sind, sind die Erkenntnisse der Innovationsforschung zielführend, da sowohl die Einführung eines BNM als auch die Aktivierung von Nachhaltigkeitsbeiträgen (in den Gestaltungsfeldern Produkt, Prozess und Verhalten) Innovationscharakter haben und als solche gemanagt werden müssen. Aus diesem Grund wird in ***Kapitel D.1*** auf die theoretischen Grundlagen zu Innovationsprozessen näher eingegangen.[33] Im Anschluss wird der zweite Theoriebaustein der Arbeit, die Promotorenmodelle, dargestellt (***Kapitel D.2***). Diese systematisieren in ihrer Grundform Barrieren von Innovationen und charakterisieren zugehörige Promotorenrollen zur Überwindung von Barrieren. Daraus folgt in den ***Kapiteln D.2.2 bis D.2.4*** eine Analyse des Promotrenmodells nach Witte und seiner Weiterentwicklungen, um darauf aufbauend ein Barrierenkonzept zur Darstellung der Hindernisse bei einer Nachhaltigkeitsorientierung von KMU entwickeln zu können.

Ergänzt werden die aus den Promotorenmodellen abgeleiteten Ergebnisse durch Erkenntnisse der dritten Basistheorie, die in der Arbeit Anwendung findet, dem Verhaltensmodell nach Zabel (**Kapitel D.3**). Ziel des Verhaltensmodells ist es, basierend auf empirischen Befunden und Ergebnissen der interdisziplinären Forschung das Verhalten von Individuen zu erklären.[34] Verhaltensleitend sind die drei Determinanten „genetische Prägungen", „kulturelle Prägungen" sowie die Situation, in der Verhalten stattfindet (***Kapitel D.3.1.1***). Reales Verhalten erklärt sich durch die Interaktion innerhalb von fünf verschachtelten Regelkreisen (Notfall- und Reflexregelkreis, Inter-

---

[33] Vgl. Hauschildt/Salomo 2011; Corsten/Gössinger/Schneider 2006; mit Nachhaltigkeitsbezug Fichter/Clausen 2013.

[34] Vgl. insb. Zabel 2011b, Zabel 2005 und Zabel 2001.

aktionsregelkreis, konstruktivistischer Regelkreis, Situationsanpassungsregelkreis und Gruppendynamikregelkreis – ***Kapitel D.3.1.2***).[35]

Die Erkenntnisse aus den Promotorenmodellen und dem Verhaltensmodell werden in ***Kapitel E*** zusammengeführt, indem ein Konzept zur Systematisierung der Barrieren der Nachhaltigkeitsorientierung von KMU entwickelt wird (***Kapitel E.1***). Es erfolgt die Zusammenführung der Theoriebausteine Promotorenmodell und Verhaltensmodell insb. in folgenden Belangen:

- Durch den theoriegeleiteten Verhaltensbezug bzw. die Integration von Verhaltensaspekten wird eine differenziertere Auseinandersetzung und Analyse der Barrieren und eine Neuausrichtung bzw. Profilierung der Promotorenrollen ermöglicht.
- Es wird eine Weiterentwicklung der Promotorenstruktur vorgenommen und dem Unternehmer die Rolle eines Universalpromotors zugeschrieben und diese genauer charakterisiert.
- Eine Spezialisierung und Anwendung auf KMU-Spezifika, Nachhaltigkeitsinhalte und Nachhaltigkeitsherausforderungen wird durchgeführt.
- Der Bezugsrahmen (die Barrieren werden bezüglich der Ressourcen und Akteure vertieft) wird erweitert.

Kapitel F ist dem Unternehmer als Universalpromotor einer Nachhaltigkeitsorientierung in KMU gewidment, um herausstellen zu können, welche Aufgaben ihn bei der Überwindung der Barrieren der Nachhaltigkeitsorientierung erwarten. Im Fokus steht die Darstellung der Managementkompetenzen sowie der Leistungsbeiträge der neu zu konzipierenden Promotorenrollen (***Kapitel F.2***). Zudem werden die Möglichkeiten der Ausgestaltung des BNM durch den Unternehmer als Universalpromotor für Nachhaltigkeit in KMU am Beispiel der Normierungsverantwortung vorgestellt (***Kapitel F.4***).

Kapitel G entwickelt einen Leitfaden zur Einführung eines BNM in KMU, den BaSAB – Betroffenheitsanalyse, Selbstcheck, Aktionsplan, Berichterstattung. Die Arbeit schließt mit einer Zusammenfassung und einem Ausblick auf die zentralen Ergebnisse der Arbeit und zeigt dabei den Forschungsbedarf auf (***Kapitel H***).

---

35 Vgl. Zabel 2011b, S. 348–350.

Abbildung 1 bildet das methodische Vorgehen innerhalb der Arbeit ab:

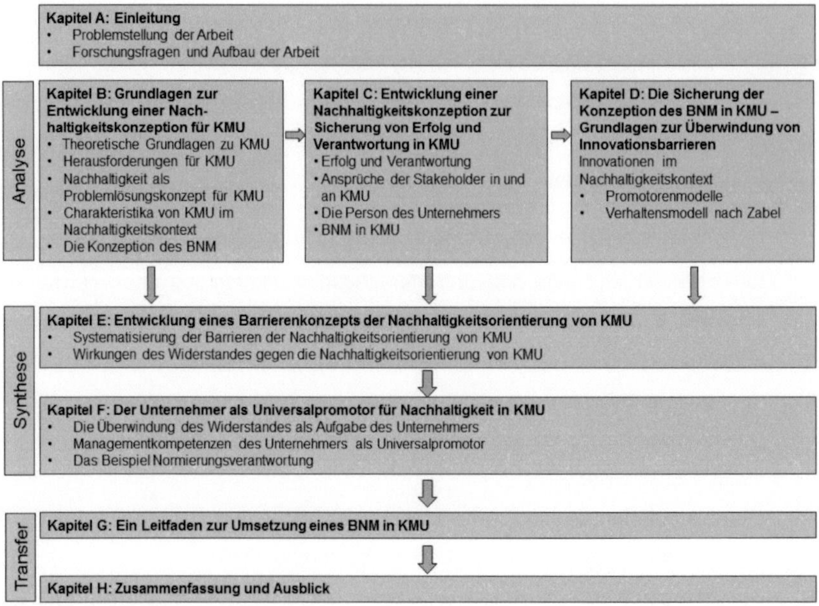

Abbildung 1: Aufbau der Arbeit

Quelle: Eigene Darstellung.

B Grundlagen zur Entwicklung einer Nachhaltigkeitskonzeption für KMU

B.1 Begriffliche Grundlagen zu KMU

Die Theorie der Betriebswirtschaftslehre fokussierte sich in der Vergangenheit hauptsächlich auf Großunternehmen. Erst in den 80er Jahren des letzten Jahrhunderts kam es zu einer Wiederentdeckung des Forschungsgegenstandes „Kleine und mittlere Unternehmen" durch die Wissenschaft.[36] In jüngerer Zeit ist eine intensive Auseinandersetzung mit KMU in der Theorie der Betriebswirtschaftslehre festzustellen, die die in der Vergangenheit zu verzeichnende Konzentration auf Großunternehmen ergänzt.[37] Damit wird nach jahrzehntelanger stiefmütterlicher Behandlung dieses Forschungsgegenstandes seiner herausragenden Bedeutung für die deutsche Wirtschaft Rechnung getragen.

Die Gründe für die Wiederentdeckung von KMU sind vielfältig:

- Die Umfeldbedingungen für Unternehmen verändern ihre Unternehmensgröße. Dies geschieht z. B. durch den Wandel der Wirtschaftsstruktur und seiner Verlagerung vom industriellen Sektor hin zum Dienstleistungssektor, Konzentrationstendenzen in Unternehmen, „neue" Strukturen mit kleineren Unternehmensgrößen (u. a. aufgrund der Dezentralisierung, des Outsourcing und Downsizing) und die zunehmende Technisierung und Digitalisierung, welche auf der einen Seite zu Produktionsmöglichkeiten mit weniger Arbeitsplätzen und auf der anderen Seite zur selbstständigen Tätigkeit der freigesetzten Mitarbeiter führen.[38]
- Es setzt sich die Erkenntnis durch, dass die bereits entwickelten Instrumente und Methoden der Großunternehmen nur bedingt auf KMU übertragen werden können.[39]
- Mit den aktuellen ökonomischen, ökologischen und sozialen Herausforderungen geht für KMU ein zunehmender Handlungsbedarf einher.[40]

---

36 Vgl. u. a. Ackermann/Blumenstock 1993, S. 5–6; Wossidlo 1993, Sp. 2888. KMU rücken zudem verstärkt in den Blick der Öffentlichkeit (vgl. Buerke 2012, S. 92).

37 Meyer stellt fest, dass die steigende Zahl der wissenschaftlichen Beiträge innerhalb der KMU-Forschung in den letzten Jahren sowohl mit der zunehmenden Zahl von KMU-fokussierten Forschungseinrichtungen, als auch mit der Öffnung der traditionellen betriebswirtschaftlichen Forschungseinrichtungen für das Thema KMU begründet werden kann (vgl. Meyer 2011, Vorwort).

38 Vgl. Krämer 2003, S. 1.

39 Vgl. Ackermann/Blumenstock 1993, S. 5.

- Neben der herausragenden Bedeutung von KMU für die deutsche Wirtschaft zeigt sich zunehmend aber auch deren Bedeutung als Akteure der Globalisierung.

Es ist in den letzten dreißig Jahren unbestritten zu einem Erkenntniszuwachs beim Forschungsobjekt KMU gekommen.[41] Allerdings besteht weiterhin Forschungsbedarf, was speziell im Forschungsfeld Nachhaltigkeit deutlich wird.[42]

Je nach Anliegen und Blickwinkel existieren viele Auffassungen zur Charakterisierung von KMU. Eine einheitliche Begriffsdefinition hat sich bisher nicht durchgesetzt.[43] Abgrenzungsversuche von KMU zu Großunternehmen erfolgen unter Rückgriff auf qualitative und quantitative Merkmale, wobei die Abgrenzung auf rein qualitativen, rein quantitativen oder einer Kombination von beiden Merkmalen beruhen kann.[44] Ziel ist die eindeutige Abgrenzung von KMU gegenüber Großunternehmen und die damit verbundene Bestimmung einer möglichst homogenen Gruppe,[45] wobei zwischen der Einfachheit der Zuordnung zu einer Größenklasse und der Berücksichtigung der unternehmerischen Spezifik ein Zielkonflikt besteht.[46]

Um die für das BNM wesentlichen Unterschiede zwischen Großunternehmen und KMU herausarbeiten zu können, bedarf es der Anwendung verschiedener quantitativer und qualitativer Kriterien.[47] Diese Vorgehensweise kann zum Verlust der Eindeutigkeit und Einfachheit der Zuordnung von Unternehmen zu der Unternehmensklasse KMU führen, erscheint für den Untersuchungszweck aber zwingend notwendig.[48] Im Folgenden werden zunächst unterschiedliche quantitative und qualitative Begriffsdefinitionen vorgestellt. Aufbauend auf diesen wird eine KMU-Definition abgeleitet, welche die Grundlage der vorliegenden Arbeit bildet. Dabei werden KMU mittels quanti-

---

40 Vgl. Kapitel B.2.

41 Zum Stand der Mittelstandsforschung in Deutschland sowie zur Begriffsabgrenzung Mittelstand, KMU und Familienunternehmen und zur historischen Entwicklung vgl. Becker/Ulrich 2011.

42 Vgl. die Ausführungen von Rabbe/Schulz 2011a zum State of the Art Nachhaltigkeit in KMU.

43 In der vorliegenden Arbeit findet eine, in der deutschsprachigen Literatur übliche, synonyme Verwendung der Begriffe „KMU“ sowie „Mittelstand“ statt (zur Kritik an dieser Praxis vgl. Becker/Ulrich 2009).

44 Vgl. Ackermann/Blumenstock 1993, S. 6.

45 Vgl. Khadjavi 2005, S. 53. Wobei bereits an dieser Stelle festgestellt wird, dass sich KMU in der Praxis sehr heterogen darstellen.

46 Vgl. Khadjavi 2005, S. 53 sowie Pfohl 2013a, S. 12.

47 Im Fokus steht dabei die Abgrenzung nach oben.

48 Im Vordergrund steht damit die Zweckmäßigkeit, nicht zwingend die Richtigkeit (vgl. Frank 1994, S. 18 sowie die Vorgehensweise von Khadjavi 2005, S. 53).

tativer Kriterien von Großunternehmen abgegrenzt und unter Hinzuziehung qualitativer Kriterien charakterisiert.

B1.1 Quantitative Merkmale von KMU

In der Regel werden KMU an den quantitativen Merkmalen Beschäftigtenzahl und/oder Umsatz bzw. Bilanzsumme identifiziert (quantitative Definition).[49] Der Mittelstand bzw. das Familienunternehmen[50] wird durch seine Eigentümerstruktur klassifiziert (qualitative bzw. integrative Definition).[51]

Zur statistischen Bestimmung von KMU wird ein geeigneter Größenindikator wie z. B. die Beschäftigtenzahl, der Jahresumsatz, die Bilanzsumme, die Bruttowertschöpfung, das Anlagevermögen oder Kombinationen aus diesen Kriterien festgelegt.[52] Häufig wird diese eindimensionale Herangehensweise um zusätzliche Kriterien wie Umsatz oder Branche bzw. Wirtschaftsbereich zu einer mehrdimensionalen erweitert, wobei häufig das Kriterium Beschäftigtenzahl dominiert.[53] Dies ergibt sich aus der Praktikabilität sowie der Einfachheit und Zweckmäßigkeit der Daten(-erhebung).[54] Problematisch ist neben der Auswahl der Abgrenzungskriterien auch die Definition der Schwellenwerte: Weder in der Wissenschaft noch in der Unternehmenspraxis sind einheitliche und anerkannte Schwellenwerte für die einzelnen Merkmale definiert.[55] Einige Autoren schlagen zudem unterschiedliche Schwellenwerte für verschiedene Branchen vor.[56]

In der amtlichen Statistik in Deutschland und auch weltweit gelten der Umsatz und die Zahl der Beschäftigten als anerkannte und verwendete Größenindikatoren.[57] Die

---

49 Vgl. Khadjavi 2005, S. 54–55.

50 Das IfM Bonn charakterisiert Familienunternehmen anhand der Einheit von Eigentum und Leitung (vgl. Haunschild/Wolter 2010, S. 3). Zudem „wenn gilt: Bis zu zwei natürliche Personen oder ihre Familienmitglieder halten mindestens 50 % der stimmberechtigten Anteile eines Unternehmens und diese natürlichen Personen gehören der Geschäftsführung an“ (Wolter/Hauser 2001, S. 33). Somit zählen sowohl KMU als auch Großunternehmen zu Familienunternehmen. Familienunternehmen werden in dieser Arbeit nicht explizit betrachtet. Zu Familienunternehmen vgl. z. B. Haunschild/Wolter 2010; Felden/Hack 2014.

51 Vgl. BMWi 2007, S. 9–11; Becker/Ulrich 2009, S. 2–6.

52 Vgl. dazu z. B. Kunze 2008, S. 61–62.

53 Vgl. dazu u. a. Khadjavi 2005, S. 54–55. Im Folgenden werden ausschließlich mehrdimensionale Ansätze vorgestellt.

54 Vgl. Janssen 2009, S. 10.

55 Eine ausführliche Übersicht zu der von verschiedenen Autoren vorgenommenen Betriebsgrößeneinteilung nach der Beschäftigtenzahl (eindimensionale Sichtweise) findet sich bei Pleitner 1995, S. 23–25.

56 Vgl. exemplarisch die Ausführungen von Pfohl 2013a, S. 6–12.

57 Grundsätzlich gilt es, angewandte Größenindikatoren vor der Benutzung ausgiebig zu diskutie-

EU gibt eine Empfehlung zur Abgrenzung von KMU heraus, um u. a. einheitliche Voraussetzungen für Förderungen zu gewährleisten.[58] Die Kriterien Beschäftigtenzahl, Umsatz und/oder Bilanzsumme finden darin Anwendung.[59] Auf EU-Ebene gilt seit dem 01.01.2005 eine „neue" Empfehlung zur Definition von KMU, deren Schwellenwerte in ***Tabelle 1*** dargestellt sind.[60] In Klammern sind die KMU-Schwellenwerte der EU aus der Empfehlung von 1996 aufgeführt.[61] Die bisherige, rein quantitative EU-Definition wird in ihrer neuen Fassung um ein qualitatives Merkmal erweitert: Nach der neuen EU-Definition können KMU nur dann als solche bezeichnet werden, wenn sie sich mit weniger als 25 Prozent (%) im Besitz (Kapital- und Stimmanteile) von Großunternehmen befinden.[62] Damit wird man dem Unabhängigkeitskriterium gerecht, das KMU erfüllen sollen.[63] Neben der Beschäftigtenzahl müssen sie außerdem entweder dem Umsatz- oder Bilanzkriterium entsprechen.[64]

Eine Klassifikation mit ähnlichen Kategorien und Größenklassen findet sich in § 267 HGB (Umschreibung der Größenklassen) zur Unterteilung von Kapitalgesellschaften. Demnach gelten Unternehmen als groß, wenn sie zwei der drei folgenden Merkmale

---

ren, da sichergestellt werden muss, dass betriebliche Besonderheiten mit berücksichtigt werden. Eine Übersicht zu nationalen und internationalen Mittelstandsdefinitionen findet sich bei Günterberg/Wolter 2002, S. 1–14.

58 Vgl. Lerch 2008, S. 41.

59 Der Umsatz gilt als stark branchenabhängig weshalb zusätzlich die Bilanzsumme Berücksichtigung findet, um die unterschiedlichen Branchen gleichberechtigt zu behandeln (vgl. Janssen 2009, S. 9; Lerch 2008, S. 42). Beide Merkmale sind disjunktiv miteinander verbunden: Nach der Zuteilung der Unternehmen in eine Größe nach dem Kriterium Mitarbeiterzahl muss zusätzlich entweder der Umsatz oder die Bilanzsumme unter dem jeweils angegebenen Grenzwert liegen (vgl. Lerch 2008, S. 42).

60 Diese Empfehlung ersetzt die Empfehlung der Kommission vom 3. April 1996 betreffend die Definition der KMU (96/280/EG) (vgl. Europäische Kommission 2006). Unter Berücksichtigung der Inflation und der Produktivitätssteigerungen wurden die finanziellen Schwellenwerte (Umsatz bzw. Bilanzsumme) angehoben, die Schwellenwerte für die Beschäftigtenzahlen blieben erhalten (vgl. Europäische Kommission 2006, S. 8–9). KMU dürfen zudem nicht zu mehr als 25 % in Besitz eines anderen Unternehmens sein. In der Wirtschaft kann ein Trend zum Outsourcing beobachtet werden. Großunternehmen spalten Unternehmenseinheiten ab. Häufig treten die Unternehmen in den amtlichen Statistiken dann als KMU auf. Ob die Unternehmen weisungsgebunden als Teil eines Konzerns agieren oder unabhängig sind, ist in der Statistik nicht erkennbar. Deshalb hat die EU in ihre Mittelstandsdefinition neben dem Größenmerkmal auch die Bilanzsumme und das Ausmaß des Verbundes mit anderen Unternehmen aufgenommen (vgl. Günterberg/Wolter 2002, S. 3).

61 Auch bei dieser Definition ist eine Dominanz der Beschäftigtenzahl gegenüber Umsatz und Bilanzsumme in der Anwendung zu erkennen (vgl. Khadjavi 2005, S. 54).

62 Vgl. Kless/Veldhues 2008, S. 225.

63 Gleichzeitig wird dadurch die rein quantitative Begriffsdefinition um ein qualitatives Merkmal erweitert.

64 Vgl. Europäische Kommission 2006, S. 12–13.

erfüllen: mehr als 250 Arbeitnehmer, 20 000 000 € Bilanzsumme und/oder 40 000 000 € Umsatzerlöse.[65]

Eine weitere anerkannte quantitative Definition für KMU, die in Deutschland häufig verwendet wird, geht auf das Institut für Mittelstandsforschung (IfM) Bonn zurück. Danach gelten Unternehmen mit weniger als 500 Beschäftigten und Unternehmen mit weniger als 50 Millionen € Umsatz als den KMU zugehörig.[66] Die vergleichsweise hohe Beschäftigtenzahl soll dem in Deutschland stark vertretenen industriellen Mittelstand Rechnung tragen.[67]

Das Deloitte Mittelstandsinstitut (DMI) der Universität Bamberg als eher anwendungsorientiertes Forschungsinstitut entwickelt eine eigene Definition von KMU. Demnach zählen die Unternehmen zu KMU, die bis ca. 3 000 Beschäftigte haben und bis ca. 600 Mio. € Jahresumsatz erzielen.[68] Das DMI begründet die im Vergleich zu den anderen Definitionen hohen Schwellenwerte mit dem Argument, dass Unternehmen auch jenseits der niedrigeren Schwellenwerte mittelständischen Charakter aufweisen.[69] Sie beziehen sich u. a. auf die Arbeiten von Simon, der in einer empirischen Untersuchung eine Wachstumsschwelle von 2 900 Mitarbeitern identifiziert hat.[70]

Eine rein quantitative Definition von KMU ist vergleichsweise einfach durchzuführen, was die häufige Verwendung in Theorie und Praxis begründet.[71] In der Literatur wird diese Vorgehensweise kritisch gesehen: Nicht nur die Wahl der Abgrenzungskriterien sowie deren Anzahl, auch die Bestimmung der Zahlenwerte sind diskussionswürdig.[72] Zudem sind die Unterschiede zwischen einem Großunternehmen mit 250 Mitarbeitern und einem KMU mit 249 Mitarbeitern oft minimal.[73] Dies macht deutlich,

---

65 Von den drei Merkmalen müssen zwei erfüllt werden, um zu den Großunternehmen zu zählen (§ 267 HGB). Ein Wechsel der Kategorie findet erst statt, wenn in zwei aufeinanderfolgenden Geschäftsjahren zwei Kategorien über- oder unterschritten werden. Die durchschnittliche Mitarbeiterzahl setzt sich aus dem Durchschnitt der beschäftigten Mitarbeiter zum Ende der letzten vier Quartale zusammen (vgl. Lerch 2008, S. 45).

66 Zu den quantitativen Abgrenzungskriterien kombiniert das IfM Bonn qualitative Merkmale und leitet daraus die Mittelstandsdefinition ab (vgl. Kratz 1996, S. 9; Günterberg/Wolter 2002).

67 Vgl. Khadjavi 2005, S. 54.

68 Vgl. Becker/Fischer/Staffel u. a. 2008, S. 21.

69 Vgl. Becker/Ulrich 2009, S. 3.

70 Vgl. Simon 1992, S. 116 sowie Becker/Ulrich 2009, S. 3.

71 Vgl. Janssen 2009, S. 10.

72 Vgl. z. B. die Ausführungen von Pfohl 2013a; Janssen 2009, S. 10.

73 Zur Diskussion der Abgrenzung von KMU zu Großunternehmen siehe u. a. Khadjavi 2005; Pfohl 2013a.

dass Aussagen über Eigenschaften und deren Zusammenhänge nur bedingt möglich sind. Zudem erlaubt eine rein quantitative Definition nur ansatzweise Aussagen zu den Charakteristika von KMU.[74]

Folgende Tabelle fasst die in Deutschland in Theorie und Praxis am häufigsten verwendeten Abgrenzungsansätze zusammen:

	Kategorie	Zahl der Beschäftigten		Umsatz im Jahr		Bilanzsumme im Jahr
Europäische Union (1)	Kleinst	< 10	und	≤ 2 Mio. € (nicht definiert)	oder	≤ 2 Mio. € (nicht definiert)
	Klein	< 50	und	≤ 10 Mio. € (≤ 7 Mio. €)	oder	≤ 10 Mio. € (≤ 5 Mio. €)
	Mittel	< 250	und	≤ 50 Mio. € (≤ 40 Mio. €)	oder	≤ 43 Mio. € (≤ 27 Mio. €)
	Groß	≥ 250	und	≤ 50 Mio. € (≤ 40 Mio. €)	oder	≤ 43 Mio. € (≤ 27 Mio. €)
HGB (2)	Klein	< 50		< 6.000 T. €		< 12.000 T. €
	Mittel	< 250		< 20.000 T. €		< 40.000 T. €
	Groß	≥ 250		≥ 20.000 T. €		≥ 40.000 T. €
IfM Bonn (3)	Klein	< 10		< 1 Mio. €		n.d.
	Mittel	< 500		< 50 Mio. €		n.d.
	Groß	≥ 500		≥ 50 Mio. €		n.d.
DMI (4)	Kleinst	bis ca. 30		bis ca. 6 Mio. €		n.d.
	Klein	bis ca. 300		bis ca. 60 Mio. €		n.d.
	Mittel	bis ca. 3.000		bis ca. 600 Mio. €		n.d.
	Groß	≥ 3.000		≥ 600 Mio. €		n.d.

Tabelle 1: Zusammenstellung der KMU-Schwellenwerte

Quelle: Eigene Tabellierung nach: Europäische Kommission 2003, Artikel 2 (Anhang); Europäische Kommission 1996, Artikel 1 (Anhang); § 267 HGB; Günterberg/Wolter 2002, S. 14; Becker/Fischer/Staffel u. a. 2008, S. 21.

Legende:

(1) Abgebildet sind die KMU-Schwellenwerte der EU, die seit dem 01.01.2005 gelten (in Klammern KMU-Schwellenwerte der EU aus der Empfehlung von 1996, die zur Anpassung an Preise und Produktivität aktualisiert wurden (vgl. Europäische Kommission 2006, S. 8)). Zudem gilt das Verbundenheitskriterium (vgl. Goeke 2008, S. 10).

(2) Kleine Kapitalgesellschaften sind solche, die mindestens zwei der drei nachstehenden Merkmale nicht überschreiten (§ 267 HGB, Absatz 1). Mittelgroße Kapitalgesellschaften sind solche, die mindestens zwei der drei in Absatz 1 bezeichneten Merkmale überschreiten und jeweils mindestens zwei der drei nachstehenden Merkmale nicht überschreiten (§ 267 HGB, Absatz 2). Große Kapitalgesellschaften sind solche, die mindestens zwei der drei in Absatz 2

[74] Vgl. Janssen 2009, S. 10; Wolter/Hauser 2001, S. 27.

bezeichneten Merkmale überschreiten. Eine Kapitalgesellschaft im Sinn des § 264d gilt stets als groß (§ 267 HGB, Absatz 2).

(3) Das IfM Bonn hat nach der Einführung des Euro und der Umstellung der amtlichen Statistik eine neue quantitative Mittelstandsdefinition entwickelt, die auf die Anwendung wirtschaftsbereichsbezogener Schlüsselzahlen verzichtet und neue Schwellenwerte nutzt (vgl. Günterberg/Wolter 2002, S. 13–14).

(4) Das DMI bezeichnet alle eigentümer- und familiengeführten Unternehmen als mittelständisch, ebenso managergeführte Unternehmen bis zu einer Mitarbeiterzahl von ca. 3 000 Mitarbeitern oder einer Umsatzgröße von ca. 600 Mio. €. Außerdem werden Unternehmen als mittelständisch bezeichnet, die beide Definitionsmerkmale erfüllen (vgl. Becker/Fischer/Staffel u. a. 2008, S. 21).

Da der Gegenstand der vorliegenden Arbeit unter Einbeziehung von Nachhaltigkeit, der Unternehmerpersönlichkeit sowie Innovationen komplex ist, kann eine rein quantitative Abgrenzung von KMU an dieser Stelle nicht ausreichend sein. Zudem wird diese der Heterogenität von KMU nicht gerecht.[75] Deshalb wir die KMU-Definition im Folgenden um qualitative Merkmale ergänzt, obwohl sich mit einer Kombination von quantitativen und qualitativen Merkmalen die Präzision der KMU-Definition nicht nur erhöht, sondern auch die Komplexität steigt, also Probleme der Messbarkeit und Erfassbarkeit entstehen.[76]

B.1.2 Qualitative Merkmale von KMU

Es haben sich vor allem zwei qualitative Merkmale herausgebildet, die als charakteristisch für KMU angesehen werden: die Einheit von Eigentum und Leitung sowie „die Verantwortung der Führungsperson für alle unternehmensrelevanten Entscheidungen“.[77] Daneben gibt es weitere qualitative Merkmale, die häufig Verwendung finden, wie z. B.:[78]

- die rechtliche und wirtschaftliche Selbstständigkeit
- das Unternehmen bildet für den Unternehmer eine wesentliche Existenzgrundlage
- enge, persönliche Kontakte des Unternehmers zu relevanten Stakeholdern (z. B. Kunden und Anwohnern)
- individuelle, auf die Bedürfnisse der Kunden angepasste Leistungserstellung
- enge und informelle Beziehungen zwischen Unternehmer und Mitarbeitern
- geringe Formalisierung der Organisation

75 Vgl. Goeke 2008, S. 9.
76 Vgl. Janssen 2009, S. 10; Pfohl 2013a, insb. S. 3–18.
77 Feldbauer-Durstmüller/Wolfsburger 2005, S. 246.
78 Vgl. Behringer 2012, S. 36–37; Mugler 1998, S. 20; Pfohl 2013a, S. 18–22; Hamer 2013, S. 31–37.

- die schnelle Reaktionsfähigkeit des Unternehmens auf Umweltveränderungen

Es finden sich nicht nur Charakterisierungen einzelner Merkmale, sondern darüber hinaus sehr umfangreiche Merkmalskataloge.[79] Der Merkmalskatalog mit der höchsten Verbreitung stammt von Pfohl, der KMU unter Anwendung der betriebswirtschaftlichen Funktionen abgrenzt.[80] In ***Anhang 1*** werden die Erläuterungen zu den Funktionen dargestellt, um den Umfang an Merkmalen und die damit einhergehende Detailliertheit zu verdeutlichen.

Kritisch zu sehen ist, dass mit Zunahme der Merkmale die Allgemeingültigkeit abnimmt.[81] Zudem werden qualitative Merkmale in Statistiken kaum erfasst.[82] Hinzu kommt, dass eine rein qualitative Abgrenzung von KMU schwer durchzuführen ist, da die Merkmale zum Teil „wenig konkret sind und somit Interpretationsspielräume eröffnen".[83]

B.1.3 KMU-Verständnis der vorliegenden Arbeit

In der vorliegenden Arbeit kommt den Charakteristika von KMU eine große Bedeutung zu, da neben den quantitativen die qualitativen Eigenschaften von KMU zur Abgrenzung gegenüber Großunternehmen dienen können, die auch das BNM grundlegend beeinflussen.

Eine rein quantitative Abgrenzung scheint deshalb gegenüber Großunternehmen im Rahmen der Arbeit nicht zielführend, als Ergänzung zur qualitativen Abgrenzung jedoch sinnvoll, solange sie in der Praxis einfach anwendbar ist.[84] Es bietet sich an, die Definition der Europäischen Kommission heranzuziehen, da diese sich in der deutschsprachigen Forschung und Praxis aktuell durchsetzt. Unternehmen mit folgenden Kriterien werden in der Arbeit als KMU zusammengefasst:[85]

- Beschäftigtenzahl von weniger als 250 Personen;

---

79 Vgl. Mugler 1998, S. 20.
80 Vgl. Pfohl 2013a, insb. S. 19–22.
81 Vgl. Mugler 1998, S. 20.
82 Vgl. Janssen 2009, S. 11.
83 Janssen 2009, S. 11.
84 Vgl. Janssen 2009, S. 12.
85 An diese Stelle wird darauf hingewiesen, dass die vorliegende Arbeit aus Gründen der Einfachheit lediglich die Größenklassen KMU sowie Großunternehmen unterscheidet.

- entweder einen Jahresumsatz von höchstens 50 Mio. € oder eine Jahresbilanzsumme von höchstens 43 Mio. €;
- eine rechtliche und wirtschaftliche Selbstständigkeit des Unternehmens liegt vor;
- der Eigentümer (Unternehmer) gehört der Geschäftsleitung an und ist für alle Entscheidungen des Unternehmens verantwortlich;
- der Unternehmer pflegt einen engen, persönlichen Kontakt zu relevanten Stakeholdern.

Die vorliegende Arbeit untersucht bestehende KMU und klammert die Untersuchung von Unternehmensgründungen und Start-up-Unternehmen aus.

B.2 Ausgewählte Herausforderungen für KMU

Die Welt ist in den letzten Jahrzehnten einem gravierenden Wandel ausgesetzt, wodurch die gesellschaftliche, aber auch die unternehmerische Wirklichkeit beeinflusst werden.[86] Die auch unter dem Stichwort „Megatrends" diskutierten Herausforderungen sind vielfältig und nehmen in ihrer Intensität und Quantität zu.[87] Die bereits länger diskutierten Phänomene wie bspw. Klimawandel, demografischer Wandel und Ressourcen- und Energiekrise werden in jüngerer Zeit um Themen wie Digitalisierung, Flüchtlingskrise und soziale Ungleichheit erweitert.[88] Dabei stehen die einzelnen Megatrends nicht isoliert nebeneinander, sie sind miteinander verbunden und beeinflussen sich gegenseitig.[89] ***Abbildung 2*** zeigt die in einer Bertelsmann-Studie aus dem Jahr 2012 identifizierten Megatrends und deren Hauptverbindungen:

86 Vgl .Bertelsmann-Stiftung 2016, S. 15; Rogall 2012b, S. 36.

87 Vgl. Bertelsmann-Stiftung 2016, S. 15.

88 Vgl. z. B. Bertelsmann-Stiftung 2016, S. 15; Zabel 2012b, Zabel 2013a.

89 Daraus ergibt sich auch, dass die Anpassung an die sich ändernden Bedingungen des Wirtschaftens und des menschlichen Zusammenlebens nicht von einzelnen gesellschaftlichen Akteuren isoliert gestaltet werden können (vgl. Bertelsmann-Stiftung 2016, S. 15).

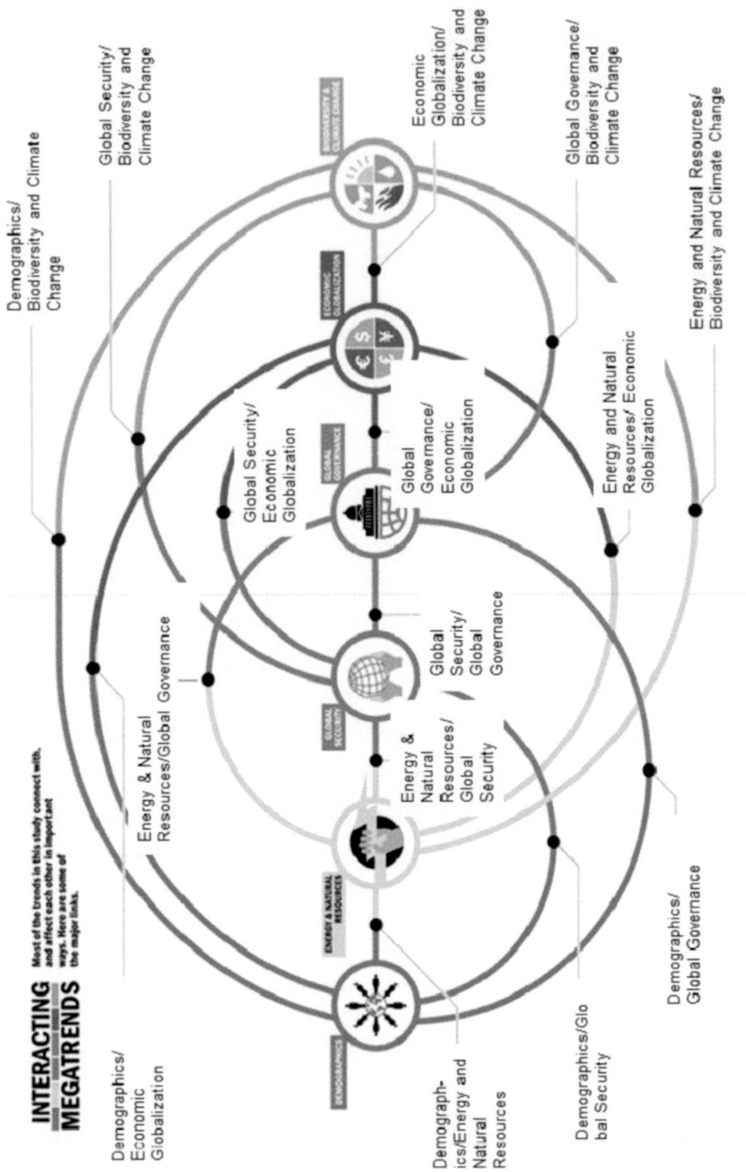

Abbildung 2: Interacting Megatrends

Quelle: Vgl. Bertelsmann Foundation 2012, S. 12–13, leicht modifiziert.

Zu den in der Studie identifizierten Megatrends zählen: Demografie, Energie und natürliche Ressourcen, globale Sicherheit, Global Governance, Globalisierung sowie Biodiversität und Klimawandel.[90] Dabei zeigt die Studie zusätzlich wichtige Rückkopplungseffekte zwischen den einzelnen Megatrends auf, z. B. zwischen dem Megatrend „Energie und natürliche Ressourcen" sowie „Biodiversität und Klimawandel":[91] Die Energieproduktion kann sowohl die Landnutzung als auch das Klima belasten. Landflächen, auf denen Pflanzen für die Energieherstellung angebaut werden, stehen nicht mehr für die Lebensmittelproduktion zur Verfügung. Zwischen den einzelnen Nutzungsarten eine Balance herzustellen, die sowohl die Deckung des zukünftigen Energiebedarfs sichert als auch den Anforderungen eines sauberen, produktiven Planeten genügt, ist kritisch.[92]

Das Institut für Mittelstandsforschung (IfM) Bonn zeigt speziell die Problemlagen, welche sich für KMU in Deutschland ergeben und bestätigt damit die Vielfältigkeit der Veränderungen für deutsche KMU und deren Relevanz („Die 10 häufigsten Fragen an den Mittelstand" – „Frage 10: Wo liegen mittelfristig die größten Herausforderungen für den Mittelstand in Deutschland?"):

> „Neue Technologien, demografische Entwicklungen, eine zunehmende Tertiärisierung und Internationalisierung stellen die Unternehmen vor immer neue Herausforderungen, die sie nur mit entsprechend aus- und weitergebildetem Personal bewältigen können. Ein Dauerthema bleiben aber auch die Preise für Energie und Rohstoffe: Dabei macht den industriellen Unternehmen weniger die geologische Verfügbarkeit Sorgen, sondern die weltweit steigende Nachfrage und die politisch oft instabile Lage in den rohstoffreichen Ländern.
>
> Doch auch das Thema "Industrie 4.0" ist für den Mittelstand bedeutsam: So bieten sich besonders für kleine und mittlere Unternehmen Chancen, deren Geschäftserfolg bereits in der Vergangenheit in der individuellen Fertigung lag. Allerdings müssen sie die Herausforderungen, die mit Industrie 4.0 verbunden sind (z. B. geeignetes Geschäftsmodell, Gestaltung der Innovationsprozesse, Weiterbildung, interne Organisation) offensiv angehen."[93]

Das vorangegangene Zitat belegt: Neben den Themen technologischer Wandel, Demografie, Tertiärisierung und Internationalisierung, Energie und Ressourcen wird

---

90 Vgl. Bertelsmann Foundation 2012. An dieser Stelle ist anzumerken, dass es empirisch nachgewiesen ist, dass KMU einen stärkeren Druck durch die Globalisierung spüren als Großunternehmen (Bertelsmann-Stiftung 2006, S. 10).

91 Vgl. Bertelsmann Foundation 2012, S. 13.

92 Hansjürgens, Ring und Schröter-Schlaak argumentieren, dass eine ökonomische Perspektive auf die Natur und deren Leistungen einen Beitrag zum Klimaschutz und zur Erhaltung der biologischen Vielfalt leisten kann (vgl. Hansjürgens/Ring/Schröter-Schlaak 2015, S. 116). Zur Diskussion „Tank versus Teller" vgl. u. A. Wiemeyer 2015.

93 IfM Bonn o. A.

insb. dem Thema Industrie 4.0 eine große Bedeutung zugesprochen.[94] Eine empirische Untersuchung von KMU in Sachsen-Anhalt, welche von Mittelstädt/Backhaus-Maul/Kunze im Jahr 2013 veröffentlicht wurde kam zu einem vergleichbaren Ergebnis: Energieeffizienz und Energieeinsparung sowie die Abwanderung junger Menschen und Fachkräftemangel sind die drei von den sachsen-anhaltischen KMU bedeutendsten in der Öffentlichkeit diskutierten Themen.[95]

Aufgrund ihrer herausragenden Bedeutung für die Wirtschaft und Gesellschaft werden im Folgenden die Megatrends Klimawandel und demografischer Wandel sowie deren Auswirkungen auf Unternehmen bzw. KMU analysiert.

B.2.1 Klimawandel

Der globale Klimawandel gilt als eine der zentralen Herausforderungen für die heutige Zivilisation.[96] So stellte Barack Obama, der damalige Präsident der USA, im Jahr 2015 fest: „Keine Herausforderung stellt eine größere Bedrohung für unsere Zukunft und künftige Generationen dar als der Klimawandel.“[97]

In der Wissenschaft hat sich zu den grundlegenden Zusammenhängen des anthropogenen Klimawandels ein breiter Konsens herausgebildet.[98] Die wissenschaftlichen Arbeiten, besonders die des Intergovernmental Panel on Climate Change (IPCC)[99] sowie des Wissenschaftlichen Beirats der Bundesregierung, Globale Umweltveränderungen (WBGU)[100], beinhalten Aussagen zu den „wissenschaftlichen Grundlagen in Bezug auf den anthropogenen Treibhausgasausstoß, (…) [den] Folgen für die mittlere globale Temperatur, Veränderungen im Erdsystem sowie Auswirkungen auf Ökosysteme und menschliche Gesellschaften“.[101] Die Modellrechnungen des IPCC

---

94 Vgl. IfM Bonn o. A.

95 Vgl. Mittelstädt/Backhaus-Maul/Kunze 2013, S. 16

96 Vgl. Stern 2007; BMU 2010, S. 15; zur Herausforderung Klimawandel (diskutiert mit dem Thema Biodiversität) vgl. Bertelsmann Foundation 2012, S. 85–136. Zum Klimawandel als Herausforderung für Unternehmen vgl. Zabel 2013a; Zabel 2012a; Zabel 2010a; Zabel 2010b. Zur ökonomischen Bedeutung von Biodiversität vgl. Hans-jürgens/Ring/Schröter-Schlaack 2015; zu Unternehmen und Biodiversität vgl. Hansjürgens/Wieler 2013.

97 Handelsblatt 2015, S. 1.

98 Vgl. WBGU 2011, S. 35. Im Jahr 2013 kam eine groß angelegte Studie von allen Fachveröffentlichungen zum Klimawandel, die zwischen 1991 und 2011 erschienen (ca. 12.000) sind, zu dem Ergebnis, dass mehr als 97 % der Wissenschaftler überzeugt sind, dass die anthropogenen Treibhausgase maßgeblich den Klimawandel verursachen (vgl. Cook/Nuccitelli/Green et al. 2013).

99 Vgl. IPCC 2007a, b.

100 Vgl. WBGU (2003, 2008, 2009).

101 WGBU 2011, S. 35.

prognostizieren bis zum Jahr 2100 einen mittleren globalen Temperaturanstieg zwischen 1,8 (mit einer Schwankungsbreite von 1,1–2,9) und 4,0 (mit einer Schwankungsbreite von 2,4–6,4) Grad Celsius.[102]

Auf politischer Ebene haben sich jüngst die 194 Mitgliedstaaten der Klimarahmenkonvention der Vereinten Nationen (UNFCCC) im Rahmen der UN Klimakonferenz von 2015 in Paris darauf geeinigt, das „2-Grad-Ziel"[103] einzuhalten und „Anstrengungen" zu unternehmen, die Erderwärmung auf 1,5 Grad Celsius zu begrenzen.[104]

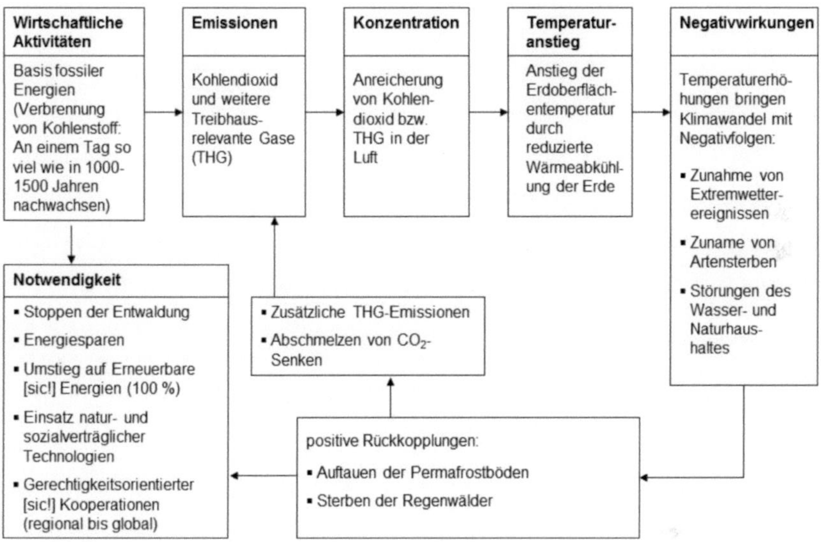

Abbildung 3: Klimawandelabfolge

Quelle: Zabel 2013a, S. 312 unter Nutzung von IPCC 2007a.

Eine wesentlicher Beschleuniger des anthropogenen Klimawandels sind wirtschaftliche Aktivitäten (***vgl. Abbildung 3***). Für diese wird Energie benötigt, die zum Großteil aus fossilen Energieträgern gewonnen wird: So betrug der Anteil fossiler Energieträger am globalen Endenergieverbrauch im Jahr 2014 78,3 %.[105] Die Prozesse basie-

---

102 Vgl. IPCC 2007b, S. 13.

103 Das 2-Grad-Ziel steht für die politischen Bemühungen die Erderwärmung auf 2 Grad Celsius gegenüber dem Niveau vor Beginn der Industrialisierung zu begrenzen. Am 01.07.2017 kündigte der amtierende Präsident der USA, Donald Trump, den Ausstieg aus dem Klimaabkommen an (vgl. Zeit-online 2017). Trotz dieser Ankündigung wollen alle anderen beteiligten Staaten an dem Abkommen festhalten (vgl. Zeit-online 2017).

104 Vgl. Rogelj/Elzen/Höhne et al. 2016, S. 631.

105 Vgl. REN21 2016, S. 28 unter Verwendung der dort angegebenen Literatur, übersetzt durch

ren dabei im Wesentlichen auf der Verbrennung von Kohlenstoff und haben zur Folge, dass heute an einem Tag so viel Kohlenstoff verbrannt wird, wie auf natürliche Weise in 1 000–1 500 Jahren nachwächst.[106] Dies verdeutlicht, dass es in der vorherrschenden Geldwirtschaft ökonomisch rational ist, die Natur zu übernutzen, auch über die Belastbarkeitsgrenzen ihrer Funktionsfähigkeit oder ihrer Selbstreinigungskraft etc. hinaus.[107] Anzumerken ist, dass drei Viertel der CO_2-Emissionen von den Industrienationen emittiert werden, in denen lediglich ein Viertel der Weltbevölkerung leben.[108] Die Hauptlast des Klimawandels muss allerdings von den armen Staaten und Bevölkerungsteilen getragen werden.[109]

Als Folge der Emission von CO_2 und weiterer Treibhausgase[110] kommt es zu deren Konzentration in der Luft und daraufhin zu einem Anstieg der Erdoberflächentemperatur durch die reduzierte Wärmeabkühlung der Erde.[111] Die mit der Temperaturerhöhung einhergehenden Negativwirkungen sind in ***Abbildung 4*** dargestellt.

Die dargestellten Folgen des Klimawandels wurden ausgewählt, da ihnen eine besondere Relevanz für Natur und Mensch zugesprochen werden und ein hohes Vertrauen in deren Bewertung besteht.[112] So gibt es bspw. im Forschungsfeld „Wasser" gesicherte Erkenntnisse zu einer erhöhten Wasserverfügbarkeit in den meisten Tropen und hohen Breiten bei abnehmender Wasserverfügbarkeit und zunehmender Trockenheit in mittleren und semi-ariden Breiten.[113]

Neben den ökologischen und sozialen finden auch die ökonomischen Folgen des Klimawandels immer mehr Beachtung.[114] Einkommensverluste werden insb. für die Land- und Forstwirtschaft, Nahrungsmittelindustrie und Wasserwirtschaft prognostiziert.[115] Stern beziffert die monetarisierbaren volkswirtschaftlichen Kosten des Klimawandels auf Basis seiner Modellrechnungen auf wenigstens 5 % des globalen Brut-

---

BMWi 2016, S. 48.

106 Vgl. Zabel 2013a, S. 312 unter Nutzung von IPCC 2007a sowie Abbildung 3.

107 Vgl. Zabel 2013a, S. 309; Zur Geldwirtschaft vgl. auch Zabel 2004b.

108 Vgl. Latif 2007, S. 61.

109 Vgl. Stern 2007, S. xvi.

110 Zur Definition von Treibhausgasen vgl. DIN EN ISO 14067:2014, S. 3.

111 Vgl. Zabel 2013a, S. 311 und S. 312.

112 Vgl. IPCC 2007c, S. 30.

113 Vgl. IPCC 2007c, S. 31.

114 Vgl. z. B. Nertinger 2015, S. 14. In einer Unternehmensbefragung (267 Unternehmen der Region Bremen-Oldenburg im Jahr 2010 und 300 Unternehmen im Jahr 2012), durchgeführt von der NordWest 2050, geben 50 % der Teilnehmer an, dass die Folgen des Klimawandels für sie zukünftig erfolgrelevant sind (vgl. Schneider/Fichter 2014).

115 Zu den Auswirkungen des Klimawandels auf die (Volks-)Wirtschaft vgl. Winkler 2005, S. 28.

toinlandsproduktes (BIP).[116] Bei einer breiten Berücksichtigung von Risiken und Einflüssen steigen die Schadensschätzungen auf bis zu 20 %.[117] Bei direktem Handeln prognostiziert Stern eine Reduktion der Kosten des Klimawandels auf 1 % des BIP pro Jahr.[118] Besonders gravierend ist die Eigendynamik, die entsteht: Ab bestimmten Grenzwerten kommt es zu positiven Rückkopplungen bzw. sog. „Tipping points"[119], die dazu führen können, dass „sich Schadensfolgen und Klimaveränderungen ‚aufschaukeln', so dass der Kollaps des Klimasystems und damit die Zerstörung der Lebensgrundlagen für die Zivilisation droht."[120]

Die Bedeutung der Umorientierung der Unternehmen ist deutlich:[121] Sie sind nicht nur Verursacher des Klimawandels,[122] sie sind auch von den ökologischen, ökonomischen und sozialen Folgen Betroffene.[123] Für sie gilt es „Schwächen (...) abzubauen und die Stärken auszuschöpfen, um Chancen des Klimawandels als Beitrag zum ökonomischen Erfolg zu nutzen und Risiken aus dem Klimawandel auf ein erträgliches Maß zu reduzieren bzw. zu minimieren."[124]

Dabei steigt der Handlungsdruck für die Unternehmen, da die Negativwirkungen des (selbst verursachten) Klimawandels für die Industrie zunehmend spürbar werden, z. B. durch die Kosten der Schäden von Extremwetterereignissen, steigende Versicherungsprämien, Produktionsausfälle aufgrund der Folgen von Extremwetterereignissen, so dass Effizienz- und Effektivitätsverluste entstehen.[125] Die Unternehmen haben gleichzeitig ein hohes Problemlösungspotenzial, da sich aus der Modifikation von Produkten, Prozessen und Verhaltensweisen manigfaltige Möglichkeiten ergeben, die Treibhausgase zu reduzieren.[126]

---

116 Vgl. Stern 2007, S. xv.
117 Vgl. Stern 2007, S. xv.
118 Vgl. Stern 2007, S. xv.
119 Tipping Points sind laut IPCC definiert als das „level of change in system properties beyond which a system reorganizes, often abruptly, and does not return to the initial state even if the drivers of the change are abated" (IPCC 2014, S. 1774). Zu den Kipp-Punkten im Klimasystem und den damit verbundenen Prozessen vgl. UBA 2008, insb. S. 5–19; Zabel 2013a, S. 311–312 sowie Brinkel 2017, insb. S. 17.
120 Zabel 2013a, S. 311.
121 Vgl. Hesselbarth 2009, S. 174.
122 Vgl. Zabel 2013a, S. 312; BMU 2010, S. 16.
123 Vgl. Brinkel 2016, insb. S. 3–6; Nertinger 2015, S. 16.
124 Zabel 2010b, S. 27.
125 Vgl. Zabel 2013a, S. 312.
126 Vgl. Brinkel 2016, S. 3.

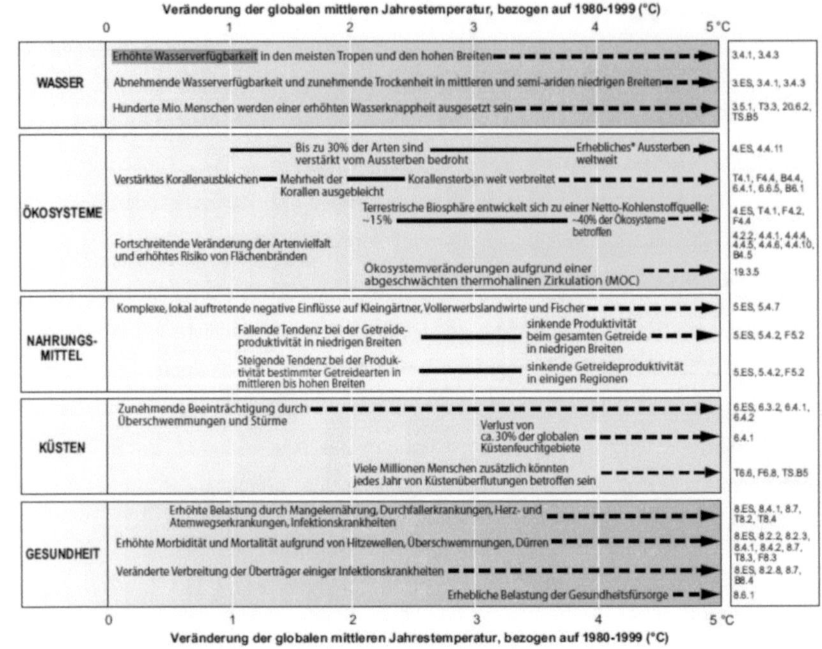

* Erheblich wird hier definiert als mehr als 40%.

** Auf Basis der durchschnittlichen Rate des Meeresspiegelanstiegs von 4,2 mm/Jahr von 2000-2080.

Abbildung SPM.2. *Illustrative Beispiele für projizierte globale Auswirkungen von Klimaänderungen (und, falls relevant, von Meeresspiegel und atmosphärischem Kohlendioxid), in Verbindung mit Anstiegen der mittleren globalen Erdoberflächentemperatur unterschiedlichen Ausmaßes im 21. Jahrhundert [T20.8]. Die schwarzen Linien verbinden die Auswirkungen untereinander, die gestrichelten Pfeile zeigen die bei steigender Temperatur fortgesetzten Auswirkungen. Die Einträge sind so platziert, dass die linke Seite des Textes den ungefähren Beginn einer Auswirkung angibt. Mengenmäßige Einträge bezüglich Wasserknappheit und Überschwemmungen stellen zusätzliche Auswirkungen der Klimaänderung dar, und zwar in Bezug auf die innerhalb der Bandbreite der SRES-Szenarien (A1F1, A2, B1 und B2; siehe Kasten 3 am Ende dieser Zusammenfassung) projizierten Bedingungen. Maßnahmen zur Anpassung an die Klimaänderung sind in diesen Abschätzungen nicht enthalten. Alle Einträge sind veröffentlichten Studien entnommen, die in den Kapiteln des Sachstandsberichts verzeichnet sind. Die Quellenangaben befinden sich in der Spalte rechts von der Tabelle. Für alle Aussagen besteht ein hohes Vertrauensniveau.*

Abbildung 4: Illustrative Beispiele für projizierte globale Auswirkungen von Klimaänderungen
Quelle: IPCC 2007c, S. 31.

B.2.2 Demografischer Wandel

Der demografische Wandel führt zwangsläufig zu einer Veränderung der Arbeitswelt:[127] Die Bevölkerung geht zurück und wird zur gleichen Zeit älter, auch die Erwerbsbevölkerung.[128] Die Einwohnerzahl Deutschlands betrug im Jahr 2015

---

[127] Vgl. Bertelsmann-Stiftung o.A., S. 1.

[128] Vgl. Adenauer 2015, S. 9.

82,18 Mio. Menschen.[129] Eine Entwicklung der Bevölkerungszahlen zwischen 1950 und 2060 stellt die ***Abbildung 5*** dar.

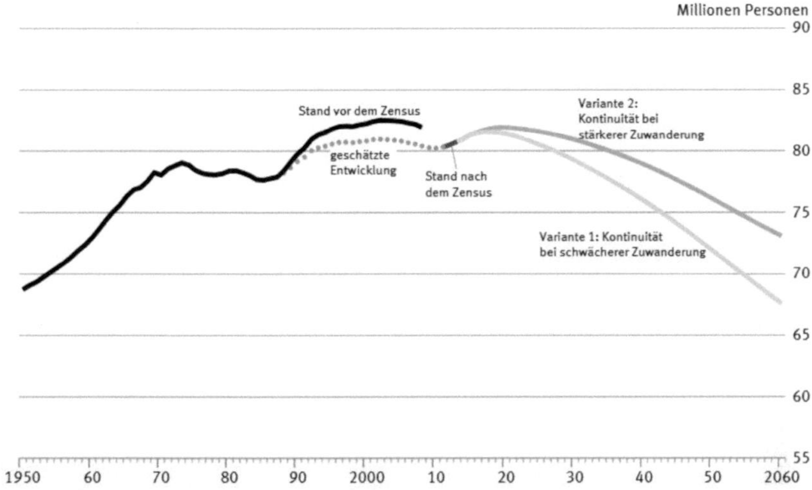

Abbildung 5: Bevölkerungszahl von 1950 bis 2060 (ab 2014 Ergebnisse der 13. koordinierten Bevölkerungsvorausberechnung)

Quelle: Statistisches Bundesamt 2015, S. 15.

Die in ***Abbildung 5*** zu erkennende rückläufige Bevölkerungsentwicklung in den Jahren 2003–2010 konnte insb. aufgrund der besonders starken Netto-Zuwanderung[130] ab dem Jahr 2011 umgekehrt werden.[131] Grundsätzlich resultieren aus der aktuell hohen Zuwanderung (Stichwort Flüchtlingskrise) nach einer Einschätzung des statistischen Bundesamtes nur sehr geringe Effekte auf die langfristige Bevölkerungsentwicklung.[132]

Allerdings sollte diese Einschätzung mit Vorsicht betrachtet werden. Neben den „bekannten" Fluchtursachen wie Kriege, Bürgerkriege und Armut können insb. Umweltweltveränderungen (z. B. Industrieunfälle, Atomtests, Müllablagerung) bzw. klimainduzierte Veränderungen (z. B. lang anhaltende Dürren, Extremwetterereignisse)

[129] Vgl. Statista 2016. Die 13. Bevölkerungsvorausberechnung für Deutschland, die zwischen den Statistischen Ämtern von Bund und Ländern koordiniert wurde, prognostiziert die Bevölkerungsentwicklung Deutschlands bis zum Jahr 2060 (vgl. Statistisches Bundesamt 2015).

[130] Die Netto-Zuwanderung entspricht dem Saldo von Zuzügen und Fortzügen aus Deutschland (vgl. Statistisches Bundesamt 2015, S. 15).

[131] Vgl. Statistisches Bundesamt 2015, S. 6. Zum Thema demografischer Wandel und Migration vgl. Bertelsmann Foundation 2012, S. 15–51.

[132] Vgl. Statistisches Bundesamt 2016a, S. 1.

auch kurzfristig zur Klima- bzw. Umweltflucht führen.[133] Die Prognosen zur Zahl der Umweltflüchtlinge variieren stark und sind aufgrund einer fehlenden, allgemein anerkannten Definition von Umweltflüchtlingen kritisch zu hinterfragen. Insbesondere beim Erreichen der Tipping Points ist eine Prognose der Flüchtlingszahlen schwierig. Eine häufig zitierte Zahl geht auf eine Untersuchung von Norman Myers (Oxford University) zurück, der bis zum Jahr 2050 200 Mio. Umweltflüchtlinge prognostiziert.[134] Flüchtlingsströme in diesen Dimensionen können die Bevölkerungsprognosen Deutschlands beeinflussen.

Zudem ist in Deutschland eine „Trendwende" hin zur Familie zu beobachten:[135] Seit 2012 ist ein Anstieg der zusammengefassten Geburtenziffer auf 1,5 Kinder je Frau im Jahr 2015 zu verzeichnen.[136] Hierfür können verschiedene Gründe genannt werden: Die Familienpolitik der Bundesregierung fruchtet (z. B. Elterngeld, Kita-Umbau), die starken Geburtenjahrgänge 1981–1991 bekommen Kinder, aber auch ein eintretender Wertewandel.[137] Hinzu kommt, dass die Zahl der Neugeborenen mit Müttern, die eine andere Staatsangehörigkeit haben steigt: Im Jahr 2015 wurden 148 000 Neugeborene von Müttern mit ausländischer Staatsangehörigkeit zur Welt gebracht.[138] Trotz dieser „Trendwende" hin zur Familie liegt ein Sterbeüberschuss vor, der zu der langfristigen Prognose eines Bevölkerungsrückgangs führt.[139] Unter Berücksichtigung der demografischen Entwicklungen sinkt die Einwohnerzahl Deutschlands voraussichtlich bis zum Jahr 2060 auf 67,6 („kontinuierliche Entwicklung bei schwacher Zuwanderung") bzw. 73,1 Mio. Menschen („kontinuierliche Entwicklung bei starker Zuwanderung"), da die Zahl der Gestorbenen die der Geborenen immer stärker übersteigt.[140] Der Bevölkerungsrückgang geht mit einer Veränderung im Al-

133 Vgl. UBA 2010, S. 12–14.
134 Vgl. Myers 1995, S. 1.
135 Vgl. Fieber 2016.
136 Vgl. Statistisches Bundesamt 2016b, S. 1.
137 Vgl. Fieber 2016.
138 Vgl. Statistisches Bundesamt 2016c, S. 1.
139 Vgl. Statistisches Bundesamt o. A.
140 Die Studie basiert auf Annahmen zur Geburtenhäufigkeit, Lebenserwartung und der Netto-Zuwanderung, woraus sich acht Modellvarianten ergeben. Diese werden aus analytischen Gründen durch drei Modellrechnungen ergänzt. Die häufig zitierten Modellvarianten „Kontinuität bei schwächerer Zuwanderung (Variante 1)" sowie „Kontinuität bei stärkerer Zuwanderung (Variante 2)" gehen von folgenden Annahmen aus: annähernd konstante jährliche Geburtenhäufigkeit, Anstieg der Lebenserwartungen (bei Männern um 7, bei Frauen um 6 Jahre). Die Varianten unterscheiden sich durch die Annahme zum Wanderungssaldo: Variante 1 basiert auf einer Reduzierung der Zuwanderung innerhalb von 6 Jahren von zunächst 500 000 auf 100 000 Personen bis 2021, wobei die Zuwanderung dann stabil bleibt. Variante 2 geht davon aus, dass sich der

tersaufbau der deutschen Bevölkerung einher. Die noch im Jahr 1910 vorherrschende Struktur einer klassischen Alterspyramide weicht einer „zerzausten Wettertanne“[141] (***vgl. Abbildung 6***).

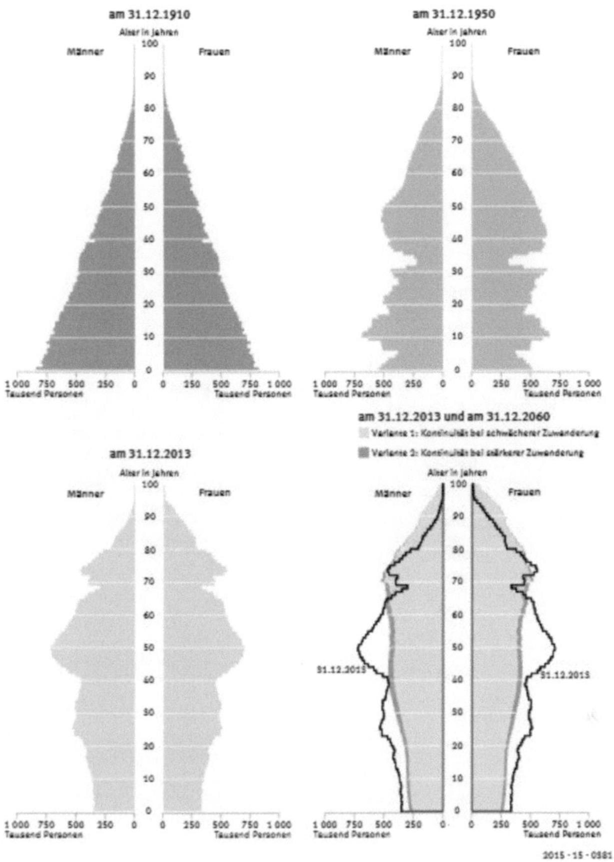

Abbildung 6: Altersaufbau der Bevölkerung in Deutschland

Quelle: Statistisches Bundesamt 2015, S. 18.

Wanderungssaldo bis 2021 auf 200 000 Personen reduziert und sich auf diesem Niveau stabilisieren wird (vgl. Statistisches Bundesamt 2015, S. 5, 7 und 8).

141 Statistisches Bundesamt 2009, S. 14.

Sinkende Geburtenzahl	• Bis 2020 bleibt die Geburtenzahl stabil bei 700 000 Neugeborenen, • danach Rückgang der Geburten bis 2060 auf 500 000 bis 550 000 Neugeborene; • Zusätzliche Herausforderung: Die niedrige Geburtenhäufigkeit führt dazu, dass auch die Anzahl potenzieller Mütter sinkt.
Mehr Sterbefälle	• Steigende Lebenserwartung, da stark besetzte Jahrgänge immer älter werden; • Trotzdem steigt die Zahl der Sterbefälle (von 2013 bis Anfang der 2050er von 894 000 auf 1,1 Mio. Personen, danach Rückgang bis 2060 auf 1 Mio. Personen).
Abnahme der Bevölkerung	• Wachsendes Geburtendefizit, da die Zahl der Gestorbenen die Zahl der Geborenen immer mehr übersteigt (das Geburtendefizit kann langfristig nicht von Netto-Zuwanderung gestoppt werden). • 2003–2011 Bevölkerungsrückgang, seit 2011 Rückgang aufgrund hoher Zuwanderung gestoppt, aber Fortbestehen des langfristigen demografischen Trends: Die Einwohnerzahl wird von 80,8 Mio. Einwohnern im Jahr 2013 auf 76,6 (Variante 1) bzw. 73,1 (Variante 2) Mio. Einwohner im Jahr 2060 zurückgehen.
Verschiebung in der Altersstruktur	**Die Relationen zwischen Alt und Jung werden sich stark verändern:** • Das Altern der heute stark besetzten mittleren Jahrgänge führt zur Verschiebungen in der Altersstruktur. • 2013: 18 % der Bevölkerung gehören der Kategorie Kinder und junge Menschen unter 20 Jahren an, 61 % zu den 20- bis unter 65-Jährigen und 21 % zu 65-Jährigen und älter. • 2060: 16 % der Bevölkerung gehören der Kategorie Kinder und junge Menschen unter 20 Jahren an, 51 bis 52 % zu den 20- bis unter 65-Jährigen und 32 bis 33 % zu 65-Jährigen und älter. • Die Alterung schlägt sich insb. in den Zahlen der Hochbetagten (80 Jahre und älter) nieder. Im Jahr 2013 lebten etwa 4,4 Mio. Menschen in Deutschland (5,4 % der Bevölkerung). Ihre Zahl wird kontinuierlich steigen (über 10 Mio. Menschen im Jahr 2050), zwischen 2050 und 2060 sinkt dann die Zahl der Hochbetagten auf 9 Mio. Menschen (13 % der Bevölkerung).
	Alterung und Abnahme der Bevölkerung im Erwerbsalter: • Ähnlich wie die Bevölkerung insgesamt wird auch die Bevölkerung im Erwerbsalter (von 20 bis 64 Jahren) deutlich altern und schließlich schrumpfen. • Im Jahr 2013 lebten 49,2 Mio. Menschen im Erwerbsalter in Deutschland, für das Jahr 2030 werden 44–45 Mio. Menschen, 2060 34 (Variante 1) bis 38 (Variante 2) Mio. Menschen prognostiziert. • Die Zahl der Erwerbstätigen in der Gesamtbevölkerung wird von 61 % im Jahr 2013 auf 55 % in 2030 und 51 % im Jahr 2060 (Variante 1) sinken.
	Der Bevölkerung im Erwerbsalter werden künftig immer mehr Seniorinnen und Senioren gegenüberstehen. • 2013 entfielen auf 100 Personen im Erwerbsalter (20 bis unter 65 Jahre) 34 Ältere (65 oder mehr Jahre). 2060 wären es 65 (Variante 1) bzw. 61 (Variante 2) Ältere. • Der Jugendquotient (Verhältnis zwischen Personen unter 20 Jahren und Erwerbstätigen) bleibt relativ konstant und schwankt zwischen 30 und 31 (in Variante 1 und 2). • Damit verschiebt sich auch das Verhältnis zwischen „Empfängergruppen" (Unter-20-Jährige und Über-65-Jährige) und den Erwerbstätigen von 64 im Jahr 2013 auf 93 (moderater Anstieg der Lebenserwartung und stärkere Zuwanderung) bzw. 101 (starker Anstieg der Lebenserwartung und schwache Zuwanderung) im Jahr 2060.

Tabelle 2: Ergebnisse der 13. koordinierten Bevölkerungsvorausberechnung

Quelle: Tabellarisiert nach Statistisches Bundesamt 2015, S. 5–7 und S. 19, sowie Statistisches Bundesamt 2009, S. 9.

Während auf der einen Seite die jüngere Bevölkerung abnimmt, nimmt auf der anderen Seite die ältere Bevölkerung zu: Waren im Jahr 2013 18 % der deutschen Bevölkerung unter 20 Jahre und 21 % über 65 Jahre, werden es 2060 16 % und 32–33 % sein.[142] Der Einfluss der Alterung der deutschen Bevölkerung wirkt sich insb. auf die Zahl der Erwerbstätigen aus, das sind Personen zwischen 20 und 64 Jahren.[143] Waren im Jahr 2013 noch 49,2 Mio. erwerbstätig, werden es 2060 38 Mio. (Variante 2) bzw. 34 Mio. (Variante 1) Personen sein.[144] Zudem nimmt die Zahl der älteren Erwerbstätigen überproportional zu, insb. aufgrund der Alterung der sog. Babyboomer-Generation, d. h. der geburtenstarken Jahrgänge der 1950er und 1960er.[145] Die Situation verschärft sich zusätzlich, wenn diese Altersgruppe ab 2015 in Rente gehen wird und die Zahl der erwerbsfähigen Personen unter 50 Jahren damit weiter abnimmt.[146]

Tabelle 2 fasst die qualitativen und quantitativen Veränderungen der Bevölkerungsstruktur in Deutschland, basierend auf der 13. koordinierten Bevölkerungsvorausberechnung, zusammen.[147]

Die Erkenntnisse lassen sich zu zwei zentralen, wirtschaftsrelevanten Aussagen zusammenfassen:[148]

1. Der Anteil der älteren Bevölkerung nimmt stark zu und das Durchschnittsalter der Beschäftigten erhöht sich.
2. Die geburtenstarken Kohorten scheiden aus (insb. zwischen 2020 und 2040). Gleichzeitig verschlechtert sich das quantitative Verhältnis zwischen ausscheidenden und nachrückenden Jahrgängen.[149]

Die Ausführungen zeigen, dass sich für Unternehmen und insb. KMU aus dem demografischen Wandel sowohl Chancen als auch Risiken ergeben:[150] Neben den absatzpolitischen (z. B. Zunahme der Konsumenten im Segment 50plus) zeigen sich für

---

142 Vgl. Statistisches Bundesamt 2015, S. 6.
143 Vgl. Statistisches Bundesamt 2015, S. 6.
144 Vgl. Statistisches Bundesamt 2015, S. 6.
145 Vgl. Kay/Kranzusch/Suprinovič 2008, S. 6.
146 Vgl. Kay/Kranzusch/Suprinovič 2008, S. 6.
147 Dabei können sich die Entwicklungen regional stark unterscheiden. Zu einer regionalen Differenzierung der Herausforderungen des demografischen Wandels vgl. z. B. Kay/Kranzusch/Suprinovič 2008, S. 8–10; Ringel 2014.
148 Vgl. Kay/Kranzusch/Suprinovič 2008, S. 23.
149 Es sollte auch nicht unerwähnt bleiben, dass die mit diesen Entwicklungen einhergehenden steigenden Kosten in den Sozial- und Gesundheitssystemen auch von KMU mit getragen werden müssen (vgl. Rogall 2013, S. 253).
150 Vgl. BMU 2008, S. 9.

KMU insb. personalwirtschaftliche Implikationen,[151] die in zwei Bereiche zusammengefasst werden können:

> „a. Es wird schwerer, geeignete Ausbildungskandidaten, Nachwuchs- und Fachkräfte zu finden, zu gewinnen und an das Unternehmen zu binden (es gibt weniger jüngere Menschen), und
> b. der Erhalt der Arbeits- und Leistungsfähigkeit des Personals wird noch wichtiger (vor dem Hintergrund ‚Rente mit 67' und eines wachsenden Anteils älterer Beschäftigter an der Belegschaft)."[152]

Das Bundesministerium für Umwelt, Naturschutz und Reaktorsicherheit (BMU)[153] schätzt die Situation folgendermaßen ein:

> „Selbst bei einer Zunahme qualifizierter Zuwanderung ist abzusehen, dass der Fachkräftebedarf vieler Unternehmen sich in Zukunft nur decken lassen wird, wenn die betriebliche sowie überbetriebliche Ausbildung intensiviert und die lebenslange Weiterbildung verstärkt werden. Es wird darum gehen, in die Personalressourcen zu investieren, Personal zu halten und zu binden. Älteres Personal muss Erfahrungen besser einbringen können. Dabei kommt auch der betrieblichen Gesundheitsvorsorge eine steigende Bedeutung zu."[154]

Zusammenfassend lässt sich aus der Darstellung der beiden Beispiele Klimawandel und demografischer Wandel festhalten: KMU müssen sich den Herausforderungen des 21. Jahrhunderts stellen, denn nur dann ergeben sich für sie neben den Risiken auch erhebliche Chancen aus den Megatrends. Sie sollten genutzt werden, um den langfristigen Unternehmensbestand zu sichern.

B.3 Nachhaltigkeit als Problemlösungskonzept für KMU

Das Konzept „Nachhaltigkeit" kann KMU befähigen, den Herausforderungen des 21. Jahrhunderts, welche in der vorliegenden Arbeit am Beispiel des Klimawandels und des demografischen Wandels dargestellt wurden, erfolgreich zu begegnen.[155]

Seine Ursprünge findet der moderne Nachhaltigkeitsbegriff in der Veröffentlichung der UN World Commission on Environment and Development (WCED) aus dem Jahr 1987 „Our Common Future",[156] welche nachhaltige Entwicklung folgendermaßen

---

151 Zu den absatzpolitischen Herausforderungen vgl. z. B. Ringel 2014; Kay/Kranzusch /Suprinovič 2008, S. 13–19.
152 Adenauer 2015, S. 17.
153 Seit 2013 Bundesministerium für Umwelt, Naturschutz, Bau und Reaktorsicherheit (BMUB).
154 BMU 2008, S. 9.
155 Vgl. dazu Kapitel B.2.
156 Vgl. WCED 1987.

definiert: „Sustainable development meets the needs of the present without compromising the ability of future generations to meet their own needs."[157]

Trotz oder wegen der offenen Formulierung und den damit einhergehenden Interpretationsspielräumen gilt die Nachhaltigkeitsdefinition des Brundlandt-Berichtes als Grundlage der in den folgenden Jahren geführten Nachhaltigkeitsdebatte.[158] Zum ersten Mal wurde die globale Perspektive der Nachhaltigkeit, die untrennbare Verbindung zwischen Umwelt und Entwicklung sowie inter- und intragenerativer Gerechtigkeit zusammengeführt.[159] Zusätzlich wurden soziale, ökologische und ökonomische Ziele dargelegt, deren Basis das „Magische Dreieck"[160] bildet.

Während dem magischen Dreieck die Idee der Ausgeglichenheit der drei Nachhaltigkeitsdimensionen zugrundeliegt, werden die Hierarchien der drei Dimensionen Ökonomie, Ökologie und Soziales im Drei-Säulen-Modell[161] kontrovers diskutiert.[162] Sprechen sich einige Autoren für die Gleichberechtigung der drei Säulen aus, argumentieren andere für die Bevorzugung einzelner Dimensionen.[163] Einigkeit besteht jedoch darin, dass das Drei-Säulen-Modell den Ausgangspunkt für die Mehrzahl der Nachhaltigkeitskonzepte bildet.[164]

Weder das menschliche Zusammenleben noch das Wirtschaften ist ohne funktionierende Ökosysteme möglich. Dies begründet das „Primat der Erhaltung der natürlichen Lebensgrundlagen"[165], welches Bestandteil der folgenden Nachhaltigkeitsdefinition ist:[166]

---

157 WCED 1987, S. 54.

158 Vgl. z. B. Rheinländer 2013, S. 15; Grunwald/Kopfmüller 2012, S. 24, Rogall 2011, S. 146.

159 Vgl. Rheinländer 2013, S. 15; Grunwald/Kopfmüller 2012, S. 24.

160 Huber 2011, S. 155. Vgl. dazu auch Hinterberger/Welfens 1994, S. 405, Kleine 2009, S. 5–6. Das magische Dreieck wurde in Anlehnung an das 1967 durch das Stabilitäts- und Wachstumsgesetz kodifizierte „Magische Viereck" mit den Dimensionen 1. angemessenes Wirtschaftswachstum, 2. möglichst Vollbeschäftigung, 3. niedrige Preissteigerung sowie 4. ausgeglichener Außenhandelsbilanz entwickelt (vgl. Kleine 2009, S. 5). Innerhalb der Diskussion um das magische Dreieck wird häufig der Bezug zum Wirtschaftswachstum hergestellt. Zu beachten sind aber die Grenzen des Wirtschaftswachstums als Wohlfahrtsmaß insb. im Nachhaltigkeitskontext (vgl. Daly 1973 und 1999; Paech 2012)

161 Das Drei-Säulen-Modell ist historisch gewachsen und kann keinem Autor eindeutig zugeordnet werden (vgl. Kopfmüller/Brandl/Jörissen u. a. 2001, S. 47). Zum Drei-Säulen-Modell vgl. z. B. Elkington 1994; Kleine 2009).

162 Vgl. Kleine 2009, S. 6; Rogall 2011, S. 147; Nertinger 2015, S. 22.

163 Ausgangspunkt dieser Diskussion war die Frage nach Umweltschutz oder Wirtschaftswachstum und einer angemessenen menschlichen Entwicklung (vgl. Kleine 2009, S. 5–6).

164 Vgl. Kleine 2009, S. 6. Eine Darstellung von allgemeingültigen Eckpfeilern der drei Dimensionen sowie zur Zusammenwirkung der Dimensionen findet sich u. a. bei Rheinländer 2013, S. 31–38.

165 Zabel 2013a, S. 310. Verstärkt wird die Bedeutung funktionierender Ökosysteme durch die Irre-

Nachhaltigkeit bzw. Sustainability…

… verkörpert eine Form des gesellschaftlichen Zusammenlebens und Wirtschaftens, die vermittels der Beachtung ökonomischer, ökologischer und sozialer Zielkriterien (beim Primat der Erhaltung der natürlichen Lebensgrundlagen) und auf der Basis eines sozial- und ökologieverträglichen Technikeinsatzes sowie der Durchsetzung intra- und intergenerativer Gerechtigkeit die Zielstellung „Sicherung der Einheit von Überleben, gut, sinnvoll und frei leben für möglichst viele Menschen und Generationen“ verfolgt.

Bedeutung für zukünftige Generationen

- Überlebenschancen
- Entfaltungschancen (intergenerative Gerechtigkeit)

Bedeutung für gegenwärtige Generationen

Befriedigung des Bedürfnisses nach Arterhaltung und damit Basis von:
- Zufriedenheit
- Dialog- und Kooperationsbereitschaft
- Sozialem Frieden (intragenerative Gerechtigkeit)
- Abwehr akuter Bedrohung und Ungleichgewichte

Inhaltliche Komponenten

- (Re-)Aktivierung genetischer Prägungen mit der Bereitschaft und Fähigkeit zur inter- und intragenerativen Gerechtigkeit (Ethik auf Basis eines Wertewandels in Richtung Altruismus)
- Einsatz regenerativer Energien und Ressourcen im Maße ihres Nachwachsens bzw. ihrer Regeneration (Sonnenenergie plus Kreislaufwirtschaft)
- Umwelt- und sozialverträglicher Technikeinsatz (Naturbelastung nur im Maße ihrer Selbstreinigungskraft, Risikobegrenzung, Menschengerechtigkeit)
- Öko-soziale Marktwirtschaft
- Kombination von Effizienz-, Konsistenz- und Suffizienzstrategie

Abbildung 7: Eckpfeiler der Nachhaltigkeitsidee

Quelle: Zabel 2001, S. 94, leicht modifiziert und aktualisiert unter Verwendung von Zabel 2013a, S. 310.

„Nachhaltigkeit verkörpert eine Form des gesellschaftlichen Zusammenlebens und Wirtschaftens, die vermittels der Beachtung ökonomischer, ökologischer und sozialer

---

versibilität vieler Leistungen der Natur für den Menschen (Vgl. Hauff/Kleine 2009, S. 9). Hansjürgens und Wieler zeigen am Beispiel Biodiversität, dass Unternehmen auf der einen Seite in vielfältiger Weise auf funktionierenden Ökosystemen aufbauen und auf deren Leistungen zurückgreifen. Auf der anderen Seite beeinflussen Unternehmen die Ökosysteme (z. B. über ihren Ressourcenverbrauch und Umweltverschmutzung) (vgl. Hansjürgens/Wieler 2013, S. 8.). Es erscheint sinnvoll eine ökonomische Perspektive auf globale Umweltprobleme einzunehmen um zielführende Lösungsansätze aufzeigen zu können (vgl. dazu Hansjürgens/Ring/Schröter-Schlaak 2015, insb. S. 132–137). In der Vergangenheit konnte beobachtet werden, dass durch den Stern-Report (Stern 2007) im Bereich Klimawandel und die internationale TEEB-Studie (TEEB – The Economics of Ecosystems and Biodiversity) (2007–20110) (TEEB 2010, 2011a, 2011b, 2012) sowie auf nationaler Ebene die Studie Naturkapitel Deutschland – TEEB DE (Naturkapital Deutschland – TEEB DE 2015, 2016a, 2016b) im Bereich globaler Verlusts der biologischen Vielfalt ein erhebliche Aufmerksamkeit erzeugt wurde (vgl. Hansjürgens/Ring/Schröter-Schaak 2015, S. 138). Eine kritische Diskussion zum Ansatz der „Neuen Ökonomie der Natur“ findet sich bei Hansjürgens 2015.

[166] Die Begriffe „Nachhaltigkeit“ und „Corporate Social Responsibility (CSR)“ werden in der vorliegenden Arbeit synonym verwendet (zur Gleichsetzung der Begriffe vgl. Loew/Rhode 2013, S. 11–12; zur konzeptionellen Unterscheidung von Nachhaltigkeitsmanagement und CSR vgl. Schaltegger/Müller 2008, S. 24–30).

Zielkriterien (beim Primat der Erhaltung der natürlichen Lebensgrundlagen) und auf der Basis eines sozial- und ökologieverträglichen Technikeinsatzes sowie der Durchsetzung intra- und intergenerativer Gerechtigkeit die Zielstellung ‚Sicherung der Einheit von Überleben, gut, sinnvoll und frei leben für möglichst viele Menschen und Generationen' verfolgt."[167]

Folgende Eckpfeiler der Leitidee Nachhaltigkeit ergeben sich aus dieser Definition (***vgl. Abbildung 7***).

Aus der Nachhaltigkeitsdefinition ergeben sich Implikationen für zukünftige (Erhaltung von Überlebens- und Entfaltungsmöglichkeiten) und gegenwärtige Generationen (Ermöglichung der Bedürfnisbefriedigung gegenwärtiger Generationen zur Sicherung von Zufriedenheit, Dialog- und Kooperationsbereitschaft etc.).[168] Inhaltlich bedeutet dies insb. Maßnahmen zur Reaktivierung genetischer Prägungen zu ermöglichen, den Einsatz von regenerativen Energien zu forcieren, Ressourcen nur im Maße ihres Nachwachsens bzw. ihrer Regenerationsfähigkeit zu nutzen, Technikeinsatz umwelt- und sozialeverträglich zu gestalten, die Regeln der ökosozialen Marktwirtschaft zu verfolgen und eine Kombination der Nachhaltigkeitsstrategien Effizienz, Konsistenz und Suffizienz zu forcieren.[169]

Das Nachhaltigkeitsleitbild wurde im globalen Diskurs legitimiert und hat normativen Charakter.[170] Es beinhaltet deshalb einen Gestaltungsanspruch: „Letztlich ist es das Ziel Nachhaltigkeitsprobleme zu lösen, Defizite zu beheben und für Nachhaltigkeit geeignete Rahmenbedingungen zu schaffen."[171]

Dabei nimmt auch die Politik Unternehmen weiter in die Pflicht: So sind z. B. seit 2017 zahlreiche größere Unternehmen in Deutschland und der EU aufgefordert, Daten zu Umwelt-, Sozial- und Arbeitnehmerbelangen, zur Achtung der Menschenrechte und zur Bekämpfung von Korruption vorzulegen.[172] Diese Neuregelung gilt für etwa 6 000 Unternehmen und Gesellschaften mit mehr als 500 Mitarbeitern, wobei

167 Zabel 2013a, S. 310.
168 Vgl. Abbildung 7 und die dort verwendete Literatur.
169 Vgl. Abbildung 7 und die dort verwendete Literatur.
170 Vgl. Hauff/Kleine 2009, Vorwort. Zu Methodenfragen der Nachhaltigkeitsforschung (normativ, integrativ, partizipativ) vgl. Hayn/Nölting/Voß 2009.
171 Grunwald/Kopfmüller 2012, S. 49.
172 Vgl. EU-Richtlinie 2014/95/EU vom 22. Oktober 2014 zur Offenlegung nichtfinanzieller und die Diversität betreffender Informationen (EU 2014). Kritisch dazu anzumerken ist, dass damit zunächst die Quantität der Nachhaltigkeitsberichte zunehmen wird. Über die Qualität der Nachhaltigkeitsberichte sagt dies noch nichts aus (vgl. IÖW/Future e. V. 2016, S. 5–6).

indirekt insb. KMU betroffen sind.[173] Viele Unternehmen reagieren auf diese Entwicklung mit hohem Engagement: Sie beteiligen sich bereits freiwillig an der Nachhaltigkeitsberichterstattung. Dabei nutzen sie bestehende Standards wie den Deutschen Nachhaltigkeitskodex (DNK), zu dem bereits 424 DNK-Entsprechenserklärungen von 220 Unternehmen und Organisationen vorliegen.[174] Der DNK stellt einen Rahmen für die Berichterstattung zu nichtfinanziellen Leistungen für Organisationen und Unternehmen jeder Größe und Rechtsform zur Verfügung, der weltweit angewandt werden kann.[175] Zudem ermöglicht er KMU mit einem speziellen Leitfaden den leichten Einstieg in die Nachhaltigkeitsberichterstattung.[176]

Zusätzlich zum DNK stellt auch die Global Reporting Initiative (GRI) eine Orientierungshilfe zur Nachhaltigkeitsberichterstattung für KMU zur Verfügung, welche Argumente für die Berichterstattung als Schritte zur Vorbereitung eines Nachhaltigkeitsberichts nach den G4-Leitlinien aufzeigt.[177]

Neben der Politik zeigt auch der Finanzmarkt ein steigendes Interesse an der Nachhaltigkeitsperformance von Unternehmen.[178] So mobilisiert das Carbon Disclosure Project (CDP) „eine umfangreiche Marktmacht von institutionellen Investoren und Vermögensverwaltern, um insb. große börsennotierte Unternehmen zu klimabewusstem Verhalten zu bewegen."[179] Im CDP sind mehr als 767 Großinvestoren zusammengeschlossen, welche ein Vermögen von ca. 92 Billionen US-Dollar verwalten, mit über 4 500 teilnehmenden Unternehmen.[180] Aufgrund der Anforderungen des CDP und der engen Verflechtungen zwischen Großunternehmen und KMU strahlen die Aktivitäten auch auf KMU aus.

Der United Nations Global Compact (UN GC) ist mit mehr als 12 000 beteiligten Unternehmen und Organisationen aus über 170 Ländern weltweit die größte Initiative für verantwortungsvolle Unternehmensführung.[181] Unter Verwendung von 10 univer-

---

173 Vgl. DNK o. A.
174 Vgl. DNK 2017. Zum DNK vgl. auch Colsman 2016, S. 16–17.
175 Vgl. DNK 2016.
176 Vgl. Bertelsmann-Stiftung 2014.
177 Vgl. GRI 2014.
178 Vgl. Colsman 2016, S. 21.
179 Brinkel 2017, S. 5. Zum CDP vgl. insb. Günter/Weber 2010; Brinkel 2017, S. 5.
180 Vgl. Carbon Disclosure gGmbH o. A.
181 Vgl. UN GC o. A., S. 14 und 18.

sellen Prinzipien verfolgt der UN GC die Vision nachhaltigen Wirtschaftens.[182] Wie beim CDP ist auch beim UN GC die freiwillige Beteiligung von KMU zu erkennen.[183] So sind in Deutschland mit 174 der 471 Genannten mehr als ein Drittel der Teilnehmer KMU.[184]

Einen wesentlichen Beitrag auf dem Weg der nachhaltigen Entwicklung leisten Unternehmen durch den Aufbau von (zertifizierten) Managementsystemen. Der Aufbau und die Integration normierter Managementsysteme reicht von ökologischen (z. B. Umweltmanagementsysteme nach EMAS III[185] bzw. ISO 14 001[186], Energiemanagementsysteme nach ISO 50 001[187]) und sozialen Managementsystemen (z. B. Sozialmanagementsysteme SA 8 000,[188] AA 1 000,[189] OHSAS 18 001,[190] gesellschaftliche Verantwortung – ISO 26 000[191]) bis hin zu integrierten Managementsystemen (z. B. Richtlinie des International Integrated Reporting Committee –IIRC).[192] Für KMU stehen auch in diesem Bereich Leitfäden zur einfacheren Umsetzung zur Verfügung.[193] Dies scheint sich positiv auf die Anwendung der Managementstandards auszuwirken: Bei der Anwendung des Umweltmanagementstandards EMAS III zeigt sich, dass 772[194] der 1178[195] Organisationen, die nach dem Standard zertifiziert sind, KMU zugerechnet werden können. Wohingegen die ISO 26 000 mit speziellem Blick auf KMU entwickelt wurde (freiwillige Teilnahme, nicht zertifizierbar), sich aber weniger als Leitfaden für diese Unternehmen, sondern eher als Referenzdokument eignet.[196]

Tabelle 3 fasst die in der Literatur und Praxis vorhandenen Konzepte und Instrumente des Nachhaltigkeitsmanagements (ohne Anspruch auf Vollständigkeit) zusammen.

---

182 Vgl. UN GC 2014, insb. S. 48.
183 Vgl. UN GC 2014, S. 46 und 47.
184 Vgl. Global Compact Netzwerk Deutschland o. A.
185 Vgl. EU 2009.
186 Vgl. DIN EN ISO 14 001:2015.
187 Vgl. DIN EN ISO 50 001:2011.
188 Vgl. Social Accountability International 2014.
189 Vgl. Accountability 2008.
190 Vgl. OHSAS 18 001:2007.
191 DIN ISO 26 000:2011.
192 Vgl. insb. zu integrierten Managementsystemen Gawron 2014.
193 Vgl. z. B. UGA 2011.
194 DIHK 2017.
195 DIHK 2017.
196 Vgl. Seeberg 2013, S. 21.

	Systeme/Konzepte und Instrumente	Nachhaltigkeitsherausforderungen			
		Ökologische Herausforderung *Öko-Effektivität*	Soziale Herausforderung *Sozio-Effektivität*	Ökonomische Herausforderung *Öko-Effizienz/Sozio-Effizienz*	Integrationsherausforderung *Integration*
Systeme/Konzepte	Anreizsysteme	●● A	●	●● A	
	Arbeitszeitmodelle		●● A	● A	●
	Balanced Scorecard	●	●	●●	●●
	Betriebl. Umweltinformationssystem	●● A		●	●
	Corporate Citizenship	●	●● A	●	
	Corporate Social Responsibility	●	●● A	●	●
	Design	●●		●	
	Nachhaltigkeitsmanagementsysteme	●● A	●●	●	●● A
	Qualitätsmanagementsysteme	●	●	● A	●● A
	Supply Chain Management	●●	●●	●●	●
Instrumente	ABC-Analyse	●● A	●●	●●	
	Audit	●● A	●●	●	●
	Benchmarking	●●	●●	●●	
	Bericht	● A	●● A	●	● A
	Bilanz	●● A	●	●●	
	Budgetierung	●●		●●	●
	Checkliste	●● A	●	●	●
	Corporate Volunteering	●	●● A	●	
	Cross-Impact-Analyse	●●	●	●	
	Dialoginstrumente	●	●● A	●	●
	Effizienz-Analyse	●	●	●●	●●
	Emissionszertifikatehandel	●●		●●	
	Früherkennung	●	●	●	●●
	Indikator	●● A	●● A	●● A	●●
	Investitionsrechnung	●		●●	●
	Kompass	●●		●	
	Kostenrechnung	●		●●	●
	Label	●● A	●●	●	●
	Leitbild	● A	● A	● A	● A
	Material- u. Energieflussrechnung	●●		●	
	Produktlinienanalyse	●●	●●	●	●
	Rating	●●	●●	●●	●
	Risikoanalyse	● A	●	● A	
	Shareholder Value			●●	
	Sponsoring	●●	●● A	●● A	●
	Stakeholder Value		●	●●	
	Szenarioanalyse	●	●	●	●
	Vorschlagswesen	●	●● A	● A	●
	Weiterbildung	●	●● A	● A	●
	Zirkel	● A	●	● A	●

Tabelle 1: Systeme, Konzepte und Instrumente zur Begegnung der vier Nachhaltigkeitsherausforderungen

●● Ausrichtung des Systems, Konzepts oder Instruments weitgehend oder vollständig gegeben
● Ausrichtung des Systems, Konzepts oder Instruments teilweise gegeben
A System, Konzept oder Instrument findet häufig Anwendung in der Praxis

Tabelle 3: Systeme, Konzepte und Instrumente zur Begegnung der vier Nachhaltigkeitsherausforderungen

Quelle: Vgl. Schaltegger/Herzig/Kleiber u. a. 2007, S. 19.

Die hier genannten ausgewählten Instrumente unterstützen Unternehmen zwar bei der Umsetzung von Nachhaltigkeitsaspekten, ersetzen jedoch nicht einen systematisch-ganzheitlichen Ansatz. Deshalb wird im Folgenden auf die Besonderheiten von KMU im Nachhaltigkeitskontext eingegangen, um darauf aufbauend ein den Anforderungen von KMU genügendes ganzheitliches und systematisches BNM entwickeln zu können. Denn nur die systemische Berücksichtigung von ökologischen, sozialen und ökonomischen Aspekten sichert sowohl einen gesellschaftlichen als auch einen unternehmerischen Mehrwert des Nachhaltigkeitsmanagements.[197]

B.4 Charakteristika von KMU im Nachhaltigkeitskontext

In den letzten Jahren hat es vereinzelt KMU-bezogene Arbeiten zu den Chancen und Herausforderungen bei der Übernahme gesellschaftlicher Verantwortung mittels Nachhaltigkeitsmanagement gegeben.[198] Ein Großteil der Autoren geht davon aus, dass bei KMU im Vergleich zu Großunternehmen Besonderheiten vorhanden sind. Allerdings herrscht keine Einigkeit darüber, welche Besonderheiten bzw. welche Eigenschaften der KMU das BNM in welche Richtung beeinflussen.[199] Hinzu kommt, dass die Analysen zumeist deskriptiv sind und die empirischen Analysen nur bedingt in der Lage, konkrete Handlungsempfehlungen für KMU abzuleiten.[200]

Unter Berücksichtigung des Forschungsstandes werden im Folgenden die im Nachhaltigkeitskontext bedeutenden Eigenschaften von KMU (im Vergleich zu Großunternehmen) herausgearbeitet.[201] Die Unterschiede begründen die Notwendigkeit neuer bzw. die Modifikation bestehender Instrumente des BNM für KMU sowie die unterschiedlichen Gestaltungsempfehlungen.

Die angeführten Unterschiede sind bei Betrachtung der konkreten Situation, in der sich das KMU befindet, zu relativieren (z. B. kann ein KMU in einer bestehenden Nische über eine hohe Marktmacht verfügen). Zudem können die Grenzen insb. zwischen großen KMU und „kleinen" Großunternehmen leicht verwischen.

197 Vgl. Schaltegger/Dubielzig 2006, S. 174.

198 Vgl. z. B. Grothe 2012, Meyer 2011, Hauff 2011.

199 Wieland/Schmiedeknecht unterscheiden z. B. das Differenz- und das Vernetzungsmodell (vgl. insb. Wieland/Schmiedeknecht 2010, S. 12–15). Ersteres betont die Unterschiede zwischen KMU und Großunternehmen und sieht CSR als Managementstrategie. Das Vernetzungsmodell sieht CSR als lokale Netzwerk-Governance und konzentriert sich deshalb auf Entwicklungs- und Erfolgsbedingungen von CSR in KMU.

200 Vgl. Wieland/Schmiedeknecht 2010, S. 11.

201 Vgl. Grothe/Marke 2012; Kromminga 2011. Es soll darauf hingewiesen werden, dass die einzelnen Aspekte nicht immer eindeutig voneinander abgegrenzt bzw. einer Kategorie zugeordnet werden können.

Im Vergleich zu Großunternehmen wichtige interne Charakteristika von KMU für die erfolgreiche Umsetzung eines Nachhaltigkeitsmanagements

- **Die Bedeutung der Person des Unternehmers und die Einheit von Eigentum und Leitung**

  Die Einheit von Eigentum und Leitung gilt als Spezifikum von KMU im Vergleich zu Großunternehmen.[202] Das bedeutet, dass Unternehmer sowohl Manager als auch Shareholder des KMU sind.[203] Als Leiter des KMU prägt der Unternehmer mit seiner Persönlichkeit wesentlich den Charakter und die Kultur des Unternehmens. Seine Haltung zum Thema Nachhaltigkeit spielt eine entscheidende Rolle bei der Umsetzung und für den Erfolg des BNM.[204] Er muss sich grundsätzlich für ein Nachhaltigkeitsengagement aussprechen und darauf aufbauend Maßnahmen initiieren und als Ansprechpartner fungieren.[205]

  Als Shareholder des KMU liegt beim Unternehmer die Kapitalmehrheit (Eigenkapital). Daraus ergibt sich eine finanzielle Abhängigkeit des Unternehmers vom KMU, da es für ihn eine entscheidende Erwerbsquelle bildet.[206] Die Abhängigkeit führt dazu, dass sich das Unternehmen für den Unternehmer als Lebensaufgabe darstellt.[207] Der Erfolg des Unternehmens ist stark abhängig von dessen Nachhaltigkeitsengagement.[208] Für den Unternehmer steht das Nachhaltigkeitsengagement deshalb in direktem Zusammenhang mit seiner Erwerbsquelle.

- **Wertorientierung**

  Reputation und Vertrauen kommen bei KMU eine große Bedeutung zu und sind eng an die Person des Unternehmers geknüpft, welcher sein Verhalten an Werten orientiert.[209] Empirische Studien zeigen, dass insb. Tradition, Religion sowie christliche Werte die Basis unternehmerischen Handelns bilden.[210] Vertrauen

---

202 Vgl. Kromminga 2011, S. 71
203 Vgl. Kromminga 2011, S. 74.
204 Vgl. Hauff 2011, S. 30; Grothe/Marke 2012, S. 29; Commerzbank o. A., S. 24.
205 Vgl. Grothe/Marke 2012, S. 31.
206 Vgl. Wossidlo 1993, Sp. 2890–2891.
207 Vgl. Wossidlo 1993, Sp. 22891 unter Verwendung von Gantzel 1962.
208 Vgl Schaltegger 2008, S. 22 sowie Kapitel C.
209 Vgl. Kromminga 2011, S. 72.
210 Insb. von Unternehmern, die über 60 Jahre alt sind (vgl. Commerzbank o. A., S. 10).

und Glaubwürdigkeit, welche nur entstehen können, wenn die Überzeugungen des Unternehmers im Handeln sichtbar werden, bilden eine weitere Wertebasis unternehmerischen Verhaltens.[211] Diese Wertorientierung bildet die Motivation und Grundlage eines Nachhaltigkeitsengagements in KMU, wobei diese mit der humanistischen Basisorientierung von Nachhaltigkeit korrespondiert.[212]

- **Handlungsorientierung**

  KMU sind durch eine starke Handlungsorientierung gekennzeichnet, wobei praktische Probleme und Aufgaben sowie konkrete Handlungsanlässe die Basis ihres unternehmerischen Handelns bilden.[213] Riess, Welzel und Lüth bestätigen die Handlungsorientierung von Unternehmern:

  > „Unternehmer sind Menschen, die Neues in die Welt bringen. Sie sehen Dinge mit neuen Augen, packen etwas an und bleiben dran. Sie ziehen Projekte durch. Denn sie wissen, dass ohne die Verantwortung des Einzelnen eine moderne Gesellschaft und unsere Marktwirtschaft nicht existieren könnten.“[214]

  Die Fokussierung auf die Handlungsorientierung zeigt sich bei KMU häufig in fehlenden Planungen. Handlungen finden spontan und intuitiv und unter Nutzung des Improvisationstalents des Unternehmers statt.[215]

  Für das Nachhaltigkeitsengagement ergeben sich aus der Handlungsorientierung wesentliche Potenziale: Ist der Unternehmer überzeugt, „packt“ er Nachhaltigkeitsbelange an. Viele Unternehmer haben die Fähigkeit, andere zu begeistern und sie „mitzunehmen“. Für die Umsetzung einer nachhaltigen Entwicklung ist dies als große Chance zu sehen.[216]

---

211 Dies gilt speziell für Unternehmer unter 45 Jahren (vgl. Commerzbank o. A., Kromminga 2011, S. 72).

212 Vgl. Zabel 2013a, S. 310. Zu den ethisch-moralischen Gründen für ein BNM vgl. z. B. Behringer/Meyer 2011, insb. S. 16.

213 Vgl. Kromminga 2011, S. 73; Bertelsmann Stiftung/Stiftung Familienunternehmen 2007, S. 28. Die grundsätzliche Handlungsorientierung von KMU ist unabhängig von deren Motiven zu Nachhaltigkeitsengagement zu sehen. So handeln bspw. viele KMU ohne die Motive des Handelns zu konkretisieren (vgl. Kromminga 2011, S. 73).

214 Riess/Welzel/Lüth 2008, S. 19.

215 Vgl. Pfohl 2013a, S. 19; Dabei geht der Unternehmer zugleich problemlösungsorientiert und pragmatisch vor (vgl. Stahl 2003, S. 25).

216 So wird KMU z. B. bei der Umsetzung von Nachhaltigkeitsinnovationen eine schnelle Reaktionsfähigkeit unterstellt (vgl. Petschow 2001, S. 6).

- **Strategie/Zeit**

  Das berufliche und private Leben ist bei Unternehmern aufgrund der Einheit von Eigentum und Leitung eng miteinander verknüpft. Dies führt dazu, dass Unternehmer in ihrer unternehmerischen Tätigkeit i. d. R. nicht nur die kurzfristige Gewinnmaximierung im Blick haben,[217] sondern langfristig denken und deshalb neben ökonomischen Aspekten im Verbund mit der genannten Werteorientierung eher auch ökologische und soziale Aspekte in ihre Überlegungen mit einbeziehen.[218] Das ist eine geeignete Basis für ein Nachhaltigkeitsengagement. KMU verfügen jedoch zumeist nicht über eine schriftlich formulierte (Nachhaltigkeits-)Strategie bzw. ein systematisches Nachhaltigkeitsmanagement.[219] Ihre Handlungs- und Denkmuster sind dennoch langfristig ausgerichtet.[220]

  Unternehmer klagen oftmals über fehlende Zeit.[221] Diese kann z. B. auf die Funktionshäufung, die parallele Ausübung mehrerer betrieblicher Funktionen, zurückgeführt werden.[222] Der Mangel an Zeit wird häufig als Begründung genannt, sich nicht mit Nachhaltigkeitsfragen befassen zu können bzw. diese nicht in der Entscheidungsfindung zu berücksichtigen.[223] Die Chance eines BNM in KMU ist dann gegeben, wenn Freiräume für den Unternehmer geschaffen werden (z. B. über den Abbau von Ineffizienzen).

- **Wissen/Know-how**

  Die Zuständigkeit für Nachhaltigkeitsbelange liegt in KMU bei der Person des Unternehmers. Eine eigens eingerichtete Organisationseinheit/Stabstelle Umweltschutz bzw. Nachhaltigkeitsmanagement ist nur in Ausnahmefällen zu finden. Dies führt dazu, dass Nachhaltigkeitsinformationen oft nicht systematisch in die normativen, strategischen und operativen Prozesse des Unternehmens eingebunden werden.[224]

---

217 Im Vergleich zu Großunternehmen orientieren sich KMU weniger an kurzfristigen Zielen und Quartalszahlen (vgl. Grothe/Marke 2012, S. 29 sowie Grothe/Goldmann/Marke u. a. 2011, S. 47).

218 Vgl. Schröder/Wömpener 2011, S. 32; Behringer 2012, insb. S. 38–42; Hauff 2011, S. 8; Grothe/Goldmann/Marke u. a. 2011, S. 47; Meyer/Schulz 2011, S. 6.

219 Vgl. Castrellon Gutierrez/Mittelstädt/Zabel 2014, S. 151–152; Schaltegger 2008, S. 22.

220 Vgl. Grothe/Marke 2012, S. 31.

221 Vgl. Grothe/Marke 2012, S. 29.

222 Vgl. Lanninger 2009, S. 48; Gantzel 1962, S. 213; Gutersohn 1986, S. 39; Wörwag 1996, S. 26.

223 Vgl. Grothe/Marke 2012, S. 29.

224 Falls diese überhaupt institutionalisiert sind (vgl. Grothe/Marke 2012, S. 29).

Unternehmer verfügen häufig über breites, anwendungsorientiertes Wissen und technische Kenntnisse. Nachhaltigkeitsspezifisches Wissen muss zusätzlich zur fachlichen Qualifikation, z. B. durch Weiterbildungen in Form von Unternehmerseminaren, erworben werden.

- **Hierarchie**
Die in KMU vorherrschenden flachen Hierarchien ermöglichen es, Entscheidungen schnell umzusetzen, sie unterstützen die Dialogorientierung innerhalb des Unternehmens und befördern Diskussionen.[225] Nachhaltigkeit basiert auf Kommunikation und Kooperation und einer Dialogorientierung, deren Basis in KMU vorhanden ist. Zudem bestehen aufgrund der flachen Hierarchien in KMU in der Regel ein geringerer Abstimmungsbedarf und ein geringerer Machtabstand zwischen den Akteuren, was Abstimmungsprobleme, z. B. bei der Umsetzung eines BNM, reduziert.[226]

- **Flexibilität**
KMU wird eine hohe Flexibilität zugeschrieben, die sich mit den dort vorhandenen kurzen Entscheidungswegen begründen lässt. Zudem verfügen sie über eine Kultur der informellen Kommunikation mit persönlichen Kontakten, was ihnen ermöglicht, verhältnismäßig unkompliziert Veränderungen herbeizuführen.[227] Das bedeutet, KMU können schnell auf sich ändernde Nachhaltigkeitserfordernisse reagieren und z. B. ihren Kunden nachhaltigkeitsfreundliche Produkte anbieten.

- **Information und Kommunikation**
Grundsätzlich weisen KMU aufgrund der Organisationsstruktur schnelle Kommunikations- und Informationswege auf. Werden KMU aber mit Informationen zu Nachhaltigkeitsthemen konfrontiert, sehen sich die Mitarbeitenden aufgrund der hohen Belastunge oft nicht in der Lage, die Informationen zu verarbeiten und in ihre Tätigkeit zu integrieren.[228] Das führt dazu, dass Informationen in KMU nicht systematisch selektiert und aufbereitet werden. Als Beispiel kann die

225 Vgl. Grothe/Marke 2012, S. 31.
226 Vgl. Grothe/Marke 2012, S. 31; Hofstede 1980.
227 Vgl. Schröder/Wömpener 2011, S. 32.
228 Vgl. Grothe/Marke 2012, S. 29.

Einhaltung von Umweltgesetzen genannt werden: Viele KMU kennen die für sie relevante Gesetzgebung nicht.[229] Aus dieser Tatsache ergeben sich für das Unternehmen existenzielle Risiken.

Hinzu kommt, dass in KMU tendenziell seltener standardisierte Informationssysteme/-architekturen wie z. B. Daten- und Dokumentenmanagementsysteme genutzt werden.

- **Beziehung zu den internen Stakeholdern**

  KMU müssen sich, ebenso wie Großunternehmen, den sehr komplexen Stakeholderbeziehungen stellen.[230] Sie gewichten ihre Stakeholder jedoch zumeist anders als Großunternehmen: Mitarbeiter stehen eher im Fokus der KMU-Unternehmer.[231] Aufgrund der engen persönlichen Beziehung des Unternehmers zu seinen Mitarbeitern und häufig auch zu deren Familien ergibt sich ein Gefühl der engen Verbundenheit, das sich auf die Region, in der das KMU ansässig ist, überträgt.[232]

  Untersuchungen zeigen, dass die Arbeitszufriedenheit in KMU im Vergleich zu Großunternehmen in der Regel relativ hoch ist, da die Mitarbeiter eigenverantwortlich und kreativ arbeiten können.[233]

Im Vergleich zu Großunternehmen wichtige externe Charakteristika von KMU für die erfolgreiche Umsetzung eines Nachhaltigkeitsmanagements

- **Beziehung zu den externen Stakeholdern**

  KMU verfügen in der Regel (insb. wegen der räumlichen Nähe und Verflechtung) über einen sehr engen Kontakt zu den externen Stakeholdern. Dies ermöglicht ihnen, gezielt auf die Bedürfnisse z. B. der Kunden einzugehen.[234] Allerdings haben sie aufgrund der Größe i. d. R. nur eine geringe Marktmacht,

---

229 Vgl. Europäische Kommission 2002, S. 43; Potts/Herd/Gerrad et al. 1999.

230 Vgl. Osburg 2013, S. 54; Kiefer/Biedermann 2008. Die Bertelsmann-Stiftung konnte empirisch belegen, dass bei Großunternehmen bisher eine stärkere Ausrichtung an den Stakeholderinteressen gegeben ist, als bei KMU (Bertelsmann-Stiftung 2006, S. 25).

231 Vgl. Kromminga 2011, S. 74.

232 Vgl. Kromminga 2011, S. 74.

233 Vgl. Pfohl 2013a, S. 21.

234 Vgl. Schröder/Wömpener 2011, S. 32 sowie Fueglistaller/Halter 2006, S. 31.

was sich z. B. bei Verhandlungen mit Lieferanten nachteilig bemerkbar machen kann.[235]

Aufgrund der fehlenden Systematik im Stakeholdermanagement fällt es KMU zudem schwer, das Potenzial aus den engen persönlichen Kontakten systematisch zu aktivieren. Ein wichtiges Instrument im Umgang mit den Anspruchsgruppen ist das Stakeholdermanagement, welches in KMU wenig systematisch und eher defensiv betrieben wird.[236]

- **Regionalität sowie Umfeld- und Heimatbezug**
  Der Erfolg von KMU ist eng mit der Leistungsfähigkeit der Region verbunden.[237] Sie sind von regionalen Problemen wie Fachkräftemangel oder einem schlechten Betreuungsangebot für Kinder direkt betroffen oder bekommen diese unmittelbar zu spüren und haben somit ein konkretes Handlungsmotiv.[238] Der Fachkräftemangel wird sich, insb. in strukturschwachen Regionen aufgrund der demografischen Entwicklung weiter verschärfen.[239] Für diese Regionen erweist es sich zudem als problematisch, dass es KMU an überregionaler Bekanntheit fehlt, um Personal aus anderen Regionen anzuwerben.[240]

  Auf der anderen Seite leisten KMU einen Beitrag zur regionalen Entwicklung. Aus der Verbundenheit zu ihrer Heimat und der regionalen Umwelt heraus engagieren sie sich in besonderem Maße weit über Einzelmaßnahmen wie Unternehmensspenden (Corporate Giving)[241] oder Sozialsponsoring (Social Sponsoring)[242] hinaus.[243] Grundsätzlich lässt sich festhalten, dass KMU im bürger-

235 Vgl. Schröder/Wömpener 2011, S. 33.
236 Vgl. Kapitel C.2, C.4.1.2 und Kapitel F.4.
237 Vgl. Hauff 2011, S. 10.
238 Vgl. Riess/Welzel/Lüth 2008, S. 19.
239 Vgl. Suder/Kilius 2011, S. 12 sowie die Ausführungen in Kapitel B.2.2.
240 Vgl. die Ausführungen zum Employer Branding in Kapitel C.4.2.2.3.
241 Corporate Giving bezeichnet „ethisch motiviertes, selbstloses Überlassen, Spenden oder Zustiften von Finanzmitteln oder Sachmitteln“ (Hauff 2011, S. 25). KMU treten häufig als Spendengeber auf (vgl. Schaltegger/Dubielzig 2006, S. 174).
242 Unter Social Sponsoring versteht man Geschäfte auf Gegenseitigkeit: Ein Unternehmen spendet für eine soziale bzw. gemeinnützige Organisation, welche wiederum Werbung für das Unternehmen betreibt. Es entsteht eine Win-Win-Situation: Dem Unternehmen eröffnen sich neue Kommunikations- und Absatzkanäle, dem Partner neue Finanzierungsmöglichkeiten (vgl. Hauff 2011, S. 25).
243 Vgl. Riess/Welzel/Lüth 2008, S. 17.

schaftlichen Engagement traditionell sehr aktiv sind.[244] Aus diesem Engagement erwachsen Potenziale für KMU: Neue Kommunikationskanäle, neue Absatzmärkte, aber auch eine erhöhte Bekanntheit und Attraktivität als Arbeitgeber in der Region. Als problematisch ist der fehlende strategische Fokus dieses Engagements zu nennen, da Unternehmer häufig rein philanthropisch motiviert handeln und die genannten Potenziale nicht ausschöpfen.[245]

Verantwortungsvoll handelnde KMU kooperieren mit anderen Unternehmen und Institutionen in der Region und erhöhen dadurch deren Attraktivität für die Stakeholder.[246] Sie nehmen ihre Rolle als strukturpolitischer Akteur[247] in der Region wahr und tragen häufig „ordnungspolitische Mitverantwortung".[248]

Sie orientieren sich auch bei der Standortwahl langfristig und sind somit in besonderer Weise auf die Infrastruktur des Standortes wie die dort vorherrschenden gesellschaftlichen Rahmenbedingungen angewiesen[249], stützen aber auch deren Entwicklung.

Trotz der dargestellten Regionalität von KMU ist zu beachten, dass diese Bestandteil globaler Lieferketten sind und Beziehungen pflegen, welche über das nachbarschaftliche Umfeld hinausgehen.[250]

- **Kapital(-beschaffung)**

  Unter anderem aufgrund der geringen Unternehmensgröße und der daraus resultierenden geringen Marktmacht bei der Fremdkapitalbeschaffung erhalten KMU häufig schlechtere Kreditkonditionen als Großunternehmen.[251] KMU haben zudem nur begrenzte Möglichkeiten bei der Eigenkapitalbeschaffung.[252]

---

244 Vgl. Schaltegger/Dubielzig 2006, S. 176.

245 Buerke weist nach, dass Unternehmen die Potenziale der Nachhaltigkeitsorientierung zwar erkennen, diese aber zum Teil nicht vollständig ausschöpfen (vgl. Buerke 2012, S. 90).

246 Vgl. Riess/Welzel/Lüth 2008, S. 17–19; Zum Thema Verantwortungspartnerschaften und deren regionale Beiträge vgl. Riess/Schmidpeter 2010, S. 27–44.

247 Vgl. Schneidewind 1998 sowie die Ausführungen in Kapitel F.4.

248 Ulrich 1998, S. 21.

249 Vgl. Hauff 2011, S. 10.

250 Vgl. Schaltegger/Dubielzig 2006, S. 175.

251 Vgl. Schröder/Wömpener 2011, S. 32; Behringer 2012, S. 49; vgl. auch die Ausführungen von Börner 2013 sowie Wossidlo 1997.

252 Vgl. Behringer 2012, S. 48–49.

Dies führt dazu, dass KMU z. B. Finanzierungsschwierigkeiten bei der Investition in Integrierte Umweltschutztechnologien (IUS-Technologien) überwinden müssen, da diese häufig höhere Anschaffungskosten haben als additive Technologien.[253]

Jedoch investieren KMU gemäß einer Studie der KfW-Bankengruppe ca. 6 Mrd. € im Jahr in ihr CSR-Engagement,[254] was einem Anteil von 0,2 % des Umsatze entspricht.[255] Insb. KMU mit weniger als 5 Beschäftigten engagieren sich mit rund 2 Mrd. € vergleichsweise stark.[256]

Zusammenfassend werden in einer Gegenüberstellung ausgewählte nachhaltigkeitsrelevante Charakteristika von KMU im Vergleich zu Großunternehmen in Tabellenform dargestellt (***vgl. Tabelle 4***).[257] Diese Charakteristika gilt es bei der Umsetzung von Nachhaltigkeitsaktivitäten in KMU systematisch zu berücksichtigen.

	Ausgewählte nachhaltigkeitsbezogene Charakteristika von	
	KMU	**Großunternehmen**
Interne Charakteristika		
Die Bedeutung der Person des Unternehmers und die Einheit von Eigentum und Leitung	• finanzielle Abhängigkeit des Unternehmers vom KMU; Notwendigkeit der Integration von Nachhaltigkeit als Erfolgsfaktor • Einfluss des Unternehmers auf Charakter und Kultur der KMU; Bekenntnis des Unternehmers zum Thema Nachhaltigkeit bildet die Basis seines Nachhaltigkeitsengagements	• managementgeführte Großunternehmen, deren Führungspotenzial austauschbar ist • finanzielle Abhängigkeit der Manager in geringerem Ausmaß • geringerer Einfluss des einzelnen Managers auf die Kultur des Unternehmens
Wertorientierung und persönliche Beziehungen	• Unternehmer ist Ansprechpartner für das Thema Nachhaltigkeit • Tradition und christliche Werte als Basis des Handelns • große Bedeutung von Reputation, Vertrauen und Glaubwürdigkeit • starke persönliche Bindung zwischen dem Unternehmer und seinen Stakeholdern • Weisung und Kontrolle in direktem personenbezogenen Kontakt	• Abteilung Umweltschutz bzw. Nachhaltigkeitsmanagement ist Ansprechpartner für Nachhaltigkeitsfragen • geringe persönliche Bindungen • formalisierte unpersönliche Weisungs- und Kontrollbeziehungen • Integration (insb. gelebter) von Nachhaltigkeit in die Unternehmenskultur schwieriger

[253] Vgl. Zabel 2011a.

[254] 95 % der befragten Mittelständler gaben soziale und gesellschaftliche Aktivitäten an, 25 % Umwelt-, Klimaschutz- sowie Energieeffizienzmaßnahmen, 18 % Aktivitäten im Bereich Kunst und Kultur und 9 % Maßnahmen zur Förderung der Wissenschaft (KfW 2011, S. 1).

[255] Vgl. KfW 2011, S. 1.

[256] Vgl. KfW 2011, S. 1.

[257] Auf eine weitergehende verbale Darstellung der Spezifika von Großunternehmen wird an dieser Stelle verzichtet.

	Ausgewählte nachhaltigkeitsbezogene Charakteristika von	
	KMU	**Großunternehmen**
Interne Charakteristika		
	• Unternehmer kann Nachhaltigkeitsbelange in direktem persönlichen Kontakt an seine Stakeholder herantragen	
Handlungsorientierung	• starke Handlungsorientierung, basierend auf praktischen Problemen und Aufgaben sowie konkreten Handlungsanlässen • kaum Planung, deshalb große Bedeutung von Improvisation, Intuition und Spontanität • Potenzial, das Thema Nachhaltigkeit „einfach anzupacken"	• umfangreiche Planung • formalisierte Abläufe • wenig Handlungsfreiräume
Strategische Ausrichtung und Zeit	• Einheit von Eigentum und Leitung führt tendenziell zu langfristigem Denken • zumeist keine festgeschriebene Strategie, aber langfristig angelegte Handlungs- und Denkmuster • kein Zwang zu kurzfristigen Ergebnissen oder Quartalsberichten • Langfristorientierung als Basis des Nachhaltigkeitsengagements	• feste Strategien (kurz-, mittel- und langfristig) • in der Praxis: Kurzfristorientierung und Denken in Quartalen
Wissen/Know-how	• mangelnde Unternehmensführungskenntnisse • Führungspotenzial nicht austauschbar • technisch orientierte Ausbildung • tendenziell kein oder kaum nachhaltigkeitsspezifisches Know-how	• fundierte Unternehmensführungskenntnisse • Führungspotenzial austauschbar • gutes (technisches) Wissen in Fachabteilungen und Stäben • nachhaltigkeitsspezifische Kenntnisse in Abteilung Umweltschutz bzw. Nachhaltigkeitsmanagement vorhanden, z. T. integrativ in den einzelnen Bereichen/Abteilungen (z. B. über Multiplikatoren)
Hierarchie	• flache Hierarchie, die die Umsetzung von Maßnahmen und die Kommunikation positiv beeinflussen kann • auf den Unternehmer ausgerichtetes Einliniensystem, von ihm selbst oder mit Hilfe weniger Führungspersonen bis in die Einzelheiten überschaubar	• personenunabhängige an den sachlichen Gegebenheiten orientierte komplexe Organisationsstruktur • häufig für Nachhaltigkeitsbelange eigens eingerichtete Stabstelle Umweltschutz bzw. Nachhaltigkeitsmanagement
Flexibilität	• hohe Flexibilität • geringer Formalisierungsgrad • kurze Informationswege • kaum Koordinationsprobleme	• geringe Flexibilität • hoher Formalisierungsgrad • vorgeschriebene Informationswege • hoher Koordinationsaufwand
Information und Kommunikation	• unzureichendes Informationswesen • patriarchalische Führung • kaum Gruppenentscheidungen	• systematische Aufbereitung von Informationen (z. B. durch die Stabstelle Umweltschutz bzw. Nachhaltigkeitsmanagement) • ausgebautes formalisiertes Informationswesen, d. h. Verwertung und Weitergabe von nachhaltigkeitsrelevanten Informationen an die einzelnen Abteilungen

	Ausgewählte nachhaltigkeitsbezogene Charakteristika von	
	KMU	**Großunternehmen**
Interne Charakteristika		
		• Einbeziehung von Nachhaltigkeitsinformationen in normative, strategische und operative Prozesse des Unternehmens • Führung nach Management-by-Principles • häufig Gruppenentscheidungen
Beziehung zu den internen Stakeholdern am Beispiel Mitarbeiter Beziehung zu den internen Stakeholdern am Beispiel Mitarbeiter	• enge Beziehung zu den internen Stakeholdern • geringe Anzahl von Mitarbeitern • häufig unbedeutender Anteil an un- oder angelernten Mitarbeitern • wenig Akademiker • überwiegend breites Fachwissen • vergleichsweise hohe Arbeitszufriedenheit	• hohe Anzahl von Mitarbeitern • häufig hoher Anteil an un- oder angelernten Mitarbeitern • Akademiker in größerem Umfang beschäftigt • Tendenz zum ausgeprägten Spezialistentum • vglw. geringe Arbeitszufriedenheit
Externe Charakteristika		
Beziehung zu den externen Stakeholdern	• persönliche Beziehungen auch zu externen Stakeholdern, die die Basis für Kommunikation und Kooperationen bilden • aber kein systematisches Stakeholdermanagement, defensives Verhalten	• Vielzahl an externen Stakeholdern die Berücksichtigung finden (müssen), zumeist ohne persönliche Beziehung • systematisches Stakeholdermanagement
Regionalität sowie Umfeld- und Heimatbezug	• lange Tradition, daher häufig keine freie Wahl des Standortes • fest in Region verankert, dadurch sehr gute Kenntnisse des Standorts • starkes Abhängigkeitsverhältnis von der Region	• Investitionsentscheidung auf Basis einer Standortanalyse • geringere Abhängigkeit von der Region
Kapital(-beschaffung)	• im Besitz des Unternehmers bzw. der Unternehmerfamilie • begrenzte Möglichkeiten der Eigen- und Fremdkapitalbeschaffung (z. B. kein Zugang zum anonymen Kapitalmarkt und daraus resultierend nur begrenzte Finanzierungsmöglichkeiten)	• in der Regel breit gestreutes Kapital • ungehinderter Zugang zum anonymen Kapitalmarkt, woraus vielfältige Finanzierungsmöglichkeiten resultieren

Tabelle 4: Ausgewählte idealtypische nachhaltigkeitsbezogene Charakteristika von KMU im Vergleich zu Großunternehmen

Quelle: Eigene Zusammenstellung unter Verwendung von Pfohl 2013a, S. 19–22; Grothe/Marke 2012, S. 31; Wossidlo 1993.

B.5 Die Umsetzung von Nachhaltigkeit auf Unternehmensebene – das BNM

Eine betriebswirtschaftliche Auseinandersetzung mit dem Thema Nachhaltigkeit findet sowohl in der Wissenschaft als auch in der unternehmerischen Praxis statt.[258]

[258] Die wissenschaftliche Auseinandersetzung ist allerdings auf eine geringe Zahl an Autoren begrenzt, eine allgemeine Auseinandersetzung mit dem Thema, z. B. in anerkannten betriebswirtschaftlichen Zeitschriften, findet nur in Ansätzen statt (vgl. Selke/Mahammadzadeh/Biebeler

Dabei stellen Theorie und Praxis eine Vielzahl von Ansätzen zur Umsetzung von Nachhaltigkeit in Unternehmen zur Verfügung, wie z. B. Betriebliche Umweltmanagementinformationssysteme (BUIS), Sustainability Balanced Scorecards (SBSC) und Ökobilanzen.[259] Die theoretischen Ausführungen konzentrieren sich jedoch zumeist auf Großunternehmen und berücksichtigen nicht die Besonderheiten von KMU.[260] Ursächlich für die untergeordnete Rolle von KMU in der betriebswirtschaftlichen Forschung ist u. a. die Annahme, dass diese nicht wesensverschieden von Großunternehmen sind.[261] Pfohl verwies in Bezug auf die verschiedenen betriebswirtschaftlichen Funktionen auf die betriebsgrößenabhängigen Unterschiede zwischen KMU und Großunternehmen, wobei die Unterschiede teils empirisch begründet, teils als plausibel dargestellt werden.[262] Praktische Ansätze zum Nachhaltigkeitsmanagment in KMU konzentrieren sich häufig auf die Besonderheiten von KMU. Zumeist arbeiten sie aber nur punktuell und stellen keinen ganzheitlichen Ansatz zur Verfügung, sind branchen- oder größenspezifisch oder verfügen nicht über eine ausreichende theoretische Fundierung.[263]

Es besteht somit die Notwendigkeit der Entwicklung eines systematischen BNM für KMU, welches ganzheitlich sowohl theoretische als auch praktische Aspekte berücksichtigt.

2006, S. 62). Die Zahl der Konzepte zur Umsetzung von Nachhaltigkeit in der Praxis nehmen jedoch fortlaufend zu (vgl. z. B. Detzer/Dietzfelbinger/ Gruber 1999, S. 84; Hesselbarth 2009, S. 108–116).

259 Vgl. Tabelle 3 und Tabelle 5. In der Literatur hat eine Weiterentwicklung vom Umwelt- zum Nachhaltigkeitsmanagement stattgefunden (vgl. Castrellon Gutierrez/Mittelstädt/Zabel 2014, S. 152; Zabel 2007b). Umweltprobleme spielen in Unternehmen bereits seit den 1980er Jahren eine bedeutende Rolle. Aufgrund der Globalisierung und den damit einhergehenden, zunehmenden ökologischen Problemen und sozialen Ungerechtigkeiten ist in der jüngsten Vergangenheit auch in der Praxis eine Verschiebung der Diskussion in Richtung Nachhaltigkeit zu verzeichnen (vgl. Zabel 2007b).

260 Vgl. z. B. Schaltegger/Herzig/Kleiber u. a. 2007; Zum Stand der Nachhaltigkeitsdebatte in KMU vgl. u. a. Meyer/Schulz 2011, S. 3–6 sowie Rabbe/Schulz 2011a.

261 Vgl. Ackermann/Blumenstock 1993, S. 5 sowie die Ausführungen in Kapitel B.1 und B.4.

262 Vgl. Pfohl 2013a, S. 15–22 sowie Kapitel B.4.

263 Vgl. Schaltegger/Dubelzig 2006, S. 176 sowie z. B. die Internetplattform KMU Kompass zur nachhaltigen Beschaffung in KMU (http://kmu.kompass-nachhaltigkeit.de) oder die Arbeitsmaterialien des Bayrischen Landesamts für Umwelt (LfU) zur Anspruchsgruppenanalyse und zum Anspruchsgruppendialog (LfU 2016) sowie die Ausführungen in Kapitel G.

B.5.1 Definition und Merkmale eines BNM

Eine nachhaltige Entwicklung der Gesellschaft kann nur erreicht werden, wenn sich alle Unternehmen beteiligen.[264] Zur Umsetzung des BNM existieren zahlreiche Ansätze in Theorie und Praxis. ***Tabelle 5*** stellt eine Übersicht ausgewählter Ansätze zu einer nachhaltigen Unternehmensführung zusammen:

Metaansätze bzw. -konzeptionen	
Matten/Wagner 1998	Handlungsfelder nachhaltigkeitsorientierter Unternehmen: • Normsetzungspflicht • Stoffstrommanagement • ethisch geleitete Unternehmenspolitik
Paech/Pfriem 2002	Spezifika unternehmerischer Nachhaltigkeit: • Handlungsbereiche (Ökologie, Soziales, Wirtschaft, global Verantwortung, kulturelles Engagement) • Nachhaltigkeitsprinzipien (Effizienz, Konsistenz, Suffizienz, Vermeidung, Risikominimierung, Verteilung)
Schaltegger/Herzig/Kleiber/Müller 2002	Nachhaltigkeitsherausforderungen an Unternehmen: • ökologische Herausforderung • soziale Herausforderung • ökonomische Herausforderung • Integrationsherausforderung
Zabel 2004a	Aufgaben [eines] betrieblichen Nachhaltigkeitsmanagements: • Schnittmengenmanagement • Normierungsverantwortung • Nachhaltigkeitsverantwortung
leitbild- und prinzipienorientierte Ansätze	
Meffert/Kirchgeorg 1993	Prinzipien nachhaltigen Wirtschaftens für die Gestaltung gesellschaftlicher Rahmenbedingungen sowie unternehmerischer Strukturen und Prozesse: • Verantwortungsprinzip • Kooperationsprinzip • Kreislaufprinzip
Fichter 1998	Prinzipien zur Bearbeitung der Schnittmenge Ökonomie/Ökologie/Soziales: • Leistungsprinzip • Vermeidungsprinzip • Entwicklungsprinzip • Verantwortungsprinzip • Vorsichtsprinzip • Dialogprinzip • Konformitätsprinzip

[264] Vgl. Schaltegger 2008, S. 22.

umsetzungsorientierte Ansätze auf Unternehmensebene	
Schneidewind 1994	Ebenen des am IÖW in St. Gallen entwickelten COSY (Company Oriented SustainabilitY) Konzepts: • Bedürfnis • Funktion • Produkt • Prozess
Hart 1997	Strategies to create sustainable value for the corporation: • sustainable vision • product stewardship • clean technology • pollution prevention
Fichter u. a. 2006	auf Innovationen bezogenes Konzept betrieblichen Nachhaltigkeitsmanagements[,] basierend auf: • substanziellen Regeln • prozessualen Regeln • den drei Säulen der Nachhaltigkeit (Ökonomie, Ökologie, Soziales) • dem EFQM-Modell
Grießhammer u. a. 2007	Elemente des am Öko-Institut Freiburg entwickelten PROSA (PROdukt [sic!] Sustainability Assessment) [:] • Fokussierung auf System-Innovationen • klare Prozessführung („Pfadfinder“) • Nutzen-Analyse • Einbezug der kompletten Produktlinie • integrierte und gleichgewichtige Analyse von Ökologie, Ökonomie und Sozialem
Laszlo 2008	The eight disciplines of sustainable value[:] • understand current value position • anticipate future expectations • set sustainable value goals • design value creation initiatives • develop the business case • capture the value • validate results and capture learning • building sustainable value organizational capacity

Tabelle 5: Ausgewählte Konzeptionen nachhaltigkeitsorientierter Unternehmensführung

Quelle: Rheinländer 2013, S. 48–49 auf Basis der angegebenen Literatur; systematisiert nach Hesselbarth 2009, S. 110.

B.5.2 Die Konzeption des BNM nach Zabel

Die vorliegenden Ausführungen fokussieren auf die Arbeiten von Zabel zur Umsetzung eines BNM in der unternehmerischen Praxis.[265] Dieser theoretisch anspruchsvolle Ansatz eignet sich besonder gut aufgrund seiner systematisierenden und ganz-

[265] Vgl. Zabel 2006 sowie darauf aufbauend Hesselbarth 2009, S. 117–124; Rheinländer 2013, S. 50–58; Brinkel 2017.

heitlichen Perspektive, die dennoch Praxis- und KMU-relevant ist. Er ermöglicht es, bei der Erfüllung der Nachhaltigkeitsmaßnahmen bzw. der Aufgaben des BNM nach Zabel (Schnittmengenmanagement, Normierungsverantwortung und Nachhaltigkeitsverantwortung i. e. S.) die nachhaltigkeitsrelevanten externen und internen Charakteristika von KMU zu berücksichtigen. Dabei wird Nachhaltigkeit in der vorliegenden Arbeit durch folgende Charakteristika gekennzeichnet:[266]

- Drei-Säulen-Heuristik, Konzept der starken Nachhaltigkeit, keine formale Gleichrangigkeit von ökonomischen, sozialen und ökologischen Zielstellungen, sondern Primat der Erhaltung natürlicher Lebensgrundlagen;
- Bedürfnisfokus: inter- und intragenerative Gerechtigkeit für eine möglichst große Zahl an Folgegenerationen;
- Beachtung von ökologischen Tragekapazitäten und der Reproduktionsfähigkeit der Natur;
- Nachhaltigkeit als nicht-linearer Prozess mit Prozess- und Ergebnischarakter.

Die Umsetzung eines BNM in der Praxis stellt Unternehmen vor große Herausforderungen. Das BNM nach Zabel hilft, diesen zu begegnen, indem es ein „Managementteilsystem zur Sicherung der Nachhaltigkeit der betrieblichen Produkte und Prozesse sowie der betrieblichen und betriebsrelevanten Verhaltensweisen“[267] zur Verfügung stellt. Das BNM nach dieser Konzeption zielt darauf ab, die betriebliche Erfolgssicherung systematisch mit der Wahrnehmung ökologischer und sozialer Verantwortung zu verbinden.[268] In der vorliegenden Arbeit bildet es die Basis für den Transfer der theoretischen Erkenntnisse in die Praxis (unter Verwendung eines Leitfadens).

Aus der vorliegenden Definition ergibt sich für die Gestaltung des BNM, dass die ökologische Dimension, die Erhaltung der natürlichen Kreisläufe unter Nutzung der sonnenenergiegetriggerten Kreislaufwirtschaft und damit die Sicherung des Überlebens der Menschen als übergeordnete Managementaufgabe zu verstehen ist.[269] Merkmale des BNM sind:

---

266 Vgl. Hesselbarth 2009, S. 103–104 und die dort angegebene Literatur. Eine ausführliche Diskussion zum Nachhaltigkeitsbegriff findet sich bei Hesselbarth 2009, S. 101–107.

267 Zabel 2004a, S. 76.

268 Vgl. Zabel 2004a, S. 75.

269 Vgl. Zabel 2006, S. 90.

- „Mehrdimensionale,
- ganzheitliche und bedürfnisorientierte Zielsetzung;
- Substanzerhaltungsdenken und Anerkennung begrenzter Substituierbarkeit;
- Effizienz- und Effektivitätsorientierung;
- Vorsichtsprinzip;
- funktionsübergreifender, kommunikativer und partizipativer Charakter;
- Verhaltensorientierung;
- proaktives Verhalten und strategische Orientierung unter Betonung unternehmerischer (Mit-)Verantwortung und Coopetition (Wettbewerb und kooperativer Charakter).“[270]

Die Konzeption des BNM nach Zabel basiert auf den oben genannten theoretischen Überlegungen zur Nachhaltigkeitskonzeption und Nachhaltigkeitsökonomik.[271] Die Nachhaltigkeitsökonomik erarbeitet „im Rahmen von Mikro- und Makroökonomik Gestaltungsempfehlungen“[272] für die Gestaltungsakteure der Volkswirtschaften und schafft somit Rahmenbedingungen und Anreizstrukturen für betriebswirtschaftliche Akteure.[273] Das BNM hat das Ziel, systematisch Nachhaltigkeitsbeiträge zu schaffen und dabei Handlungsempfehlungen zur Umsetzung des Nachhaltigkeitsleitbildes im Unternehmen zu geben.[274] Ein Schwerpunkt des BNM liegt dabei in der Intensivierung von Dialog und Interaktion innerhalb der Unternehmen und mit der Unternehmensumwelt bzw. den Stakeholdern.[275] Dabei zeichnet sich das BNM als ethisch orientierte Form der Unternehmensführung aus, welche auf einer Sustainability-gerechten Ethik fußt.[276] Das BNM ist als Bestandteil der Systemumgebung auf verschiedenen Ebenen, z. B. innerhalb der Produkte, Prozesse und Verhaltensweisen, entlang der gesamten Wertschöpfungskette zu integrieren.[277]

---

270 Hesselbarth 2009, S. 123–124.

271 Vgl. dazu Zabel 2003, Zabel 2004a, Zabel 2006, S. 90–99, Zabel 2007c, S. 16–20 sowie angewandt im Kontext des Treibhausgasmanagements Brinkel 2017.

272 Zabel 2006, S. 100.

273 Vgl. Zabel 2006, S. 100.

274 Vgl. Zabel 2013b; Zabel 2006, S. 100.

275 Vgl. neben Zabel 2010c und 2006 auch Hesselbarth 2009, S. 125.

276 Vgl. Rheinländer 2013, S. 51; zu Sustainable Ethics vgl. Zabel 2001, S. 183–203. Nach Schwalbach/Klink sind „Wirtschaft und Ethik nicht voneinander zu trennen, sie sind zu einer Einheit verschmolzen, mit dem Ziel erfolgreich zu wirtschaften (Wert zu schaffen)“ (Schwalbach/Klink 2015, S. 189).

277 Vgl. Zabel 2010c, S. 7.

Die Umsetzung des BNM nach Zabel basiert auf einer Betroffenheitsanalyse des Unternehmens und dem daraus abgeleiteten Nachhaltigkeitsengagement bzw. der Wahrnehmung von Nachhaltigkeitsverantwortung i. w. S. welche im Folgenden erläutert werden.

B.5.2.1 Die Betroffenheitsanalyse im Rahmen des BNM

Die Betroffenheitsanalyse bildet die Basis des Nachhaltigkeitsengagements von Unternehmen. Die Konzeption geht von der Annahme aus, dass Unternehmen durch die unterschiedliche Relevanz ökologischer und sozialer Themen für ihre Tätigkeit in verschiedenem Maße ökologisch und/oder sozial betroffen sind.[278] Diese Betroffenheit ist ein Auslöser für das Nachhaltigkeitsengagement von Unternehmen.[279] Dem Prozess der Einführung eines BNM muss deshalb eine Betroffenheitsanalyse vorausgehen.[280] Bereits seit den neunziger Jahren erarbeitet die betriebswirtschaftliche Forschung Ansätze zur Bestimmung der ökologischen Betroffenheit von Unternehmen.[281] Auf dem Weg vom Umwelt- zum Nachhaltigkeitsmanagement findet die ökologische Betroffenheit eine Erweiterung um soziale Komponenten. Demzufolge umfasst die Betroffenheitsanalyse eine „systematische Erfassung der Betroffenheit bzw. des Handlungsbedarfes aus ökologischen und/oder sozialen Knappheiten, Problemen und Herausforderungen, die die Tätigkeit des Betriebes bzw. seine Erfolgssicherung beeinflussen (können)".[282]

Nach der Art der Betroffenheit wird in direkte und indirekte Betroffenheit unterschieden, wobei erstere „direkte betriebsrelevante Wirkungen"[283] beschreibt und die indirekte Betroffenheit durch Stakeholderforderungen an das Unternehmen ausgelöst wird.[284]

278 Vgl. Castrellon Gutierrez/Mittelstädt/Zabel 2014.

279 Vgl. Kirchgeorg 1990, S 180. Zum Begriff „Betroffenheit" und zur Betroffenheitsanalyse vgl. insb. Brinkel 2017.

280 Vgl. Schaltegger 2008, S. 22.

281 Vgl. Speis/Czymmeck 2003, S. 1; Antes 1996, S. 84–88; Schulz 1998, S. 185 sowie neuere Ansätze zur Bestimmung der Betroffenheiten aus dem Klimawandel Mahammadzadeh/Chrischilles/Biebeler 2013.

282 Castrellon Gutierrez/Mittelstädt/Zabel 2014, S. 154.

283 Castrellon Gutierrez/Mittelstädt/Zabel 2014, S. 154.

284 Vgl. Castrellon Gutierrez/Mittelstädt/Zabel 2014, S. 154; Die Betroffenheit von Unternehmen kann nach Zeithorizont, Art, Raumbezug, Grad, Reaktionsmöglichkeiten, Inhalte und Kriterien differenziert werden (vgl. Zabel 2012a, S. 178).

B.5.2.2 Nachhaltigkeitsengagement bzw. die Wahrnehmung von Nachhaltigkeitsverantwortung i. w. S.

Aufbauend auf der Betroffenheitsanalyse sollten Unternehmen ihre Aktivitäten im Rahmen des Nachhaltigkeitsmanagements festlegen. Zabel konstatiert, dass sich aus dem Grad der Betroffenheit ergibt, in welchem Umfang Unternehmen Nachhaltigkeitsengagement zeigen bzw. Nachhaltigkeitsverantwortung i. w. S. übernehmen. Unternehmen verfolgen mit ihrem Nachhaltigkeitsengagement im besten Fall mehrere Ziele:[285]

- Bedrohungen und Risiken zu minimieren bzw. abzuwenden (Reduzierung der direkten Betroffenheit),
- ökologische und soziale Verantwortung zu übernehmen (Reduzierung der indirekte Betroffenheit) und
- die Umwandlung der Betroffenheit in Problemlösungen und unternehmerischen Erfolg.

Dazu sollten neben konkreten Nachhaltigkeitsmaßnahmen unterstützende Aktivitäten realisiert werden.[286]

B.5.2.2.1 Nachhaltigkeitsmaßnahmen

Die Nachhaltigkeitsmaßnahmen werden auch als „Aufgaben des BNM nach Zabel" bezeichnet.[287] Sie beinhalten das Schnittmengenmanagement, die Normierungsverantwortung und die Nachhaltigkeitsverantwortung i. e. S., welche im Folgenden näher ausgeführt werden.[288]

Das Schnittmengenmanagement

Die Aufgaben des BNM leiten sich aus der Frage nach den möglichen Beiträgen von Unternehmen zu Nachhaltigkeitserfordernissen und Erfolgsbeiträgen aus Nachhaltig-

---

285 Vgl. Zabel 2015d, Folie 4/11.
286 Vgl. Zabel 2014, S. 110.
287 Vgl. Zabel 2014, S. 106–114. Zur Rekonsturktion der Aufgaben des BNM vgl. Zabel 2004a, S. 75.
288 Vgl. Zabel 2014, S. 110.

keit ab, die unter den gegebenen Rahmenbedingungen und Strukturen geleistet werden können.[289]

Das Schnittmengenmanagement verfolgt das Ziel, ökologisch und/oder sozial positive Maßnahmen im Unternehmen zu identifizieren und zu realisieren, die sich rechnen,[290] wobei die Handlungen des Unternehmens beim Schnittmengenmanagement innerhalb bestehender Rahmenbedingungen und Strukturen stattfinden.

Grundsätzlich gilt die Identifikation und Realisation von Kostensenkungspotenzialen bzw. Gewinnpotenzialen als klassische Aufgabe des gesamten Managements. Da die Schnittmengen von ökonomischen und ökologischen bzw. sozialen Maßnahmen vom klassischen Management nicht systematisch aufgedeckt und realisiert werden, bedarf es dazu eines BNM.[291]

Die Normierungsverantwortung

Zur Verwirklichung der Nachhaltigkeitsziele und zur Realisierung von Erfolgsbeiträgen (welche unter den gegebenen Spielregeln nicht erreicht werden können) sollten Unternehmen die bestehenden Spielregeln nicht nur nutzen, sondern diese Spielregeln bzw. die Rahmenbedingungen und Strukturen in Richtung der Förderung der Nachhaltigkeitszielstellung verändern.[292] Deshalb gilt als zweite Aufgabe des BNM die Normierungsverantwortung. Hierbei nehmen Unternehmen Einfluss auf die Verhaltensweise ihrer Stakeholder in Richtung Nachhaltigkeit und beeinflussen damit indirekt auch die bestehenden Spielregeln und institutionellen Arrangements.[293] Gelingt die Nachhaltigkeitsüberzeugung und -ausrichtung der Stakeholder, kommt es zu einer Vergrößerung der Schnittmengen und somit der Erfolgspotenziale aus Nach-

---

289 Vgl. Zabel 2004a, S. 75; Zabel 2010c, S. 9.

290 Vgl. Zabel 2004a, S. 75 sowie Hesselbarth 2009, S. 118; Zabel 2013a, S. 321. Zum Schnittmengenmodell vgl. Pfriem 1991, S. 13.

291 Vgl. Zabel 2010c, S. 10; Zabel 2004a, S. 75; Zum Thema Umweltschutz und Organisation vgl. Antes 1996 und Antes 1994. Als Erfolgspotenziale des Schnittmengenmanagements identifiziert Zabel die „Kosteneinsparungen (insbesondere Material- und Energiekosten), verbesserten Absatzchancen (grüne Technologien selbst und Aktivierung einer ökologisch und sozial motivierten Nachfrage), Vermeidung von Kosten und sonstigen Belastungen (z. B. aus dem Klimawandel, aus Ungerechtigkeitsfolgen, aus Rohstoffengpässen, Artensterben etc.), Erhöhung des Images bei den Stakeholdern bzw. der Motivation bei den Mitarbeitern, verbesserten Finanzierungs- und Versicherungskonditionen etc.“ (Zabel 2013a, S. 321).

292 Vgl. Zabel 2010c, S. 11; Zabel 2004a, S. 75.

293 Vgl. Zabel 2004a, S. 75.

haltigkeit, da die Stakeholder dann das Nachhaltigkeitsengagement des Unternehmens belohnen.[294]

Dies zeigt, dass die Übernahme von Normierungsverantwortung über die reine (Aus-)Nutzung bestehender Schnittmengen hinausgeht. Unternehmen haben die Aufgabe, die Strukturen in Richtung Vergrößerung bestehender Schnittmengen zu beeinflussen und somit einen weiteren Beitrag zur Nachhaltigkeitszielstellung zu leisten. Durch die Teilnahme an Kooperations-, Kommunikations- und Interaktionsprozessen nehmen Unternehmen somit als strukturpolitische Akteure Einfluss auf die Ausgestaltung der Rahmenbedingungen, und zwar mit dem Ziel der Erweiterung der Schnittmengen.[295] Erreicht wird die Vergrößerung der Schnittmengen u. a. durch die Intensivierung des Stakeholderdialoges.[296] Dabei nehmen Unternehmen über ihr Engagement Einfluss auf das Verhalten der Anspruchsgruppen und können diese in Richtung Nachhaltigkeit lenken. Dadurch werden Nachhaltigkeitsbeiträge von Unternehmen geleistet und gefördert sowie nachhaltiges Verhalten durch die Anspruchsgruppen belohnt.[297]

Die Nachhaltigkeitsverantwortung i. e. S.

Eine Veränderung der bestehenden Rahmenbedingungen und Strukturen ist nur langfristig möglich, weshalb mit der dritten Aufgabe des BNM, der Nachhaltigkeitsverantwortung i. e. S., von Unternehmen die Unterlassung von nachhaltigkeitsfeindlichen Maßnahmen (auch wenn diese sich rechnen bzw. legal sind), und die Leistung von Beiträgen zur Vorsorge und Sanierung gefordert wird.[298]

Trotz der Erweiterung der bestehenden Schnittmengen durch die Intensivierung des Stakeholderdialoges bestehen nämlich weiterhin Nachhaltigkeitslücken, die (zumindest kurz- bis mittelfristig) nicht geschlossen werden können.[299] Diese Lücken ermöglichen es den Unternehmen mit „Nichtnachhaltigkeit“ Profit zu erwirtschaften

294 Zum Beispiel über den Kauf der Produkte und Dienstleistungen des Unternehmens sowie eine Verbesserung der Kredit- und Versicherungskonditionen des Unternehmens.

295 Vgl. zum Begriff strukturpolitischer Akteur die Ausführungen von Schneidewind 1998, welcher auf die Arbeiten der Strukturationstheorie von Giddens (1984) zurückgreift (vgl. Giddens 1984, 2013 und 1997).

296 Zum Stakeholderdialog siehe Freeman 1984 und Kapitel C.2 und Kapitel F.4.

297 Vgl. Zabel 2006, S. 100.

298 Vgl. Zabel 2010c, S. 12; Zabel 2004a, S. 75–76 sowie Müller-Christ 2012, S. 210–211.

299 Vgl. Zabel 2010c, S. 12; Zabel 2013a, S. 322.

(Opportunismus).[300] Nachhaltigkeitslücken entstehen, da die Änderung der Spielregeln ein zeitintensiver und unter Widerständen stattfindender Prozess ist, so dass „die Etablierung von neuen Spielregeln einen iterativen Lernprozess mit Zwischenstufen und ggf. Fehlentwicklungen verkörpert“[301].

Die Wahrnehmung von Nachhaltigkeitsverantwortung i. e. S.[302] beinhaltet, dass Unternehmen (lohnende) Maßnahmen unterlassen, die schädigend für Mensch und Natur sind, auch wenn die Durchführung dieser Maßnahmen z. B. aus rechtlicher Sicht möglich und/oder lukrativ wäre (Opportunismusverzicht).[303] Neben dem Verzicht leisten Unternehmen zudem Beiträge zur Vorsorge sowie zur Sanierung von bestehenden Schäden an Menschen und Natur.[304] Unternehmen sollen damit signalisieren, dass sie einen Beitrag zur Nachhaltigkeitsorientierung der Gesellschaft leisten wollen und können.[305]

B.5.2.2.2 Unterstützende Aktivitäten zum Nachhaltigkeitsengagement bzw. zur Wahrnehmung der Nachhaltigkeitsverantwortung i. w. S.

Der Betroffenheitsanalyse folgt im BNM das Nachhaltigkeitsengagement bzw. die Wahrnehmung der Nachhaltgkeitsverantwortung i. w. S., wobei der Grad der Wahrnehmung mit der Betroffenheit und somit der Ausbaustufe des BNM variiert. Die Nachhaltigkeitsverantwortung i. w. S. beinhaltet neben den bereits dargestellten drei Aufgaben Schnittmengenmanagement, Normierungsverantwortung und Nachhaltigkeitsverantwortung i. e. S. unterstützende Aktivitäten:[306]

- das Nachhaltigkeitsleitbild bzw. die -leitlinien,
- die Nachhaltigkeitsstrategie,
- die Nachhaltigkeitsorganisation und das -personalmanagement sowie
- das Nachhaltigkeitscontrolling und die Nachhaltigkeitsberichterstattung.

Die unterstützenden Aktivitäten stehen in enger, wechselseitiger Beziehung zueinander (vgl. die Pfeile in **Abbildung 8**), wobei das Ziel aller Aktivitäten die Transforma-

---

300 Vgl. Zabel 2006, S. 100–101.
301 Zabel 2004a, S. 75.
302 Zabel merkt an, dass zur Wahrnehmung der Nachhaltigkeitsverantwortung, das Management mit ausreichenden Kompetenzen und Macht ausgestattet sein muss (vgl. Zabel 2004a, S. 76).
303 Vgl. Zabel 2010c, S. 12; Müller-Christ 2012, S. 210.
304 Vgl. Zabel 2006, S. 101.
305 Vgl. Schaltegger/Herzig/Klinke 2007, S. 6.
306 Vgl. Abbildung 8 sowie die Ausführungen in Kapitel C.4.

tion der Betroffenheit in Problemlösungen und Erfolg ist. ***Abbildung 8*** zeigt zusammenfassend die Bestandteile der Konzeption des BNM nach Zabel sowie die Zusammenhänge zwischen den einzelnen Bestandteilen auf:

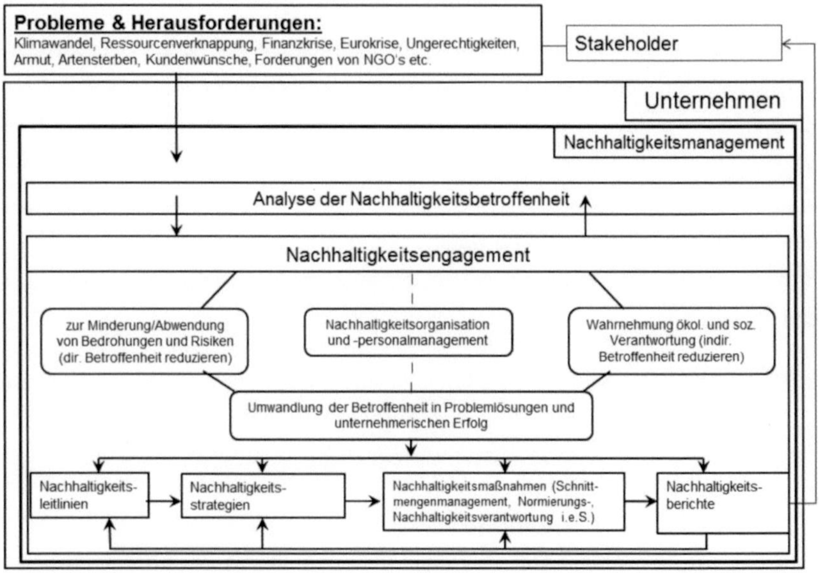

Abbildung 8: Konzeption des BNM
Quelle: Zabel 2015d, Folie 4/11.

B.5.2.3 Ausbaustufen

In welchem Umfang Unternehmen Nachhaltigkeitsbeiträge leisten und somit Verantwortung übernehmen, hängt von den erwarteten Erfolgsbeiträgen aus einer Nachhaltigkeitsorientierung innerhalb der betrieblichen Produkte, Prozesse und Verhaltensweisen sowie „dem vermuteten bzw. erkannten Ausmaß an Unverzichtbarkeit"[307] ab. Die Unverzichtbarkeit der Nachhaltigkeitsorientierung ergibt sich u. a. aus den Forderungen des Gesetzgebers und der Stakeholder, aus zu erwartenden Nachteilen der Nichtnachhaltigkeit sowie erwartbaren Kostensenkungen bzw. Ertragssteigerungen infolge einer Nachhaltigkeitsorientierung.[308]

307 Zabel 2010c, S. 15.
308 Vgl. Zabel 2010c, S. 15.

Dabei variieren der Grad der Verantwortungsübernahme und die Erfolgssicherung im Rahmen des BNM mit der Ausbaustufe.[309] „Je höher die Stufe, auf der das Engagement eines Unternehmens eingeordnet werden kann, desto größer ist das Potenzial, zur Ausbildung von gesellschaftlichem Nutzen und Mehrwert für Umwelt, Gesellschaft und auch für das Unternehmen selbst."[310] Die Ausbaustufe bildet zudem den Reifegrad des BNM im Unternehmen ab.[311]

Zabel unterscheidet vier Ausbaustufen.[312] In der vorliegenden Arbeit werden die Ausbaustufen des BNM als BNM A1, BNM A2, BNM A3 sowie BNM A4 bezeichnet (***vgl. Tabelle 6***).

Stufe / Charakterisierung	1. Ausbaustufe BNM 1	2. Ausbaustufe BNM 2	3. Ausbaustufe BNM 3	4. Ausbaustufe BNM 4
Bezeichnung	Impulsgeber	grobe Verankerung	fortgeschrittene Verankerung	Endausbaustufe
Inhaltliche Durchdringung	punktuelle Geschäftsbeeinflussung	beginnende Geschäftsdurchdringung	fortgeschrittene Geschäftsdurchdringung	umfassende, integrative Geschäftsdurchdringung
Organisation	Geschäftsleitung	zusätzlich: Beauftragte	zusätzlich: beginnende Integration	fortgeschrittene Integration unter Moderation
Stakeholderfokus	Mitarbeiter, Eigentümer	Kunden	unmittelbare und weiter mittelbare Stakeholder	alle Stakeholder (ganzheitlich moderierter Stakeholderdialog)
Vorrangiges Managementfeld	Kultur	zusätzlich: Strategie	zusätzlich: Organisation	integrative Durchdringung von Kultur, Strategie, Organisation, Verhalten und Prozessen

Tabelle 6: Ausbaustufen des BNM

Quelle: Vgl. Zabel 2010c, S. 16, ganz leicht modifiziert.

BNM A1

In der ersten Ausbaustufe werden punktuelle, aber eher zufällige bzw. unbewusste und somit unsystematische Nachhaltigkeitsbeiträge geleistet.[313] Diese finden „entweder perse [sic!] (durch die Tätigkeit des Unternehmens Produkte und Dienstleistun-

309 Winter schlägt vor, den Aufbau einer umweltorientierten Unternehmensführung in den Ausbaustufen Aktivierungsstufe, Aufbaustufe, Implementierungsstufe, Dynamisierungsstufe und Nachhaltigkeits-Einstiegsstufe vorzunehmen (vgl. Winter 2002, S. 53–55). Vgl. auch die Vorgehensweise von Schneider im Rahmen der CSR-Reifegradpyramide (vgl. Schneider 2015, S. 32–40).

310 Schneider 2015, S. 32.

311 Vgl. Zabel 2010c, S. 15–16.

312 Vgl. Zabel 2014, S. 15–17.

313 Vgl. Schneider 2015, S. 32. Zabel bezeichnet die erste Ausbaustufe als „Impulsgeber" (Zabel 2010c, S. 16).

gen für die Gesellschaft zu erbringen) oder durch Zufall“[314] statt und sind das Ergebnis ökonomisch-strategischer Vorteilhaftigkeitsüberlegungen (z. B. Einhaltung von Gesetzen, Erhalt der Licence to operate).[315] Charakteristisch ist, dass diese Einzelmaßnahmen nicht das Kerngeschäft betreffen.[316]

Zumeist ist die Überzeugung der Unternehmensleitung die Grundlage erster Impulse in Richtung Nachhaltigkeit bzw. punktueller nachhaltigkeitsbezogener Geschäftstätigkeiten.[317] Das Unternehmen verfügt in der ersten Ausbaustufe über lose Stakeholderbeziehungen mit dem Fokus auf Mitarbeiter und Eigentümer.[318]

BNM A2

Das BNM A2 ist durch eine eher sporadische bzw. punktuelle Vorgehensweise im Nachhaltigkeitsmanagement gekennzeichnet, da kein ganzheitlicher Ansatz vorliegt. Es werden nicht alle Nachhaltigkeitssäulen bearbeitet bzw. Nachhaltigkeitsaktivitäten werden nicht im ganzen Unternehmen durchgeführt.[319] Der Schwerpunkt der Nachhaltigkeitsaktivitäten liegt wie im BNM A1 noch eher außerhalb des Kerngeschäftes, z. B. in den Bereichen Sponsoring und Spenden.[320] Das Nachhaltigkeitsengagement hat keine bzw. keine dominanten Auswirkungen auf die Unternehmensstrategie.[321] Beim BNM A2 findet eine erste organisatorische Verankerung der Nachhaltigkeitsidee im Unternehmen – z. B. über einen Nachhaltigkeitsbeauftragten – statt.[322] Im Vergleich zum BNM A1 ist eine erste Ausdehnung der Nachhaltigkeitsorientierung auf weitere Geschäftsfelder und Stakeholder zu erkennen.[323]

Das BNM wird in dieser Stufe von den Unternehmen vor allem als Kostenfaktor wahrgenommen. Es bringt vermeintlich nur einen geringen Nutzen für das Unternehmen, Natur und Gesellschaft.[324] Das Erfolgspotenzial für das Unternehmen wird

---

314 Schneider 2015, S. 32.
315 Vgl. Hesselbarth 2009, S. 155; Schneider 2015, S. 33.
316 Vgl. Zabel 2010c, S. 15; Schneider 2015, S. 33.
317 Vgl. Zabel 2010c, S. 16. Wobei die Überzeugung von einer Nachhaltigkeitsorientierung zunächst nur von Einzelpersonen ausgehen kann (vgl. dazu auch die Ausführungen zum Unternehmer als Universalpromotor in Kapitel F).
318 Vgl. Zabel 2010c, S. 16.
319 Vgl. Schneider 2015, S. 34.
320 Vgl. Schneider 2015, S. 33–34.
321 Vgl. Schneider 2015, S. 34.
322 Vgl. Zabel 2010c, S. 16.
323 Vgl. Zabel 2010c, S. 16.
324 Vgl. Schneider 2015, S. 34.

hierbei insb. darin gesehen, das Image zu verbessern. Ein unsystematisches BNM birgt allerdings die Gefahr von Green- bzw. Bluewashing.[325]

Ziele des Nachhaltigkeitsengagements in dieser Ausbaustufe sind neben der Verbesserung des Unternehmensimages vor allem die Legitimierung des Handelns, die Risikominimierung, die Schadensbegrenzung sowie die Einhaltung staatlicher Regulierungen.[326]

BNM A3

In der 3. Ausbaustufe (BNM A3) findet eine fortgeschrittene Verankerung von Nachhaltigkeitsaspekten in Produkten, Prozessen und Verhaltensweisen statt.[327] Neben der additiven Organisation (gesonderte Struktureinheit) beginnt die Durchdringung aller Organisationseinheiten mit Nachhaltigkeitsaspekten.[328]

Innerhalb der 3. Ausbaustufe ist der Stakeholderdialog durch eine systematische Nachhaltigkeitsorientierung charakterisiert.[329] Im Fokus stehen Stakeholder mit hohem Macht- und Bedrohungspotenzial für das Unternehmen.[330]

BNM A4

Das BNM A4 kann als ganzheitliches, systematisches BNM charakterisiert werden, welches durch die Integration von Nachhaltigkeitsaspekten in alle Produkte, Prozesse und Verhaltensweisen und somit in alle Unternehmensbereiche gekennzeichnet ist.[331] Nachhaltigkeitsaspekte haben somit auf das normative, strategische und operative Management Auswirkungen. Im Rahmen des Unternehmensengagements findet eine ausgewogene Berücksichtigung der drei Säulen der Nachhaltigkeit statt.[332]

---

325 Vgl. Schneider 2015, S. 34. Zu den Begriffen „Green-“ und „Bluewash“ vgl. die Ausführungen von Heidbrink/Seele 2007.
326 Vgl. Schneider 2015, S. 34.
327 Vgl. Zabel 2010c, S. 16.
328 Vgl. Zabel 2010c, S. 16.
329 Vgl. Zabel 2010c, S. 16.
330 Vgl. Carroll/Buchholtz 2012, sowie die Ausführungen in Kapitel C.4.1.2.
331 Vgl. Zabel 2010c, S. 17; Schneider 2015, S. 35.
332 Vgl. Schneider 2015, S. 35. Zum Drei-Säulen-Modell vgl. Kap. B.3.

Die Nachhaltigkeit ist hier tragender Inhalt aller Kommunikations- und Kooperationsprozesse.[333] Der Stakeholderdialog findet systematisch und geplant Anwendung. Er ist durch große Intensität sowie den hohen Grad der Nachhaltigkeitsorientierung der Stakeholder gekennzeichnet.[334] Ziel des BNM A4 ist zusätzlich zu den unternehmerischen Erfolgsbeiträgen die Veränderung der Wirtschafts- und Gesellschaftsordnung in Richtung Nachhaltigkeit.[335] „Insofern taktet die 4. Ausbaustufe mit einem visionär hohen Reifegrad der Gesellschaft bezogen auf Demokratie, Gerechtigkeit und Humanitätsorientierung."[336]

Folgende Abbildung zeigt die Ausbaustufen des BNM als Pyramide:[337]

Abbildung 9: Pyramide der BNM-Ausbaustufen

Quelle: Eigene Abbildung basierend auf der Vorgehensweise von Schneider 2015, S. 33 und der Systematisierung von Zabel 2010c, S. 16.

---

333 Vgl. Zabel 2010c, S. 17.

334 Vgl. Schneider 2015, S. 35; Zabel 2010c, S. 17.

335 Vgl. Schneider 2015, S. 37.

336 Zabel 2010c, S. 17.

337 Vgl. die Vorgehensweise von Schneider im Rahmen der CSR-Reifegradpyramide (vgl. Schneider 2015, S. 32–40), welcher auf die Systematiken des Generationenmodells der Bertelsmann-Stiftung (Peters 2009), der Carroll-Pyramide (Carroll 1991) sowie die von Crane, Matten und Spence (Crane/Matten/Spence 2008) zurückgreift (vgl. Schneider 2015, S. 32).

In vielen Unternehmen erscheint eine stufenweise Einführung eines BNM erfolgsversprechend. Die Vorgehensweise mit Zwischenzielen ist überschaubar und erlaubt schnelle Erfolge,[338] u. a. weil sie sich damit an der menschlichen Psyche orientiert.[339]

Die von Zabel entwickelte Konzeption[340] kann aufgrund der Besonderheiten von KMU (vgl. ***<u>Kapitel B.4</u>***) nicht undiskutiert auf KMU übertragen werden, weshalb im Folgenden, basierend auf den Überlegungen zum Erfolg und zur Verantwortung von KMU im Nachhaltigkeitskontext eine speziell auf die Anforderungen von KMU angepasste Konzeption des BNM erarbeitet wird.[341]

---

338 Vgl. Winter 2002, S. 55.
339 Vgl. Winter 2002, S. 55.
340 Vgl. insb. die Ausführungen in Kapitel B.5.
341 Vgl. Kapitel C.4.

C Entwicklung einer Nachhaltigkeitskonzeption zur Sicherung von Erfolg und Verantwortung in KMU

C.1 Die Dialektik von Erfolg und Verantwortung

Der (ökonomische) Erfolg von KMU ist an die Übernahme von Verantwortung gebunden, wobei sich Erfolg und Verantwortung gegenseitig bedingen: Der ökonomische Erfolg sichert die unternehmerische Existenz und ist somit die Basis zur Verantwortungsübernahme.[342] Die Verantwortungsübernahme wird immer stärker Grundlage erfolgreichen unternehmerischen Handelns: Ohne sie droht der Verlust der Legitimation durch die Stakeholder und somit der Licence to operate bzw. der Basis der unternehmerischen Tätigkeit und Existenz (z. B. durch Kaufboykotte).[343] Dabei fragt „der ‚Business Case for Sustainability' (…), welchen Beitrag das Thema Nachhaltigkeit für den wirtschaftlichen Erfolg eines Unternehmens leisten kann und wie die Wettbewerbsfähigkeit und Existenz eines Unternehmens von Nachhaltigkeitsaspekten beeinflusst wird"[344].

Der Handlungsdruck auf KMU in Richtung Verantwortungsübernahme nimmt darüber hinaus zu: KMU wirken über ihre Produktions-, Produkt- und Investitionsentscheidungen direkt und indirekt (z. B. durch die Beeinflussung des Konsumverhaltens und der Lebensstile) auf den Ressourcenverbrauch, die Umwelt- und Sozialbelastung sowie auf Art und Umfang des Einsatzes von Kapital, Arbeit und Wissen ein; gleichzeitig können sie qua Position eine Entwicklung hin zur Nachhaltigkeit anregen und durchsetzen.[345]

Nachhaltigkeit als mehrdimensionales Konstrukt umfasst zudem mehrere Erfolgskomponenten auf verschiedenen Ebenen und mit vielfältigen Bezügen. Wie bereits in den vorangegangenen Ausführungen dargelegt, erweisen sich Nachhaltigkeitsaspekte auch für KMU als immer erfolgsrelevanter.[346] Deshalb soll nachfolgend der Erfolgsbegriff aus Nachhaltigkeitsperspektive genauer analysiert werden.

---

342 Vgl. Zabel 2010c; 2014.

343 Vgl. Zabel 2010c, S. 3 und 4; Pappenheim 2009, S. 33; Stark 2013, S. 58.

344 Schaltegger 2008, S. 22. Der Business Case for Sustainability schließt somit Green- und Bluewashing aus. Zum Business Case for Sustainability vgl. Schaltegger/Wagner 2006.

345 Vgl. Castrellon Gutierrez/Mittelstädt/Zabel 2014, S. 150–151; Grunwald/Kopfmüller 2012, S. 182–183; Hesselbarth 2009, S. 108.

346 Vgl. Schaltegger 2008, S. 22.

Der in der betriebswirtschaftlichen Literatur vorherrschende Erfolgsbegriff ist rein ergebnisorientiert und umfasst überwiegend traditionelle Erfolgskriterien des Wirtschaftens wie z. B. Gewinn und Kapitalrendite.[347] Selbst Ökonomen stellen jedoch zunehmend fest, dass eine alleinige Orientierung an der „effiziente[n] Kombination der Mittel"[348] nicht ausreichend ist, um am Markt langfristig erfolgreich zu sein.

Argumente gegen das traditionelle, einseitige (ökonomische) Erfolgsverständnis monieren dessen Kurzfristorientierung (Denken in Quartalen oder Geschäftsjahren) sowie die Vergangenheitsorientierung der ökonomischen Kennzahlen.[349] Als viel gravierender ist aber zu bemängeln, dass die traditionelle, einseitig auf Geldertrag, Wachstum und Egoismus fixierte Wirtschaftsweise[350] systematisch ökologische und soziale Knappheiten hervorbringt.[351] Freimann stellt dazu fest: „Die zunehmend vollkommenere Fleischwerdung des neoklassischen homo oeconomicus (…) [führt zu] in wachsendem Umfang nur noch eindimensional-monetär denken- und handelnden Wirtschaftssubjekte[n]".[352] Er verdeutlicht weiter: „Unsere missverstandene eindimensionale wirtschaftliche Vernunft zerstört das natürliche, das soziale und letztendlich auch das wirtschaftliche Fundament unseres Lebens."[353]

Aus diesem Grund sollten Unternehmen heute im Einklang mit Mensch und Natur wirtschaften, um langfristig erfolgreich zu sein. Die derzeit in der Unternehmensbeurteilung und -revision überwiegend relevanten und in der unternehmerischen Praxis dominierenden ökonomischen Kriterien müssen aus Nachhaltigkeitsperspektive kritisch reflektiert bzw. überdacht und durch einen „umfassenderen, nicht nur im engen

---

347 Vgl. Grunwald/Kopfmüller 2012, S. 108; Schaaf 2012, S. 60.

348 Müller-Christ/Hülsmann 2003, S. 254.

349 Vgl. Fritz 1992, insb. S. 221–223. Der in der Ökonomik gängige Shareholder-Value-Ansatz impliziert eine kurzfristige Gewinnorientierung sowie die Konzentration auf die Anteilseigner und somit die Vernachlässigung anderer Stakeholder. Aus dieser Perspektive heraus besteht die Verantwortung von Unternehmen lediglich in der Gewinnmaximierung. Als Gegenpol versteht sich der „Stakeholder-Ansatz", welcher die Berücksichtigung aller legitimen Ansprüche fordert, da ohne die Akzeptanz des Unternehmens in der Gesellschaft existenzielle Risiken entstehen. Pappenheim regt an, beide Extremposition in einem Value-based-Ansatz zu vereinen, welcher Wertorientierung und Verantwortung zusammenführt und somit eine Kombination aus ökologisch und sozial verantwortlichem und zugleich ökonomisch erfolgreichem Wirtschaften ermöglicht (vgl. Pappenheim 2009, S. 33–35).

350 Zur Geld-, Egoismus- und Wachstumsfixierung vgl. z. B. Zabel 2001. Zu einer kritischen Auseinandersetzung mit der Egoismusannahme vgl. Zabel 2007a.

351 Vgl. Zabel 2013a, S. 309; Zabel 2011a, S. 350; Zabel 2001, insb. S. 31–40; Freimann 2013.

352 Freimann 2006, S. 36. Armutat/Mödinger weisen darauf hin, dass die Übertragung der Vorstellungen des nutzenmaximierenden Homo Oeconomicus sowie wie der selbstregulierenden Märkte zu Verantwortungslosigkeit in der Wirtschaft führen (Armutat/Mödinger 2011, S. 14).

353 Freimann 2006, S. 45.

ökonomischen Sinne verstandenen Wertschöpfungsbegriff“[354] ersetzt werden, welcher neben rein ökonomischen auch ökologische (z. B. Ressourcenverbrauch, Umweltbelastung) und soziale Komponenten (z. B. Gesundheitsbeeinträchtigungen am Arbeitsplatz, Gewährleistung von Chancengleichheit für Frauen) beinhaltet.[355]

Traditionell wirtschaftende Unternehmen werden unter den aktuellen Rahmenbedingungen des Wirtschaftens aufgrund der zunehmenden Erfolgsrelevanz der ökologischen und sozialen Knappheiten in Zukunft nicht mehr bzw. nur noch begrenzt erfolgreich sein können. Der ökonomische Erfolg wird von der Anpassungsfähigkeit an die Herausforderungen des 21. Jahrhunderts abhängen. Wie zuvor bereits verdeutlicht, beinhaltet diese Anpassungsfähigkeit die Nachhaltigkeitsausrichtung von Unternehmen.[356]

Die Grundlage dafür bildet ein humanistisches Erfolgsverständnis, welches den Beitrag von Unternehmen zur humanistischen Bedürfnisbefriedigung im Sinne der „Sicherung der Einheit von Überleben, gut, sinnvoll und frei leben“[357] impliziert und neben dem Ergebnis der unternehmerischen Tätigkeit auch die Prozessperspektive (der Nachhaltigkeit) berücksichtigt. Aus diesem Erfolgsverständnis ergibt sich, dass Nichtnachhaltigkeit per se nicht erfolgreich sein kann, da ein Verzicht auf Nachhaltigkeitsaspekte nicht humanistisch ist.

Die Basis erfolgreichen Wirtschaftens im Sinne einer humanistischen Bedürfnisbefriedigung bildet die Ökologie- und Sozialverträglichkeit aller Produkte, Prozesse und Verhaltensweisen im Unternehmen.[358] Dabei beinhaltet die Ökologieverträglichkeit die „Verträglichkeit der Entstehung und Arbeitsweise eines Systems mit den ökologischen Kreisläufen der Systemumgebung“[359]. Die im Folgenden aufgeführten Managementregeln sind für die Umsetzung eines ökologisch verträglichen Unternehmertums notwendig:

---

354 Grunwald/Kopfmüller 2012, S. 108.

355 Vgl. Grunwald/Kopfmüller 2012, S. 183–184.

356 Vgl. Zabel 2014, S. 99–100.

357 Zabel 2013a, S. 310. Die wiederholte Verwendung des Zitates „Sicherung der Einheit von Überleben, gut, sinnvoll und frei leben für möglichst viele Menschen und Generationen“ (Zabel 2013a, S. 310) aus der Nachhaltigkeitsdefinition von Zabel ergibt sich aus der Anwendung in unterschiedlichen Funktion und der gleichbleibenden Basis eines humanistischen Nachhaltigkeitsverständnisses innerhalb der vorliegenden Arbeit.

358 Vgl. Zabel 2010c, S. 7.

359 Zabel 2001, S. 96.

- „Begrenzung des Verbrauches regenerativer Ressourcen auf das Maß ihres Nachwachsens;
- Begrenzung der Belastung der Umweltmedien auf das Maß der Selbstreinigungskraft der natürlichen Ökosysteme;
- Begrenzung des Verbrauches an nichtregenerierbaren Ressourcen auf das Maß ihrer Substituierbarkeit;
- Berücksichtigung der Zeitmaße und Rhythmen natürlicher Prozesse bei Natureingriffen;
- Aktivierung von Wachstumsbarrieren bei drohendem kreislaufschädigendem Wachstum;
- Erhaltung einer genügend breiten Artenvielfalt;
- Erhaltung bzw. Reaktivierung von natürlichen, genetisch geprägten Steuerungsmechanismen bzw. Selbstorganisationsprozessen.“[360]

Zudem bedarf es aus einer humanistischen Nachhaltigkeitsperspektive heraus der Berücksichtigung von sozialen Gesichtspunkten. Unternehmerisches Handeln bezeichnet man als sozialverträglich, wenn alle Prozesse und Verhaltensweisen inner- und außerhalb des Unternehmens sowie die dabei entstehenden Produkte und Dienstleistungen am humanistischen Postulat ausgerichtet sind.[361] Die Enquete-Kommission des Deutschen Bundestages „Schutz des Menschen und der Umwelt“ formulierte in ihrem Endbericht aus dem Jahr 1998 Handlungsgrundsätze, die als „soziokulturelle Managementregeln“ bezeichnet werden.[362] Das Netzwerk Nachhaltige Ökonomie stellte eine überarbeitete Fassung dieser Managementregeln vor, die – ebenso wie die ökologieorientierten Managementregeln – im Verlauf der Arbeit als Grundlage dienen:

> „1. Good Governance:
>
> Fehlentwicklungen in Wirtschaft und Politik wie Korruption, Machtmissbrauch, Kurzfristorientierung, u. v. a. m. zerstören die gesellschaftlichen Institutionen, die für eine erfolgreiche wirtschaftliche Entwicklung und die Lebensqualität einer Gesellschaft unverzichtbar sind. Daher müssen alle politischen und wirtschaftlichen Entscheidungen an den Managementregeln ausgerichtet und ge-

---

[360] Zabel 2001, S. 96–97 unter Verwendung von Enquete-Kommission „Schutz des Menschen und der Umwelt“ 1994 für die ersten vier Regeln (Enquete-Kommission „Schutz des Menschen und der Umwelt“ 1994).

[361] Eigene Definition in Anlehnung an die Definition zur Ökologieverträglichkeit nach Zabel (vgl. Zabel 2001, S. 96).

[362] Vgl. Deutscher Bundestag 1998.

fährliche Fehlentwicklungen rückgängig gemacht werden, hierzu gehört auch der Werteverfall und Machtmissbrauch. Die demokratischen und rechtstaatlichen Prinzipien sind einzuhalten. Der Staat muss alle Formen des Marktversagens ausgleichen.

2. Soziale Sicherheit, keine Armut:

(...) Jedes Mitglied der Gesellschaft erhält Leistungen von den sozialen Sicherungssystemen, entsprechend seiner geleisteten Beiträge bzw. von der Gesellschaft entsprechend seiner Bedürftigkeit. Diese Leistungen können nur im Umfang der wirtschaftlichen Leistungsfähigkeit wachsen. Hierbei muss jedes Mitglied der Gesellschaft entsprechend seiner eigenen Leistungsfähigkeit einen Beitrag für die Gesellschaft leisten. Die demografische Entwicklung muss beherrschbar bleiben.

3. Chancengleichheit, soziale Integration und Verteilungsgerechtigkeit:

Die demokratisch legitimierten Entscheidungsträger haben die Verpflichtung, dafür zu sorgen, dass im Rahmen der natürlichen Tragfähigkeit eine gerechte Verteilung der Lebenschancen und Einkommen für heutige und zukünftige Generationen sichergestellt wird.

4. Konfliktvermeidung:

Alle Strukturen und Politiken, die die [nationale und] internationale Sicherheit destabilisieren, sind zu vermeiden.

5. Risikolose Techniken:

Auf den Einsatz von Techniken, die unvertretbare Risiken beinhalten, soll verzichtet werden.“[363]

Die soziokulturellen Managementregeln verdeutlichen den Beitrag von Unternehmen zur Sicherung der Sozialverträglichkeit ihres Handelns.[364]

Beschleunigt wird die Entwicklung der Rahmenbedingungen des Wirtschaftens in Richtung Nachhaltigkeit auf der einen Seite dadurch, dass nachhaltiges Verhalten zunehmend belohnt wird (z. B. wenn Kunden nachhaltigkeitsbezogenes Engagement als Kaufkriterium berücksichtigen) und sich somit auf den ökonomischen Erfolg positiv auswirkt. Andererseits wird nichtnachhaltiges Verhalten immer mehr zur ökonomischen Belastung und kann sogar zum Entzug der Licence to operate führen.[365]

Am Rande sei auch erwähnt, dass (vorausgesetzt Unternehmen möchten einen Beitrag in Richtung Nachhaltigkeit leisten) es wirtschaftlich erfolgreichen Unternehmen

---

363 Netzwerk Nachhaltige Ökonomie o. A. Dies stellt eine Diskussionsfassung der ökonomischen, ökologischen und sozio-kulturellen Managementregeln aufbauend auf Deutscher Bundestag 1998 sowie Rogall 2012a dar.

364 Wobei die Sozialverträglichkeit eng an die Ökologieverträglichkeit gekoppelt ist (vgl. Zabel 1995, S. 10).

365 Vgl. Zabel 2013a, S. 320.

grundsätzlich leichter möglich ist, sich durch gesellschaftliches Engagement bzw. die Verantwortungsübernahme zu beteiligen und die Rahmenbedingungen in Wirtschaft und Gesellschaft in Richtung Nachhaltigkeit zu beeinflussen.[366]

Bisher hat sich kein einheitliches Vokabular zur Verantwortung im unternehmerischen Kontext herausgebildet.[367] In der Literatur wird der Verantwortungsbegriff in den letzten Jahren inflationär benutzt, wobei sich die Autoren mit ihm aus unterschiedlichen Perspektiven auseinandersetzen.[368] In seiner allgemeinen Wortbedeutung bezeichnet er „verantworten", „rechtfertigen" bzw. „zurechnen".[369] Der juristische Verantwortungsbegriff konzentriert sich auf Haftungs- und Kompensationsfragen, wohingegen das betriebswirtschaftliche Verständnis auf die Übernahme und Erfüllung von Aufgaben abzielt.[370] Der Verantwortungsbegriff aus ethischer Perspektive basiert auf der „Berücksichtigung der von der eigenen Handlung Betroffenen."[371] Die „eigenen Handlungen" umfassen sowohl das Unternehmen als auch dessen Agenten wie bspw. die Mitarbeiter.[372] Aus unternehmerischer Perspektive

> „bezieht sich [der Verantwortungsbegriff] darauf, dass Unternehmen im Rahmen von Handlungsfolgen- und Aufgabenverantwortung für ihre wirtschaftlichen Handlungen, Unterlassungen und Sprechakte inkl. deren Folgen selbst eintreten bzw. eintreten müssen und dafür auch (teilweise monetäre) Kompensation leisten sowie Rechenschaft ablegen müssen."[373]

Unternehmerische Verantwortung vollzieht sich dabei in unterschiedlichen Dimensionen, welche als formale Elemente des Verantwortungskonstrukts dargestellt werden können.[374] Für die Übertragung des Verantwortungskonstrukts auf die Nachhaltigkeitsproblematik eignet sich eine Verantwortungsrelation in sechs Dimensionen:

---

366 Unter gesellschaftlichem Engagement wird „das freiwillige, über gesetzliche Vorgaben hinausgehende Unternehmensengagement im sozialen und ökologischen Bereich verstanden" (Bertelsmann Stiftung/Stiftung Familienunternehmen 2007, S. 11). Die Begriffe „gesellschaftliches" und „unternehmerisches Engagement" werden in dieser Arbeit synonym verwendet.

367 Zum Verantwortungsbegriff und seinen Facetten vgl. Heidbrink 2003.

368 Zum Verantwortungsbegriff aus wirtschafts- und unternehmensethischer Sicht vgl. u. a. die Ausführungen von Gruber 2009; Fetzer 2004; Bayertz 1995, S. 3–73; Göbel 2013.

369 Vgl. Gruber 2009 basierend auf den Arbeiten von Schwardtländer 1974; Baran 1990; Werner 2011.

370 Vgl. Hesselbarth 2009 sowie Stelzer 2006, S. 34–35.

371 Stelzer 2006, S. 35. Zum Verantwortungsbegriff aus ethischer Perspektive vgl. u. a. Homann/Blome-Drees 1992; Steinmann/Löhr 1994; Jonas 2013; Göbel 2013.

372 Vgl. Göbel 2013, S. 107. Zur Prinzipal-Agenten-Theorie in der Betriebswirtschaftslehre vgl. u. a. Jost/Backes-Gellner 2001.

373 Hesselbarth 2009, S. 145. Die Definition sowie Überlegungen basieren auf der Arbeit von Fetzer 2004.

374 Vgl. dazu die Ausführungen von Hesselbarth 2009, S. 146–147.

„Demnach ist jemand (Subjekt) für etwas bzw. für jemanden (Objekt) vor jemandem (einer Instanz) oder gegenüber jemandem (Adressat) in Bezug auf bestimmte Vorgaben (Kriterium) innerhalb eines Rahmens (Verantwortungsbereichs) verantwortlich.“[375] Somit übernimmt ein nachhaltigkeitsorientiertes KMU als Verantwortungssubjekt die Verantwortung für die Stakeholder seines Unternehmens (Verantwortungsobjekt).

Vor diesem Hintergrund wird die Ansicht zugrunde gelegt, dass KMU für Mensch und Natur und die damit einhergehende Berücksichtigung von Nachhaltigkeitsaspekten (ökonomische, ökologische und soziale Kriterien) Verantwortung übernehmen müssen – auch um weiterhin am Markt erfolgreich agieren zu können.[376] Diese Erkenntnisse basieren auf der Annahme, dass die ökologischen und sozialen Problemlagen menschengemacht sind, womit es einen Einfluss des Menschen (Subjekt der Verantwortungsrelation) auf die Stakeholder (Objekt der Verantwortungsrelation) gibt.[377]

Eine Möglichkeit zur systematischen Verantwortungsübernahme und Erfolgssicherung in Unternehmen besteht durch die Umsetzung der Konzeption des BNM nach Zabel. ***Abbildung 10*** illustriert den Zusammenhang zwischen Verantwortungsübernahme und Erfolgssicherung mittels „Abarbeitung“ der drei Kernaufgaben des BNM in der Konzeption von Zabel. Die Abbildung verdeutlicht, dass die unternehmerische (ökonomische) Erfolgssicherung einerseits und die Nachhaltigkeitsausrichtung andererseits als zwei sich bedingende, sich befruchtende und „aufschaukelnde“ Prozesse zu managen sind.[378] So wird vom Schnittmengenmanagement ausgehend (Ausnutzung der Spielregeln beim Status quo des Nachhaltigkeitsniveaus) durch die Nachhaltigkeitsorientierung vermittels der verbesserten Nachhaltigkeitsausrichtung des

---

375 Hesselbarth 2009, S. 146 basierend auf Lenk/Maring 1993, S. 228ff. leicht modifiziert durch Hesselbarth 2009, S. 146, die die Definition um den Bestandteil „für jemanden“ erweitert, um Subjekte und die Natur als Verantwortungsobjekte zu integrieren. Im Fokus der Analyse der vorliegenden Arbeit steht das Verantwortungssubjekt. Zu den anderen Elementen der Verantwortungsrelation im Kontext eines BNM vgl. die Ausführungen von Hesselbarth 2009, S. 144–157.

376 Grunwald/Kopfmüller stellen sich auf dem Weg zu einem verantwortungsvollen Unternehmen der Frage des Steuerungssubjektes (Selbst- und Fremdsteuerung) (vgl. Grunwald/Kopfmüller 2006, S. 109). Die vorliegende Arbeit folgt der Argumentation, dass KMU über eine intrinsische Motivation verfügen das Verhalten in Richtung Nachhaltigkeit zu ändern und die Vorteile einer nachhaltigen Entwicklung zu erkennen. Diese Argumentation wird gestützt von der These des Staatsversagens (vgl. Grunwald/Kopfmüller 2006, S. 109). Aber auch auf Seiten des Marktes ist eine immer stärkere Berücksichtigung von Nachhaltigkeitsaspekten zu verzeichnen (z. B. steigende Nachfrage nach Bioprodukten oder die öffentliche Diskussion zum Thema Klimawandel) (vgl. Schaltegger 2008, S. 22).

377 Vgl. Hesselbarth 2009, S. 155.

378 Vgl. Zabel 2014, S. 113–114.

Verhaltens der Stakeholder sowie der Produkte und Prozesse (siehe die Charakterisierung von Normierungsverantwortung und Nachhaltigkeitsverantwortung i. e. S. in ***Kapitel B.5.2.2.1***) das Nachhaltigkeitsniveau im Verantwortungsbereich des Unternehmens systematisch gesteigert (linker, nach unten zeigender Pfeil der Abbildung).

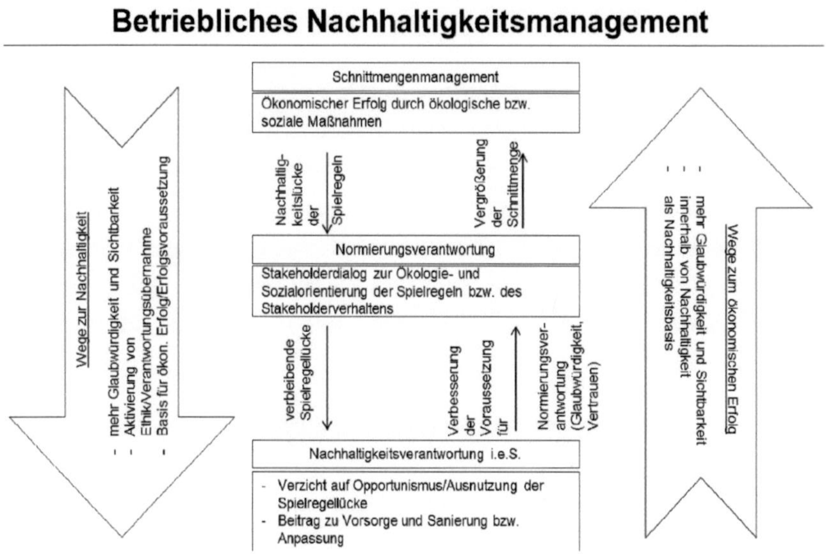

Abbildung 10: Zusammenhang der Aufgaben des BNM – dialektische Verbindung von Erfolgssicherung und Verantwortungswahrnehmung

Quelle: Zabel 2014, S. 114.

Damit korrespondieren die Wege zum ökonomischen Erfolg (rechter, nach oben zeigender Pfeil von ***Abbildung 10***) wie folgt:

- Die Wahrnehmung von Nachhaltigkeitsverantwortung i. e. S. steigert den Erfolg der Normierungsverantwortung bzw. des Stakeholderdialoges, indem Glaubwürdigkeit und Vertrauen bezogen auf Nachhaltigkeitsbeiträge des Unternehmens gefördert werden.
- Größere Glaubwürdigkeit und steigendes Vertrauen erhöhen den Erfolg des Stakeholderdialoges und erweitern somit die Schnittmenge, womit der ökonomische Erfolg verbessert wird, weil überzeugte Stakeholder das Unternehmen verstärkt belohnen (Kauf, Kreditkonditionen etc.).

Als Grundlage für nachhaltiges Wirtschaften und unternehmerischer Erfolgssicherung beinhaltet Nachhaltigkeitsverantwortung i. w. S.[379]

> „die weitgehende Ausrichtung aller informationellen und materiellen Aktivitäten (allen Tuns und Unterlassens) eines Verantwortungsträgers auf die Nachhaltigkeitszielstellung ‚Sicherung der Einheit von Überleben, gut, sinnvoll und frei leben für möglichst viele Menschen und Generationen' auf Basis der Ermittlung, Nutzung und Verbreitung von Folgewirkungswissen dieser Aktivitäten bei Betroffenen (einschließlich der Natur und zukünftiger Generationen sowie der Eigenbetroffenheit) und der Einbeziehung der Betroffenen als Beteiligte in Dialogprozessen, um Schädigungswirkungen vorzubeugen bzw. diese zu minimieren und/oder zu kompensieren einschließlich der Aktivitäten zur Nachhaltigkeitsausrichtung der institutionellen Arrangements und der Verhaltensweisen aller Beteiligten und Betroffenen."[380]

Wirtschaftlicher Erfolg in KMU wird in der vorliegenden Arbeit sowohl als Prozess als auch Ergebnis einer umwelt- und sozialverträglichen Wirtschaftsweise definiert, welcher langfristig orientiert ist und auf einem hohen Grad der Verantwortungsübernahme für Produkte, Prozesse und Verhaltensweisen des Unternehmens und seiner Stakeholder basiert.[381]

Dabei werden die Erweiterungen des Erfolgsbegriffes im Nachhaltigkeitskontext deutlich: Neben der Ergebnisorientierung (ökonomischer Erfolg) bilden die Prozessorientierung (Ökologie- und Sozialverträglichkeit), der Zeitaspekt (Langfristorientierung), die humanistische Bedürfnisbefriedigung sowie die Verantwortungsübernahme für Produkte, Prozesse und Verhaltensweisen Schwerpunkte. Es wird die Auffassung vertreten, dass eine auf ethischen Werten basierende und entsprechend reflektierte Unternehmensführung die Basis für zukünftigen Unternehmenserfolg bildet.[382]

C.2 Die Verantwortung gegenüber den Stakeholdern des KMU

Zur Erfolgssicherung bedarf es der Übernahme von Nachhaltigkeitsverantwortung i. w. S. durch KMU.[383] Dabei sind die KMU in ein Interaktionsgefüge eingebettet, innerhalb dessen neben den traditionellen Beziehungen auch spezifische, insb. mit lokalem Bezug verbundene gesellschaftliche und politische Akteure, die Erfolgsrele-

---

[379] Zabel unterscheidet in seinen neueren Publikationen die Begriffe Nachhaltigkeitsverantwortung i. w. S., welche neben dem Schnittmengenmanagement und der Normierungsverantwortung die Nachhaltigkeitsverantwortung i. e. S. beinhaltet (vgl. Zabel 2010c, S. 8).

[380] Zabel 2010c, S. 5.

[381] Vgl. Zabel 2015d, Folie 2.44.

[382] Vgl. Stark 2013, S. 58; Brown 2009; Knopf/Hoffmann/Quitzow u. a. 2011.

[383] Vgl. Castrellon Gutierrez/Mittelstädt/Zabel 2014, insb. S. 152–153.

vanz haben, berücksichtigt werden müssen.[384] Einerseits erweiterten die traditionellen Akteure in den letzten Jahren ihre Ansprüche um soziale und ökologische Themen (insb. Mitarbeiter), andererseits kamen neue Anspruchsgruppen hinzu, die ihre ökonomischen, ökologischen und sozialen Forderungen an KMU richten (z. B. Kunden, die innerhalb der Lieferkette ökologische und soziale Mindeststandards einfordern).[385] KMU agieren dabei als Akteure sowohl in ihrem lokalen Umfeld als auch auf dem Weltmarkt (z. B. als Hidden Champions).[386] Sie übernehmen somit Nachhaltigkeitsverantwortung i. w. S., wenn sie die legitimen Ansprüche der Stakeholder berücksichtigen.[387]

Als Instrument zur Verantwortungsübernahme durch KMU eignet sich der Stakeholderansatz. Unter Rückgriff auf den Stakeholderansatz können Erwartungen und Ansprüche der Anspruchsgruppen erfasst werden.[388] Erste Arbeiten zur Stakeholdertheorie stammen vom amerikanischen „Stanford Research Institute" aus den 1960er Jahren, die betonten, dass es Aufgabe des Managements sei, die Interessen der Stakeholder zu verstehen und (in der Unternehmensstrategie) zu berücksichtigen, da die Unterstützung durch die Stakeholder langfristig zum Überleben des Unternehmens notwendig sei.[389] In den 1980er Jahren wurde darauf aufbauend der „Stakeholderansatz" bzw. das „Stakeholdermanagement" entwickelt. Dieses steht Managern als Instrument zur Verfügung, um Veränderungen des Unternehmensumfeldes in die Strategie und das Management eines Unternehmens zu integrieren.[390] Während erste Arbeiten Stakeholder als Individuen oder Gruppen betrachten, ohne deren Unterstützung das Unternehmen nicht existieren kann,[391] konkretisiert Freeman 1984 die Stakeholderdefinition, indem er Stakeholdern materielle und immaterielle Ansprüche an das Unternehmen zuspricht.[392] Stakeholder definiert er demzufolge als „any group or individual who can affect or is affected by the achievement of the organisations objectives".[393] Dieser breiten Begriffsdefinition zufolge wer-

384 Vgl. Rheinländer 2013, S. 45; Hesselbarth 2009, S. 254–255.
385 Vgl. Rheinländer 2013, S. 45–55.
386 Zum Hidden Champion vgl. Simon 2007.
387 Deutsche Synonyme zu Stakeholder sind „Interessen-" und „Anspruchsgruppen".
388 Zum Stakeholderansatz vgl. Freeman 1984 sowie zur Entwicklung, Grundzüge und Anspruchsgruppen im traditionellen Stakeholderkonzept vgl. Schmid 1996, S. 88–103.
389 Vgl. Freeman 1984, ins. S. 31–33 und die dort angegebene Literatur.
390 Vgl. Freeman 1984, Teuscher/Stäheli/Furrer 2006 sowie Albrecht 2008, S. 16.
391 Vgl. Freeman 1984, S. 31.
392 Vgl. Freeman 1984.
393 Freeman 1984, S. 46.

den auch Stakeholder berücksichtigt, die sich von der unternehmerischen Tätigkeit beeinflusst sehen bzw. einen Anteil am Unternehmen haben.[394] Zudem leitet sich aus der Definition von Freeman die Forderung ab, sich mit Stakeholdern auseinanderzusetzen, da diese die Unternehmensentwicklung beeinflussen.[395]

Die Berücksichtigung der Interessen von Anspruchsgruppen ist bereits in der Nachhaltigkeitsdefinition des Brundtlandberichtes aus dem Jahr 1987 verankert, der besagt, dass eine nachhaltige Entwicklung eine Entwicklung ist, „that meets the needs of the present without compromising the ability of future generations to meet their own needs".[396] Die Ausrichtung eines Unternehmens am Prinzip der Nachhaltigkeit basiert somit auf der Beteiligung der Anspruchsgruppen. Neben der Integration der Anspruchsgruppen wird zudem deren Partizipation gefordert,[397] sowohl als Ziel als auch als Mittel einer nachhaltigen Entwicklung.[398] Um die Verantwortungsübernahme im KMU zu sichern und damit Erfolgspotenziale zu generieren, können die Erkenntnisse des Stakeholderansatzes innerhalb der Konzeption des BNM insb. in der Betroffenheitsanalyse, der Aufgabe der Normierungsverantwortung und der Berichterstattung integriert werden.

Unter Beachtung der sechs Verantwortungsdimensionen stellen die Ansprüche der Stakeholder an ein KMU das Verantwortungsobjekt dar. Als Basis für das BNM (insb. für die Betroffenheitsanalyse und die Normierungsverantwortung) hat das Stakeholdermanagement die Aufgabe, die für das KMU relevanten Stakeholder zu identifizieren und deren legitime ökologischen, ökonomischen und sozialen Bedürfnisse und Ansprüche zu identifizieren.[399] Darauf aufbauend kommt dem Stakeholdermanagement die Aufgabe zu, die zum Teil sehr unterschiedlichen Interessen der Anspruchsgruppen gegeneinander abzuwägen, zu priorisieren und zu integrieren (Interessenausgleich).[400] Das Stakeholdermanagement betrachtet als ganzheitlicher Ansatz die Stakeholder und deren Ansprüche nicht isoliert.[401] Neuere Ansätze thematisieren besonders die Beziehungen der Stakeholder untereinander.[402] Die Erkenntnisse der

394 Vgl. Näsi 1995, Göbel 1995 sowie Albrecht 2008, S. 17.
395 Vgl. Mitchell/Agle/Wood 1997 sowie Albrecht 2008, S. 17.
396 WCED 1987, S. 43.
397 Vgl. Graap 2001.
398 Vgl. dazu die Ausführungen von Baranek/Fischer/Walk 2005.
399 Zum Status quo des Stakeholdermanagementes vgl. Freeman/Harrison/Wicks et al. 2010.
400 Vgl. Albrecht 2008, S. 14.
401 Vgl. Günther/Weber 2011, S. 5.
402 Vgl. z. B. zu sozialen Netzwerken Rankl 2017.

Stakeholderanalyse finden dann insb. in der Betroffenheitsanalyse Berücksichtigung.[403]

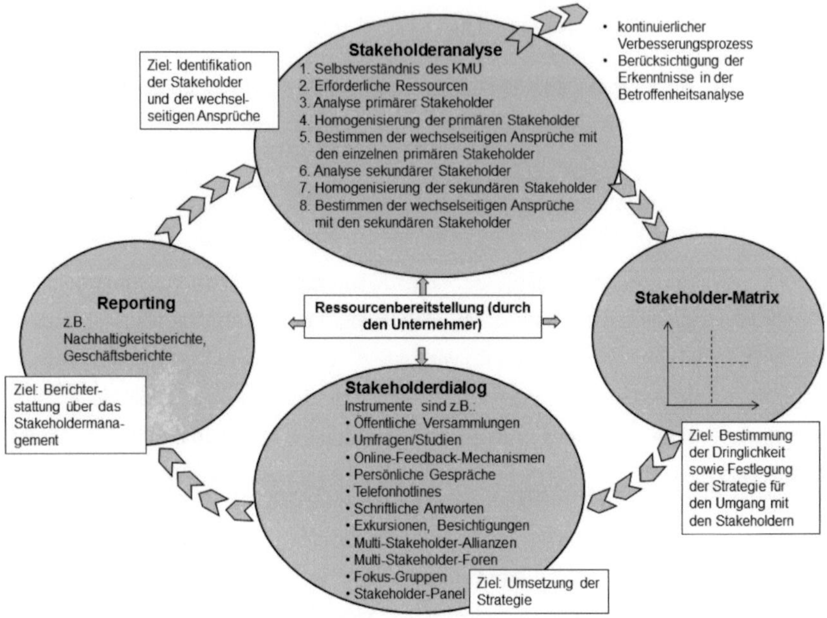

Abbildung 11: Ablauf des Stakeholdermanagements in KMU
Quelle: Eigene Abbildung basierend auf Günther/Weber 2011, insb. S. 5–12 sowie S. 21.

Zwischen dem KMU und seinen Stakeholdern besteht eine wechselseitige Beziehung.[404] Verkürzt kann festgehalten werden: KMU sind von materiellen und immateriellen Ressourcen abhängig, welche Stakeholder bereitstellen.[405] Mit Hilfe dieser Ressourcen erstellt das KMU u. a. Güter und Dienstleistungen, die von den Stakeholdern nachgefragt werden.[406] Um den Zugang und die Verfügbarkeit von Ressourcen zu sichern, bedarf es der Berücksichtigung legitimer Stakeholderinteres-

403 Vgl. Kapitel B.5.2.1 und C.4.1.
404 Eine Begründung liefert das Ressourcenabhängigkeitstheorem vgl. Pfeffer/Salancik 2009.
405 Vgl. Figge/Schaltegger 2000, S. 11; Albrecht 2008, S. 25; Günther/Weber 2011, S. 3.
406 Vgl. Figge/Schaltegger 2000; Albrecht 2008, S. 17. Zu den Stakeholderbeziehungen als Austauschbeziehungen vgl. Albrecht 2008, S. 24–25.

sen im Rahmen eines systematischen Stakeholdermanagements.[407] Ein beispielhafter Ablauf des Stakeholdermanagements in KMU ist in ***Abbildung 11*** dargestellt.[408]

Bei der Umsetzung des BNM in KMU und der Berücksichtigung der Stakeholderinteressen innerhalb des BNM zwecks Verantwortungsübernahme und Erfolgssicherung nimmt der Unternehmer als Subjekt der Verantwortungsübernahme eine Schlüsselrolle ein. Aus diesem Grund wird im folgenden Kapitel der Unternehmer als Subjekt der Verantwortungsübernahme charakterisiert und seine Rolle innerhalb der Konzeption des BNM in KMU dargestellt.

C.3 Der Unternehmer als Subjekt der Verantwortungsübernahme und seine Rolle innerhalb der Konzeption des BNM in KMU

C.3.1 Begriffliche Grundlagen zum Unternehmer

Die Person des Unternehmers steht als Subjekt der Verantwortungsübernahme im Mittelpunkt der Betrachtungen der vorliegenden Arbeit. Aus diesem Grund wird im nächsten Abschnitt der Unternehmerbegriff genauer analysiert.

In den Wirtschaftswissenschaften existiert bis heute kein einheitliches Verständnis des Unternehmerbegriffs. Häufig wird der Begriff „Unternehmer“ auch synonym zu „Kaufmann“ und „Entrepreneur“ benutzt. Zur Annäherung an eine Unternehmerdefinition, die den Anforderungen der vorliegenden Arbeit genügt, werden im Folgenden die begrifflichen Grundlagen zum Unternehmer geklärt.

Dazu werden der „klassische“ Unternehmer, der Kaufmann sowie der Entrepreneur von nachhaltigkeitsorientierten Unternehmertypen abgegrenzt, um darauf aufbauend den Idealtyp des „nachhaltigen Unternehmers“ zu charakterisieren.

C.3.1.1 Klassische Unternehmertypen

Im bürgerlichen Recht, im Handelsrecht sowie im Umsatzsteuerrecht findet man unterschiedliche juristische Unternehmerdefinitionen.[409] So bezeichnet das BGB den Unternehmer beispielsweise als „eine natürliche oder juristische Person oder eine

---

[407] Zur Legitimation der Ansprüche im Ressourcenkontext bzw. zur Gesellschaft als Ressourcenquelle vgl. Müller-Christ 2003, S. 112–113.
[408] Zu Normierungsansätzen mit besonderem Stakeholderbezug vgl. Brinkel 2017, S. 239–332.
[409] Vgl. Gabler 2014, S. 3269.

rechtsfähige Personengesellschaft, die bei Abschluss eines Rechtsgeschäfts in Ausübung ihrer gewerblichen oder selbständigen beruflichen Tätigkeit handelt".[410] Im Umsatzsteuerrecht findet sich eine ähnliche Definition: Unternehmer ist, „(...) wer eine gewerbliche oder berufliche Tätigkeit selbständig ausübt".[411]

Als Forschungsgegenstand ist die Person des Unternehmers in den Wirtschaftswissenschaften in der Vergangenheit in Vergessenheit geraten und wurde erst durch die Arbeiten der Entrepreneurship-Forschung aus dem Dornröschenschlaf geweckt.[412] Durch die Wiederentdeckung des Forschungsgegenstandes „Unternehmer" und seine Integration in die neuere betriebswirtschaftliche Forschung kann in jüngster Zeit eine Aufwertung seiner Arbeit und seiner Funktion in der Gesellschaft beobachtet werden.[413]

Genau genommen blickt der Forschungsgegenstand „Unternehmer" in den Wirtschaftswissenschaften auf eine lange Tradition zurück.[414] Einer der ersten Ökonomen, der sich mit der Person des Unternehmers und insb. mit dem Einfluss der Risikobereitschaft des Unternehmers auf die Entstehung und den Bestand von Unternehmen auseinandergesetzt hat, war Cantillon (1680–1734).[415] Es folgten zahlreiche bekannte Autoren, die die Aspekte des Unternehmertums beleuchteten und verschiedene Unternehmertypen entwickelten: Schumpeter untersuchte den Unternehmer in seiner Funktion mit Bezug zu Innovationen,[416] Hayek und Kirzner stellten die Arbitrage in den Mittelpunkt ihrer Betrachtungen.[417] In ***Anhang 2*** werden die bekanntesten historischen Unternehmerdefinitionen sowie ihre Bedeutungen für die heutige Zeit dargestellt.

---

410 § 14 Abs. 1 BGB. In § 631 Abs. 1 BGB (BGB 2017) findet sich eine Konkretisierung zum Thema Werkvertrag: „Durch den Werkvertrag wird der Unternehmer zur Herstellung des versprochenen Werkes, der Besteller zur Entrichtung der vereinbarten Vergütung verpflichtet."

411 § 2 AbS. 1 UStG (UStG 2017). An dieser Stelle soll auf das im Gesetzestext von der vorliegenden Arbeit abweichende Nachhaltigkeitsverständnis hingewiesen werden.

412 Vgl. Behringer 2012, S. 38; Khadjavi 2005, S. 58-59.

413 Vgl. Behringer 2012, S. 38. Porträts von erfolgreichen deutschen Unternehmern finden sich bei Nahrendorf 2008.

414 Vgl. Behringer 2012, S. 38.

415 Vgl. Cantillon 1931; Khadjavi 2005, S. 58; Behringer 2012, S. 38–39.

416 Vgl. Schumpeter 1997,S. 110ff.

417 Vgl. Hayek 1952; Kirzner 1973.

An dieser Stelle bedarf es der Abgrenzung des Unternehmerbegriffes von verwandten und zum Teil synonym verwendeten Begriffen wie Kaufmann, Entrepreneur sowie Manager.

Kaufmann

Kaufmann im „Sprachgebrauch [ist] jeder kaufmännisch Tätige[;] im Rechtssinne nur, wer selbständig ein Handelsgewerbe betreibt (nicht z. B. der Handelsgehilfe)“.[418] Dem Kaufmann obliegt somit kein Produktionsauftrag, „seine Fähigkeit besteht darin, (...) Überschüsse ausfindig zu machen, sie aufzukaufen und sie an einem anderen Ort wieder zu verkaufen“.[419]

In Deutschland hat sich das Leitbild des „ehrbaren Kaufmanns“ etabliert.[420] Die IHK setzt sich für die Einhaltung der Prinzipien des ehrbaren Kaufmanns ein.[421] Ihr wurde vom Gesetzgeber der Auftrag erteilt für „Anstand und Sitte des ehrbaren Kaufmanns zu wirken“[422]. Die IHK nimmt diesen Auftrag ernst und setzt sich aktiv dafür ein; in einer Erweiterung der Formulierung ist in einer IHK-Darstellung zu lesen: „Modern gewendet bedeutet das: Für Fairness und Nachhaltigkeit im Wirtschaftsleben einzutreten.“[423] Neben der IHK haben sich auch andere Institutionen, wie bspw. die Versammlung eines Ehrbaren Kaufmanns zu Hamburg (VEEK)[424] sowie der Verein Berliner Kaufleute und Industrieller (VBKI)[425], dem Leitbild des ehrbaren Kaufmanns verschrieben.[426] Auch die Wissenschaft setzt sich wieder verstärkt mit dem Leitbild auseinander.[427]

Insbesondere das Leitbild des ehrbaren Kaufmanns zeigt erste Ansatzpunkte zur Integration ökologischer und sozialer Aspekte in das Wirtschaften von KMU.

---

418 Springer/Gabler 2014, Sp. XX.
419 Klink 2003, S. 60.
420 Vgl. die Ausführungen von Klink 2003; Schwalbach/Fandel 2007; Schwalbach/Klink 2015.
421 Vgl. Kuttner/Oswald 2013.
422 § 1 AbS. 1 IHKG (IHKG 2017).
423 Kuttner/Oswald 2013, S. 48. Zur Bedeutung des ehrbaren Kaufmanns für die CSR-Forschung vgl. Klink 2003.
424 Vgl. VEEK o. A.
425 Vgl. VBKI o. A.
426 Vgl. Schwalbach/Klink 2015, S. 177–178.
427 Vgl. Schwalbach/Klink 2015, S. 177.

Entrepreneur

Der Begriff des Entrepreneurship[428] geht vom Wortstamm her auf „entreprendre“ zurück und bedeutet übersetzt „etwas unternehmen“ oder „in die eigenen Hände nehmen“.[429] Bekannt wurde der Entrepreneurship-Begriff insb. durch Schumpeter, der den Unternehmer als Person charakterisiert, die Innovationen durch die neue Kombination von Ressourcen hervorbringt, auf dem Markt positioniert und somit das Marktgleichgewicht zum Schwanken bringt.[430] Im Fokus steht für Schumpeter der „Unternehmer[s] als Agent des Wandels“[431] in Volkswirtschaften.

„Entrepreneurship“ aus: / „Theorie“ als:	institutioneller Perspektive	prozessualer Perspektive
Gattungsname	(I) z. B. Analyse des Entwicklungsstandes der Gründungsforschung in Deutschland oder Konturierung der Erfahrungsobjekte Unternehmensgründung und junge Unternehmen	(II) z. B. Analyse von Paradigmen der Gründungsforschung oder des Aussagegehaltes verschiedener Theorieströmungen
Einzelbezeichnung für herausgearbeitete Zusammenhänge	(III) z. B. Analyse der Lehrbarkeit von Unternehmenseigenschaften oder Ausarbeitung eines universitären Curriculums	(IV) z. B. Analyse von Gründungsmotiven oder Erhebung von Erfolgsfaktoren junger Unternehmen

Tabelle 7: Facetten der „Theorie des `Entrepreneurship`“
Quelle: Fallgatter 2002, S. 2.

Die moderne Entrepreneurship-Forschung konzentriert sich auf die Entstehung und das Wachstum von Unternehmen:[432] „Im Mittepunkt von `Entrepreneurship` stehen

---

428 Zu theoretischen Grundlagen zum Entrepreneurship vgl. Freiling 2006; Fallgatter 2002; Fueglistaller/Müller/Müller u. a. 2016.

429 Vgl. Fueglistaller/Müller/Müller u. a. 2016, S. 5. Zur Geschichte des Entrepreneurship vgl. u. a. Fueglistaller/Müller/Müller u. a. 2016, S. 5–6.

430 Vgl. Fueglistaller/Müller/Müller u. a. 2016, S. 6.

431 Fueglistaller/Müller/Müller u. a. 2016, S. 6. Demgegenüber sieht Kirzner Unternehmer als Individuen, welche die Schwachstellen eines Marktes nutzen und den Markt wieder ins Gleichgewicht bringen. Unabhängig von der Rolle, die der Entrepreneur für das Marktgleichgewicht spielt, stellen beide Autoren die Bedeutung von Entrepreneurship für die wirtschaftliche Entwicklung eines Landes heraus (vgl. Fueglistaller/Müller/Müller u. a. 2016, S. 6).

432 Die Konzepte Inter- und Intrapreneurship sind eng mit dem Entrepreneurship verbunden. „Als Interpreneurship wird die Vernetzung von unternehmerisch agierenden Personen unterschiedlicher Betriebe bezeichnet, die gemeinsam an der Lösung eines Problems oder an der Ableitung neuer Ziele im Zuge des Innovationsmanagements arbeiten. Es ergänzt die Inhalte des Entrepreneurships um die Netzwerkperspektive“ (Pott/Pott 2015, S. 347; Pfriem/Antes/Fichter u. a.

somit die Entdeckung, Bewertung und Ausschöpfung unternehmerischer Handlungen durch Unternehmensgründungen und junge Unternehmungen".[433] Fallgatter fasst die Forschungsinteressen der Entrepreneurship-Forschung in vorstehender Tabelle zusammen (***vgl. Tabelle 7***).

Entrepreneure entwickeln eigene Ideen und Visionen, die sie in einer Unternehmensgründung umsetzen.[434] Dabei fokussieren sie auf Wachstum und Innovationen und es drängt sie, ihre Ideen umsetzen und etwas zu erreichen.[435]

Nach der Gründungsphase nimmt die Innovationskraft der Entrepreneure ab und es gilt, sich dann den Herausforderungen der unternehmerischen Tätigkeit im Alltagsgeschäft zu stellen.[436] Als gutes Beispiel für einen Entrepreneur kann Ingvar Kamprad, der Gründer von IKEA gelten. Mit der Idee, Möbel zur Selbstmontage mit hochwertigem, schwedischem Design zu niedrigen Preisen anzubieten, schaffte er es aus einem kleinen ein weltweit agierendes Unternehmen zu machen.[437]

Der Unternehmer im Sinne der Entrepreneurship-Forschung wird verstanden als: „Ein Individuum, das innovative Produkte oder Produktionsmethoden am Markt durchsetzt, neue wirtschaftliche Strukturen etabliert und bestehende, weniger innovative Unternehmen aus dem Markt drängt, jedoch nicht zwangsläufig Inhaber eines Unternehmens sein muss."[438]

Aus der Perspektive der vorliegenden Arbeit sollten die vom Entrepreneur angestoßenen Innovationen einen ökologischen und/oder sozialen Beitrag leisten bzw. zu ökologischen und/oder sozialen Verbesserungen beitragen.

2006). „Intrapreneurship ist ein Konzept, welches das unternehmerische Denken und Handeln bei den Mitarbeitern fördert, um die Kundenorientierung (...) und die Innovationsfähigkeit zu verbessern" (Thommen 2008, S. 313).

433 Fallgatter 2002, S. 1.

434 Vgl Fueglistaller/Müller/Müller u. a. 2016, S. 28.

435 Vgl. Fueglistaller/Müller/Müller u. a. 2016, S. 28-29.

436 Vgl. Fueglistaller/Müller/Müller u. a. 2016, S. 28. Bei Schumpeter gelten Personen nur so lange als Unternehmer wie sie ihre Innovationskraft nutzen, um neue Kombinationen durchzusetzen (vgl. Schumpeter 2006).

437 Vgl. Gergs 2007, S. 176.

438 Fueglistaller/Müller/Müller u. a. 2016, S. 2.

Manager

Während Unternehmer typischerweise in KMU auftreten, findet man Manager zumeist in Großunternehmen.[439] Zum Top-Management eines Großunternehmens gehören i. d. R. der Vorstand bzw. die geschäftsführenden Direktoren.[440]

> „In ihrer Kompetenz liegt insbes. die Festlegung der langfristigen Unternehmenspolitik bzw. der strategischen Ziele und die Durchsetzung einer entsprechenden Planung und Strukturierung des Unternehmens. – Das T. M. [Top Management] vertritt das Unternehmen nach außen und stellt die Kontakte zu Institutionen außerhalb des Unternehmens her, wie Behörden, Fachverbänden, Gewerkschaften dgl. Das Top Management ist Träger der Verantwortung für alle Aktivitäten seines Unternehmens, z. B. gegenüber den Eigentümern oder der Gerichtsbarkeit."[441]

C.3.1.2 Unternehmertypen mit ökologischen und sozialen Komponenten

Die Entrepreneurship-Forschung hat Bezüge zu der ökologischen oder sozialen Dimension hergestellt. Bereits Ende der 1990er Jahre sind erste wissenschaftliche Beiträge zum Thema Ecopreneurship und Social Entrepreneurship erschienen.[442]

Ecopreneur

Der Begriff Ecopreneur setzt sich aus den beiden Elementen „Eco" und „Entrepreneur" zusammen, womit die ökologische Orientierung und das unternehmerische Handeln verknüpft werden.[443] Ausgangspunkt der Überlegungen in der Ecopreneurship-Forschung ist, dass Ecopreneure versuchen über Innovationen ökologiebezogene Wettbewerbsvorteile zu generieren.[444] Dabei bezieht sich die Ecopreneurship-Forschung zumeist auf Unternehmensgründungen: „Im engeren Sinne ist Ecopreneurship als Gründung innovativer ökologieorientierter Unternehmen ein Prozess, der von Umsatz- und Marktanteilszielen geleitet, das Erkennen, Schaffen und Nutzen von Marktchancen von Ökoinnovationen beinhaltet (…)."[445] Dabei sind auch in der

---

439 Vgl. Lanninger 2009, S. 44. Zu einer Gegenüberstellung von Unternehmern und Manager vgl. Stahl 2003.

440 Vgl. Gabler 1988, S. 1960.

441 Gabler 1988, S. 1960.

442 Vgl. dazu u. a. Isaak 1998; Isaak/Keck 1997; Schaltegger/Petersen 2000; Leadbeater 1997; Drucker 1989; Dees 1998b; Hockerts 2003.

443 Vgl. Schaltegger/Petersen 2000, S. 11; Petersen 2003, S. 18.

444 Vgl. Gerlach o. A., S. 1; Petersen 2003, S. 18.

445 Schaltegger/Petersen 2000, S. 12 mit Verweis auf Rispas 1998. Zu Beispielen von Ecopreneuren aus der Unternehmenspraxis vgl. Schaltegger/Petersen 2000, S. 39–61.

Ecopreneurship-Forschung dahingehende Entwicklungen zu erkennen, den Betrachtungsgegenstand um bspw. soziale Aspekte zu erweitern.[446]

Social Entrepreneur

Der in den letzten Jahren in Mode gekommene Begriff „Social Entrepreneur" (SE) setzt sich aus den Teilen „social" und „Entrepreneur" zusammen. Konzentriert sich der Entrepreneur auf Gründungen im sozialen Kontext und verbindet er „unternehmerische[s] Denken und Handeln mit sozialen Zielen"[447], wird von einem SE gesprochen. Er ist

> „Unternehmer, der soziale Veränderung nicht dem Staat überlassen möchte und dessen Motivation in erster Linie darin liegt, einen sozialen Missstand mithilfe einer sozialen Innovation zu minimieren. Dabei bedient er sich derselben Methoden wie ein klassischer Unternehmer."[448]

Die „Sylter Runde – individuelle Gesprächskreise zu ausgewählten Themenbereichen aus Wirtschaft, Wissenschaft und Kultur" diskutierte im Jahr 2004 über Social Entrepreneurship und charakterisierte den SE in ihrem anschließenden Memorandum wie folgt:

> „Social Entrepreneurs sind Menschen, die sich mit unternehmerischem Engagement innovativ, pragmatisch und langfristig für einen bahnbrechenden gesellschaftlichen Wandel einsetzen. Sie können einer der demokratischen Motoren der Gesellschaft sein. Sie wollen die gesellschaftlichen Strukturen im Sinne der Subsidiarität von unten (‚bottom-up') verbessern. Die Aufgabe eines Social Entrepreneurs ist es, gesellschaftliche Engpässe zu erkennen und Durchbrüche zu schaffen. Sie erkennen die Ursachen von Problemen und mögliche Lösungen, sie ändern das System, verbreiten neue Ansätze und spornen die Gesellschaft an, neue Wege zu gehen."[449]

Der SE tritt als „Change Agent" auf, der gesellschaftliche Probleme überwinden und die Rahmenbedingungen des menschlichen Zusammenlebens in Richtung Sozialverträglichkeit beeinflussen möchte.[450] Dees nennt fünf charakteristische Eigenschaften von SE:

- „Der SE richtet sein Handeln voll und ganz an der Schaffung sozialen Mehrwerts aus (…)

---

[446] Vgl. z. B. Petersen 2003.
[447] Fueglistaller/Müller/Volery 2008, S. 479.
[448] Fueglistaller/Müller/Volery 2008, S. 479.
[449] Sylter Runde 2004, S. 3.
[450] Vgl. Fueglistaller/Müller/Volery 2008, S. 491.

- Ein SE ist ständig auf der Suche nach neuen Möglichkeiten und verfolgt die Umsetzung neuer Konzepte hartnäckig (…)
- Ein SE etabliert einen Prozess der kontinuierlichen Innovation und des Lernens (…)
- SE handeln mutig und lassen sich nicht durch mangelnde Ressourcen von der Umsetzung ihrer Ideen abhalten (…)
- SE haben ein stark ausgeprägtes Gefühl der Verantwortlichkeit für die Gesellschaft und die sozialen Folgen ihres Handelns.“[451]

Im Fokus des SE steht nicht der finanzielle Erfolg seines Unternehmens, sondern der soziale Mehrwert, der für die Gesellschaft geschaffen wird.[452]

Ecopreneure fokussieren auf die Lösung von ökologischen, Social Entrepreneure auf die Lösung von sozialen Problemlagen. Für die Institutionalisierung von und Anwendung eines BNM in KMU weisen diese Unternehmertypen erste Ansatzpunkte auf. Es fehlt jedoch ein ganzheitlicher Lösungsansatz, welcher sowohl ökonomische, ökologische und soziale Zugänge ermöglicht. Folgende Tabelle verdeutlicht zusammenfassend den Grad der Nachhaltigkeitsorientierung der unterschiedlichen Unternehmertypen:

Unternehmertypen	ökonomisch	ökologisch	sozial
klassischer Unternehmer			
Entrepreneur			
Kaufmann			
Social Entrepreneur			
Ecopreneur			
Nachhaltiger Unternehmer			

Legende	groß	mittel	gering

Tabelle 8: Nachhaltigkeitsorientierung unterschiedlicher Unternehmertypen
Quelle: Eigene Zusammenstellung.

---

451 Gergs 2007, S. 180–181 (Übersetzung nach Dees 1998a); vgl. dazu auch Dees/Economy 2001.
452 Vgl. Gergs 2007, S. 181.

C.3.2 Der Unternehmer und seine Bedeutung bei der Institutionalisierung und Anwendung der Konzeption eines BNM in KMU

Der in der vorliegenden Arbeit betrachtete Unternehmer ist Eigentümer eines KMU, gehört der Geschäftsleitung an und ist für alle unternehmensrelevanten Entscheidungen verantwortlich. Charakteristisch ist die Einheit von Eigentum und Leitung, so dass der Unternehmer Führungsaufgaben und Führungskompetenz innehat.[453] Daraus ergibt sich, dass der Unternehmer seine Interessen, Ansichten und Ideen durchsetzen kann, da er über ausreichend Macht- und Sanktionspotenzial im KMU verfügt.

Der Betrieb wird durch die Persönlichkeit des Unternehmers geprägt, da er die Schaltzentrale im KMU ist: Alle Entscheidungen laufen bei ihm zusammen, er leitet, kontrolliert und trägt die Verantwortung.[454] Der Unternehmer beeinflusst auch die relevanten Stakeholder, zu denen er häufig einen engen persönlichen Kontakt pflegt.[455]

Die erfolgsrelevante Stellung der Person des Unternehmers innerhalb des KMU belegen folgende Aussagen:

- Die Bedeutung der Person des Unternehmers lässt sich aus der personenbezogenen Rechtsform von KMU ableiten:[456] 64,4 % der KMU sind Einzelunternehmen, 12,1 % der KMU sind Personengesellschaften (insb. OHG und KG).[457] Dies belegt den hohen Einfluss des Unternehmers, da Einzel- und Personengesellschaften in ihrer Existenz wesentlich an die Person des Unternehmers gebunden sind.
- Mehr als 96 % der KMU werden von ihren Inhabern geführt, unabhängig von der Rechtsform.[458] Daraus lässt sich ableiten, dass Entscheidungen im Großteil der KMU von den Unternehmern selbst getroffen werden.
- Empirische Untersuchungen zum Thema Insolvenzen in KMU nennen Management- und Führungsfehler als wesentlichen Grund für den Misserfolg von

---

453 Vgl. Kayser 1997, S. 85. Wobei die Erreichung der Unternehmensziele eng mit der Führungskompetenz des Unternehmers verbunden sind (vgl. Bauer 1995, S. 206).

454 Vgl. Kayser 2006, S. 35.

455 Vgl.die Ausführungen in Kapitel B.4.

456 Vgl. Behringer 2012, S. 42.

457 Im Vergleich dazu: 0,6 % aller Großunternehmen sind Einzelunternehmen und 25,2 % Personengesellschaften. Großunternehmen firmieren zu 65 % in der unpersönlichen Unternehmensform Kapitalgesellschaft (Günterberg 2012, S. 62; die Zahlen beziehen sich auf das Jahr 2009).

458 Vgl. Hamer 2013, S. 36.

KMU.[459] Es wird sogar explizit die Person des Unternehmers als Grund für das Scheitern identifiziert.[460]

Folgende Definition gibt das Unternehmerverständnis der vorliegenden Arbeit wieder: Im Nachhaltigkeitskontext ist der Unternehmer eine Person, die über die Einheit von Eigentum und Leitung an einem KMU verfügt und ökonomische sowie individuelle Ziele durch ökologie- und sozialverträgliches Wirtschaften erreicht, indem über einen hohen Grad an Verantwortungsübernahme für unternehmerische Produkte, Prozesse und Verhaltensweisen ökonomischer Erfolg erzielt wird.

Somit verpflichtet sich der Unternehmer nicht dem KMU, sondern der Gesellschaft als Ganzes.[461] Die Einstellung des Unternehmers zum Thema Nachhaltigkeit und das daraus resultierende Verhalten ist auf der einen Seite ausschlaggebend für den Erfolg im KMU.[462] Auf der anderen Seite ist es aber noch bedeutsamer für eine gesamtwirtschaftliche, nachhaltige Entwicklung und die Lösung ökonomischer, ökologischer und sozialer Probleme.

Die Zuordnung von Verantwortung zu einem Verantwortungssubjekt ist sinnvoll, um zu bestimmen „wer für etwas einzutreten hat".[463] In der Vergangenheit wurde lediglich Subjekten Verantwortung zugeschrieben. Mittlerweile hat sich die Erkenntnis durchgesetzt, dass auch ein Unternehmen als Verantwortungssubjekt deklariert werden kann (das Unternehmen als kollektives Subjekt), womit nicht nur dem Unternehmer als Person, sondern auch dem KMU als kollektives Subjekt Verantwortung zugeschrieben wird.[464] Dies erscheint aus pragmatischer Sicht sinnvoll, da in einem Unternehmen Handlungen und deren Folgen nicht immer konkret einzelnen Personen zugeordnet werden können, weshalb die Gefahr der ‚organisierten Unverantwortlichkeit' besteht.[465] In KMU hingegen scheint dies eher möglich: Insbesondere negative Folgen unternehmerischen Handelns werden nicht dem KMU, sondern dem

---

459 Vgl. Lück 2000, Behringer 2012, S. 42.
460 Vgl. Hauschildt 2000, S. 6–8.
461 Vgl. Schwalbach/Klink 2015, S. 191.
462 In Bezug auf Führungskräfte und deren Einfluss auf nachhaltiges Entscheiden und Führen vgl. Mödinger/Armutat 2011, S. 28.
463 Göbel 2013, S. 107.
464 Vgl. Gruber 2009; Göbel 2013, S. 100–104. Zu den Bedingung der Zuschreibung von Verantwortung auf Unternehmen vgl. Göbel 2013, S. 107.
465 Vgl. Beck 1988; Göbel 2013, S. 108.

Unternehmer zugerechnet.[466] Die Person des Unternehmers prägt in bedeutendem Maße den Umfang und die Art und Weise der Verantwortungsübernahme. Zudem präsentiert er das KMU nach außen und wirkt somit als Verantwortungssubjekt für die Stakeholder. Aus diesem Grund sowie aufgrund der gegenseitigen Abhängigkeit können die Person des Unternehmers und das KMU als Verantwortungssubjekte nicht getrennt analysiert werden.[467]

Das Verantwortungsverständnis der vorliegenden Arbeit sieht den Unternehmer als Individuum und somit als Träger von ökologischer und sozialer Verantwortung (Subjekt der Verantwortungsrelation). Die Verantwortungsübernahme stellt sich vor allem in der Berücksichtigung der legitimen Ansprüche der Stakeholder dar. Die Person des Unternehmers als Akteur und Vertreter des KMU kann als Subjekt der Unternehmensverantwortung verstanden werden.[468] Für den Erfolg des KMU gilt der Unternehmer aus diesem Grund als Schlüsselperson.

Entsprechend ist der Unternehmer für die Institutionalisierung und Anwendung des BNM im KMU verantwortlich. Dabei werden ihm per se von der Gesellschaft bestimmte Eigenschaften zugesprochen:[469]

> „Verantwortung, ethische bzw. wichtige Grundsätze und Werte, Ehrlichkeit, Geduld, Maßhalten, Selbstverantwortung, Vorbild, Verlässlichkeit, Langfristigkeit, Gewinne erwirtschaften, Anstand, Ehrlichkeit [sic!], Tugenden, Nachhaltigkeit, Freiheit, Offenheit, Integrität, Wahrhaftigkeit, Redlichkeit, Sorgfalt, Vernunft, Solidarität, Wort halten, Vertrauen, Soziale Marktwirtschaft, Fleiß und sozialer Frieden“[470].

Viele dieser Eigenschaften korrespondieren mit dem Leitbild einer nachhaltigen Entwicklung.[471] Die Gründe für ein Engagement im Nachhaltigkeitskontext durch den Unternehmer sind vielfältig und reichen von gesetzlichen Verpflichtungen über monetäre Motive bis hin zu einer intrinsischen Motivation, welche sich insb. aus den genannten Eigenschaften ergibt.[472]

---

466 Vgl. Göbel 2013, S. 108.

467 Vgl. Behringer 2012, S. 42.

468 Vgl. Göbel 2013, S. 107. Die vorliegende Arbeit konzentriert sich auf die Person des Unternehmers. Grundsätzlich können auch andere Akteure als Verantwortungssubjekt gelten (z. B. die Politik, Konsumenten, Investoren) (vgl. Göbel 2013, S. 108).

469 Schwalbach/Klink 2015, S. 178, wobei diese sich auf Unternehmer im Sinne des ehrbaren Kaufmann beziehen.

470 Schwalbach/Klink 2015, S. 178.

471 Auch im Konzept „Responsible Leadership“ finden sich Ansätze, die mit dem nachhaltigen Unternehmer korrespondieren (vgl. zum Thema Responsible Leadership u. a. Pless 2007 sowie Pless/Maak 2011.

472 Vgl. Seeberg 2013, S. 17. Vgl. auch die Ausführungen zur Notwendigkeit nachhaltigen Wirtschaftes in Kapitel B.2 und B.3.

Für die Institutionalisierung und Anwendung der Konzeption eines BNM in KMU ist die Motivation des Unternehmers für nachhaltiges Handeln alleine allerdings nicht ausreichend. Der Unternehmer muss sich zunächst das notwendige Wissen aneignen, um die Verantwortungsübernahme für ein BNM im KMU in Erfolg transformieren zu können.[473] Zur Umsetzung des BNM im KMU sind neben dem theoretischen Wissen auch für KMU anwendbare Instrumente notwendig.

C.4 Konzeptionelle Ausgestaltung des BNM in KMU unter Erfolgs- und Verantwortungsaspekten

Ein BNM, das den Besonderheiten von KMU gerecht werden soll – unabhängig von der Betroffenheit und der sich daraus ergebenden Ausbaustufe –, bedarf einer ganzheitlichen und systematischen Vorgehensweise bei der Institutionalisierung und in der Anwendung.[474] Ziel ist dabei die „Optimierung der Unternehmensabläufe und der Organisation im Hinblick auf eine nachhaltige Entwicklung des Unternehmens“[475] sowie die Sicherstellung der Rechtskonformität der unternehmerischen Tätigkeit mit Blick auf die Verantwortungsübernahme und Erfolgssicherung.[476]

In den einzelnen Ablaufschritten des BNM können in Theorie und Praxis erprobte Instrumente des BNM genutzt[477] und dazu an die Charakteristika von KMU angepasst werden (z. B. die Verwendung eines Leitfadens zur Nachhaltigkeitsberichterstattung nach dem GRI-Standard G4 (GRI 2014)). Zusätzlich werden neue Instrumente entwickelt, die den Anforderungen von KMU genügen (z. B. der BaSAB-Leitfaden).[478] Für den Erfolg essenziell ist die einfache, schnelle und unkomplizierte Anwendung der Instrumente. Dies ermöglicht dem KMU einen niederschwelligen Einstieg in das Themenfeld Nachhaltigkeitsmanagement.

Bisher existiert kein umfassendes und systematisches Konzept für ein erfolgreiches BNM in KMU.[479] Dennoch fühlt sich eine Vielzahl der KMU bereits heute dem Leitbild einer nachhaltigen Entwicklung verpflichtet und nimmt Verantwortung wahr, obwohl

---

473 Vgl. dazu die Ausführungen in Kapitel F.2.2.
474 Vgl die Ausführungen in Kapitel C.4.
475 Schaltegger/Herzig/Kleiber u. a. 2007, S. 141.
476 Vgl. Schaltegger/Herzig/Kleiber u. a. 2007, S. 141; Zabel 2010c.
477 Vgl. Tabelle 3 und Tabelle 5.
478 Vgl. Kapitel G.
479 Vgl. Schaltegger/Dubielzig 2006, S. 176.

sie bisher kein systematisches BNM etabliert haben.[480] Sie stehen dem Thema Nachhaltigkeit grundsätzlich offen gegenüber und messen ihm eine große Bedeutung zu.[481] Trotzdem kann ihr Verhalten in der Unternehmenspraxis als eher zurückhaltend eingeordnet werden.[482] Diese Zurückhaltung ergibt sich daraus, dass KMU mit der Frage konfrontiert sind, wie sie ein BNM etablieren können und welchen Erfolgsbeitrag es für das KMU leistet.[483]

Abbildung 12 fasst die aus den bisherigen Ausführungen abgeleiteten konzeptionellen Anforderungen an ein BNM in KMU zusammen:

Konzeptionelle Anforderungen an ein BNM für KMU
• Systematische und ganzheitliche Vorgehensweise bei der Institutionalisierung und Anwendung des BNM in KMU • Berücksichtigung der Charakteristika von KMU bei der Entwicklung und Anwendung der Instrumente eines BNM • Betroffenheitsanalyse als Basis • Stufenweises Vorgehen, orientiert an den Ausbaustufen eines BNM • Einfache, schnelle und unkomplizierte Anwendung • Ausrichtung an der Person des Unternehmers als Schlüsselperson der Umsetzung eines BNM im KMU

Abbildung 12: Konzeptionelle Anforderungen an ein BNM in KMU
Quelle: Eigene Zusammenstellung.

Eine sich aus den Besonderheiten von KMU ergebende anforderungsgerechte Integration des BNM in KMU stellt die folgende ***Abbildung 13*** dar.

---

480 Vgl. von Hauff 2011, S. 6 und 10. Gesellschaftliches Engagement gehört für diese Unternehmen zu ihrem Selbstverständnis (vgl. Gruber 2009 S. 29).

481 Buchholz konnte in einer empirischen Untersuchung von 26 KMU der EUREGIO-Region (aus der Druckbranche, der Ernährungswirtschaft und dem metallverarbeitenden Gewerbe) zeigen, dass KMU das Thema Nachhaltigkeit als relevanten Wettbewerbsfaktor sehen (vgl. Buchholz 2009, S. 10).

482 Eine empirische Studie der Unternehmensberatung McKinsey belegt, dass 50 % der Führungskräfte das Thema Nachhaltigkeit als „wichtig“ und „extrem wichtig“ einstufen (vgl. Bonini/Görner/Jones 2010, S. 1 – wobei man einschränkend sagen muss, dass diese Studie nicht nach Unternehmensgröße unterscheidet).

483 Vgl. Hauff 2011, S. 6.

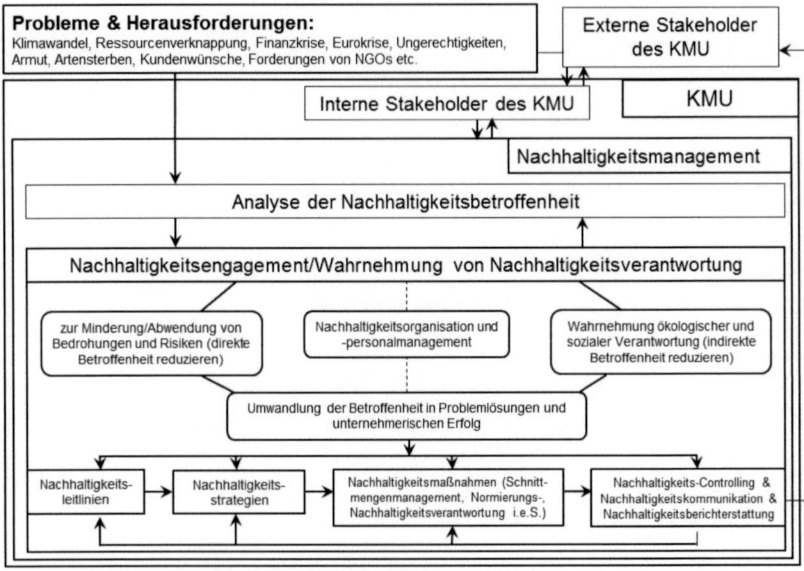

Abbildung 13: Integration eines BNM in KMU

Quelle: Zabel 2015d, Folie 4/11, ganz leicht modifiziert.

Großes Potenzial bietet das BNM für KMU z. B. durch die „Sicherung und Erweiterung des Kundenstamms im lokalen und regionalen Umfeld, positivere Unternehmenskultur mit Auswirkungen auf Mitarbeiter und die Reputation, eine geringere Mitarbeiterfluktuation, leichtere Anwerbung kompetenter Mitarbeiter, Lieferant der Wahl bei Großunternehmen, bessere Beziehung zu den Anwohnern [und] bessere Zusammenarbeit mit den örtlichen Behörden“.[484]

Eine Differenzierung der Erfolgpotenziale aus einem systematischen BNM in KMU nach den Dimensionen Ökonomie, Ökologie und Soziales sowie nach der internen und externen Dimension wird in ***Tabelle 9*** vorgenommen:

[484] Schaltegger/Dubielzig 2006, S. 175 (i. Orig. Aufzählung).

		interne	externe
		Erfolgspotenziale	
ökologische	Erfolgspotenziale	• Reduktion von Stoff- und Energieströmen • Substitution von gefährlichen Substanzen	• Reduktion der Umweltauswirkungen (z. B. Treibhausgasemissionen) • Vermeidung von Umweltstrafen • Erhalt der Biodiversität
soziale		• besseren Befriedigung der internen Stakeholderinteressen • Partizipationsmöglichkeiten • Bessere Berücksichtigung der Mitarbeiterinteressen und damit einhergehend Erhöhung der Identifikation der Mitarbeiter mit dem KMU und somit Mitarbeitermotivation • Fachkräftesicherung aufgrund der hohen Identifikation und Motivation der Mitarbeiter mit dem KMU • Verbesserungen im Arbeits- und Gesundheitsschutz • Beitrag zum ethisch und moralisch korrekten Verhalten der internen Stakeholder und zur Verantwortungswahrnehmung • Multiplikatorwirkung der internen Stakeholder für Nachhaltigkeit	• bessere Befriedigung der (externen) Stakeholderinteressen (u. a. verbesserte Behördenbeziehungen und beschleunigte Genehmigungsverfahren, langjährige und vertrauensvolle Lieferantenbeziehungen, Kundenbindung, kooperative Beziehungen auf Branchenebene) • Reputationsaufbau und verbessertes Image in der Öffentlichkeit als Umweltpionier und nachhaltigkeitsorientiertes Unternehmen bzw. Vermeidung eines Negativimages
ökonomische		• Kostensenkungspotenziale (u. a. Material-, Energie- und Entsorgungskosten) • Erhöhung des Unternehmenswertes • Imageverbesserungen bzw. Vermeidung von Negativimages • Steigerung der Mitarbetermotivation • Steigerung und Aktivierung von Innovationspotenzialen • Erhöhung der Transparenz im Unternehmen aufgrund der Dokumentation von Prozessen und Abläufen	• Differenzierungspotenzial und Absatzsteigerungen (z. B. auf Basis der vorhandenen umweltsensiblen Nachfragen bzw. durch die Produktion von Umweltschutzgütern und -dienstleistungen) • Verbesserung der Wettbewerbsstellung • Stärkung der Finanzmarktstellung und damit verbunden eine verbesserte bzw. günstigere Möglichkeiten der Kapitalbeschaffung • Verbesserung der Absicherungskonditionen (z. B. bei Versicherungen) • Senkung des Unternehmensrisikos und Erhöhung der Rechtssicherheit (z. B. Haftung, Entzug der Betriebsgenehmigung) • Verringerung der Gefahr von Belastungsrückwälzungen (z. B. erhöhte Zahlungen an den Staat nach großen Umweltschäden zu deren Kompensation) • Verringerung von Opportunitätskosten (z. B. bezüglich steigender Rohstoffpreise aus Rohstoffverschwendung) • Verbesserte Möglichkeiten der Standortansiedlung bzw. -sicherung

Tabelle 9: Erfolgspotenziale eines BNM für KMU

Quelle: Castrellon Gutierrez/Mittelstädt/Zabel 2014, S. 153 basierend auf Hesselbarth 2009, S. 192; Dyllick/Hamschmidt 1999, S. 510; Bahlinger 1999, S. 29; Sneep Hamburg 2007; Europäische Kommission 2002, S. 32; Zabel 2014, S. 107.

Anzumerken ist, dass die Erfolgspotenziale in Art und Umfang von KMU zu KMU differieren. So kann ein KMU des produzierenden Gewerbes bspw. ökologische Erfolgpotenziale durch die Reduktion von Stoff- und Energieströmen realisieren und gleichzeitig Kosteneinsparpotenziale generieren.[485] Bei einem Handelsunternehmen liegen die Erfolgspotenziale insb. im sozialen Bereich durch die bessere Befriedigung der internen und externen Stakeholderinteressen und der damit einhergehenden Imageverbesserung bzw. Vermeidung eines Negativimages und der Steigerung der Mitarbeitermotivation.[486]

Um festzustellen, welche Erfolgspotenziale in welcher Art für welches KMU besonders überzeugend zur Einführung und Anwendung eines BNM wirken, ist es notwendig zu bestimmen, inwieweit das KMU von Nachhaltigkeitsthemen betroffen ist.

C.4.1 Betroffenheitsanalyse in KMU

Den Ausgangspunkt eines BNM in KMU stellt die Betroffenheitsanalyse dar. Sie basiert auf der Ermittlung der direkten und indirekten Betroffenheit der Stakeholder und ermöglicht Aussagen zum direkten Handlungsbedarf für das KMU und zur Ausbaustufe des BNM im KMU.

C.4.1.1 Erfassung der direkten Betroffenheit

Zunächst ist es notwendig, die direkte Betroffenheit des KMU zu ermitteln. Dazu sollte sich das KMU innerhalb eines Selbstchecks folgende Fragen stellen:[487]

- Ist das KMU in einer ökologisch oder sozial sensiblen Branche tätig?
- Gehen vom KMU nennenswerte ökologische und/oder soziale Wirkungen (z. B. Ressourcenverbrauch, Emissionen, Luft- und Bodenverschmutzung, Krankheitsfälle aufgrund zu starker Arbeitsbelastung, Betriebsunfälle) aus?
- Ist das KMU von ökologischen und/oder sozialen Wirkungen (z. B. Ressourcenverknappung, hohe Energiepreise, Fachkräftemangel, Zunahme psychischer Erkrankungen) direkt betroffen?

Die Beantwortung der Fragen kann unter Zuhilfenahme selbstformulierter Kriterien (z. B. Energieverbrauch, Wasserverbrauch, sonstiger Ressourcenverbrauch) operationalisiert werden. Im Anschluss an die Ermittlung der direkten Betroffenheiten sind diese zu bewerten. Dies ist notwendig, um festzustellen, ob für das KMU akuter

---

485 Vgl. auch die Ausführungen zum Schnittmengenmangement in Kapitel C.4.2.1.
486 Vgl. Tabelle 9.
487 Vgl. Speis/Czymmek 2003, S. 1–10; Gawron 2014, S. 466 sowie Kapitel G.

Handlungsbedarf besteht. Als Instrument für die Analyse eignet sich für KMU insb. die ABC-Analyse, welche

> „ein einfaches, qualitatives und vergleichendes (Planungs-)Instrument zur Abgrenzung wesentlicher Aufgaben, Aktivitäten, Prozesse, Produkte, Stoffe oder Probleme gegenüber unwesentlichen [ist]. Die Abgrenzung bzw. Klassifizierung nach Wichtigkeit (Priorisierung) basiert auf der relativen Einordnung der Untersuchungsgegenstände in drei Klassen (A, B und C). Sie wird jeweils in Bezug auf ein bestimmtes, die Fragestellung widerspiegelndes Kriterium durchgeführt“.[488]

Dabei findet häufig die folgende Kategorisierung Anwendung (***vgl. Tabelle 10***):[489]

A: sehr wichtig/sehr problematisch	dringlicher Handlungsbedarf
B: wichtig/problematisch	mittelfristiger Handlungsbedarf
C: unwichtig/unproblematisch	kein Handlungsbedarf

Tabelle 10: Klassifizierung bei der ABC-Analyse

Quelle: Schaltegger/Herzig/Kleiber u. a. 2002, S. 19.

Für KMU scheint dieses Instrument besonders vorteilhaft, da sowohl die Bewertungskriterien als auch die Bewertung selbstständig, für die Bedürfnisse des KMU (z. B. über Brainstorming-Runden, Workshops und Mitarbeitergespräche) passgenau entwickelt werden können.[490] Auch die Umsetzung im KMU ist einfach zu gestalten, ohne zwingend externe Unterstützung in Anspruch nehmen zu müssen. Da Unternehmer in KMU häufig über Zeit- und Geldmangel klagen und zudem eher skeptisch gegenüber der Offenlegung unternehmensinterner Informationen gegenüber Dritten sind, eignet sich die ABC-Analyse besonders. ***Tabelle 11*** zeigt beispielhaft, wie die Ermittlung der direkten Betroffenheiten von KMU unter Nutzung der ABC-Analyse erfolgen kann und welche Möglichkeiten bestehen, den Handlungsbedarf zu bewerten.

488 Schaltegger/Herzig/Kleiber u. a. 2002, S. 19.
489 Vgl. Schaltegger/Herzig/Kleiber u. a. 2002, S. 19.
490 Vgl. Schaltegger/Herzig/Kleiber u. a. 2002, S. 19.

	Kriterien	Bewertung (A, B, C)
Ist das KMU in einer ökologisch oder sozial sensiblen Branche tätig?	ja/nein	
Gehen vom KMU nennenswerte ökologische und/oder soziale Wirkungen aus?	**ökologische Wirkungen**	
	erhöhter Energieverbrauch	
	erhöhter Rohstoffverbrauch	
	erhöhter Wasserverbrauch	
	Wasserqualität	
	erhöhter Bodenverbrauch	
	erhöhtes Abfallaufkommen	
	soziale Wirkungen	
	Arbeitsunfälle	
	psychische Erkrankungen	
	Probleme mit der Arbeitszufriedenheit	
	erhöhte Schadstoffbelastungen	
	Arbeit mit gefährdenden Stoffen	
	erhöhte Gesundheitsgefährdungen	
Ist das KMU von ökologischen und/oder sozialen Wirkungen direkt betroffen?	**ökologische Wirkungen**	
	Sturmschäden	
	Schäden nach Hochwasser	
	soziale Wirkungen	
	Fachkräftemangel	
	fehlende geeignete Bewerber um Ausbildungsplätze	

Tabelle 11: Beispielhafte Analyse der direkten Betroffenheit von KMU und Bewertung des Handlungsbedarfs unter Anwendung der ABC-Analyse

Quelle: Eigene Zusammenstellung unter Verwendung von Speis/Czymmek 2003, S. 1–10; Gawron 2014, S. 466; Schaltegger/Herzig/Kleiber u. a. 2002, S. 19–21 sowie S. 86.

Die Kriterien sowie die Bewertung der Kriterien fließen in das BNM ein und drücken sich dort in der Ausbaustufe, also dem Grad der Nachhaltigkeitsorientierung innerhalb der Konzeption des BNM im KMU, aus.[491] Es gilt dabei zu berücksichtigen, dass bei Kriterien, die mit „A" bewertet werden, akuter Handlungsbedarf für das KMU besteht.

491 Zu den Ausbaustufen vgl. Kapitel B.5.2.3 und Kapitel C.4.3.

C.4.1.2 Erfassung der indirekten Betroffenheit

Neben der direkten ist die indirekte Betroffenheit des KMU zu erfassen. Ökologische und soziale Problemlagen und die daraus resultierenden Forderungen der Stakeholder werden durch diese an das KMU herangetragen.[492] Sie können für das KMU mit Chancen oder Risiken verbunden sein.[493] Die Erfassung der indirekten Betroffenheit baut auf den Erkenntnissen der Stakeholderanalyse auf.[494] Ausgangspunkt der Stakeholderanalyse bildet ein nachhaltigkeitsbezogenes Selbstverständnis, welches Ziele, Visionen und Werte des KMU enthält.[495] Basierend auf dem Selbstverständnis des KMU beginnt die Stakeholderanalyse mit einer Erfassung und Systematisierung der Stakeholder, der Definition der zur Verfügung stehenden Ressourcen, der Analyse und Homogenisierung der Stakeholder sowie der Bestimmung der wechselseitigen Ansprüche.[496]

Die Person des Unternehmers repräsentiert in den meisten KMU das gesamte Unternehmen, weshalb Erwartungen und Ansprüche personalisiert und direkt an diese Person herangetragen werden.[497] Die Zahl der Stakeholder und deren Ansprüche können hoch und vielfältig sein. Die der Arbeit zugrunde liegende Stakeholderdefintion beflügelt dies.[498] Damit soll der Anforderung Rechnung getragen werden, innerhalb der Betroffenheitsanalyse keine Stakeholder oder Ansprüche willkürlich von vorneherein auszuschließen.[499] Kritisch zu sehen ist jedoch die entstehende Komplexität, die KMU bewältigen können müssen. Um die Vielzahl der Stakeholder überschaubar zu halten und besser analysieren zu können, empfiehlt es sich für KMU deshalb, die Stakeholder in interne, externe marktbezogene und externe gesellschaftsbezogene Anspruchsgruppen zu diffrenzieren.[500] Die Erwartungen an die Person des Unternehmers können recht unterschiedlicher Natur sein. Sowohl die Anspruchsgruppen als auch die Ansprüche sind variabel, weshalb die Stakeholder-

---

492 Vgl. Schaltegger/Dubielzig 2006, S. 174.
493 Vgl. Schaltegger/Dubielzig 2006, S. 174.
494 Vgl. Kapitel B.5.2.1 sowie Kapitel C.2.
495 Vgl. Günther/Weber 2011, S. 5 sowie die Ausführungen in Kapitel C.4.2.2.
496 Vgl. Günther/Weber 2011, insb. S. 5–12.
497 Vgl. Kapitel C.2 und Kapitel C.3.
498 Vgl. Kapitel C.2.
499 Vgl. Mitchel/Agle/Wood 1997, S. 854; Brinkel 2017, S. 166.
500 Vgl. Tabelle 12. Diese Unterscheidung geht auf Schmid zurück (vgl. Schmid 1996). Zu weiteren Systematisierungsmöglichkeiten vgl. u. a. Freeman der primäre und sekundäre Stakeholder unterscheidet (Freeman/Harrison/Wicks et al. 2010, S. 24).

analyse im KMU kontinuierlich erfolgen sollte.[501] ***Tabelle 12*** fasst die für den Unternehmer relevanten Stakeholder und ihre nachhaltigkeitsbezogenen Ansprüche an KMU bzw. an die Person des Unternehmers beispielhaft zusammen:

Anspruchsgruppe und deren nachhaltigkeitsbezogenen Ansprüche an die Person des Unternehmers		
Interne, unternehmensbezogene Anspruchsgruppen und deren Ansprüche an den Unternehmer (Auswahl)		
	Ansprüche des jeweiligen Stakeholders an den Unternehmer	**Ansprüche des Unternehmers an den jeweiligen Stakeholder**
Unternehmerfamilie	*Ökonomische Ansprüche* – Sicherung des Familieneinkommens und damit des sozialen Standards der Familie – Zeit/Einhaltung der Work-Life-Balance – Möglichkeit der Mitarbeit im Unternehmen – Erhalt des Unternehmens für nachfolgende Generationen *Ökologische Ansprüche* – Ökologieverträglichkeit der Produkte, Prozesse und Verhaltensweisen – Beitrag zu einer nachhaltigen Entwicklung *Soziale Ansprüche* – Sozialverträglichkeit der Produkte, Prozesse und Verhaltensweisen – Integration in und Engagement für die Region – Beitrag zu einer nachhaltigen Entwicklung – Erhalt der Tradition	*Ökonomische Ansprüche* – kein finanzieller Druck – Identifikation mit dem KMU – Interesse an einer Mitarbeit im KMU – Interesse an der Unternehmensnachfolge *Ökologische Ansprüche* – ökologieverträgliches Verhalten der Unternehmerfamilie *Soziale Ansprüche* – sozialverträgliches Verhalten der Unternehmerfamilie – Verständnis – Unterstützung und Rückhalt – Motivation
Miteigentümer/Eigenkapitalgeber	*Ökonomische Ansprüche* – sicheres, geregeltes und angemessenes Einkommen – langfristig hohe Rendite *Ökologische Ansprüche* – ökologisch unbedenkliche Bedingungen für alle Stakeholder – Motivation durch Umweltschutz – Umweltfreundliche Produkte *Soziale Ansprüche* – Arbeitssicherheit und Gesundheitsschutz für alle Stakeholder – sinnvolle Betätigung, Entfaltung der eigenen Fähigkeiten – Sicherung des KMU – gute Arbeitsbedingungen (Verzicht auf Kinderarbeit) – Motivation	*Ökonomische* Ansprüche – ausreichend finanzielle Mittel/Liquidität *Ökologische Ansprüche* – Sicherung der Ökologieverträglichkeit der Produkte, Prozesse und Verhaltensweisen, z. B. Substitution gefährlicher Stoffe *Soziale Ansprüche* – Sicherung der Sozialverträglichkeit der Produkte, Prozesse und Verhaltensweisen, z. B. gute Arbeitsbedingungen

501 Vgl. Freeman/Harrison/Wicks et al. 2007, S. 50; Reinhardt 2011, S. 150.

Anspruchsgruppe und deren nachhaltigkeitsbezogenen Ansprüche an die Person des Unternehmers		
Interne, unternehmensbezogene Anspruchsgruppen und deren Ansprüche an den Unternehmer (Auswahl)		
	Ansprüche des jeweiligen Stakeholders an den Unternehmer	**Ansprüche des Unternehmers an den jeweiligen Stakeholder**
Mitarbeiter	*Ökonomische Ansprüche* – sicheres, geregeltes und angemessenes Einkommen, faire Vergütung – Mitgestaltung – Beteiligung am Unternehmen *Ökologische Ansprüche* – ökologisch unbedenkliche Arbeitsbedingungen – Motivation durch Umweltschutz – umweltfreundliche Produktion, umweltfreundliche Produkte *Soziale Ansprüche* – Arbeitssicherheit und Gesundheitsschutz – sinnvolle Betätigung, Entfaltung der eigenen Fähigkeiten – Sicherung des Arbeitsplatzes – faire Vergütung – gute Arbeitsbedingungen (Verzicht auf Kinderarbeit)	*Ökonomische Ansprüche* – Identifikation mit dem KMU – Leistungsfähigkeit – Erfüllung der Arbeitsaufgaben *Ökologische Ansprüche* – ökologieverträgliches Handeln der Mitarbeiter *Soziale Ansprüche* – sozialverträgliches Handeln der Mitarbeiter – Motivation
Externe, marktbezogene Anspruchsgruppen und deren Ansprüche an den Unternehmer (Auswahl)		
	Ansprüche des jeweiligen Stakeholders an den Unternehmer	**Ansprüche des Unternehmers an den jeweiligen Stakeholder**
Fremdkapitalgeber	*Ökonomische Ansprüche* – sichere Kapitalanlage – ausreichende Verzinsung – Vermögenszuwachs *Ökologische Ansprüche* – Minimierung ökologieinduzierter Kreditrisiken – Umweltschutz als Voraussetzung für Kreditwürdigkeit – Engagement im Nachhaltigkeitskontext, z. B. bei der Reduktion von THG (vgl. CDP) *Soziale Ansprüche* – gute Arbeitsbedingungen zur Sicherung der Unternehmenstätigkeit – Minimierung sozialer Risiken (z. B. Zahlung von Mindestlöhnen)	*Ökonomische Ansprüche* – einfache Bereitstellung von Fremdkapital – faire Verzinsung *Ökologische Ansprüche* – Bekenntnis zum Thema Nachhaltigkeit und Ausrichtung an den Prinzipien der Nachhaltigkeit, z. B. Berücksichtigung ökologischer Aspekte bei der Kreditvergabe *Soziale Ansprüche* – Bekenntnis zum Thema Nachhaltigkeit und Ausrichtungen an Prinzipien der Nachhaltigkeit, z. B. faire Arbeitsbedingungen, Vereinbarkeit von Beruf und Familie
Versicherungen	*Ökonomische Ansprüche* – pünktliche Zahlungen der Versicherungsprämien *Ökologische Ansprüche* – Minimierung ökologieinduzierter Risiken – Umweltschutz als Voraussetzung für Versicherungsfähigkeit – Vermeidung unabsehbarer Versicherungsrisiken *Soziale Ansprüche* – gute Arbeitsbedingungen zur Sicherung der Unternehmenstätigkeit	*Ökonomische Ansprüche* – unkomplizierte Schadensregulierung *Ökologische Ansprüche* – Bekenntnis zum Thema Nachhaltigkeit und Ausrichtung an Prinzipien der Nachhaltigkeit, z. B. über die Unternehmensgrundsätze, oder duch den Verzicht auf die Zusammenarbeit mit Unternehmen der Atom- und Waffenindustrie *Soziale Ansprüche* – Bekenntnis zum Thema Nachhaltigkeit und Ausrichtung an den Prinzipien der Nachhaltigkeit, z. B. keine Zusammenarbeit mit Unternehmen, die Kinder beschäftigen

Anspruchsgruppe und deren nachhaltigkeitsbezogenen Ansprüche an die Person des Unternehmers		
Externe, marktbezogene Anspruchsgruppen und deren Ansprüche an den Unternehmer (Auswahl)		
	Ansprüche des jeweiligen Stakeholders an den Unternehmer	**Ansprüche des Unternehmers an den jeweiligen Stakeholder**
Lieferanten	*Ökonomische Ansprüche* – stabile Lieferbedingungen/Planungssicherheit – faire Konditionen – Zahlungsfähigkeit der Abnehmer *Ökologische Ansprüche* – Honorierung umweltfreundlicher Zulieferteile – umweltschonende Anlieferung (z. B. Just-in-Time per Bahn) *Soziale Ansprüche* – faire Lieferbedingungen	*Ökonomische Ansprüche* – attraktive Konditionen – kurze Lieferfristen – individuelle Angebote *Ökologische Ansprüche* – Angebot nachhaltigkeitsfreundlicher Zulieferteile *Soziale Ansprüche* – faire Arbeitsbedingungen
Kunden	*Ökonomische Ansprüche* – qualitativ und quantitativ befriedigendes Preis-/Leistungsverhältnis – langlebige Produkte – Service – günstige Konditionen *Ökologische Ansprüche* – material- und energiesparende Produkte – recycling- und entsorgungsfreundliche Erzeugnisse – ökologische Gütekriterien (z. B. Blauer Engel) – Produktverantwortung über gesamten Produktlebenszyklus *Soziale Ansprüche* – fair hergestellte Produkte – Soziallabel	*Ökonomische Ansprüche* – hohe Zahlungsbereitschaft für ökologie- und sozialverträgliche Produkte und Dienstleistungen – Bereitschaft zum Wiederkauf *Ökologische Ansprüche* – ökologieverträglicher Umgang mit den erworbenen Produkten *Soziale Ansprüche* – sozialverträglicher Umgang mit den erworbenen Produkten
(Zwischen-)Händler	*Ökonomische Ansprüche* – günstige Lieferkonditionen – spezielle Konditionen (Boni, Skonti, etc.) – termingerechte Leistung – hochwertige Produkte – faire Wettbewerbsbedingungen – keine Beschränkung des Marktes *Ökologische Ansprüche* – ökologischer „Gatekeeper" für Endverbraucher – Vermeidung überflüssiger Verpackungen – Einhaltung ökologischer Standards *Soziale Ansprüche* – fair hergestellte Produkte	*Ökonomische Ansprüche* – faire Konditionen – frühzeitige Bestellungen – freier Zugang zum Markt *Ökologische Ansprüche* – Berücksichtigung ökologiefreundlicher Produkte in seinem Sortiment – Einhaltung ökologischer Standards im Handel *Soziale Ansprüche* – faire Arbeitsbedingungen
Konkurrenten	*Ökonomische Ansprüche* – faire Preise *Ökologische Ansprüche* – Induzierung eines ökologisch bestimmten Wettbewerbs – Eröffnung umweltbezogener Konkurrenzfelder *Soziale Ansprüche* – Beteiligung an Branchenstandards	*Ökonomische Ansprüche* – faire Preise *Ökologische Ansprüche* – Induzierung eines ökologisch bestimmten Wettbewerbs – Eröffnung umweltbezogener Konkurrenzfelder *Soziale Ansprüche* – Beteiligung an Branchenstandards

Anspruchsgruppe und deren nachhaltigkeitsbezogenen Ansprüche an die Person des Unternehmers		
Externe, gesellschaftsbezogene Anspruchsgruppen und deren Ansprüche an den Unternehmer (Auswahl)		
	Ansprüche des jeweiligen Stakeholders an den Unternehmer	**Ansprüche des Unternehmers an den jeweiligen Stakeholder**
Staat/Religion/Gesellschaft/Allgemeinheit/Öffentlichkeit	*Ökonomische Ansprüche* – Steuerzahlungen – Sicherung der Arbeitsplätze – Sozialleistungen – positive Beiträge zur Gestaltung der Infrastruktur – Complience bezüglich der vorhandenen Gesetze	*Ökonomische Ansprüche* – Subventionierung bzw. Steuerbefreiung für nachhaltige Unternehmen – Schaffung einer guten Infrastruktur – positives Image – Rechtssicherheit – ökosoziale Marktwirtschaft
	Ökologische Ansprüche – ökologiebezogene Beschwerden von Anwohnern – Umwelt- und naturschutzgetriebene Meinungsbildung und institutionalisierte Interessenvertretung – genereller ökologischer Wertewandel – neue (wissenschaftliche) Erkenntnisse über ökologische Grundbestände und Zusammenhänge	*Ökologische Ansprüche* – strenge Umweltschutzgesetze, -verordnungen und -initiativen – Maßnahmen zur Internalisierung externer Effekte – hohe Umwelt- und Nachhaltigkeitsstandards – ökologisch geprägte Parteiprogramme
	Soziale Ansprüche – Sicherung der Ressourcenbasis und (Über-) Lebensbedingungen zukünftiger Generationen – Einhaltung von Rechtsvorschriften, Gesetzen und Normen – Beiträge zu Wissenschaft und Kultur	*Soziale Ansprüche* – Bildung – strenge Sozialgesetzgebung – Belohnung hoher Sozialstandards – Förderung eines Wertewandels in Richtung Nachhaltigkeit

Tabelle 12: Systematisierung der Stakeholderansprüche an die Person des Unternehmers (wechselseitig)

Quelle: Eigene Zusammenstellung in Anlehnung an Schmid 1996, S. 92 und 98, Meffert/Kirchgeorg 1998, S. 94–96.

Neben der Wechselseitigkeit der Ansprüche zeigt die Tabelle auch, dass diese zumeist aus allen drei Nachhaltigkeitsdimensionen gespeist werden. An dieser Stelle sollen gegenseitige Ansprüche beispielhaft anhand der für den Unternehmer besonders relevanten Stakeholdergruppe Unternehmerfamilie näher ausgeführt werden. Zumeist sichert der Unternehmer mit seinem Einkommen den sozialen Standard der Unternehmerfamilie. Dies ist insb. in solchen Fällen relevant, wenn im KMU nicht nur der Unternehmer selbst, sondern auch Familienmitglieder wie bspw. der Ehemann oder die Ehefrau und die Kinder und Enkelkinder beschäftigt sind.[502] Dann zeigt sich zudem der Anspruch der Unternehmerfamilie an den Unternehmer, das KMU für nachfolgende Generationen zu erhalten um auch in Zukunft das Familieneinkommen und die Tradition des Familienunternehmens zu sichern. Trotz der zumeist hohen finanziellen Erwartungen schätzt es die Unternehmerfamilie grundsätzlich, Zeit mit dem Unternehmer verbringen zu können und fordert aus diesem Grund die Einhal-

[502] Dies zeigt auch, dass eine Person mehreren Anspruchsgruppen zugehörig sein kann, in diesem Beispiel der Unternehmerfamilie und den Mitarbeitern.

tung der Work-Life-Balance.[503] Zudem kann die Familie vom Unternehmer die Ökologie- und Sozialverträglichkeit der Produkte, Prozesse und Verhaltensweisen des KMU und damit einen Beitrag zu einer nachhaltigen Entwicklung fordern. Aufgrund der Verbundenheit des KMU und der Unternehmerfamilie mit der Region erwartet die Unternehmerfamilie wahrscheinlich ein erhöhtes Engagement des Unternehmers für die Region.[504] Die Relevanz der Übernahme unternehmerischer Verantwortung des Unternehmers zeigt sich auch beim Handeln der Unternehmerfamilie: So engagieren sich 87 % der in einer Studie befragten Unternehmerkinder in verschiedenen gesellschaftlichen Bereichen (z. B. Soziales, Kultur, Sport, Umwelt).[505]

Auf der anderen Seite stellt der Unternehmer Ansprüche an seine Familie: Er erwartet die Identifikation der Unternehmerfamilie mit dem KMU und häufig auch ein Interesse an der Mitarbeit im KMU bis hin zu einer Bekundung von Familienmitgliedern zur Unternehmensnachfolge. Zudem schätzt der Unternehmer von seiner Familie Verständnis, Unterstützung und Rückhalt sowie Motivation in unternehmerischen Belangen, ohne (hohe) finanzielle Erwartungen an ihn zu stellen.

Die Tabelle zeigt die Vielzahl der für das KMU möglichen Stakeholder. Neben der Unternehmerfamilie kommt in KMU sowohl den Mitarbeitern (interne Stakeholder) als auch regionalen Partnern (externe Stakeholder) eine besondere Bedeutung zu.[506] Zur Beschränkung der Anzahl der zu berücksichtigenden Stakeholder gelten nur solche als relevant, deren Ansprüche legitim sind und die bereit sind, diese argumentativ zu begründen,[507] also mit dem KMU in Kommunikation zu treten. Dabei gelten Ansprüche als legitim, wenn sie im normativen Sinne als gültig angesehen werden können.[508] Mayr formuliert dies folgendermaßen:

> „Die Berücksichtigung aller legitimen Ansprüche erfolgt demnach nicht aus einem Selbstzweck zur Gewinnmaximierung, sondern aus der Überzeugung heraus, dass das Unternehmen seinen Stakeholdern gegenüber verantwortlich ist und dass deren legitime Ansprüche bei der Unternehmensführung zu berücksichtigen sind."[509]

---

503 Zur Work-Life Balance vgl. Kaiser/Ringlstetter 2010.
504 Vgl. Kromminga 2011, S. 74.
505 Vgl. Stiftung-Familienunternehmen 2015, S. 21-22.
506 Vgl. Schwalbach/Klink 2015, S. 189–190.
507 Vgl. Ulrich 1998, S. 13.
508 Vgl. die Ausführungen von Göbel 2013, insb. S. 136–137; Brinkel 2017, S. 174–175.
509 Mayr 2010, S. 60.

Das strategische Stakeholdermanagement zielt auf die Berücksichtigung der für die Gewinnmaximierung und Sicherung des Unternehmensbestandes notwendigen Ansprüche ab.[510] In einer engen Auslegung bedeutet dies, dass nur die Interessen der Stakeholder beachtet werden, die über die notwendige Macht und Mittel verfügen, ihre Interessen durchzusetzen.[511]

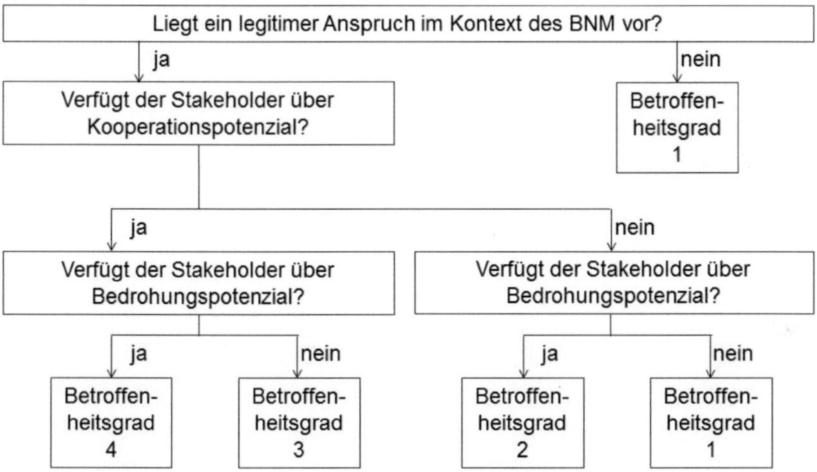

Abbildung 14: Abfragemodell zur Ermittlung der indirekten Betroffenheit
Quelle: Eigene Darstellung unter Verwendung von Brinkel 2017, S. 185.

Eine strategisch proaktive Ausrichtung des KMU auf Nachhaltigkeit zeichnet sich durch Verantwortungsübernahme gegenüber derzeitigen und zukünftigen Anspruchsgruppen aus, selbst wenn diese derzeit keinen direkten Einfluss auf den unternehmerischen Erfolg haben, sondern nur von der unternehmerischen Tätigkeit beeinflusst werden.[512] Dyllick und Hockerts integrieren die Stakeholderinteressen sogar in ihre unternehmerische Nachhaltigkeitsdefinition: „corporate sustainability can accordingly be defined as meeting the needs of a firm's direct and indirect stakeholder (such as shareholders, employees, clients, pressure groups, communities etc.), without compromising its ability to meet the needs of the future stakeholders as

---

510 Vgl. Mayr 2010, S. 158 und dessen Ausführungen zum strategischen und normativen Stakedholdermanagement (vgl. Mayr 2010, S. 157–160).

511 Vgl. Mayr 2010, S. 158.

512 Vgl. Albrecht 2008, S. 12; Thul/Ritter/Haas 2007 und Schaltegger/Burritt/Petersen 2003, auf denen Albrecht aufbaut.

well."[513] Damit werden KMU den vermehrten Forderungen der Stakeholder mit moralisch begründeten Ansprüchen gerecht.[514]

Zur Bewertung der Stakeholder und ihrer Interessen (welche Stakeholder und welche Interessen sollen vom KMU berücksichtigt werden?) erscheint eine stufenweise Vorgehensweise sinnvoll.[515] Dabei erfolgt im ersten Schritt eine Erfassung und Systematisierung der Stakeholder und ihrer Interessen (***vgl. Tabelle 12***). Im zweiten Schritt wird eine Einordnung der Stakeholder vorgenommen. Dazu eignet sich das auf der Arbeit von Brinkel basierende Abfragemodell zur Ermittlung der indirekten Betroffenheit[516] (***vgl. Abbildung 14***) sowie das Instrument der Stakeholdermatrix (***vgl. Abbildung 15***).

Aufbauend auf der Einordnung wird die Dringlichkeit einer Zusammenarbeit („Betroffene zu Beteiligten machen") begründet. Dazu werden die internen Stakeholder, die externen marktbezogenen Stakeholder sowie die externen gesellschaftsbezogenen Stakeholder nach Kooperations- und Bedrohungspotenzial bewertet, um daran anknüpfend eine Strategie (Einbinden, Zusammenarbeiten, Beobachten, Verteidigen) zum Umgang des KMU mit den Stakeholdern ableiten zu können.[517] Der Hintergrund dazu ist, dass Stakeholder im Umgang mit dem KMU ein unterschiedliches Kooperations- und Bedrohungspotenziale haben.[518] Sie können in unterschiedlichem Maß Ansprüche an das Unternehmen geltend machen bzw. dem Unternehmen zur Leistungserstellung notwendige Ansprüche entziehen.[519] Das Abfragemodell ist auf alle Stakeholder(gruppen) anzuwenden.[520]

Zunächst muss das KMU prüfen, ob es sich bei dem Anspruch um einen legitimen Anspruch handelt (***vgl. Abbildung 14***). Im zweiten Schritt erfolgt die Abfrage nach dem bestehenden Kooperationspotenzial, im dritten Schritt nach dem bestehenden Bedrohungspotenzial des Stakeholders bzw. der Stakeholdergruppe.[521] Im Ergebnis

---

513 Dyllick/Hockerts 2002, S. 13.
514 Vgl. Dyllick 1992, S. 45.
515 Vgl. Brinkel 2017, S. 184.
516 Vgl. dazu die Ausführungen von Brinkel 2017, S. 184–186.
517 Vgl. Savage/Nix/Whitehead et al. 1991, S. 65–67 sowie Carroll/Buchholtz 2012, S. 79–80.
518 Vgl. Carroll/Buchholtz 2012.
519 Vgl. Eberhardt 2000 sowie Albrecht 2008, S. 17. Es gilt zu berücksichtigen, dass sich die Ansprüche der Stakeholder als Folge der Partizipation ändern (Windolph/Hörisch/Harms u. a. 2012, insb. S. 121–123).
520 Vgl. Brinkel 2017, S. 184.
521 Vgl. Abbildung 14.

kann jedem Stakeholder ein Betroffenheitsgrad (1 bis 4 – 1 = geringe Betroffenheit, 4 = hohe Betroffenheit) zugeordnet werden.[522]

An dieser Stelle ist es für KMU dann besonders sinnvoll, mit Ausbaustufen zu arbeiten, also z. B. zunächst die Stakeholder zu analysieren und zu managen, denen ein hohes Maß an Kooperations- und Bedrohungspotenzial zugesprochen wird, um den Besonderheiten (z. B. Zeit- und Ressourcenmangel) gerecht zu werden. Aus ethischer Sicht ist es allerdings langfristig notwendig, alle legitimen Stakeholder zu „managen".[523]

Die ermittelten Betroffenheiten und deren Grad werden im Betroffenheitsprofil zusammengefasst (vgl. beispielhaft ***Tabelle 13***).[524]

Stakeholder	Stakeholderansprüche/-einwirkungen	Betroffenheitsgrad			
		BG 1	BG 2	BG 3	BG 4
unternehmensextern, gesellschaftsbezogen					
Staat	• Regulation durch die EU-EHS- Richtlinie				X
NGOs	• Forderung von NGOs nach betrieblichen THG-Reduktionen und Beiträgen zur Anpassung an die Folgen des Klimawandels		X		
unternehmensextern, marktbezogen					
Lieferanten	• Lieferantenforderungen nach gemeinsamen Vorsorgemaßnahmen zur Berücksichtigung von Klimawandel bedingten Risiken in der Lieferkette			X	
Kunden	• Kundenforderungen nach klimafreundlichen Produkten			X	
Investoren	• Forderungen der Offenlegung von betrieblichen THG-Emissionen von Investoren				X
Wettbewerber	• Kooperationsvorschlägen von Wettbewerbern für neue Klimaschutzorientierte Produkte		X		

Tabelle 13: Betroffenheitsprofil im Rahmen der Betroffenheitsanalyse (beispielhafter Ausschnitt)
Quelle: Brinkel 217, S. 186, ergänzt um Spalte Stakeholder.

522 Bei der Analyse handelt es sich um eine Grobanalyse, welche durch eine Feinanalyse (Ermittlung der Chancen und Risiken sowie der betrieblichen Stärken und Schwächen) untermauert werden kann (vgl. Brinkel 2017, S. 185–186).

523 Hilfreich ist es neben der Macht- und dem Bedrohungspotenzial weitere Kriterien in die Betrachtung einzubeziehen (vgl. Schaper/Emmann/Linne u. a. 2013), wie die Dringlichkeit (vgl. Mitchell/Agle/Wood 1997), die Möglichkeiten zur Ausübung von Macht und zur Beeinflussung anderer Stakeholder (vgl. Savage/Nix/Whitehead et al. 1991).

524 Vgl. Brinkel 2017, S. 186.

Aus der Stakeholdermatrix (vgl. Abbildung 15) ergeben sich vier Strategien zum Umgang mit den Stakeholdern,[525] wobei es für ein erfolgreiches Nachhaltigkeitsmanagement sinnvoll ist, das Bedrohungspotenzial der Stakeholder über den Stakeholderdialog zu reduzieren und das Kooperationspotenzial zu erhöhen (Stakeholder zu unterstützenden Stakeholdern machen – siehe Pfeile in der Abbildung).

Strategie „Zusammenarbeiten" (Collaborative Strategy)

Verfügen Stakeholder über ein hohes Kooperations- und Bedrohungspotenzial, spricht man von „gemischten" Stakeholdern.[526] Da von diesen Stakeholdern sowohl Chancen als auch Risiken ausgehen, haben sie für KMU eine besondere Bedeutung. KMU sollten mit ihnen eng zusammenarbeiten und kooperieren.

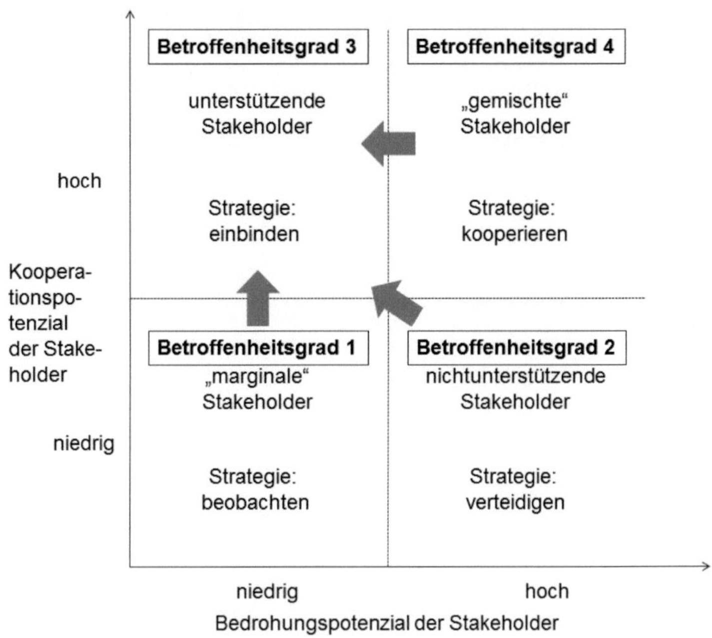

Abbildung 15: Stakeholdermatrix

Quelle: Eigene Zusammenstellung unter Verwendung von Savage/Nix/Whitehead et al. 1991, S. 65–67; Carroll/Buchholtz 2012, S. 79 (ins Deutsche übersetzt).

---

525 Vgl. dazu die Ausführungen von Carrol 1993, S. 79.

526 Sie werden auch als „Mixed blessing"-Stakeholder bezeichnet (vgl. Savage/Nix/Whitehead et al. 1991, S. 67).

Als Beispiel sind Kunden des KMU zu nennen:[527] Sie können durch Kaufboykotte z. B. aufgrund von schlechten Arbeitsbedingungen und/oder Kinderarbeit bei Zulieferern die Existenz des KMU gefährden und haben u. a. deshalb ein hohes Bedrohungspotenzial für das KMU. Auf der anderen Seite sind sie grundsätzlich bereit, mit dem KMU zusammenzuarbeiten und z. B. durch die Mitarbeit bei Befragungen zur Kundenzufriedernheit und zur kundengerechten Weiterentwicklung der Produkte beizutragen.

Strategie „Beobachten" (Monitoring Strategy)

Sind Stakeholder durch ein geringes Kooperations- und Bedrohungspotenzial charakterisiert, bezeichnet man sie als „marginale Stakeholder".[528] Diese Stakeholdergruppe hat zwar legitime Ansprüche an das KMU, setzt dies aber nicht durch und verhält sich eher passiv.[529] Die marginalen Stakeholder sollten regelmäßig beobachtet werden.

Als Beispiele können Konsumentenschützer und Umweltverbände genannt werden. Allerdings ist zu beachten, dass diese z. B. im Fall von mangelnder Produktsicherheit oder zunehmender Umweltbelastung in ihrer Bedeutung zunehmen können, was die Notwendigkeit unterstreicht, sie regelmäßig zu beobachten.

Strategie „Einbinden" (Involvement Strategy)

Im Fall der „offensiven bzw. unterstützenden (supportive) Stakeholder" liegt ein hohes Kooperations- und geringes Bedrohungspotenzial vor.[530] Diese Stakeholder haben für das KMU einen vergleichsweise hohen Nutzen und ein geringes Gefährdungspotenzial.[531] Dieser Stakeholdergruppe sollte in größerem Maße Aufmerksamkeit geschenkt werden, indem sie z. B. durch regelmäßige Informationen einbezogen wird (z. B. bei der Entwicklung bzw. beim Test neuer Produkte).

Beispielhaft hierfür stehen die Mitarbeiter des KMU.[532] Diese können über verschiedene Instrumente im KMU eingebunden werden (z. B. Workshops, Informationsver-

---

527 Vgl. Schaper/Emmann/Linne u. a. 2013, S. 11.
528 Vgl. Savage/Nix/Whitehead et al. 1991, S. 66.
529 Vgl. Gelbmann/Baumgartner 2015, S. 437.
530 Vgl. Savage/Nix/Whitehead et al. 1991, S. 65.
531 Vgl. Gelbmann/Baumgartner 2015, S. 437.
532 Vgl. Savage/Nix/Whitehead et al. 1991, S. 65; Schaper/Emmann/Linne u. a. 2013, S. 11.

anstaltungen, betriebliches Vorschlagwesen), da sie die Bereitschaft haben, sich aktiv in die Arbeit des KMU einzubringen und sich für den Unternehmenserfolg einzusetzen. Auch die Familien der Mitarbeiter gehören hierzu. Sie können vom KMU leicht z. B. bei Familienfesten und gemeinsamen Ausflügen zu Neuigkeiten informiert und in Entwicklungen eingebunden werden. Ihr dadurch entstehendes Zugehörigkeitsgefühl zum KMU kann positive Rückwirkung auf die Mitarbeitermotivation haben. Das Gefahrenpotenzial, das von den Mitarbeitern und deren Familien auf das KMU ausgeht, kann als vergleichsweise gering beurteilt werden.

Strategie „Verteidigen" (Defending Strategy)

Stakeholder mit geringem Kooperations- aber hohem Bedrohungspotenzial werden als „nichtunterstützende (non-supportive), defensive oder opponierende Stakeholder" bezeichnet.[533] Diese Stakeholdergruppe gilt für KMU als besonders kritisch, da sie kein Interesse hat, sich für den Erfolg des Unternehmens und seiner Projekte einzusetzen, letztere aber aufgrund ihrer Macht scheitern lassen kann.

Als Strategie können KMU sich absichern und verteidigen. Dazu sollten die Stakeholder regelmäßig angehört und zufriedengestellt werden. Falls dies nicht möglich ist, sollten die KMU sich vor den defensiven Stakeholdern schützen. Im Fokus steht dabei die Reduzierung der Abhängigkeit von den nichtunterstützenden Stakeholdern und weniger die Reduzierung ihres Bedrohungspotenzials.[534]

Als Beispiel gelten Konkurrenten und in besonderen Fällen auch Gewerkschaften und (große) Lieferanten.[535] Lieferanten, die für das KMU Teile liefern, ohne die die Produktion des KMU nicht möglich wäre, können als nichtunterstützende Stakeholder auftreten. Das KMU verfügt als Abnehmer von in der Regel vergleichsweise kleinen Stückzahlen über keinerlei oder nur sehr geringe Verhandlungsmacht. Aus diesem Grund müssen KMU versuchen, sich z. B. über langfristige Verträge oder alternative Lieferanten abzusichern. Zudem ist es sinnvoll, regelmäßig mit dem Lieferanten zu kommunizieren, um kritischen Entwicklungen (z. B. Einstellung des Produktionsteils)

---

533 Vgl. Savage/Nix/Whitehead et al. 1991, S. 66.
534 Vgl. Schaper/Emmann/Linne u. a. 2013, S. 12.
535 Vgl. Schaper/Emmann/Linne u. a. 2013, S. 11.

frühzeitig entgegenwirken zu können und langfristig gute Beziehungen aufzubauen und zu erhalten, denn persönliche Bindungen stärken das KMU.[536]

Das Stakeholdermanagement als Bestandteil der Betroffenheitsanalyse ermöglicht es KMU somit, nicht nur die Stakeholder an sich zu erfassen und zu systematisieren, sondern auch die für die Stakeholder wichtigen Themen zu ermitteln, aus KMU-Sicht zu bewerten und darauf zu reagieren.[537] Als Ergebnis resultiert aus einem intensiven, systematischen Stakeholdermanagement in KMU auf der einen Seite eine Steigerung des Unternehmenserfolges in Abhängigkeit vom Grad der Verantwortungsübernahme, auf der anderen Seite, durch die Steigerung der unternehmerischen Nachhaltigkeit, auch ein Beitrag hin zu einer nachhaltigen Entwicklung.[538]

Phase SM	Verortung BNM	Forschungsfrage	Inhalt/Ablauf	ausgewählte Instrumente/ Maßnahmen für KMU
Stakeholderanalyse	Betroffenheitsanalyse	• Welche Anspruchsgruppen gibt es im Umfeld des KMU? • Welche Ansprüche werden an das KMU gestellt und welche Ansprüche stellt das KMU an die Anspruchsgruppen?	• Selbstverständnis des KMU (Entwicklung Nachhaltigkeitsbild/-leitlinien, Nachhaltigkeitsstrategie) • Festlegung der erforderlichen bzw. verfügbaren Ressourcen • Analyse primärer Stakeholder • Homogenisierung der primären Stakeholder • Bestimmen der wechselseitigen Ansprüche mit den einzelnen primären Stakeholdern • Analyse sekundärer Stakeholder • Homogenisierung der sekundären Stakeholder • Bestimmen der wechselseitigen Ansprüche mit den sekundären Stakeholdern	• Workshops mit internen und externen Stakeholdern unter Nutzung von Postern, Arbeitsblättern, Präsentationen und Leitfäden (z. B. LfU 2016) • Brainstorming • Zusammenarbeit mit HWK, IHK und anderen Beratern

536 Vgl. Schwalbach/Klink 2015, S. 189.

537 Vgl. Günther/Weber 2011, S. 18. Im Rahmen der Konzeption des BNM für KMU finden sich die Phasen des Stakeholdermanagements „Stakeholderdialog" unter der Maßnahme „Normierungsverantwortung i. e. S." sowie die Phase „Reporting" unter der Maßnahme „Nachhaltigkeitsberichterstattung" (vgl. Tabelle 14).

538 Vgl. Albrecht 2008, S. 10 sowie Schaltegger/Burritt 2005.

Phase SM	Verortung BNM	Forschungsfrage	Inhalt/Ablauf	ausgewählte Instrumente/ Maßnahmen für KMU
Stakeholdermatrix	Betroffenheitsanalyse	• Welche Bedeutung haben die einzelnen Anspruchsgruppen für das KMU und wie nahe sind diese dem KMU? Welches Kooperations- und Bedrohungspotenzial ergibt sich daraus? Welche Strategie ist im Umgang mit den Stakeholdern zu wählen?	• Ermittlung des Kooperations- und Bedrohungspotenzials sowie Ableiten der Strategie im Umgang mit den Stakeholdern	• Stakeholdermatrix, Workshops mit internen und externen Stakeholdern, Brainstorming
Stakeholderdialog	Normierungsverantwortung i. e.S.	• Wie reagiert das KMU auf die Ansprüche der Anspruchsgruppen bzw. wie setzt das KMU die gewählte Strategie im Umgang mit den Stakeholdern um?	• Der Ablauf ist insb. abhängig vom Macht- und Bedrohungspotenzial des Stakeholders und dem zur Umsetzung des Stakeholderdialoges gewählten Instrument • Nutzung der Face-to-face-Kommunikation	Bsp. für Dialogformate mit geringem Meinungsaustausch: • Schriftliche Informationen des KMU (z. B. Flyer, Broschüren) • KMU-Präsenz in Online-Medien (z. B. Facebook, Instagram) • Tag der offenen Tür Bsp. für Dialogformate mit direktem und wechselseitigem Austausch • Gesprächsrunden mit betroffenen Stakeholdern (z. B. zu Bauprojekten) • Stakeholderforen (allgemein oder zu konkreten Projekten) (z. B. zu Nachhaltigkeitsanforderungen in der Branche) • Experten-Workshops zu ausgewählten Nach-haltigkeitsthemen (z. B. zu Sozialstandards in der Lieferkette) Bsp. für Dialogformate mit direktem und wechselseitigem Austausch • Kooperation als lang-fristige Zusammenarbeit zur Entwicklung und Umsetzung von gesellschaftlich relevanten Projekten z. B. gemeinsame Schulungsangebote in der Lieferkette des KMU) • „Werkstatt"-Formate (z. B. Produkttests)
Reporting	Nachhaltigkeitsberichterstattung	• Wie kommuniziert das KMU Inhalte und Auswirkungen des Stakeholder-managements nach innen und außen?	• vorbereiten (Planen des Berichtprozesses) • verbinden (Beiträge von wichtigen Stakeholdern einholen) • definieren (entscheiden, welche Inhalte in den Bericht sollen) • überwachen (Erstellen des Berichtes) • berichten (prüfen und kommunizieren)	• Nachhaltigkeitsberichte (z. B. nach GRI G4 oder DNK) • Geschäftsberichte

Tabelle 14: Phasen im Stakeholdermanagement im Kontext des BNM in KMU

Quelle: Eigene Zusammenstellung unter Verwendung von LfU 2016, GRI 2014, Schaltegger/Herzig/Kleiber u. a. 2007.

Tabelle 14 fasst die einzelnen Phasen des Stakeholdermanagements zusammen und stellt einen Bezug zur Konzeption des BNM in KMU her. Zudem zeigt die Tabelle, welche Forschungsfragen den einzelnen Phasen des Stakeholdermanagements zugrundeliegen und wie diese (Inhalte/Ablauf) erarbeitet werden. In der Tabelle wird eine Übersicht ausgewählter, für KMU geeignete Instrumente und Maßnahmen im Rahmen des Stakeholdermanagements aufgezeigt.

C.4.1.3 Zusammenführung der direkten und indirekten Betroffenheiten

Ausgehend von der ABC-Analyse (direkte Betroffenheit) und dem Betroffenheitsgrad (indirekte Betroffenheit) kann die anzustrebende Ausbaustufe des BNM im KMU bestimmt werden. Für KMU empfiehlt sich die Anwendung von lediglich drei Ausbaustufen „light“, „modular“ und „intensiv“. Eine detaillierte Beschreibung der für KMU entwickelten Ausbaustufen findet sich in ***Kapitel C.4.3***.

Ergibt sich aus der Ermittlung der direkten Betroffenheit (ABC-Analyse ohne Kriterien bzw. Bewertung nur mit „C“) und der indirekten Betroffenheitsanalyse (nur Stakeholder mit Betroffenheitsgrad 1) keine Implikationen für das KMU, liegt keine bzw. lediglich eine schwache Betroffenheit vor. Es empfiehlt sich dann die Einführung bzw. Anwendung eines BNM in der Ausbaustufe „light“, um über die Etablierung regelmäßiger Kontrollprozesse ein Monitoring aufzubauen und die Chancen und Risiken aus Nachhaltigkeit zu ermitteln und umzusetzen.

Ergibt die direkte Betroffenheitsanalyse bei mindestens einem Kriterium die Bewertung „B“ oder die indirekte Betroffenheitsanalyse bei mindestens einem Stakeholder den Betroffenheitsgrad „2“ oder Betroffenheitsgrad „3“, so liegt eine mittlere Betroffenheit vor. In diesem Fall eignet sich die Einführung bzw. Anwendung des BNM in der Ausbaustufe „modular“. In dieser Ausbaustufe ist es möglich, den Fokus der nachhaltigkeitsbezogenen Aktivitäten auf ein bestimmtes Themenfeld (z. B. Berichterstattung, Energie, THGM) oder eine bestimmte Stakeholdergruppe (z. B. Mitarbeiter, Kunden, Lieferanten) zu fokussieren. Ist mindesten ein Kriterium der ABC-Analyse mit „A“ bewertet und verfügt mindestens ein Stakeholder über Betroffenheitsgrad „4“, starke Betroffenheit, ist ein BNM in Ausbaustufe „intensiv“ zu empfehlen.

Um die Erfolgspotenziale des BNM im KMU ausschöpfen zu können, sollte grundsätzlich eine hohe Ausbaustufe des BNM angestrebt werden (unter Berücksichtigung der individuellen Ressourcenstärke und Zumutbarkeit) (vgl. ***Abbildung 16***).

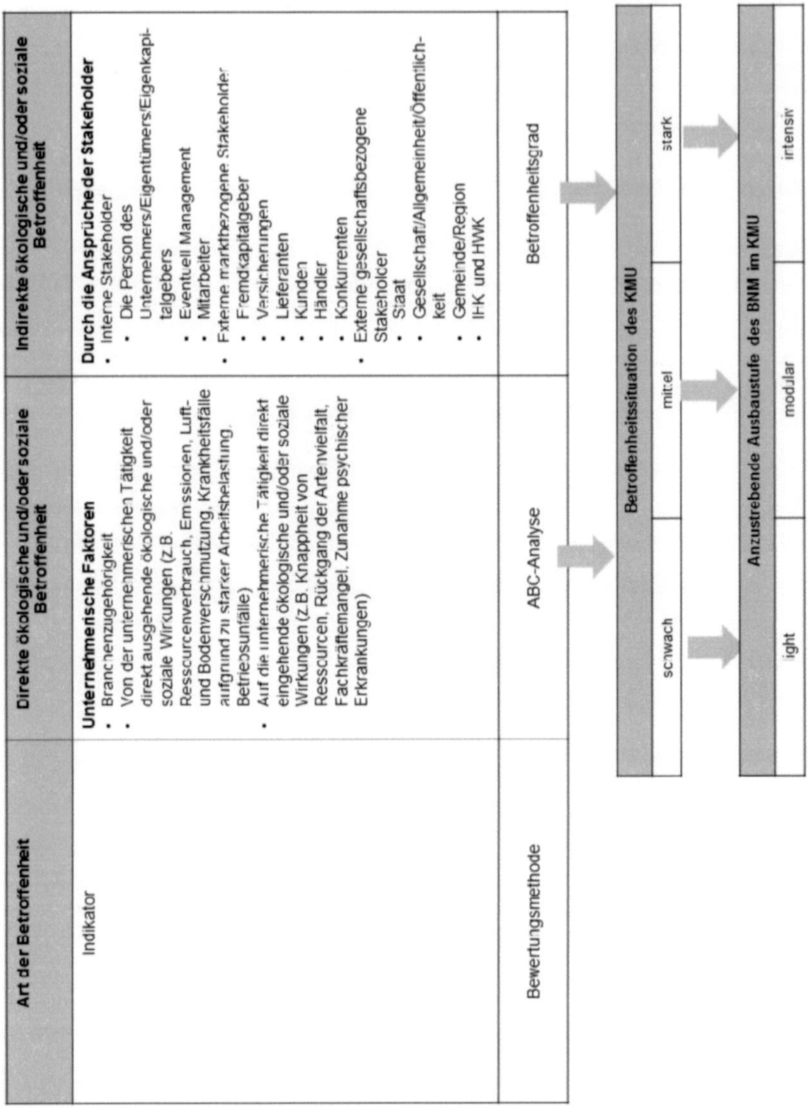

Abbildung 16: Direkte und indirekte ökologische und soziale Betroffenheit von KMU und die Auswirkungen auf die Betroffenheitssituation und die Ausbaustufe

Quelle: Eigene Zusammenstellung unter Verwendung von Speis/Czymmek 2003; Nitze 1991.

Im Anschluss ist zu entscheiden, …

- „welche organisatorischen Vorkehrungen zweckmäßig sind (…),

- welche Änderungen in den Produkten, Prozessen und Verhaltensweisen anzustreben sind (...),
- welche finanziellen Stützungen und organisatorischen Hilfen vorhanden und zu aktivieren sind (...),
- welche Label angestrebt werden (...),
- wie, durch wen und mit welchen Ressourcen die o. g. Aufgaben des BNM bearbeitet werden (...),
- ob und in welcher Tiefe Nachhaltigkeitsberichte angefertigt werden (...),
- ob und in welcher Tiefe nachhaltigkeitsorientierte Managementsysteme installiert werden“.[539]

Eine akute Betroffenheit erfordert vom KMU sofortiges Handeln – z. B. müssen im Falle eines drohenden Kaufboykotts durch unzufriedene Kunden, die den Einsatz von gesundheitsgefährdenden Stoffen im Endprodukt bemängeln, diese umgehend vom Markt genommen und die Produktion muss gestoppt bzw., falls möglich, modifiziert werden.

Ergibt sich aus der Analyse der direkten und indirekten Betroffenheit kein akuter Handlungsbedarf für das KMU, empfiehlt sich eine – wie im BNM vorgesehene – systematische Vorgehensweise mit den Phasen Nachhaltigkeitsengagement bzw. Wahrnehmung von Nachhaltigkeitsmanagement i. w. S. und Umsetzung von Nachhaltigkeitsmaßnahmen (***vgl. Abbildung 13***).

C.4.2 Nachhaltigkeitsengagement bzw. die Wahrnehmung von Nachhaltigkeitsverantwortung i. w. S.

Ausgehend von der Betroffenheitsanalyse ist das Ziel des Nachhaltigkeitsengagements von KMU:

- die „Minderung und Abwehr von Bedrohungen und Risiken zur Reduzierung der direkten Betroffenheit [sowie
- die] Wahrnehmung ökologischer und sozialer Verantwortung zur Reduzierung der indirekten Betroffenheit.“[540]

---

[539] Castrellon Gutierrez/Mittelstädt/Zabel 2014, S. 156.
[540] Zabel 2015d, Folie 4/11 sowie Abbildung 13.

Als Ergebnis zeigt sich die Transformation der Betroffenheit in Problemlösungen und unternehmerischen Erfolg.[541] Unter Berücksichtigung des Grades der Betroffenheit gilt es, Nachhaltigkeitsmaßnahmen durchzuführen und eine Nachhaltigkeitskultur, -strategie und -organisation im KMU zu etablieren.

Auch im Bereich des Nachhaltigkeitsengagements eignet sich für KMU eine stufenweise Vorgehensweise, welche sich an den Ausbaustufen orientiert, um die Aufgaben des BNM in einer entsprechenden Ausbaustufe zu erfüllen.[542] Dabei kommt es darauf an, unter Berücksichtigung der Besonderheiten von KMU Maßnahmen zur Kontrolle und Rückkopplungen zu realisieren sowie über die Nachhaltigkeitsbeiträge Bericht zu erstatten.

C.4.2.1 Nachhaltigkeitsmaßnahmen in KMU

Die Nachhaltigkeitsmaßnahmen dienen der Generierung von Nachhaltigkeitsbeiträgen und damit dem Nachhaltigkeitsengagement von KMU, basierend auf einer Nachhaltigkeitsstrategie.[543] Zu den Nachhaltigkeitsmaßnahmen zählen das Schnittmengenmanagement, die Normierungsverantwortung (unter Verwendung des Stakeholderdialoges) sowie die Nachhaltigkeitsverantwortung i. e. S. unter Berücksichtigung der Besonderheiten von KMU (insb. der Regionalität und des Familien- und Mitarbeiterbezugs).

C.4.2.1.1 Schnittmengenmanagement in KMU

Im Schnittmengenmanagement werden ökologische und/oder soziale Maßnahmen, die sich für den ökonomischen Erfolg des KMU positiv auswirken können, identifiziert und aktiviert.[544] Unter Nutzung bestehender Spielregeln und institutioneller Arrangements wie bspw. Gesetze und Technologien werden ökonomische und soziale und/oder ökologische Schnittmengen erschlossen und aktiviert.[545] „Diese Maßnahmen stehen im Kontext von Kosteneinsparungen (insbes. Material-, Energie- und

---

541 Vgl. Abbildung 13.

542 Vgl. Kapitel C.4.2 und Kapitel C.4.3. Zur praktischen Umsetzung vgl. die Ausführungen in Kapitel G.

543 Vgl. Brinkel 2017, S. 52.

544 Vgl. Zabel 2004a, S. 75 sowie Hesselbarth 2009, S. 118; Zabel 2013a, S. 321; Castrellon Gutierrez/Mittelstädt/Zabel 2014, S. 157. Zum Schnittmengenmodell vgl. Pfriem 1991, S. 13 sowie die Ausführungen in Kapitel B.5.2.1.

545 Vgl. Zabel 2014, S. 108.

Schadensfolgekosten), Erlössteigerungen (ökologie- und sozialorientierte Kundennachfrage; Absatz von Umweltschutztechnik etc.), Motivations- und Imageerhöhungen, Verbesserungen der Kapitalbeschaffungs- und Versicherungskonditionen, verbessertem Behördenengineering u. a."[546]

Aufgrund des Ressourcenmangels sind KMU traditionell besonders sensibilisiert, dahingehend Schnittmengen zu identifizieren (u. a. da die Strukturen häufig nicht so komplex sind wie in Großunternehmen).[547] Zudem werden KMU auch von außen, z. B. im Themenfeld „Energie", dazu motiviert, Schnittmengen aufzudecken und zu nutzen: Über Fördermaßnahmen sollen KMU für das Thema Energie weiter sensibilisiert werden. Um Effizienzverbesserungen zu erreichen, wird z. B. die Energieberatung für KMU durch das Bundesamt für Wirtschaft und Ausfuhrkontrolle (BAFA) gefördert.[548] Die Umsetzung der identifizierten Energieeffizienzmaßnahmen unterstützt u. a. der Förderschwerpunkt der KfW „Energieeffizienz", der kostengünstige Kredite z. B. im Rahmen des Programms „Kredit 292, 293; KfW-Energieeffizienzprogramm – Produktionsanlagen/-prozesse: Energiekosten im laufenden Betrieb einsparen" zur Verfügung stellt.[549]

C.4.2.1.2 Normierungsverantwortung in KMU

KMU sollten, um ihrer Normierungsverantwortung gerecht zu werden, bestehende Spielregeln nicht nur nutzen, sondern als strukturpolitische Akteure[550] die Spielregeln bzw. die Rahmenbedingungen und Strukturen in Richtung Nachhaltigkeit gestalten (Vergrößerung der Schnittmengen).[551] Dabei sollen die Stakeholder in Richtung nachhaltigkeitsorientiertes Verhalten motiviert und gelenkt werden. Ein geeignetes Instrument für KMU zur Wahrnehmung der Nachhaltigkeitsverantwortung ist der Stakeholderdialog.[552] Dieser ist ein anerkanntes Instrument zur Berücksichtigung von Stakeholderinteressen und zum Interessenausgleich.[553] Er sollte im KMU stufen-

---

546 Castrellon Gutierrez/Mittelstädt/Zabel 2014, S. 157.
547 Vgl. Kapitel B.4.
548 Durch die vom BAFA geförderte Energieberatung sollen wirtschaftlich sinnvolle Energieeffizienzpotenziale in den Bereichen Gebäude, Anlagen und Nutzerverhalten identifiziert werden (BAFA 2017).
549 Vgl. KfW 2017.
550 Vgl. Schneidewind 1998 sowie die Ausführungen in Kapitel B.5.2.
551 Vgl. Zabel 2010c, S. 11; Zabel 2004a, S. 75 sowie die Ausführungen in Kapitel B.5.2.2.
552 Vgl. Zabel 2004a, S.75; Zabel 2014, S. 108–109. Zu Instrumenten des Stakeholderdialoges vgl. Günther/Weber 2011, S. 21.
553 Zu den Themen Stakeholderdialog und Nachhaltigkeit vgl. z. B. Albrecht 2008; Leitschuh-Fecht/Bergius 2007.

weise angelegt werden, da er durch die iterative Vorgehensweise die Komplexität für das KMU reduziert und so einen kontinuierlichen Verbesserungsprozess unterstützt.[554] Das Engagement innerhalb des Stakeholderdialoges kann ganz unterschiedlich ausgerichtet sein: Aufgrund der Bedeutung von KMU in der und für die Region ist ihr Potenzial, regional Nachhaltigkeitsbeiträge zu leisten, groß. Auf nationaler Ebene ist es sinnvoll über ein Engagement z. B. bei Branchenverbänden auf die Nachhaltigkeitsausrichtung hinzuarbeiten.

Die Beeinflussung des Stakeholderverhaltens in Richtung Nachhaltigkeit führt dazu, dass nachhaltigkeitsfreundliche Angebote des KMU stärker nachgefragt werden (z. B. Imageverbesserung des KMU, steigende Nachfrage nach nachhaltigkeitsfreundlichen Produkten des KMU, verbesserte Versicherungskonditionen für das KMU), was zu einer Erweiterung der Schnittmenge führt.[555] Zusätzlich führen die vom KMU durchgeführten ökologischen und sozialen Maßnahmen aller Voraussicht nach zu einem verbesserten, erfolgreicheren Stakeholderdialog bzw. zu einer verstärkten Wahrnehmung der Normierungsverantwortung.[556] Zabel hält fest: „Auf diese Weise sollen sich Schnittmengenmanagement und Normierungsverantwortung im Sinne einer Interaktions- und Erfolgsdynamik für Nachhaltigkeit wechselseitig unterstützen und ´aufschaukeln`".[557]

C.4.2.1.3 Nachhaltigkeitsverantwortung i. e. S. in KMU

Die Änderung von bestehenden Rahmenbedingungen und Strukturen in Richtung Nachhaltigkeit findet u. a. aufgrund von Beharrungswiderständen, Fehlentwicklungen sowie bislang unbekannten Folge- und Nebenwirkungen nur zeitverzögert statt.[558] KMU, die sich der Nachhaltigkeitszielstellung verpflichtet sehen, übernehmen Verantwortung für die Ökologie- und Sozialverträglichkeit ihrer Produkte, Prozesse und Verhaltensweisen.[559] Aus diesem Grund ist die Annahme und Umsetzung der Nachhaltigkeitsverantwortung i. e. S. wichtig und hat zur Folge, dass KMU nachhaltigkeitsfeindliche Maßnahmen unterlassen (auch wenn diese sich rechnen bzw. legal

554 Vgl. Günther/Weber 2011, S. 5.
555 Vgl. Zabel 2014, S. 109.
556 Vgl. Zabel 2014, S. 109.
557 Zabel 2014, S. 109.
558 Vgl. Zabel 2004a, S. 76; Hesselbarth 2009, S. 118; Brinkel 2017.
559 Vgl. Zabel 2004a, S. 76.

sind – Opportunismusverzicht) und Beiträge zur Vorsorge und Sanierung leisten.[560] Beispielhaft genannt sei an dieser Stelle die Umstellung auf Ökostrom und der freiwillige Verzicht der Verwendung konventioneller Energieträger, der Verzicht auf aus Nachhaltigkeitsperspektive kritische Technologien wie Carbon Capture and Storage (CCS)[561] oder der Verzicht auf die Zusammenarbeit mit Unternehmen der Waffenindustrie, selbst wenn damit ökonomische Einbußen verbunden sind. Beispiele für Beiträge zur Vorsorge und Sanierung sind die Investition in Photovoltaikanlagen, der Rückbau versiegelter Betriebsflächen und deren Begrünung sowie die Investition in ein Gesundheitsmanagement für Mitarbeiter.

KMU sind in ihrer Arbeit häufig der Tradition verpflichtet, haben Normen und Werte entwickelt und orientieren sich langfristig. Dies impliziert einen hohen Grad der Verantwortungsübernahme für Mensch und Natur und wirkt sich direkt auf die Normierungsverantwortung i. e. S. aus.

C.4.2.2 Unterstützende Aktivitäten zum Nachhaltigkeitsengagement bzw. zur Wahrnehmung der Nachhaltigkeitsverantwortung i. w. S. durch KMU

Zu den unterstützenden Aktivitäten zählen die Entwicklung eines Nachhaltigkeitsleitbildes bzw. von Nachhaltigkeitsleitlinien, die Nachhaltigkeitsstrategie, Nachhaltigkeitsorganisation und das -personalmanagement sowie das Nachhaltigkeitscontrolling und die Nachhaltigkeitskommunikation und -berichterstattung, die im Folgenden mit KMU-Bezug näher ausgeführt werden.

C.4.2.2.1 Nachhaltigkeitsleitbild/-leitlinien

Das Unternehmensleitbild bzw. die Unternehmensleitlinie beinhaltet die schriftlich fixierte Unternehmensphilosophie.[562] Als Bestandteil der Unternehmenspolitik dienen die Unternehmensleitlinien dazu, das normative Unternehmenskonzept in der Praxis umzusetzen.[563] Sie beinhalten „Aussagen über die unternehmerische Vision sowie Werte, Normen und Ideale, die das Verhalten innerhalb des Unternehmens regeln sollen."[564] Als Orientierungsrahmen ordnen und gestalten sie das Unternehmen.[565]

---

560 Vgl. Zabel 2010c, S. 12; Zabel 2012b, S. 415; Zabel 2004a, S. 75–76 sowie Müller-Christ 2012, S. 210–211.

561 Zu CCS vgl. ausführlich Hesselbarth 2009, S. 208–210 und S. 377–381.

562 Vgl. Schaltegger/Herzig/Kleiber u. a. 2007, S. 135; Colsman 2016, S. 55.

563 Vgl. Schaltegger/Herzig/Kleiber u. a. 2007, S. 135.

564 Schaltegger/Herzig/Kleiber u. a. 2007, S. 135.

Da KMU zumeist wenig formalisiert sind, verfügen sie nur selten über festgelegte und formulierte Leitbilder.[565] ***Abbildung 17*** stellt als Best-Practice-Beispiel die Nachhaltigkeitsleitlinien der Fachgruppe MODUL (*Meisterteam organisiert den Umweltschutz langfristig*) vor:

Nachhaltigkeits-Leitlinien der MODUL-Gruppe des Meisterteams

Wir wollen die Erde in ihrer Schönheit und Vielfalt für nachfolgende Generationen erhalten. Deswegen haben wir folgende Nachhaltigkeits-Leitlinien als Handlungsleitfaden erarbeitet:

- Kommunikation und Kooperation mit anderen Betrieben, Instituten und Institutionen sind für uns sehr wichtig. Deswegen arbeiten wir gemeinsam in der MODUL-Gruppe.
- Die umfassende Beratung unserer Kunden auch im Hinblick auf ökologische und baubiologische Aspekte steht im Mittelpunkt unserer Arbeit.
- Wir beraten kompetent. Dafür ist eine laufende Information, Weiterbildung und Qualifikation von herausragender Bedeutung, die wir in enger Kooperation mit unseren Lieferanten sicher stellen [sic!].
- Die Auswahl der von uns verwendeten Hölzer, Platten sowie Roh- und Hilfsstoffe richtet sich nach den Bedürfnissen der Kunden. Die ökologische Relevanz dieser Stoffe werden wir regelmäßig überprüfen. Wir unterstützen das Umweltgütesiegel für Holz FSC (Forest Stewardship Council = Weltforstrat) als zertifizierte Verarbeitungsbetriebe.
- Transparenz ist uns wichtig. Daher stehen wir für einen offenen Informations- und Erfahrungsaustausch innerhalb der Branche und mit unseren Kunden.
- Nur gemeinsam mit unseren Mitarbeitern können wir unsere Ziele erreichen. Deswegen schulen wir sie regelmäßig und binden sie in die betrieblichen Entwicklungsprozesse ein.
- Wir sorgen durch Gesundheitsschutz- und Arbeitssicherheitsmaßnahmen für zeitgemäße Arbeitsplätze.
- Für einen kontinuierlichen Entwicklungsprozess innerhalb unserer Betriebe erstellen wir regelmäßig Nachhaltigkeitsprogramme, die wir jährlich auf ihre Umsetzung überprüfen und fortschreiben.

Entwickelt von der Gruppe der MODUL-Betriebe.

Abbildung 17: Nachhaltigkeitsleitlinien der Gruppe der MODUL-Betriebe
Quelle: Meisterteam LGF GmbH & Co. KG o. A., S. 15.

Die MODUL-Gruppe ist ein Zusammenschluss von holzverarbeitenden Betrieben, welche sich der Nachhaltigkeitszielstellung verpflichtet fühlen.[566] Da es sich bei den Mitgliedsunternehmen um KMU-Handwerksbetriebe handelt, hat man gemeinsam mit allen Mitgliedsunternehmen Unternehmensleitlinien erarbeitet, welche die einzelnen KMU für sich nutzen können. Damit wird man den Besonderheiten von KMU gerecht (Ressourcen und Zeitmangel) und ermöglicht es dem Unternehmer, auf Augenhöhe mit anderen Unternehmern seiner Branche zu diskutieren (Besonderheit Person des Unternehmers).[567] Die Unternehmensleitlinien konzentrieren sich u. a. auf die The-

565 Schaltegger/Herzig/Kleiber u. a. 2007, S. 135. Zu Beispielen von Unternehmensleitlinien und deren Erläuterungen vgl. Matzler/Müller/Mooradian 2013, S. 21–24.

566 Vgl. Meisterteam LGF GmbH & Co. KG o. A., S. 4. Petschow weist darauf hin, dass Handwerksbetrieben häufig per se nachhaltiges Verhalten unterstellt wird (Petschow 2001, S. 6).

567 Wobei es für eine Umsetzung der Unternehmensleitlinien im KMU sinnvoll ist, die Leitlinien an das eigene KMU anzupassen und diese Anpassung gemeinsam mit den Mitarbeitern vorzuneh-

menfelder Kommunikation und Kooperation sowie Transparenz und Kompetenz.[568] Dabei stehen die relevanten Stakeholder (insb. Kunden, Mitarbeiter und Lieferanten) im Mittelpunkt.[569]

Das Beispiel zeigt, dass Nachhaltigkeitsleitlinien die Grundlage für eine nachhaltige Unternehmenskultur und die Wahrnehmung der Nachhaltigkeitsverantwortung i. w. S. bilden, da sie das Bekenntnis des Unternehmens zum nachhaltigen Wirtschaften dokumentieren.[570] Damit Nachhaltigkeit im Unternehmen erfolgreich gelebt wird, ist es notwendig, die im Nachhaltigkeitsleitbild formulierten Normen, Standards usw. auch in der Unternehmenskultur zu verankern.[571]

C.4.2.2.2 Nachhaltigkeitsstrategien

Nachhaltigkeitsstrategien werden bezeichnet „as integrative strategies designed to provide long-term competitive advantages to organizations by taking advantage of external opportunities and minimizing external threats along all three dimensions of sustainability."[572] Die Nachhaltigkeitsstrategie beinhaltet ausgehend von der Betroffenheit des KMU und den im BNM relevanten Kontextfaktoren die Ziele des Unternehmens und die Wege, um diese zu erreichen.[573] Für den Erfolg des BNM ist es wichtig, dass die Nachhaltigkeitsstrategie nicht parallel zur Unternehmensstrategie entwickelt wird, sondern dass Nachhaltigkeitsaspekte als fester Bestandteil in die Unternehmensstrategie integriert werden.[574] Dabei kann die Nachhaltigkeitsstrategie allerdings nur den Rahmen bilden, welcher durch konkrete Maßnahmen untermauert werden muss.[575]

Obwohl KMU durch die Einheit von Eigentum und Leitung in der Person des Unternehmers langfristig orientiert handeln, verfügen sie zumeist nicht über eine schriftlich fixierte Nachhaltigkeitsstrategie.[576] „KMU machen oft zu wenig deutlich, in welche

---

men, damit die notwendige Identifikation ermöglicht wird.

568 Vgl. Meisterteam LGF GmbH & Co. KG o. A., S. 15.

569 Vgl. Meisterteam LGF GmbH & Co. KG o. A., S. 15.

570 Vgl. Colsman 2016 S. 55.

571 Vgl. Steinmann/Schreyögg/Koch 2013, S. 658; für ausführliche Ausführungen zur klimaschutz- und nachhaltigkeitsorientierten Unternehmenskultur vgl. Hesselbarth 2009, S. 407–409.

572 Stead/Stead/Starik 2004, S. 104.

573 Vgl. Colsman 2016, S. 56; Brinkel 2017; Hesselbarth 2009, S. 437f.

574 Vgl. Colsman 2016, S. 56. Zur Integration von Nachhaltigkeitsaspekten in die Unternehmensstrategie vgl. Gelbmann 2010.

575 Vgl. Hesselbarth 2009, S. 52.

576 Vgl. die Ausführungen in Kapitel B.4.

Richtung sie sich entwickeln wollen und welche Ziele sie sich dafür setzen. Allerdings ist bei vielen ein strategischer Gesamtrahmen durchaus erkennbar, denn jedes erfolgreiche Unternehmen hat zumindest implizit eine Strategie."[577] Als Instrument zur Strategiebildung im Nachhaltigkeitskontext eignet sich für KMU z. B. das Nachhaltigkeits-Produkt-Prozess-Portfolio (NPPP) mit Entscheidungstabelle, welches im Folgenden vorgestellt wird.

Das Nachhaltigkeits-Produkt-Prozess-Portfolio (NPPP) mit Entscheidungstabelle als ausgewähltes Instrument der Strategiebildung in KMU

Die Portfolioanalyse ist ein Instrument des strategischen Managements, welches über die Festlegung einer internen und einer externen Dimension strategierelevante Merkmale einer strategischen Geschäftseinheit ermittelt und in Normstrategien überführt.[578] Für KMU eignet sich die Portfolioanalyse, da sie ein einfach anzuwendendes Analyse- und Planungsinstrument zum Ableiten von Strategieempfehlungen darstellt.[579] Damit unterstützt die Portfolioanalyse die Strategiefindung in KMU, welche, wie erwähnt, tendenziell schwach ausgebildet ist.[580]

Die folgenden Ausführungen zur Entwicklung eines Nachhaltigkeits-Produkt-Prozess-Portfolios (NPPP) sowie der dahinter geschalteten Entscheidungstabelle als Instrument zur Entscheidungsfindung in KMU basieren insb. auf der Arbeit von Zabel zum Öko-Produkt-Prozess-Portfolio (ÖPPP).[581] Das ÖPPP wird um soziale Aspekte ergänzt und für die Anwendung in KMU leicht modifiziert. Denn zur Sicherung der Nachhaltigkeitsorientierung von KMU bedarf es notwendigerweise der Ausrichtung aller Produkte, Prozesse und Verhaltensweisen hin zur Ökologieverträglichkeit (Primat der Ökologieverträglichkeit) und zusätzlich einer Analyse der Sozialverträglich-

---

[577] Bertelsmann-Stiftung 2014, S. 17.

[578] Vgl. Staehle 1999, S. 646–684; Zabel 1994, S. 69. Seine Ursprünge findet die Portfolioanalyse bei Markowitz (1959) in der Finanzwirtschaft, wobei eine Übertragung der Erkenntnisse insb. ins strategische Management erfolgte und auch in der Praxis starke Anwendung findet (vgl. Staehle 1999, S. 646–684). Weitere Instrumente, die die Einbeziehung von Nachhaltigkeitsaspekten in die strategische Unternehmensführung ermöglichen, sind u. a. Stärken-Schwächen-Analysen, die Szenarioanalyse oder Produktlinienanalysen (vgl. u. a. Staehle 1999, S. 634–652; Zabel 1994, S. 69). Zu den Problemen der Instrumente der strategischen Unternehmensführung vgl. Zabel 1994, S. 69–70.

[579] Vgl. Staehle 1999, S. 646–684; Zabel 1994, S. 69.

[580] Vgl. Kapitel B.4.

[581] Vgl. Zabel 1994, S. 69–73 sowie in der Anwendung des ÖPPP im Klimaschutz und in der Klimaanpassung Brinkel (Brinkel 2017, S. 229–236).

keit der unternehmerischen Tätigkeit[582], um ein NPPP erstellen zu können. Die Ökologieverträglichkeit sowie die Sozialverträglichkeit können z. B. anhand folgender Kriterien festgelegt werden:[583]

- Ökologieverträglichkeit des Prozesses: CO_2-Emissionen, Wasserverbrauch, Energieverbrauch, Einsatz naturschädlicher Stoffe[584]
- Ökologieverträglichkeit des Produktes: Emissionen in der Nutzungsphase, Recyclingquote des Produktes, Schadstoffbelastung[585]
- Sozialverträglichkeit des Prozesses: Krankheitstage, Arbeitszufriedenheit, Verzicht auf Kinderarbeit
- Sozialverträglichkeit des Produktes: Lärmreduzierungen in der Nutzungsphase von Produkten (z. B. Bohrmaschinen, Staubsauger), einfache Bedienbarkeit (z. B. für ältere Menschen oder Menschen mit körperlichen und geistigen Einschränkungen)

Im NPPP werden die Dimensionen Nachhaltigkeitorientierung des im KMU hergestellten Produktes (externe Dimension; Ordinatenachse) sowie Nachhaltigkeitsorientierung des Prozesses im KMU (interne Dimension; Abszissenachse) mit dem Ziel, Strategieempfehlungen für die Nachhaltigkeitsorientierung des KMU zu entwickeln, abgebildet (vgl. ***Abbildung 18***).

Das NPPP ermöglicht lediglich die Ableitung von groben Strategieempfehlungen (Strategie „Nachhaltigkeitsorientierung des Produktes verbessern“, Strategie „Offensive Strategie“, Strategie „Deinvestieren oder Nachhaltigkeitsorientierung des Prozesses im KMU verbessern“, Strategie „Nachhaltigkeitsorientierung des Produktes verbessern“ – vgl. ***Abbildung 18***). Deshalb wird die Strategieempfehlung zur Erhöhung ihrer Detailliertheit und Differenziertheit innerhalb der Portfolioanalyse mit einer Entscheidungstabelle gestützt.[586] Durch die Instrumentenkombination wird eine realitätsnähere Modellierung ermöglicht, wodurch insb. die Mehrdimensionalität von

---

582 Vgl. Kapitel B.3 und Kapitel C.1.

583 Dabei ist zu berücksichtigen, dass es sich bei ökologie- und sozialverträglichen Produkten um Vertrauensgüter handelt, zu den die Kunden des KMU erst Vertrauen aufbauen müssen; dazu müssen die Produkteigenschaften klar kommuniziert werden (vgl. Tokarski 2008, S. 265).

584 Zabel nennt weitere Kriterien der Ermittlung der Ökologieverträglichkeit von Prozessen (vgl. Zabel 1994, S. 73).

585 Zur Ermittlung der Ökologieverträglichkeit des Produktes kann z. B. auf die Kriterien nach Türck zurückgegriffen werden (vgl. Türck 1991, S. 41–105).

586 Vgl. Zabel 1994, S. 70–73 sowie Brinkel 2017, S. 232.

Nachhaltigkeitsaspekten berücksichtigt werden kann.[587] Dies hilft KMU, die zumeist abstrakten Strategieempfehlungen handhabbar zu machen. Jeder Kombination von externer und interner Dimension ist eine spezifische Entscheidungstabelle zugeordnet (E1-E4 – vgl. ***Abbildung 18***).[588] Die in ***Tabelle 15*** beispielhaft dargestellte Entscheidungstabelle (E 2 – vgl. ***Abbildung 18***) kommt bei einer hohen Nachhaltigkeitsorientierung des Prozesses im KMU und einer niedrigen Nachhaltigkeitsorientierung des im KMU hergestellten Produkts zur Anwendung (vgl. ***Tabelle 15***).

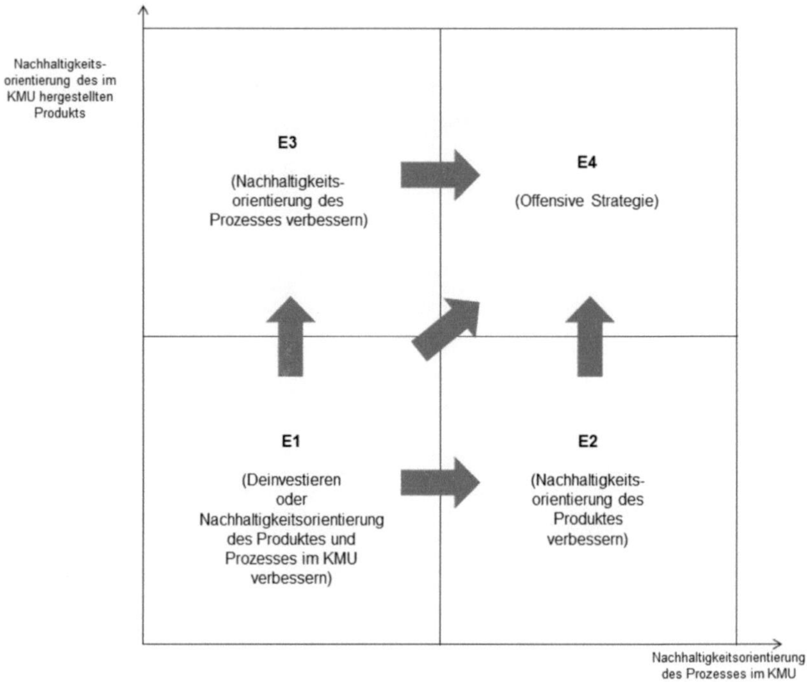

Abbildung 18: Nachhaltigkeits-Produkt-Prozess-Portfolio

Quelle: Vgl. Zabel 1994, S. 71, leicht modifiziert.

---

587 Vgl. Zabel 1994, S. 69–70.

588 Vgl. Zabel 1994, S. 71.

Alternativen	1	2	3	4	5	6	7	8	9
Ist das Produkt für das ökonomische Überleben bedeutsam?	N	N	J	J	J	J	J	J	N
Weist das Produkt hohe Absatzzahlen auf?	N	N	-	-	J	J	N	J	J
Hat das Produkt hohe Bedeutung für die Kundentreue?	N	J	-	-	J	J	J	J	N
Sind hinreichende Verbesserungen durch die Erhöhung der Ökologie- und/oder Sozialverträglichkeit des Produktes/Produktmodifizierungen möglich?	-	N	N	N	N	N	J	N	N
Sind hinreichende Verbesserungen durch die Erhöhung der Ökologie- und/oder Sozialverträglichkeit des Produktes/Produktmodifizierungen möglich, aber langfristig nicht ausreichend?	-	N	N	J	J	N	N	N	N
Ist der Produktersatz, welcher Verbesserungen durch die Erhöhung der Ökologie- und/oder Sozialverträglichkeit des Produktes/Produktmodifizierung ermöglicht, günstig möglich?	-	-	N	N	J	J	J	J	J
Produktstrategie									
Produkt im Angebot lassen und Wege der Verbesserung suchen		X	X						
Produkt ersatzlos aus dem Angebot nehmen	X								
ökologische und/oder soziale Belastungen mindern und/oder die Sozialverträglichkeit verbessernde Produktmodifizierungen vornehmen							X		
ökologische und/oder soziale Belastungen mindern und/oder die Ökologie- und/oder Sozialverträglichkeit verbessernde Produktmodifizierungen vornehmen und perspektivische Substitution				X	X				
neue, ökologie- und/oder sozialverträgliche Produktgeneration einführen					X	X	X	X	X

Tabelle 15: Entscheidungstabelle E2

Quelle: Zabel 1994, S. 72 leicht modifiziert unter Verwendung von Brinkel 2017, S. 235.

Durch die detaillierte Abfrage der Alternativen (vgl. die obere Hälfte von ***Tabelle 15***) kann eine Strategieempfehlung basierend auf einer Feinanalyse gegeben werden (vgl. die untere Hälfte von ***Tabelle 15***). Zuvor bedarf es jedoch zusätzlich einer Prüfung und Absicherung der Entscheidungstabelle mit ggf. notwendigen weiteren Strategieelementen (z. B. verfügbare Ressourcen, Innovationsfähigkeit). Die Strategieempfehlung wird dem Unternehmer als Leiter der strategischen Geschäftseinheit vorgelegt.[589] Diese gilt es regelmäßig zu überprüfen und ggf. zu modifizieren (insb. durch den Unternehmer).[590] Die erläuterte Ablauffolge der Aufstellung und Nutzung des Nachhaltigkeits-Produkt-Prozess-Portfolios sowie der Entscheidungstabelle ist in ***Abbildung 19*** dargestellt.

Abbildung 19: Ablauffolge der Aufstellung und Nutzung des Nachhaltigkeits-Produkt-Prozess-Portfolios sowie der Entscheidungstabelle im KMU

Quelle: Grafische Darstellung basierend auf der Aufzählung von Zabel 1994, S. 71, ganz leicht modifiziert.

C.4.2.2.3 Nachhaltigkeitsorganisation und -personalmanagement

Für die erfolgreiche Umsetzung des BNM bedarf es zunächst einer Integration des Nachhaltigkeitsgedankens in der gesamten Organisation des KMU.[591] Dabei wirkt

---

[589] Vgl. Zabel 1994, S. 71.
[590] Vgl. Abbildung 19.
[591] Zur Organisation des Umweltschutzes in Unternehmen vgl. Antes 1994 und Antes 1996.

sich die „Zuweisung von Zuständigkeiten, Ressourcen sowie Selbstorganisations-, Handlungs- und Entscheidungsspielräumen“[592] auf die Effizienz des BNM im KMU sowie das Schnittmengenmanagement, die Normierungsverantwortung und die Nachhaltigkeitsverantwortung i. e. S. aus.[593] Die Zuweisung gilt es unter Berücksichtigung der Besonderheiten des KMU (Größe, Gegebenheiten) vorzunehmen, wobei zwingend die Verantwortlichkeiten festgelegt werden sollten, um den Erfolg der Nachhaltigkeitsmaßnahmen zu sichern.[594] Die Person des Unternehmers steht dabei im Fokus, da sie als Unternehmensleitung „zentrale Instanz zur Klärung von Verantwortlichkeiten, Festlegung prioritärer Verantwortungsbereiche sowie zur Offenlegung der übernommenen Zuständigkeiten“[595] ist. Eine Integration des Nachhaltigkeitsleitbildes wird dann u. a. durch die flachen Hierarchien in KMU, die zur Umsetzung von Nachhaltigkeit erforderliche Dialogorientierung und den geringen Abstimmungs- und Machtabstand in KMU gefördert.[596]

Nachhaltigkeitsorientierte Organisation im KMU

Integrative Organisation:	Nachhaltigkeitsorientierung der Kultur/Werte, der Strategie und der Entscheidungen in allen Bereichen des Unternehmens
Aufbauorganisation/additive Organisation:	Schaffung einer Struktureinheit „Nachhaltigkeitsmanagement“
Ablauf-/Prozessorganisation:	Nachhaltigkeitsorientierung aller Prozesse in Produktion und Verwaltung/Management
Informationsorganisation:	Aufbau, Betrieb und Weiterentwicklung nachhaltigkeitsorientierter Informationssysteme (einschl. Hard- und Software, Vernetzung, Internetanbindung und Standardisierung)
Projektorganisation:	Projekte zur Nachhaltigkeitsunterstützung (Produktentwicklung, Energiepolitik, Technologiegestaltung, Facility-Management, Aufbau eines Treibhausgasmanagements etc.)
Managementsysteme:	Aufbau und (ggf.) Integration nachhaltigkeitsorientierter Managementsysteme (ISO 14 001, EMAS III, AA 1 000, ISO 50 001, SA 8 000, OHSAS 18 001, ISO 26 000 u. a.)
Ausbaustufen der Organisation	von der punktuellen bis zur ganzheitlichen Nachhaltigkeitsorientierung der Organisation des BNM

Tabelle 16: Facetten der Organisation des BNM

Quelle: Zabel 2015d, Abb.5/3

592 Hesselbarth 2009, S. 404.
593 Vgl. Hesselbarth 2009, S. 404.
594 Vgl. Loew/Rohde 2013, S. 19.
595 Hesselbarth 2009, S. 48; vgl. zur Nachhaltigkeitsorganisation auch Brinkel 2017.
596 Vgl. die Ausführungen in Kapitel B.4.

Für die erfolgreiche Umsetzung des BNM im KMU ist die Integration des Nachhaltigkeitsgedankens in die Aufbau- (Struktureinheit Nachhaltigkeit) und Ablauforganisation (Nachhaltigkeitsorientierung aller Prozesse und der Verwaltung) des KMU notwendig.[597] Die Facetten der Organisation des BNM sind in ***Tabelle 16*** dargestellt.

Folgende Möglichkeiten der nachhaltigkeitsorientierten Organisationsgestaltung in KMU ergeben sich daraus (ohne Anspruch auf Vollständigkeit):[598]

1. Die integrative organisatorische Einbindung der Nachhaltigkeitsorientierung innerhalb des KMU
   Dies bedeutet, dass in allen KMU-Bereichen (z. B Integration von ökologischen und sozialen Aspekten in die Unternehmensführung, Strategie, Kultur, Marketing, Produktion, Forschung und Entwicklung) Nachhaltigkeitsaspekte integriert werden.
2. Die additive organisatorische Einbindung der Nachhaltigkeitsorientierung von KMU
   Möglichkeiten der additiven organisatorischen Einbindung der Nachhaltigkeitsorientierung von KMU ergeben sich bspw. aus der „Schaffung einer gesonderten Struktureinheit Nachhaltigkeit, Ernennung eines Nachhaltigkeitsbeauftragten, Einführung von Nachhaltigkeitsprojekten und/oder Ausschüssen, Schaffung von Kleingruppen“[599].
3. Sonderformen der Nachhaltigkeitsausrichtung von KMU
   Zu den Sonderformen zählen bspw. die externe Beratung zum Thema Nachhaltigkeit generell oder auch zu einzelnen Nachhaltigkeitsthemen wie z. B. Energieberatung, Zertifizierungen mit Nachhaltigkeitsbezug (z. B. ISO 14 001 oder EMAS), Schaffung eines nachhaltigkeitsorientierten Stakeholderdialoges bzw. Erweiterung des Stakeholderdialoges um Nachhaltigkeitsthemen.

Abbildung 20 zeigt beispielhaft die Möglichkeiten zur additiven organisatorischen Umsetzung des Nachhaltigkeitsgedankens innerhalb des Organigramms der Neu-

---

597 Vgl. Brinkel 2017, S. 48–50; zur Aufbau- und Ablauforganisation vgl. Olfert 2012, S. 108–311.
598 Vgl. Zabel 2015d, Abb. 5/5 (ohne KMU-Bezug und im Ökologiekontext).
599 Zabel 2015d, Abb. 5/5.

markter Lammsbräu durch die Schaffung einer Struktureinheit ‚Nachhaltigkeitsmanagement':[600]

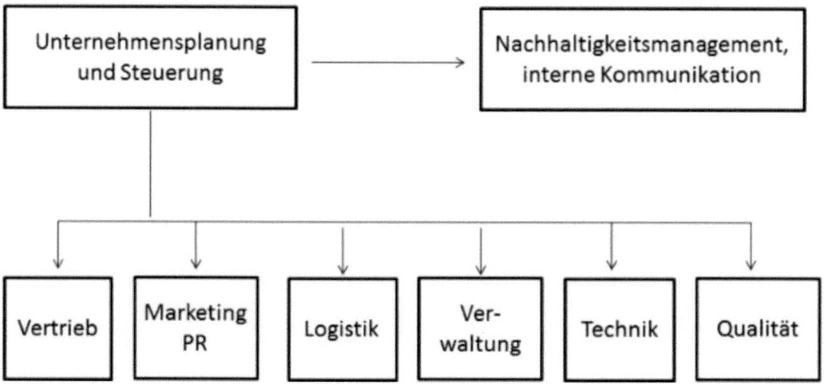

Abbildung 20: Organigramms der Neumarkter Lammsbräu

Quelle: Neumarkter Lammsbräu 2016, S. 9 (anonymisiert – ohne die Namen der verantwortlichen Mitarbeiter).

Die Abbildung zeigt, dass die Abteilung Nachhaltigkeitsmanagement als Stabsstelle direkt der Ebene der Unternehmensleitung angegliedert und organisatorisch unabhängig ist.[601]

Die Integration des Nachhaltigkeitsgedankens in das gesamte KMU verlangt „neben der Verankerung der Thematik innerhalb der Unternehmensleitung und in funktional-additiven Organisationseinheiten die Einbeziehung aller Mitarbeiter und die Einbindung von Nachhaltigkeitsaspekten in alle Entscheidungsfelder."[602]

Nachhaltigkeitsorientiertes Personalmanagement im KMU

Auch im Personalwesen des KMU fällt dem Unternehmer natürlicherweise eine besondere Bedeutung zu. Er übernimmt in der Regel in KMU personalwirtschaftliche Aufgaben.[603] Die Organisation des Personalwesens spielt in KMU aus diesem Grund

---

600 Die Neumarkter Lammsbräu Gebrüder Ehrnsperger KG hat ihren Sitz im oberpfälzischen Neumarkt (Neumarkter Lammsbräu 2016, S. 8). Mit 117 Mitarbeitern (Stand 31.12.2015) und ca. 20,8 Mio. Euro Umsatz (Geschäftsjahr 2015) zählt das familiengeführte Unternehmen zu den KMU (Neumarkter Lammsbräu 2016, S. 8).

601 Vgl. Abbildung 20.

602 Brinkel 2017, S. 49, unter Verwendung von Hesselbarth 2009, S. 472; Zabel 2010c, S. 13.

603 Vgl. Bröckermann 2012, S. 4; Olfert 2015, S. 48.

eine untergeordnete Rolle.[604] Ab ca. 100 Mitarbeitern schaffen jedoch viele KMU eine Stelle „Personalwesen“, welche den Großteil der personalwirtschaftlichen Aufgaben abdeckt.[605]

Neben der organisatorischen Einbindung des Nachhaltigkeitsaspektes zeigt sich insb. die Integration des Nachhaltigkeitsgedankens in die Verhaltensweisen des Unternehmers und der Mitarbeiter als erfolgsrelevant für das BNM im KMU.[606] „Dreh- und Angelpunkt für eine nachhaltige Unternehmensentwicklung sind die Mitarbeiter und ihr Verhalten. So basieren nachhaltige Produkte, Produktionsprozesse oder Unternehmensstrategien letztlich auf den Entscheidungen und Handlungen von Organisationsmitgliedern.“[607] Aus diesem Grund bedarf es zusätzlich der Unterstützung durch das Personalmanagement, indem auch hier in allen Phasen Nachhaltigkeitsaspekte Berücksichtigung finden (Personalbeschaffung, Personalentwicklung etc. – vgl. ***Abbildung 21***), und zwar sowohl im strategischen als auch im operativen Bereich.[608]

Grundlage eines nachhaltigen Human Resource Management (HRM) sind die auf der Unternehmensstrategie basierenden Ziele und Strategien für ein nachhaltiges Personalmanagement.[609] Unterstützung erfährt das Personalmanagement aus den übergeordneten Bereichen (Wissensmanagement, interne Kommunikation, Organisationsentwicklung).[610] Personalplanung, -controlling und -marketing sind Querschnittsfunktionsbereiche, Personalbeschaffung, -einsatz, -entwicklung und -freisetzung sowie die Bereiche Personalführung und -service hingegen sind klassische Gestaltungsfelder des Personalmanagements, die alle durch ökonomische, ökologische und soziale Entscheidungskriterien untermauert werden sollten.[611]

Dies wird im Folgenden anhand des Beispiels Personalbeschaffung dargestellt.[612] Die Personalbeschaffung „zielt darauf ab, freie Stellen zeitlich unbefristet oder zu-

---

604 Vgl. Bröckermann 2012, S. 5.
605 Vgl. Bröckermann 2012, S. 4; Olfert 2015, S. 49.
606 Vgl. Kirschten 2008; Brinkel 2017.
607 Kirschten 2008, S. 257
608 Zum nachhaltigen Personalmanagement vgl. u. a. Maurer/Müller-Camen 2016, S. 17–30; Blumenstock 2013; mit Praxisbezug: Fischer 2010.
609 Vgl. Kirschten 2008, S. 258.
610 Vgl. Abbildung 21.
611 Vgl. Abbildung 21.
612 Zur Personalbeschaffung vgl. Bröckermann 2012, S. 29–120.

mindest für einige Zeit neu zu besetzen."[613] Dies bedeutet, „dass Personal in erforderlicher Anzahl mit der erforderlichen Qualifikation und Kompetenz zu dem für die Erstellung der betrieblichen Leistung notwendigen Zeitpunkt oder Zeitraum an dem jeweiligen Einsatzort verfügbar ist."[614] Dabei werden zwei Wege der Personalbeschaffung unterschieden:[615]

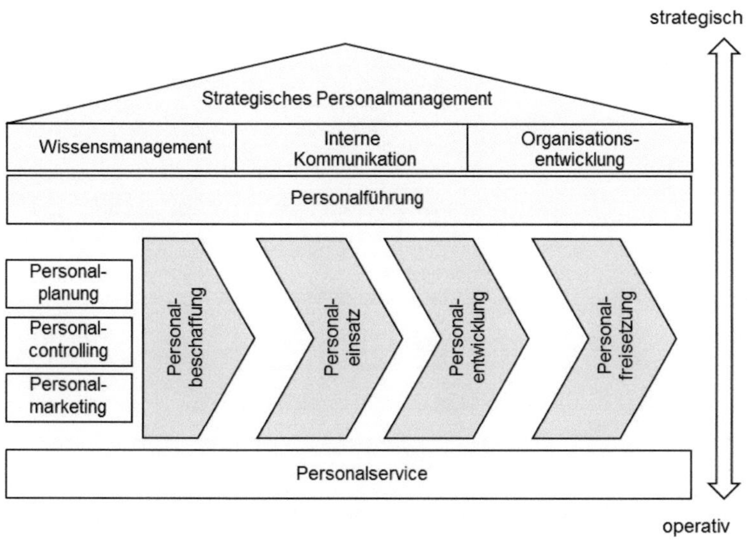

Abbildung 21: Teilbereiche des Human-Resource-Managements

Quelle: Kirschten 2008, S. 258, basierend auf Zaugg 2006, S. 272.

1. Interne Beschaffungswege

   Die internen Beschaffungswege konzentrieren sich auf den Teil des Arbeitsmarktes, der innerhalb des KMU liegt. Zu möglichen Maßnahmen zählen: „innerbetriebliche Ausschreibung, Personalentwicklung, Versetzung, Mehrarbeit, Urlaubsverschiebung".[616]

2. Externe Beschaffungswege

   Die externen Beschaffungswege fokussieren sich auf den Teil des Arbeitsmarktes, welcher außerhalb des KMU liegt.[617] „[E]xterne Beschaffungswege

613 Bröckermann 2012, S. 15.
614 Bröckermann 2012, S. 29.
615 Zu internen und externen Personalbeschaffungswegen vgl. Olfert 2015, S. 130–153; Bröckermann 2012, S. 47–66.
616 Olfert 2015, S. 130. Zu den Vor- und Nachteilen der internen Beschaffung vgl. Olfert 2015, S. 131.
617 Vgl. Olfert 2015, S. 137.

[sind] (öffentliche Arbeitsvermittlung, private Arbeitsvermittlung, Stellenanzeigen (auch intern), Personalberater, Arbeitnehmerüberlassung, sonstige Beschaffungswege".[618]

Auswahlkriterien	Indikatoren	Verfahren
Fachwissen • Naturwissenschaftlich • Technisch • Betriebswirtschaftlich • Volkswirtschaftlich • Sozialwirtschaftlich • Juristisch • Philosophisch • Psychologisch **Einstellungen** • Überzeugungen • Werte • Gefühle	• Ausbildungszeugnisse (z. B. Biologie, Chemie, Technik) • Berufliche Laufbahn/Stationen (z. B. Tätigkeit in Naturschutzorganisationen, Öko-Institut, sozialen Einrichtungen, Entwicklung von umweltverträglichen Technologien) • Praktika (in ökologischen und/oder sozialen Institutionen, z. B. Öko-Institut, Umweltbundesamt, Kinderheim) • Seminarteilnahmen (z. B. Fortbildung Umweltrecht, Diversity Management) • Patente (z. B. für die Entwicklung von Recyclingstrategien) • Engagement in Umweltorganisationen oder sozialen Institutionen (z. B. Geenpeace, BUND, Caritas, Deutsche Welthungerhilfe) • Interessen (z. B. Bezug zur Natur, bzw. gesellschaftliches Engagement) • Erwartungen (ökologisches und soziales Verhaltens des Unternehmens) • Neigungen/Tendenzen (z. B. Verantwortungsgefühl für intakte Umwelt, Sendungsbewusstsein, soziales Engagement) • Zufriedenheit mit der Ausbildung (z. B. mit dem Fehlen/Vorliegen von Naturschutzbezügen) • Grundlagen für Berufsentscheidungen (z. B. Möglichkeit, etwas für den Naturschutz oder die Gesellschaft zu tun) • Zukunftsperspektiven (z. B. Umweltberater, Gleichstellungsbeauftragter)	• Lebenslaufanalyse: Welche ökologisch und sozial orientierte Stationen? • Computerinterviews: z. B. Fragen zum Umweltrecht und zum AGG • Fähigkeitstests: z. B. Skizze einer Ökobilanz, Entwicklung eines Sozialplans) • Assessment-Center: Übungen, die kokrete ökologische und soziale Probleme aufgreifen; Management-Spiel zur Durchsetzung von Umweltschutzanliegen der Anwohner; • Biografischer Fragebogen: Welche Lebensstationen weisen auf Naturinteressen und soziale Interessen hin? • Interview: Fragen zum Verhältnis zur Natur, Umwelt und zu gesellschaftlichen Problemen

Tabelle 17: Indikatoren und Verfahren zur Beschaffung von ökologisch und sozial orientierten Potenzialen

Quelle: Kirschten 2008, S. 261, unter Verwendung von Remer/Sandholzer 1992, S, 52 (durch Kirschten ergänzt insb. um soziale Indikatoren)

618 Olfert 2015, S. 137. Zu den Vor- und Nachteilen der externen Beschaffung vgl. Olfert 2015, S. 137.

Für KMU, die sich im Nachhaltigkeitsmanagement engagieren, bieten sich insb. interne Beschaffungswege an. Möglich sind z. B. Investitionen in Aus- und Weiterbildung, bedarfsgerecht an den ökologischen und sozialen Anforderungen orientiert. Denn im Rahmen eines BNM sind neben fachlichen Qualifikationen und Kompetenzen sowohl ökologische und soziale Qualifikationen und Kompetenzen als auch nachhaltige Werte der Bewerber entscheidungsrelevant.[619] Indikatoren und Verfahren, die bezüglich nachhaltiger Qualifikationen und Kompetenzen bei der (internen und externen) Personalbeschaffung berücksichtigt werden können, sind in ***Tabelle 17*** dargestellt.

Bei der Personalbeschaffung ist es für KMU, die ja häufig in ländlichen Regionen verortet sind, besonders wichtig, als Arbeitgeber öffentlich positiv wahrgenommen zu werden.[620] Dazu erscheint die Entwicklung einer Arbeitgebermarke (Employer Brand) sinnvoll.[621] Das KMU sollte entsprechend unter Nutzung von internen und externen Maßnahmen die Attraktivität des KMU als Arbeitgeber für bestehende und potenzielle Mitarbeiter anzeigen.[622] Als mögliche Maßnahme zur Bildung einer Arbeitgebermarke eignet es sich für tatsächlich auf dem Land angesiedelte KMU, die Attraktivität ihrer Lage in der Arbeitgebermarke zum Ausdruck zu bringen. Dafür bietet sich an: Arbeiten und Leben in ruhiger, naturnaher Umgebung, vergleichsweise günstiges Wohnen für die Mitarbeiter, Förderung von Fahrgemeinschaften, Ermöglichung von alternierender Telearbeit, Schaffung einer guten Infrastruktur durch Kooperationen mit Kindertagesstätten, Weiterbildungsinstitute, vergünstigte Mitgliedschaften in Vereinen, überdurchschnittliche Vergütung mit Zusatzleistungen, moderne IT-Technik usw.[623]

Führung

Der Unternehmer sollte als Führungskraft über ökologische und soziale Qualifikationen und Kompetenzen verfügen. Nur so kann er von seinen Mitarbeitern nachhaltiges Verhalten glaubwürdig einfordern.[624] Für die Umsetzung eines BNM im KMU ist ein partizipativer Führungsstil im KMU förderlich, um die Mitarbeiter bei der Entwick-

---

619 Vgl. Kirschten 2008, S. 260.
620 Vgl. die Ausführungen in Kapitel B.4.
621 Zum Employer Branding vgl. Oechsler 2011, S. 158–15; Moroko/Uncles 2008.
622 Vgl. Oechsler 2011, S. 158–159; Moroko/Uncles 2008, S. 161; Ambler/Barrow 1996.
623 Vgl. Oechsler 2011, S. 159, S. 326.
624 Vgl. Kirschten 2008, S. 264.

lung der Strategie, der Leitlinien, Ziele und Maßnahmen beteiligen zu können.[625] Hungenberg und Wulf charakterisieren den partizipativen Führungsstil folgendermaßen:

> „Im Rahmen der partizipativen Führung liegt die Rolle der Führungskraft zunächst vor allem darin, Probleme aufzuzeigen. Die Aufgabe der Mitarbeiter besteht dagegen darin, für diese Probleme selbstständig Lösungsvorschläge zu entwickeln und vorzuschlagen. Die letztliche Entscheidung über die Auswahl einer Lösungsalternative trifft jedoch wieder die Führungskraft. Information und Feedback werden dabei jedoch akzeptiert."[626]

Der partizipative Führungsstil gibt den Mitarbeitern Freiräume, damit sie eigenverantwortlich Gestaltungsideen entfalten und Entscheidungskompetenzen erlangen können, „um kreativ nach Problemlösungen für ökologische und soziale Probleme zu suchen und geeignete nachhaltige Lösungsstrategien zu entwickeln."[627] Der Unternehmer gewinnt durch diesen Führungsstil Freiräume, da er Problemlösungsprozesse delegieren kann, ohne Entscheidungsmacht abgeben zu müssen, was für viele Unternehmer wichtig ist. Dies setzt jedoch die Veränderungsbereitschaft aller Beteiligten voraus.[628] Die partizipative Führung durch den Unternehmer bedeutet allerdings nicht, dass im KMU keine Verhaltensnormen (implizit oder explizit) festgelegt werden sollten.[629] Der Unternehmer sollte mittels seiner Vorbildfunktion nachhaltigkeitsorientierte Werte definieren und im KMU fest verankern.

C.4.2.2.4 Nachhaltigkeitscontrolling, Nachhaltigkeitskommunikation und -berichterstattung

Nachhaltigkeitscontrolling

KMU verlassen sich beim Treffen von Entscheidungen häufig auf die Intuition des Unternehmers und nutzen nur selten das (in KMU zumeist wenig ausgebaute) Controlling zur Entscheidungsfindung.[630] Grundsätzlich dient das Controlling dazu, die Unternehmensführung bei der wirtschaftlichen Fundierung von Entscheidungen und

---

625 Vgl. Kirschten 2008, S. 264. Tannenbaum/Schmidt legen die Kontinuum-Theorie vor, welche auf Beobachtungen basiert und vier Idealtypen von Führungsverhalten kategorisieren (autoritär, patriarchalisch, partizipativ und kooperativ, je nach Anwendung von Autorität durch den Vorgesetzten bzw. Entscheidungsfreiheit der Mitarbeiter) (vgl. Tannenbaum/Schmidt 1958 sowie die Ausführungen von Hungenberg/Wulf 2015, S. 314–315). Dabei zeigen sie, dass abhängig von den Merkmalen der Führungskraft, der Mitarbeiter und der jeweiligen Situation jeweils unterschiedliche Führungsstile Anwendung finden sollten (vgl. Tannenbaum/Schmidt 1958).

626 Hungenberg/Wulf 2015, S. 315.

627 Kirschten 2008, S. 264.

628 Vgl. Kapitel E.1.2.1.

629 Vgl. Kirschten 2008, S. 264.

630 Vgl. Kapitel B.4.

der Überwachung der Ergebnisse wirtschaftlichen Handelns zu unterstützen.[631] Das Nachhaltigkeitscontrolling gilt als „zentrales Steuerungskonzept für Unternehmen, bietet weiter die Möglickeit sowohl quantitative als auch qualitative Nachhaltigkeitsaspekte integrativ in die Unternehmenssteuerung einzubeziehen und den Kurs Richtung unternehmerische Nachhaltigkeit weiter zu konkretisieren und umzusetzen."[632] Dies erweist sich auch für KMU als außerordentlich sinnvoll, da Unternehmer zum Teil mit fehlendem betriebswirtschaftlichem Know-how arbeiten.[633]

Die Detailliertheit von Informationen, Instrumenten und Indikatoren des Nachhaltigkeitscontrollings lässt sich für KMU leicht variieren bzw. den Unternehmensanforderungen anpassen.[634] Die dabei häufig von Unternehmern vorgebrachten Argumente gegen den Einsatz der Instrumente des Nachhaltigkeitscontrollings sind überwiegend im Ressourcenmangel (Mangel an Zeit und Know-how) begründet.[635] Die Stärke des Nachhaltigkeitscontrollings liegt aber genau darin, diese Mängel zu beseitigen, indem der Ressourceneinsatz verbessert wird.[636] Als Instrumente für das Nachhaltigkeitscontrolling in KMU eignen sich – insb. für Unternehmen mit weniger als 50 Mitarbeitern – Checklisten, der Kalender „Effizientes Wirtschaften", SAFE, Umweltkennzahlen und der EPM-Kompass (vgl. ***Tabelle 18***):

In ***Tabelle 18*** wurden die Instrumente und Konzepte nach den Kriterien Unternehmensgröße, Rahmenbedingungen und Wirkungen bewertet. Sie soll KMU helfen, einen ersten Überblick über die Möglichkeiten, Potenzialen und Grenzen des einzelnen Instuments bzw. Konzepts zu erlangen. Onischka, Ritthoff und Liedtke stellen zudem eine adäquate Beschreibung und Diskussion der genannten Instrumente und Konzepte als Entscheidungshilfe für Unternehmer zur Verfügung.[637]

---

631 Vgl. Hungenberg/Wulf 2015, S 377 und S. 379. Zu den Aufgaben des Controlling vgl. Hungenberg/Wulf 2015, S. 380.
632 Schaltegger/Kleiber/Müller 2003, S 341; Zum Nachhaltigkeitscontrolling vgl. Nertinger 2015, S. 77–92.
633 Vgl. Ergenzinger/Krulis-Randa 2006, S. 80.
634 Vgl. Schaltegger/Zvezdov 2012b, S. 63.
635 Vgl. Schaltegger/Zvezdov 2012b, S. 63.
636 Vgl. Schaltegger/Zvezdov 2012b, S. 63.
637 Vgl. Onischka/Ritthoff/Liedtke 2008, insb. S. 16–43.

		Unternehmensgröße			Rahmenbedingungen				Wirkungen		
		bis 50 Mitarbeiter	50–200 Mitarbeiter	über 250 Mitarbeiter	erforderliche Datenmengen	Organisatorische Anforderungen	Aufwand	Praktikabilität	ableitbare Entscheidungen	langfristige Steuerungswirkung	Monitoring
Instrument	Checkliste	+	+	+	+	+	+	○	○	-	○
Instrument	Kalender Effizientes Wirtschaften	+	+	○	+	+	+	+	○	○	-
Instrument	SAFE	+	+	+	+	-	-	+	+	○	-
Instrument	Umweltkennzahlen	+	+	+	+	+	+	+	-	○	○
Instrument	Ökolog. Investitionsrechnung	○	+	+	○	+	+	+	+	○	-
Instrument	Sustainable Value	-	○	+	+	+	+	+	○	-	+
Instrument	EPM-Kompass	+	+	+	○	+	+	+	+	○	○
Instrument	Life-Cycle-Costing	-	○	+	-	+	○	-	+	+	○
Instrument	Sustainability Balanced Scorecard	-	○	+	○	+	○	-	-	+	+
Instrument	Öko-Effizienz-Analyse	-	-	○	-	-	-	○	+	+	-
Konzept	Ressourcenkostenrechnung	-	+	+	○	○	-	+	○	+	+
Konzept	Ökobilanz (LCA)	-	○	+	-	○	-	-	○	-	○
Konzept	Qualitäts- und Umweltmanagement	-	+	+	+	○	-	○	+	+	+

Legende				
	+	geeignet	groß	vorhanden
	○	teilweise geeignet	mittel	teilweise vorhanden
	-	weniger geeignet	gering	weniger vorhanden

Tabelle 18: Stärken und Schwächen ausgewählter Instrumente des Nachhaltigkeitscontrollings

Quelle: Onischka/Ritthoff/Liedtke 2008, S. 15.

Nachhaltigkeitsberichterstattung

Die Informationen, welche im Nachhaltigkeitscontrolling erarbeitet werden, finden in der Nachhaltigkeitsberichterstattung Verwendung. Das Nachhaltigkeitscontrolling liefert die Daten zur Dokumentation der erreichten Ziele und zur Beschreibung des aktuellen Standes der Nachhaltigkeitsperformance des Unternehmens.[638] Als Bestandteil der Unternehmenskommunikation dient die Nachhaltigkeitsberichterstattung „der schriftlichen Information und Dokumentation unternehmensinterner und -externer Sachverhalte."[639] Damit wird die Nachhaltigkeitsleistung des Unternehmens gegenüber den Stakeholdern dargestellt.[640] Seeberg 2013 merkt dazu an: „Bemerkenswert dabei ist, dass KMU keiner Berichtspflicht im Sinne eines Lageberichtes wie mittelgroße und große Unternehmen (HGB § 289) unterliegen, sondern ihre Kennzahlen freiwillig veröffentlichen und Schwerpunkte eigenverantwortlich setzen."[641]

Das Ranking von Nachhaltigkeitsberichten des Instituts für ökologische Wirtschaftsforschung (IÖW) und der Unternehmerinitiative „Future e.V. – verantwortungunternehmen"[642] belegt zudem, dass die Nachhaltigkeitsberichte von KMU in Qualität und Quantität zunehmen.[643] Im Vergleich zu 2011 ist die Zahl der Nachhaltigkeitsberichte im Jahr 2015 von 127 auf 165 deutlich gestiegen.[644] In der Vergangenheit informierten KMU verstärkt über tatsächliche Aktivitäten und Leistungen, in den aktuellen Nachhaltigkeitsberichten liegt der Schwerpunkt eher auf der systematischen Herleitung von Themen und Berichtsinhalten, der Identifizierung primärer Inhalte sowie der systematischen Berücksichtigung der Stakeholderinteressen.[645] Auch die Bedeutung

---

638 Vgl. Schaltegger/Herzig/Kleiber u. a. 2007, S. 73. Dafür transformiert das Controlling die Strategie und Leitlinien des Unternehmens in Indikatoren und macht deren Umsetzung somit messbar (vgl. Colsman 2016, S. 56).

639 Schaltegger/Herzig/Kleiber u. a. 2007, S. 73.

640 Vgl. Schaltegger/Herzig/Kleiber u. a. 2007, S. 73.

641 Seeberg 2013, S. 23.

642 Das Ranking wird seit 1994 durchgeführt und basiert auf einem umfassenden Katalog von sozialen, ökologischen sowie management- und kommunikationsbezogenen Kriterien. Untersucht werden deutsche KMU und Großunternehmen und im Anschluss wird eine Rangfolge der besten Berichterstatter festgelegt (vgl. IÖW/Future e. V. 2016, S. 5).

643 Vgl. IÖW/Future e. V. 2016, S. 9 und S. 11. Wobei nur drei der untersuchten KMU einen integrierten Bericht vorlegen (vgl. IÖW/Future e. V. 2016, S. 12).

644 Vgl. IÖW/Future e. V. 2016, S. 3.

645 Vgl. IÖW/Future e. V. 2016, S. 11.

der GRI nimmt für KMU zu – 70 % der im Rahmen des Rankings untersuchten KMU arbeiten mit Bezug zu den Leitlinien.[646]

Die Inhalte der Nachhaltigkeitsberichterstattung über ökonomische, ökologische und soziale Aspekte des Unternehmens lassen sich insb. aus dem Stakeholdermanagement begründen: Für den Erfolg des Stakeholdermanagements ist es essenziell, über die Ziele und Maßnahmen des Stakeholdermanagements an die internen und externen Anspruchsgruppen zu kommunizieren, z. B. in den Geschäfts- oder Nachhaltigkeitsberichten.[647]

Für KMU zeigt sich allerdings bei der Nachhaltigkeitsberichterstattung die Schwierigkeit, dass diese zumeist keine systematische Erfassung von (Nachhaltigkeits-)Kennzahlen betreiben, die sie zur Unterstützung ihrer Kommunikation benötigen.[648] Zudem ist die Nachhaltigkeitsberichterstattung in KMU zum Teil schwierig, da Unternehmer Vorbehalte haben, Unternehmensdetails nach außen zu tragen und sich mit kritischen Themen zu zeigen. Für KMU adäquate Hilfestellungen sind in der Praxis in Form von Standards und darauf aufbauende Leitfäden für KMU vorhanden.[649]

Folgende Tabelle fasst die einzelnen Bestandteile des BNM unter Nennung ausgewählter Besonderheiten und empfohlener Instrumente für KMU zusammen (***vgl. Tabelle 19***):

---

646 Vgl. IÖW/Future e. V. 2016, S. 13 sowie zum GRI die Ausführungen in Kapitel B.3.

647 Dabei sollte sich das Reporting an anerkannten Standards wie z. B. GRI orientieren (vgl. Pernkopf/Jasch/Weber 2010).

648 Vgl. Seeberg 2013, S. 23. Vorhandene Softwarelösungen zur Erfassung der Kennzahlen setzen sich auf dem Markt nicht durch (Leyh/Krischke/Strahringer 2011, S. 284).

649 Vgl. Bertelsmann-Stiftung 2014; GRI 2014 sowie die Ausführungen in Kapitel B.3 und Kapitel G.

Einordnung im BNM		Inhalt/Ablauf	ausgewählte Maßnahmen/Instrument für KMU	Besonderheiten von KMU
Betroffenheitsanalyse	**direkte Betroffenheit**	• Selbstcheck mit Fragenkatalog	• zusätzlich weitere Instrumente wie bspw. Brainstorming, (Mitarbeiter-) Befragung, Workshop nutzbar	• Sowohl die Entwicklung der Bewertungskriterien als auch die Bewertung kann selbstständig vom KMU durchgeführt werden, passgenau unter Berücksichtigung der Besonderheiten des KMU entwickelt, keine externe Unterstützung nötig, keine Weitergabe unternehmensrelevanter Informationen an Dritte.
	indirekte Betroffenheit	• Selbstverständnis des KMU • Erfassung und Systematisierung der Stakeholder sowie Bestimmung der wechselseitigen Ansprüche • Definition der zur Verfügung stehenden Ressourcen • Ermittlung der indirekten Betroffenhet • Bewertung des Kooperations- und Bedrohungspotenzials • Strategiebestimmung im Umgang mit den Stakeholdern	• Tabelle der Stakeholdersystematisierung (unter Nutzung von Brainstorming, (Mitarbeiter-) Befragung, Workshop etc.) • Abfragemodell zur Ermittlung der indirekten Betroffenheit • Stakeholdermatrix	• Erwartungen und Ansprüche werden personalisiert und direkt an den Unternehmer herangetragen • Zahl der Stakeholder und deren Ansprüche aufgrund der breiten Stakeholderdefinition vglw. hoch und vielfältig
Nachhaltigkeitsmaßnahme	**Schnittmengenmanagement**	• Identifikation sowie die anschließende Realisation von sich rechnenden nachhaltigkeitsbezogenen Schnittmengen aus ökonomisch, ökologisch bzw. sozial positiven Maßnahmen	• Brainstorming • betriebliches Vorschlagswesen • Dokumentenanalyse	• Aufgrund des Ressourcenmangels sind KMU traditionell sensibilisiert, Schnittmengen zu identifizieren. • Flache Hierarchien und kurze Kommunikationswege unterstützen Schnittmengenidentifizierung und –aktivierung. • staatliche Unterstützung, z. B. bei der Förderung von Energieeffizienzmaßnahmen
	Normierungsverantwortung	• Ablauf Stakeholderdialog in KMU einfügen	• Stakeholderdialog	• stufenweise angelegt • iterative Vorgehensweise die Komplexität für das KMU reduziert • ausgerichtet an der Person des Unternehmers
	Nachhaltigkeitsverantwortung i. e. S.	• Unterlassung nachhaltigkeitsfeindlicher Maßnahmen durch das KMU (auch, wenn diese sich rechnen bzw. legal sind - Opportunismusverzicht) • Beiträge zur Vorsorge und Sanierung leisten durch das KMU	• freiwillige THG-Kompensationen	• enger Bezug zu den Stakeholdern und der Region, in der das KMU ansässig ist • Langfristorientierung • gefestigte Normen und Werte im KMU

Einordnung im BNM		Inhalt/Ablauf	ausgewählte Maßnahmen/Instrument für KMU	Besonderheiten von KMU
Unterstützende Aktivitäten	**Nachhaltigkeitsleitbild/ -leit-linien**	• Festlegung eines Nachhaltigkeitsleitbildes bzw. von Nachhaltigkeitsleitlinien	• Analyse von Best Practice Beispiel • Brainstorming • Gruppenarbeit	• selten festgeschriebenes Nachhaltigkeitsleitbild oder Nachhaltigkeitsleitlinien
	Nachhaltigkeitsstrategien	• Festlegung einer Nachhaltigkeitsstrategie (basierendend auf der Betroffenheitsanalyse und den Nachhaltigkeitsleitlinien)	• Analyse von Best Practice Beispiel • Brainstorming • Gruppenarbeit	• zumeist keine Erfahrung mit dem Festschreiben von Strategien (obwohl eine strategische/langfristige Orientierung zumeist vorhanden ist)
	Nachhaltigkeitsorganisation und -personalmanagement	• Integration des Nachhaltigkeitsgedankens in der gesamten Organisation des KMU sowie mit Unterstützung des Personalwesens in die Verhaltensweisen des Unternehmers und der Mitarbeiter	• Maßnahmen der nachhaltigkeitsorientierten Organisation (z. B. Integration von ökologischen und sozialen Aspekten in die Unternehmensführung, Strategie, Kultur, Marketing, Produktion, Forschung und Entwicklung) • Maßnahmen des nachhaltigkeitsorientierten Personalwesens (z. B. nachhaltigkeitsorientierte Aus- und Weiterbildung; nachhaltigkeitsorientierte Personalwauswahl durch Assessment-Center und Interviews)	•selten: Verankerung des Nachhaltigkeitsgedankens in die Aufbau- und Ablauforganisation • fehlende systematische Integration des Nachhaltigkeitsgedankens in die Verhaltensweisen des Unternehmers und aller Mitarbeiter
	Nachhaltigkeitscontrolling	• integrativer Einbezug quantitativer und qualitativer Nachhaltigkeitsaspekte in die Unternehmenssteuerung	• Checkliste • Kalender „Effizientes Wirtschaften" • SAFE • Umweltkennzahlen • Ökolog. Investitionsrechnung • Sustainable Value • EPM-Kompass • Life-Cycle-Costing • Sustainability Balanced Scorecard • Öko-Effizienz-Analyse • Ressourcenkostenrechnung • Ökobilanz (LCA) • Qualitäts- und Umweltmanagement	• zumeist intuitive Steuerung des KMU durch den Unternehmer • zum Teil fehlendes betriebswirtschaftliches Know-how des Unternehmers • kaum Anwendung von Instrumenten des Controlling
	Nachhaltigkeitskommunikation und -Nachhaltigkeitsberichterstattung	• schriftliche Information und Dokumentation unternehmensinterner und -externer Sachverhalte mit Nachhaltigkeitsbezug	• Nachhaltigkeitsberichte unter Nutzung von Leitfäden der Nachhaltigkeitsberichterstattung für KMU (z B. nach GRI, DNK) • zudem Flyer, Informationsveranstaltungen, Tag der offenen Tür, Internet, Sponsoring	• keine systematische Erfassung von (Nachhaltigkeits-)Kennzahlen, die sie zur Unterstützung ihrer Kommunikation benötigen. • Unternehmer haben Vorbehalte, Unternehmensdetails nach außen zu kommunizieren und sich insb. mit kritischen Themen zu zeigen.

Tabelle 19: Bestandteile, Besonderheiten und Instrumente eines BNM für KMU

Quelle: Eigene Darstellung basierend auf den Ausführungen in *Kapitel C.4*.

C.4.3 Ausbaustufen

Anschließend an die Betroffenheitsanalyse ist es notwendig, den Grad der Ausbaustufe des BNM im KMU zu bestimmen. Zur Vereinfachung liegen dem BNM in KMU in dieser Arbeit lediglich drei Ausbaustufen zugrunde (**vgl. Abbildung 22**):[650]

Stufe / Charakterisierung	1. Ausbaustufe BNM light	2. Ausbaustufe BNM modular	3. Ausbaustufe BNM intensiv
Bezeichnung	erste Impulse	grobe Verankerung durch modulare Integration	Endausbaustufe
inhaltliche Durchdringung	keine geplante, wenn nur punktuelle Geschäftsbeeinflussung	beginnende Geschäftsdurchdringung	umfassende, integrative Geschäftsdurchdringung (Produkte, Prozesse und Verhaltensweisen)
Organisation	Geschäftsleitung	zusätzlich: Beauftragte	fortgeschrittene Integration unter Moderation
Stakeholderfokus	Mitarbeiter, Eigentümer	abhängig von Modul., zumeist Kunden	alle Stakeholder (ganzheitlich moderierter Stakeholderdialog)
vorrangiges Managementfeld	kein Managementfeld bzw. nur punktuelle Beeinflussung, erste Beeinflussung der Kultur	zusätzlich: erste Module, z.B. Berichterstattung	integrative Durchdringung von Kultur, Strategie, Organisation, Verhalten und Prozessen
Grad der Verantwortungsübernahme	→	→	→
ökonomischer Erfolg	→	→	→
Ökologieverträglichkeit der Produkte, Prozesse und Verhaltensweisen	→	→	→
Sozialverträglichkeit der Produkte, Prozesse und Verhaltensweisen	→	→	→
	niedrig		hoch

Abbildung 22: Ausbaustufen des BNM in KMU

Quelle: Eigene Abbildung basierend auf Zabel 2010c, S. 16, unter Verwendung von Zabel 2013a, S. 322, sowie Schneider 2015, S. 32–40.

---

650 Vgl. zu den folgenden Ausführungen Kapitel B.5.2.3 und die dort angegebene Literatur.

Ausbaustufe 1: „Light“

In der Ausbaustufe „BNM light“ werden lediglich vereinzelt und zufällig Nachhaltigkeitsbeiträge von KMU in Form von ersten Impulsen geleistet.[651] Dabei beziehen sich die Maßnahmen nicht auf das Kerngeschäft des KMU, sondern leisten lediglich punktuelle Beiträge in einzelnen Managementfeldern, insb. im Managementfeld Kultur.[652]

Die organisatorische Verankerung der Aktivitäten liegt beim Unternehmer, welcher über lose Stakeholderbeziehungen verfügt (Fokus Mitarbeiter und Kunde).[653]

Ausbaustufe 2: „Modular“

In der Ausbaustufe „BNM modular“ zeigen KMU in vereinzelten Bereichen ein hohes Nachhaltigkeitsengagement, z. B. im Bereich Klimawandel.[654] Die Verankerung des Nachhaltigkeitsgedankens im KMU ist als grob zu bezeichnen, da zwar für einzelne Bereiche konkrete Konzepte vorliegen (z. B. ein Treibhausgasmanagement), das Nachhaltigkeitsengagement aber nicht in die gesamte unternehmerische Tätigkeit des KMU integriert ist; es fehlt ein systematischer, ganzheitlicher Ansatz.[655]

Das Nachhaltigkeitsengagement ist in dieser Ausbaustufe nicht ausschließlich beim Unternehmer organisatorisch verankert. Dieser kann z. B. Unterstützung vom Immissionsschutzbeauftragten (§ 53 BImSchG) erhalten, welcher Beratungs-, Informations- und Kontrollfunktionen hinsichtlich der verursachten Emissionen wahrnimmt (§ 54 BImSchG). Der Stakeholderfokus des Nachhaltigkeitsmanagements ist stark vom jeweils durchgeführten Modul abhängig. Für das Modul Klimawandel sind dies u. a. der Gesetzgeber – „Erfüllung der staatlichen Vorgaben (z. B. Halten von THG-Zertifikaten in Höhe der Emissionen, Einhaltung der sonstigen Regeln des THG-Regimes), innovative (Vor-)Leistungen im Klimaschutz bzw. im Klimaanpassungsbereich“[656] – und Kunden/Verbraucher/Handel: „Berücksichtigung der Klimaproblematik in der Unternehmensführung, THG-Emissionsreduktionen sowie Klimaanpassungsmaßnahmen im Herstellungsprozess/entlang der Lieferkette, Bereitstellung von THG-

651 Vgl. Kapitel B.5.2.3, BNM A1.
652 Vgl. Zabel 2014, S. 16 sowie die Ausführungen in Kapitel B.5.2.3, BNM A1.
653 Vgl. Zabel 2014, S. 16 sowie die Ausführungen in Kapitel B.5.2.3, BNM A1.
654 Diese Ausbaustufe ersetzt die Ausbaustufen BNM 2 und BNM 3 der Ausbaustufenkonzeption von Kapitel B.5.2.3 und wird somit den Besonderheiten von KMU gerecht.
655 Vgl. dazu die Ausführungen in Kapitel B.5.2.3, BNM A1.
656 Brinkel 2017, S. 159.

Emissionen und THG-Risiken vermindernden/vermeidenden Produkten/Dienstleistungen, Vermeidung von Produkten/Dienstleistungen zur Klimaanpassung“[657].[658]

In dieser Ausbaustufe liegt die Konzentration der Nachhaltigkeitsaktivitäten in einem einzigen Managementfeld, eine integrative Durchdringung des gesamten KMU fehlt.[659]

Ausbaustufe 3: „Intensiv“

Ein ganzheitlicher Ansatz im Nachhaltigkeitsmanagement liegt der Ausbaustufe „BNM intensiv“ zugrunde. Die Voraussetzungen für das BNM bilden hier ein Nachhaltigkeitsleitbild bzw. Nachhaltigkeitsleitlinien sowie eine Nachhaltigkeitsstrategie. Das Thema Nachhaltigkeit ist im KMU organisatorisch verankert und wird durch ein Nachhaltigkeitscontrolling unterstützt. Über die Nachhaltigkeitsleistung wird kommuniziert bzw. Bericht erstattet (unter Nutzung von Standards).[660]

Wie aus ***Abbildung 22*** zu entnehmen ist nimmt von Ausbaustufe 1 über Ausbaustufe 2 bis zur Ausbaustufe 3 die Verantwortungsübernahme des KMU für ökonomische, ökologische und soziale Problemlagen zu und geht einher mit einer Erhöhung der Ökologie- und Sozialverträglichkeit der Produkte, Prozesse und Verhaltensweisen des KMU und somit der Steigerung des ökonomischen Erfolges.[661]

Für eine nachhaltige Entwicklung ist die Sicherung der Konzeption des BNM in KMU notwendig. Im folgenden Kapitel wird das BNM in KMU als Multi-Innovationsprozess charakerisiert. Im Anschluss werden die Promotorenrollen und das Verhaltensmodell nach Zabel als Ansätze zur Überwindung von Innovationsbarrieren analysiert.

---

657 Brinkel 2017, S. 159.
658 Zu weiteren Stakeholdern und deren Anforderungen im Klimawandel vgl. Brinkel 2017, S. 159.
659 Vgl. Abbildung 22.
660 Vgl. Kapitel B.5.2.3, BNM A4.
661 Vgl. Abbildung 22.

D Die Sicherung der Konzeption des BNM in KMU – Grundlagen zur Überwindung von Innovationsbarrieren

D.1 Das BNM in KMU – ein Multi-Innovationsprozess

Die Umsetzung einer nachhaltigen Entwicklung in KMU kann als Multi-Innovationsprozess[662] charakterisiert werden, „bei dem viele parallel laufende und sich gegenseitig beeinflussende Innovationsprozesse zum Erreichen einer nachhaltigen Entwicklung beitragen."[663] Dabei gelten die Ökologie- und Sozialverträglichkeit der Produkte, Prozese und Verhaltensweisen als wesentliche Innovationsinhalte.[664] Letztere können durch die konzeptionelle Umsetzung eines BNM in KMU realisiert werden, was wiederum eine Innovationsaktivierung und -sicherung in Richtung Nachhaltigkeit im gesamten Unternehmen auf allen Ebenen gewährleisten soll. Dabei übernimmt der Unternehmer eine herausragende Rolle:

> „Im Sinne des ‚kreativen Zerstörers' von Schumpeter wird von nachhaltigen Unternehmern erwartet, dass ‚unnachhaltige' Verhältnisse als Anlass für die Schaffung neuer, [sic!] nachhaltigerer Produkt- und Dienstleistungsangebote genommen werden, die die bisherigen [‚unnachhaltigen'] Strukturen ersetzen (...)."[665]

Das Zitat verdeutlicht: Die Aufgaben von KMU im Innovationskontext sind nicht auf die Umgestaltung bestehender Produkte, Prozesse und Verhaltensweisen beschränkt.[666] KMU können durch ihre Innovationen als Treiber (basierend auf Produkten, Prozessen und Verhaltensweisen) für Nachhaltigkeit agieren:[667] Gemeinsam mit anderen gesellschaftlichen Akteuren sind sie in der Lage, mit ihrer unternehmerischen Innovationskraft einen Strukturwandel in Richtung nachhaltige Entwicklung in Wirtschaft und Gesellschaft zu bewirken.[668] Durch die modifizierten Rahmenbedingungen ändern sich die Stakeholdererwartungen in Richtung Nachhaltigkeit und

---

662 Neben Innovationen existieren weitere Formen des Wandels, die für eine nachhaltige Entwicklung notwendig sind (Fichter/Clausen 2013, S. 34): Dazu gehören „die Variation, die sich auf kleinschrittige, kontinuierliche Verbesserungen beschränkt, die Exnovation, die zur Beendigung (nichtnachhaltiger) Praktiken, Technologien oder Nutzungssysteme führt und die manchmal die Folge der erfolgreichen Diffusion einer (besseren und nachhaltigeren) Innovation ist, aber auch die Re-Innovationen, die Wiederentdeckung „vergessener" altbewährter Lösungen (z. B. im Bereich Landbau, Eigenproduktion etc.) und ihre aktuelle und zeitgemäße Adaption."

663 Gerlach o. A., S. 1. Zu den Herausforderungen zur Gestaltung von Innovations- und Transformationsprozessen in Richtung Nachhaltigkeit vgl. Brohmann/Grießhammer 2015.

664 Vgl. Zabel 1995, S. 10–12.

665 Schaltegger/Hansen 2013, S. 21. Zum „kreativen Zerstörer" vgl. Schumpeter 2005 und 2006.

666 Vgl. Schaltegger/Hansen 2013, S. 21; Fichter/Clausen 2013, S. 34.

667 Zur Bedeutung von Innovationen für eine nachhaltige Entwicklung vgl. Vollenbroek 2002; Deutscher Bundestag 1998, S. 194–215.

668 Vgl. Schaltegger/Hansen 2013, S. 20; Hockerts/Wüstenhagen 2010.

nachhaltiges Verhalten von KMU wird vermehrt belohnt, wodurch eine Spirale in Richtung Nachhaltigkeit in Gang gesetzt wird.[669]

D.1.1 Innovationen und der Innovationsprozess

Die beachtliche Menge an Definitionsvorschlägen für den Begriff „Innovation" rührt u. a. daher, dass sich zahlreiche Wissenschaftsdisziplinen mit Innovationen beschäftigen.[670] Allerdings haben die verschiedenen Definitionen eine Gemeinsamkeit: der Aspekt der Neuheit bzw. der Neuerung, der sich aus der Etymologie ergibt.[671] Innovation lässt sich vom lateinischen „innovatio" für Neuerung, Erneuerung bzw. Neuheit ableiten.[672] „Innovatio" wiederum kommt von „novus", neu.[673]

Auch innerhalb der Wirtschaftswissenschaften hat sich bisher keine allgemeingültige Definition des Innovationsbegriffes durchgesetzt.[674] Eine verbreitete Auffassung begreift Innovationen als neuartige Kombinationen von Zwecken und Mitteln.[675] Pleschak und Sabisch legen folgenden Definitionsvorschlag vor: „Aus betriebswirtschaftlicher Sicht ist Innovation die Durchsetzung neuer technischer, wirtschaftlicher, organisatorischer und sozialer Problemlösungen im Unternehmen. Sie ist darauf gerichtet, Unternehmensziele auf neuartige Weise zu erfüllen."[676]

Innovationen haben Prozesscharakter. Der Innovationsprozesses unterteilt sich in die Phasen Invention, Innovation i. e. S., Diffusion und Imitation.[677] Aufbauend auf den Phasen des Innovationsprozesses können deshalb Innovationen i. e. S. und Innovationen i. w. S. unterschieden werden.[678] ***Abbildung 23*** stellt die Phasen des

---

669 Vgl. Schaltegger/Hansen 2013, S. 20; Zur Schnittmengenvergrößerung durch die Wahrnehmung der Normierungsverantwortung vgl. Hesselbarth 2009, S. 164 f.; Zabel 2012b, S. 414 sowie die Ausführungen in Kapitel B.5.2.2.

670 Vgl. Lehr 2000, S. 24; vgl. z. B. Konrad/Nill zur sozialwissenschaftlichen Technikforschung (Konrad/Nill 2001, S. 10–12) und ökonomischen Innovationsforschung (Konrad/Nill 2001, S. 13–16).

671 Vgl. Pleschak/Sabisch 1996, S. 1; Hauschildt 1993a, S. 5–6; Hauschildt/Salomo 2011, S. 3–4; Busse 2005, S. 36.

672 Vgl. Busse 2005, S. 35.

673 Vgl. Blümm 2002, S. 30; Helten/Bittl 1998, S. 375. In der vorliegenden Arbeit werden die Begriffe „Innovation" und „Neuerung" synonym verwendet; zum Begriff der Neuartigkeit vgl. Schrader 1996, S. 745.

674 Vgl. Pleschak/Sabisch 1996, S. 1.

675 Vgl. Baker/Sigman/Rubenstein 1967, S. 160; Hauschild/Salomo 2011, S. 5.

676 Pleschak/Sabisch 1996, S. 1; zu weiteren Definitionen des Innovationsbegriffes vgl. Hauschildt/Salomo 2011, S. 6–7.

677 Vgl. Brockhoff 1999, S. 38, sowie Busse 2005, S. 43.

678 Vergleiche zum Innovationsbegriff bereits Schumpeter 1939; zu den Phasen des Innovationsprozesses u. a. Konrad/Nill 2001, S. 9.

Innovationsprozesses und darauf aufbauend die begrifflichen Differenzierungen des Innovationsbegriffes dar. Die Invention[679] bezeichnet eine Neuentwicklung bzw. die Entdeckung eines neuen Zusammenhangs.[680] Sie ist mit dem Begriff „Erfindung“ gleichzusetzen und bildet die Vorstufe zur Innovation.[681] In einer engen Begriffsverwendung stellt eine Innovation eine auf der Invention aufbauende „erstmalige wirtschaftliche Anwendung einer neuen Problemlösung dar.“[682] Die engere Begriffsauslegung konzentriert sich auf die Phase der Durchsetzung der Innovation.[683]

Ein breiter Innovationsbegriff beinhaltet sowohl „die Invention (Erfindung, Entdeckung), die Durchsetzung einer Neuerung als auch die Diffusion (Verbreitung einer Neuerung) und Imitation“[684]. In der Phase der Diffusion breitet sich eine Neuerung auf dem Markt aus.[685] Bei der Imitation handelt es sich um eine Nachahmung, „die wiederholte Anwendung einer neuen Problemlösung in anderen Unternehmen.“[686]

Innovationen werden dabei in der Innovationsforschung häufig als „sprunghafte“ Veränderung charakterisiert.[687] Deshalb wird im Fall von Innovationen von „Fortsprung“ statt „Fortschritt“ gesprochen.[688]

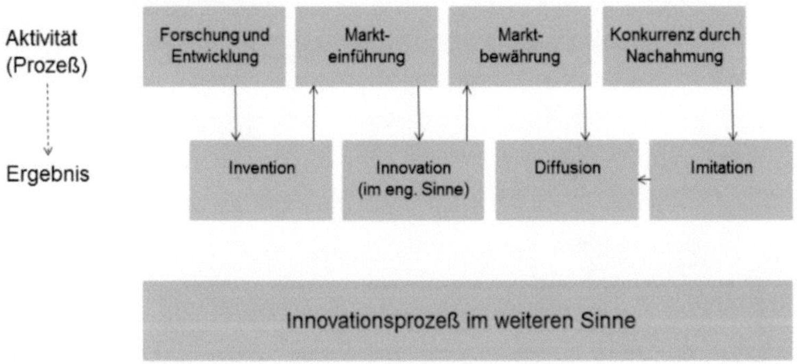

Abbildung 23: Innovation im engeren und weiteren Sinne

Quelle: Brockhoff 1999, S. 38.

679 „Invenire = darauf kommen, finden, erfinden“ (Corsten/Gössinger/Schneider 2006, S. 11).
680 Vgl. Konrad/Nill 2001, S. 9.
681 Vgl. Corsten/Gössinger/Schneider 2006, S. 11; Pleschak/Sabisch 1996, S. 6.
682 Pleschak/Sabisch 1996, S. 6.
683 Vgl. Brockhoff 1999, S. 38.
684 Fichter/Clausen 2013, S. 33.
685 Vgl. Pleschak/Sabisch 1996, S. 6.
686 Pleschak/Sabisch 1996, S. 6.
687 Vgl. Fichter/Clausen 2013, S. 39.
688 Vgl. Hauschildt/Salomo 2011, S. 13.

Kleinschrittige Veränderungen und der kontinuierliche Verbesserungsprozess (KVP) zählen dieser Argumentation zufolge nicht zu Innovationen.[689] Auch kleinschrittige Veränderungen und der KVP haben zum Ziel, durch Neuerungen den bisherigen Zustand in Richtung Nachhaltigkeit zu verbessern und Optimierungen vorzunehmen. Sie sind deshalb untrennbar mit Nachhaltigkeitsinnovationen verbunden. So folgern Pleschak und Sabisch:

> „Kontinuierliche Verbesserungsprozesse verkörpern meist evolutionäre Veränderungen im Unternehmen. Sie bereiten größere Innovationen vor und dienen der weiteren Verbesserung und Ausreifung von Problemlösungen. Revolutionäre Neuerungen und evolutionäre, kontinuierliche Verbesserungsprozesse gehen somit ineinander über und können nur schwer voneinander getrennt werden."[690]

D.1.2 Nachhaltigkeitsinnovation in KMU

Innovationen können aus verschiedenen Perspektiven beleuchtet werden: Der Prozess kann innoviert werden, aber auch das sich aus dem Prozess entwickelnde Ergebnis oder die betriebsrelevanten Verhaltensweisen. Dabei spielen Kriterien wie Neuigkeit, Komplexität, Konfliktgehalt und die mit der Innovation verbundenen Risiken und Unsicherheiten eine herausragende Rolle.[691] Die vorliegende Arbeit basiert auf einem weiten Verständnis des Innovationsbegriffes, da das Leitbild der Nachhaltigkeit erfordert, dass in allen Phasen des Innovationsprozesses, also von der Invention bis zur Imitation, Nachhaltigkeitsaspekte Berücksichtigung finden. Neben dem Prozess gilt es zusätzlich Produkte und Verhaltensweisen nachhaltigkeitsorientiert zu innovieren.[692] Vorliegende Arbeit geht deshalb von folgender Definition aus: Nachhaltigkeitsinnovationen beinhalten die

> „Entwicklung und Durchsetzung einer neuartigen technischen, organisationalen, institutionellen oder sozialen Problemlösung"[693], „die vermittels der Beachtung ökonomischer, ökologischer und sozialer Stabilitäts-, Ziel- und Entfaltungskriterien (unter dem Primat der Erhaltung der ökologischen Kreisläufe) die Zielstellung ‚Sicherung der Einheit von Überleben, gut, sinnvoll und frei leben für eine möglichst große Zahl von Generationen' auf Basis inter- und

---

689 Vgl. Fichter/Clausen 2013, S. 39

690 Pleschak/Sabisch 1996, S. 8; vgl. auch die Ausführungen von Pleschak/Sabisch1996, S. 2–3.

691 Vgl. dazu die Arbeiten von Thom 1980, S. 23ff. und Thom 1992, S. 7f. sowie die Erweiterung des Ansatzes durch Busse 2005, S. 44–48. Zur Beziehungsstruktur zwischen den konstitutiven Merkmalen vgl. Busse 2005, S. 47–48.

692 Eine Möglichkeit zur Beurteilung der Nachhaltigkeit von Innovationsprozessen legt Gerlach vor, welche die Kriterien Partizipation, Transdisziplinarität und Anpassungsflexibilität als wesentlich identifiziert (vgl. Gerlach 2006, S. 202–205).

693 Fichter/Clausen 2013, S. 38.

intragenerativer Gerechtigkeit vermittels eines sozial- und ökologieverträglichen Technikeinsatzes gewährleiste[n]“[694] und somit den Erfolg in KMU sichern.

Die Voraussetzungen in KMU für die erfolgreiche Umsetzung von Nachhaltigkeitsinnovationen sind grundsätzlich gut, das Potenzial groß und vielfältig: Die Einheit von Eigentum und Leitung führt z. B. zu kurzen Entscheidungswegen. Auch die direkte Kommunikation zwischen Unternehmen und Kunden oder Lieferanten schafft eine gute Ausgangslage für eine unkomplizierte Umsetzung von Innovationen.[695] KMU zeichnen sich in der Regel durch eine hohe Lernfähigkeit und „organische Strukturen“ aus.[696] Die damit einhergehende Flexibilität unterstützt zumeist die Innovationsleistung.[697] Charismatische und kreative Unternehmerpersönlichkeiten befeuern Nachhaltigkeitsinnovationen in KMU besonders, da Innovationen häufig „aus dem Bauch heraus“ initiiert werden.[698]

In der Praxis gestaltet sich die Generierung und Umsetzung von Nachhaltigkeitsinnovationen in KMU allerdings schwierig. KMU gelten trotz ihrer für die Innovationstätigkeit förderlichen Eigenschaften in Theorie und Praxis tendenziell als innovationsfeindlich.[699] Die Funktionshäufung beim Unternehmer sowie die knappen Ressourcen führen in der Regel zu einer Konzentration auf das Tagesgeschäft.[700] Das Fehlen von strategischem Wissen und einem systematischen Innovationsprozess verschärfen diese Schwierigkeit.[701] Doch obwohl KMU aufgrund ihrer Größe zumeist keine eigene Forschungs- oder Innovationsabteilung unterhalten, besteht die Möglichkeit durch „die Bildung von Allianzen und Netzwerken (…) (technologische) Kompetenzen aufzubauen (Lee et al. 2010) und interne Kapazitäten zu erweitern (Edwards et al. 2005).“[702] Allerdings finden diese Aussagen schnell ihre Grenzen durch die Heterogenität von KMU: Neben traditionellen KMU, deren Innovationsgrad tendenziell gering ist, sind es Start-up-Unternehmen, die den Wirtschaftsstandort Deutschland innovativ machen.[703]

---

694 Zabel 2006, S. 90.
695 Vgl. Hube/Engelhardt 2014, S. 36–37; Petschow 2001, S. 6
696 Vgl. Rothwell/Dodgson 1994.
697 Dazu bedarf es ausreichend Ressourcen (vgl. Edwards/Delbridge/Munday 2005).
698 Vgl. Gelbmann/Rauter/Engert u. a. 2013, S. 37.
699 Vgl. Gelbmann/Rauter/Engert u. a. 2013, S. 31.
700 Vgl. Hube/Engelhardt 2014, S. 37.
701 Vgl. Gelbmann/Rauter/Engert u. a. 2013, S. 37.
702 Gelbmann/Rauter/Engert u. a. 2013, S. 37 unter Verwendung der angegebenen Literatur.
703 Vgl. Gelbmann/Rauter/Engert u. a. 2013, S. 36. Wobei insb. KMU als grüne Pionierunternehmen

Unter Berücksichtigung der Heterogenität und der Besonderheiten von KMU ist eine Integration von Nachhaltigkeitsaspekten in den Innovationsprozess auf unterschiedliche Weise möglich: als Ausgangsziel, integraler Erfolgsfaktor, nachträgliche Entdeckung, Korrektiv oder als Verkaufsargument.[704] Insbesondere unter der Fragestellung „Was wird nachhaltigkeitsbezogen ‚innoviert'?", wird deutlich, dass Nachhaltigkeitsaspekte an vielen Stellen im Unternehmen Berücksichtigung finden können, weshalb eine Systematisierung der Ansatzpunkte für nachhaltige Innovationen in KMU sinnvoll ist. Neben der Organisation und dem Management ergeben sich weitere Innovationsobjekte: das Soziale, die Prozesse, das Angebotsprogramm (Produkte und Dienstleistungen), das Geschäftsmodell sowie die Gesellschaft (formgebundene und formungebundene Regeln).[705]

Um dem im Nachhaltigkeitskonzept verankerten Ganzheitlichkeitsprinzip gerecht zu werden, besteht die Herausforderung darin, ökologische und soziale Aspekte in allen Phasen des Innovationsprozesses zu berücksichtigen.[706] Darüber hinaus müssen diese zusätzlich in die Verhaltensweisen integriert werden:

> „Nachhaltige Lebens- und Konsumstile und zukunftsfähige Produktionsmethoden sind in einer hoch arbeitsteiligen Gesellschaft aber auch auf entsprechende Produkte und Dienstleistungen und deren erfolgreiche Diffusion im Markt angewiesen. Dabei ist zu beachten, dass technische Produktinnovationen nur in Verbindung mit Serviceinnovationen sowie institutionellen, sozialen und kulturellen Innovationen zu Entkopplung und Reduktion führen können."[707]

Auch in diesem Kontext nehmen KMU eine Doppelrolle ein: Sie sind als Anbieter von und Nachfrager nach innovativen Nachhaltigkeitslösungen wirkungsvoll.[708] Ihnen ist es möglich, Produkte, Prozesse und Verhaltensweisen unter Rückgriff auf Innovationen in Richtung Nachhaltigkeit zu lenken und damit eine nachhaltige Entwicklung zu

einen Beitrag zu einer nachhaltigen Entwicklung leisten (vgl. Petschow 2001, S: 6 und S. 7).

704 Vgl. BMU 2009, S. 9 sowie Abbildung 27.

705 Vgl. Gelbmann/Rauter/Engert u. a. 2013 unter Verwendung von BMU 2009; Grieshuber 2015; Perl 2007; Hauschildt/Salomo 2007; Teece 2010. Vgl. auch Deutscher Bundestag 1998, insb. S. 200–227 sowie die Zusammenfassung in Abbildung 27.

706 Vgl. Altenburger 2013, S. 8–9.

707 Schneidewind 2013, S. 7. Das Zitat stammt aus dem Geleitwort zu der Publikation „Erfolg und Scheitern ‚grüner' Innovationen: Warum einige Nachhaltigkeitsinnovationen erfolgreicher sind und andere nicht". Die Publikation stellt die Ergebnisse einer Studie des Borderstep Instituts für Innovation und Nachhaltigkeit Berlin (www.borderstep.de) dar, welche die Diffusion von nachhaltigen Produkt- und Serviceinnovationen am Beispiel von 100 Innovationen untersucht hat. Damit wurde weltweit zum ersten Mal eine so umfangreiche Studie zur Diffusion von Nachhaltigkeitsinnovationen präsentiert (vgl. Fichter/Clausen 2013).

708 Vgl. Schaltegger/Hansen 2013, S. 20–21.

fördern. Sie leisten damit „einen deutlichen Beitrag zur Lösung von ökologischen und sozialen Problemlagen“.[709]

Fichter/Clausen fassen die wesentlichen Erkenntnisse aus 20 Jahren Innovationsforschung im Nachhaltigkeitskontext zusammen:[710]

Zentrale Erkenntnisse aus der Innovationsforschung im Nachhaltigkeitskontext
Unternehmen und andere Akteure, die mit ihren Innovationen nicht nur wirtschaftlich erfolgreich sein möchten, sondern auch einen Beitrag zur Nachhaltigkeit leisten wollen, sind der (...) doppelten Unsicherheit ausgesetzt. Jeder Innovationsversuch kann scheitern, und das Bemühen um Nachhaltigkeit ist trotz bester Absichten nicht automatisch von Erfolg gekrönt. Nicht-intendierte Neben- und Rebound- bzw. Bumerangeffekte können so manche Effizienzgewinne auf Produkt- oder Prozessebene wieder zunichte machen.
Ein positiver Nachhaltigkeitsbeitrag der Innovationen kann von den Akteuren nicht garantiert, sehr wohl aber systematisch gefördert werden. Die Risiken von Neben- und Reboundeffekten werden dadurch reduziert, dass nicht nur einzelne Produkte und ihr Lebensweg, sondern die gesamten Produkt-Nutzungssysteme sowie das (zukünftige) Verhalten der Anwender und der kulturelle Kontext von Innovationen berücksichtigt werden.
Innovation (die das Nachhaltige in die Welt bringt) ist neben Exnovation (die das Nicht-Nachhaltige aus der Welt schafft) nur einer von mehreren möglichen Veränderungsmodi für eine nachhaltige Entwicklung (Paech 2005[a], S. 251ff.). Zur Erzielung positiver Nachhaltigkeitseffekte kommt es auf das Zusammenwirken von Innovation und Exnovation an. Nachhaltigkeit verlangt also im Sinne Joseph Schumpeters eine Kultur schöpferischer Zerstörung.“

Abbildung 24: Zentrale Erkenntnisse aus der Innovationsforschung im Nachhaltigkeitskontext
Quelle: Fichter/Clausen 2013, S. 37–38 und die dort angegebene Literatur.

Aufbauend auf der Charakterisierung von Nachhaltigkeitsinnovationen werden im Folgenden – unter Rückgriff auf die Arbeit von Gelbmann, Rauter, Engert u. a. 2013 zu Innovationen im CSR-Kontext – Innovationen nach dem Innovationsobjekt systematisiert und im Nachhaltigkeitskontext diskutiert. Die Innovationsarten sind nicht immer trennscharf voneinander abzugrenzen. Der Fokus liegt auf Innovationen innerhalb des Unternehmens.

Für KMU zeigen sich durch die Ausseinandersetzung mit den Innovationsobjekten vielfältige Ansatzpunkte zur Nachhaltigkeitsorientierung. Zwischen den einzelnen Innovationsobjekten bestehen dabei Interdependenzen.[711] Diese gilt es zu berücksichtigen, da für eine nachhaltige Entwicklung die Bereitschaft, ökologische und soziale Beiträge zu leisten, ebenso wie das Engagement von KMU in allen Bereichen

---

709 BMU 2009, S. 9. Dabei bedeuten Innovationen Neuerungen, die aus Nachhaltigkeitsperspektive grundsätzlich positiv oder negativ sein können (vgl. Gelbmann/Rauter/Engert u. a. 2013, S. 38).
710 Vgl. Fichter 2013, S. 37–38; vgl. dazu auch Fichter 2005, S. 89ff.
711 Vgl. Lehr 2000, S. 28.

der unternehmerischen Tätigkeit parallel notwendig ist (bei allen Innovationsobjekten – Organisation, Produkt/Dienstleistung, Prozess und Verhaltensweisen). Folgende Auflistung zeigt mögliche Innovationsobjekte:[712]

1. Organisationale bzw. Managementinnovationen im Nachhaltigkeitskontext

Organisationale Innovationen bzw. Managementinnovationen beziehen sich zumeist auf die gesamten Strukturen und Prozesse innerhalb eines KMU.[713] In der Unternehmenspraxis sind sie häufig Auslöser oder Folge von technischen Innovationen.[714] Die OECD/European Commission/Eurostat beziehen organisatorische Innovationen in Unternehmen auf:[715]

- „the introduction of significantly changed organizational structures;
- the implementation of advanced management techniques;
- the implementation of new or substantially changed corporate strategic orientations."

Beispiele für Managementinnovationen mit sozialem Schwerpunkt sind die Einführung von Sozialmanagementsystemen gemäß AA 1 000, SA 8 000 und OHSAS 18 001. Beispiele für Managementinnovationen mit ökologischem Schwerpunkt sind Umweltmanagementsysteme nach EMAS III bzw. ISO 14 001 sowie das Energiemanagementsystem nach DIN EN ISO 50 001.[716]

Die Einführung eines BNM im KMU kann als Beispiel für einen ganzheitlichen Ansatz einer organisationalen Innovation bzw. Managementinnovation betrachtet werden.[717] Das BNM dient als Instrument zur Innovationsgenerierung und -sicherung. Der Wandel kann sowohl als radikaler als auch inkrementeller Wandel vollzogen werden, wobei die Nachhaltigkeitsorientierung als Grundlage für radikalen Wandel auf das persönliche Engagement von Individuen, insb. der Person des Unternehmers angewiesen ist, welche in Arbeitsteilung die Neuor-

---

712 Die folgenden Ausführungen basieren insb. auf der Arbeit von Gelbmann/Rauter/Engert u. a. 2013, S. 38–48.

713 Vgl. Gelbmann/Rauter/Engert u. a. 2013, S. 41.

714 Vgl. Gelbmann/Rauter/Engert u. a. 2013, S. 41.

715 OECD/European Commission/Eurostat 1997, S 36–37.

716 Vgl. Gelbmann/Rauter/Engert u. a. 2013, S. 41. Zu den Wechselwirkungen zwischen Innovationen und dem Umweltmanagement vgl. Rennings/Ankele/Hoffmann u. a. 2005.

717 Vgl. Gelbmann/Rauter/Engert u. a. 2013, S. 41.

ganisation im KMU durchsetzen.[718] Die damit einhergehenden Veränderungen betreffen das gesamte Unternehmen sowie die Unternehmensumwelt und sollten deshalb im Rahmen eines systematischen Change Managements durchgeführt werden.[719] Die organisationale Innovation bzw. Managementinnovation gilt als weitreichendste Innovation im Nachhaltigkeitskontext und kann in dieser Form mit einer Systeminnovation gleichgesetzt werden.[720]

2. *Soziale Innovationen*

Grundsätzlich ist das Ziel von sozialen Innovationen, soziale Probleme zu lösen.[721] Auf Unternehmensebene können soziale Innovationen intern und extern hervorgebracht werden.[722] Interne soziale Innovationen richten sich an die Mitarbeiter des KMU und beinhalten u. a. Maßnahmen zur Gesundheitsvorsorge wie Sportprogramme, kulturelle Angebote oder Services für spezielle Mitarbeitergruppen wie Familien und ältere Beschäftigte.[723] Die Innovation kann vom Unternehmen selbst, aber auch von externen Stakeholdern wie bspw. den Krankenkassen initiiert werden.[724] Der Nutzen liegt hierbei insb. in der Erhöhung der Mitarbeitergesundheit, -motivation und -zufriedenheit.[725]

Externe soziale Innovationen beziehen sich auf die externen Stakeholder. Bei KMU sind dies insb. die regionalen Anspruchsgruppen wie geografische Nachbarn, die Gemeinde und regionale Zulieferbetriebe. Als Maßnahmen eignen sich z. B. Sponsoringaktivitäten wie die finanzielle Unterstützung des örtlichen

---

718 Vgl. Hauschildt/Salomo 2008, S. 163.

719 Vgl. Gelbmann/Rauter/Engert u. a. 2013, S. 42; Baumgartner 2009; Freiling/Weißenfels 2003, S. 128; Pleschak/Sabisch 1996, S. 3.

720 Vgl. Gelbmann/Rauter/Engert u. a. 2013, S. 42.

721 Vgl. Gelbmann/Rauter/Engert u. a. 2013, S. 42; Zu einer weiteren Begriffsauffassung von sozialen Innovationen vgl. die Ausführungen von Konrad/Nill 1999, S. 25–26. Neuere Forschungen erweitern diesen Ansatz und bezeichnen soziale Innovationen (in diesem Zusammenhang werden diese auch als „gesellschaftliche Innovationen" bezeichnet - vgl. Osburg/Schmidpeter 2013, S. 71) als „unternehmerische Lösungen und Innovationen mit gesellschaftlichem Nutzen bzw. (…) [als] innovative Managementansätze, die neue Formen gesellschaftlicher Zusammenarbeit unterstützen"; Osburg/Schmidpeter 2013, S. 71 und die dort angegebene Literatur. In einer Weiterentwicklung spricht Stark (vgl. Stark 2013, S. 62) von „Corporate Social Innovation (CSI)". Bei diesem Konzept kommt neben der Wohltätigkeit und der Verbesserung der Wettbewerbsfähigkeit der Unternehmen ein drittes Motiv hinzu: „beide Partner (Unternehmen und non-profit-Einrichtungen) können nicht nur voneinander lernen, sondern entwickeln gemeinsam neue Lernfelder, die zu innovativen gesellschaftlichen, sozialen oder wirtschaftlichen Ideen und Lösungen führen können" (Stark 2013, S. 62).

722 Vgl. Gelbmann/Rauter/Engert u. a. 2013, S. 42.

723 Vgl. Gelbmann/Rauter/Engert u. a. 2013, S. 42.

724 Vgl. Gelbmann/Rauter/Engert u. a. 2013, S. 42.

725 Vgl. Gelbmann/Rauter/Engert u. a. 2013, S. 42.

Sportvereins, die Veranstaltung von Events wie einen „Tag der offenen Tür" oder die Ermöglichung von Corporate Volunteering.[726] KMU stellen in diesem Rahmen häufig Mitarbeiter für soziale Projekte bzw. soziales Engagement frei.[727]

Wichtig für den Erfolg der Maßnahmen ist der Bezug der Aktivität zum Kerngeschäft.[728] So kann eine Druckerei die Trikotwerbung des örtlichen Sportvereins übernehmen oder ein Taxiunternehmen die Spieler zum Auswärtsspiel fahren und weitere Transportleistungen für den Verein anbieten. An den Beispielen wird deutlich, dass aus dem Engagement zudem neue Geschäftsmodelle erwachsen können, wodurch ökonomischer Erfolg mit gesellschaftlichem Nutzen verbunden wird.[729] Dabei sollte darauf geachtet werden, dass die Nachhaltigkeitsorientierung an sich im Vordergrund bleibt und nicht solche Ideen als Mittel zum Zweck ökonomischen Erfolgs kurzfristig eingesetzt werden, da das längerfristig zur Unterhöhlung der Reputation führen würde.

3. Technologische Prozessinnovationen

Prozessinnovationen beinhalten die „unternehmensinterne[n] Änderungen der technischen Prozesse, vor allem des Produktionsprozesses."[730] Sie betreffen damit den gesamten Leistungserstellungsprozess.[731]

Dabei kann die Innovation am Anfang (z. B. über die Veränderung der Einsatzstoffe, die ökologische Vorteile aufweisen) oder am Ende des Produktionsprozesses (z. B. durch Filter) stehen.[732] Mit einer nachhaltigkeitsorientierten Prozessinnovation wird auf der einen Seite das Ziel verfolgt, Ressourcen zu scho-

---

726 Vgl. Gelbmann/Rauter/Engert u. a. 2013, S. 43. Diese Maßnahmen können auch dem Corporate Citizenship (CC) zugeordnet werden (vgl. Matten/Crane/Chapple 2003).

727 Vgl. Schaltegger/Dubielzig 2006, S. 174.

728 Vgl. Porter/Kramer 2006. Eine aktuelle Untersuchung zum Nachhaltigkeitsengagement von Großunternehmen zeigt, dass sich Nachhaltigkeitsmaßnahmen immer stärker auf das Kerngeschäft beziehen (vgl. Schaltegger/Hansen 2013, S. 10). Dabei wird Nachhaltigkeit als Hygienefaktor gesehen: durch Nachhaltigkeit kann niemand mehr motiviert werden, kein Nachhaltigkeitsengagement von Unternehmen demotiviert jdoch die Mitarbeiter (vgl. Meynhardt 2014, S. 2).

729 Vgl. Osburg/Schmidpeter 2013, S. 76.

730 Gelbmann/Rauter/Engert u. a. 2013, S. 43.

731 Vgl. Lehr 2000, S. 27; Thom 1980, S. 36.

732 Vgl. Gelbmann/Rauter/Engert u. a. 2013, S. 43; Meffert/Kirchgeorg 1998; Baumgartner 2010.

nen und Umweltbelastungen zu reduzieren und auf der anderen Seite sozialverträgliche Verbesserungen vorzunehmen.[733]

Umweltschutztechnologien sind ein Beispiel für die Umsetzung von technologischen Prozessinnovationen mit einem Beitrag zur Verbesserung im Rahmen des Schnittmengenmanagements von KMU,[734] da sie sowohl eine Erhöhung der Ökologieverträglichkeit eines Produktionsprozesses mit sich bringen als auch zu Kosteneinsparungen führen können.[735] Grundsätzlich unterscheidet man zwei Arten von Umweltschutztechnologien:[736]

- Nachsorgende Umweltschutztechnologien oder „End of Pipe (EOP)"-Technologien

  Diese sind durch einen zweitstufigen Produktionsprozess gekennzeichnet. Um bereits entstandene Umweltbelastungen zu reduzieren, wird dem Produktionsprozess additiv z. B. ein Filter nachgeschaltet.[737]

- Vorsorgende oder integrierte Umweltschutztechnologien (IUS-Technologien)

  Bei diesem einstufigen Verfahren werden durch den prozessintegrierten Umweltschutz deutliche Umweltentlastungen erreicht.[738]

  Das Potenzial von Umweltschutztechnologien, im Besonderen der IUS-Technologien, liegt z. B. in der verbesserten Umweltleistung durch die Einsparung von Energie und der effizienten Nutzung von Rohstoffen sowie der Verbesserung von sozialen Bedingungen für die Mitarbeiter im KMU (z. B. aufgrund der Substitution von gefährlichen Stoffen und der Reduzierung der Gesundheitsrisiken). Langfristig ist dadurch eine Verbesserung der ökonomischen Performance zu erwarten.[739] Die Investition in eine IUS-Technologie durch das KMU kann zu-

---

733 Vgl. Lehr 2000, S. 21.
734 Vgl. Kapitel C.4.2.1.
735 Vgl. Zabel 2009, S. 13.
736 Vgl. Zabel 2009, Kreikebaum 1992, Kaluza/Pasckert 1994, insb. S. 120–140; Gelbmann/Rauter/Engert u. a. 2013, S. 43. Zabel legt ein Kostenmodell vor, das einen Kostenvergleich der EOP- und IUS-Technologien ermöglicht (vgl. Zabel 2009).
737 Vgl. Zabel 2009.
738 Vgl. Zabel 2009.
739 Vgl. Gelbmann/Rauter/Engert u. a. 2013, S. 44; Zabel 2009; Christie/Rolfe/Legard 1995, Meffert/Kirchgeorg 1998; Baumgartner 2010.

dem als Maßnahme im Rahmen der Nachhaltigkeitsverantwortung i. e. S. interpretiert werden, da hiermit ein Beitrag zur Vorsorge geleistet wird.[740]

4. *Produkt- und Dienstleistungsinnovationen*

Produktinnovationen sind „Neuerungen im Sach- und Dienstleistungen umfassenden Leistungsangebot einer Unternehmung".[741] Sie ergeben sich z. B. aus der Nutzung neuer technischer Prinzipien.[742] Sie bilden das Ergebnis des betrieblichen Leistungserstellungsprozesses.[743] Umweltbelastungen werden bereits in der Phase der Produktentwicklung bestimmt.[744] Deshalb ist es bereits in dieser Phase sinnvoll, ökologische und soziale Kriterien zu berücksichtigen. Zabel leitet daraus folgende Definition von nachhaltigen Produkten ab: Das nachhaltige Produkt „dient der Befriedigung humanistisch-zukunftsfähiger Bedürfnisse in der Einheit von Überleben, gut, sinnvoll und frei leben im Gerechtigkeitskontext und auf der Basis nachhaltigkeitsgerechter Herstellung und Naturnutzung"[745]. Bei der Entwicklung und Herstellung nachhaltiger Produkte gilt es u. a. folgende Aspekte zu berücksichtigen: „niedrige Stoff- und Energieintensität, hohe Ökoeffizienz, Nutzung regenerativer Energien, Kreislaufkonformität, hoher Grad an Bedürfnisbefriedigung, Verbesserung der Lebensqualität, Vermeidung von irreversiblen Folgen (Vernichtung von Arten, Zerstörung von Landschaften etc.), Vermeidung von quasi irreversiblen Folgen (Zerstörung Ozonschicht, Zerstörung von Kulturschätzen etc.), ökonomische Rentabilität, Markterfolg, Erhaltung von Mobilität (global, regional, lokal), Verminderung sozialer Disparitäten (global, regional, lokal)"[746]. Die unter der Berücksichtigung der genannten Aspekte entstehenden nachhaltigkeitsbezogenen Innovationen des Angebotsprogramms (Produkte und Dienstleistungen[747]) werden in folgende Kategorien unterteilt (vgl. **Abbildung 25**):[748]

---

740 Vgl. Kapitel C.4.2.1.

741 Lehr 2000, S. 27. Bei Produktinnovationen handelt es sich nicht nur um die Innnovation von Waren, sondern auch um Dienstleistungen und Konzepte (vgl. Disselkamp 2012, S. 21).

742 Vgl. Lehr 2000, S. 27.

743 Vgl. Lehr 2000, S. 27.

744 Vgl. Lehr 2000, S. 19.

745 Zabel 2015d, Abb. 11/3.

746 Zabel 2015d, Abb. 11/4 zusammengestellt nach Tischner/Charter 2001. Zu den Möglichkeiten und Rahmenbedingungen der nachhaltigen Produktgestaltung vgl. u. a. Oerkermann 2015, S. 153–158.

747 Zu Dienstleistungsnnovationen und deren verschiedenen Formen vgl. Benkenstein/Steiner 2004.

748 Vgl. Tukker 2004 sowie Gelbmann/Rauter/Engert u. a. 2013, S. 44.

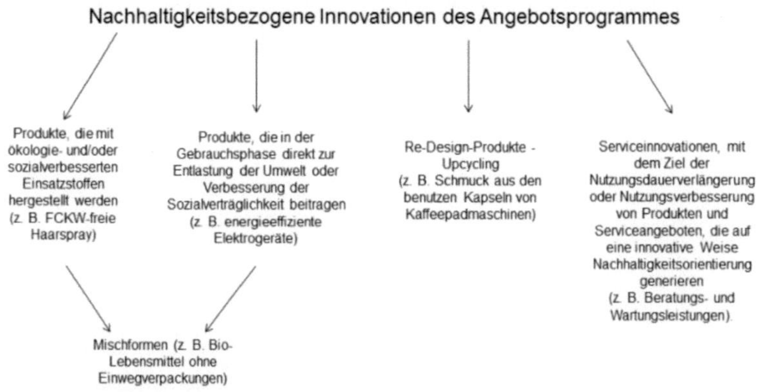

Abbildung 25: Nachhaltigkeitsbezogene Innovationen des Angebotsprogrammes

Quelle: Eigene Abbildung unter Verwendung von Tukker 2004 sowie Gelbmann/Rauter/Engert u. a. 2013, S. 44.

Neben der Herstellung von nachhaltigen Produkten können sich KMU insb. durch ein innovatives Dienstleistungsangebot differenzieren, Nachhaltigkeitserfordernisse erfüllen und den Kundennutzen erhöhen.[749] So bieten z. B. „die Emerging Markets des EU-EHS (…) Marktchancen für CO_2-effiziente Technologien und Produkte, Emissionsmonitoring- und -messtechnologien, Softwarelösungen für elektronische Kommunikation, Risiko- und Handelsmanagement sowie diverse Finanzdienstleistungs-, Projektmanagement- und Beratungsangebote.“[750]

Für KMU gestaltet sich die systematische Entwicklung und Durchsetzung von (Dienstleistungs-)Innovationen jedoch als Herausforderung, was die in ***<u>Abbildung 26</u>*** aufgeführten Stellungnahmen unterstreichen:

---

749 Vgl. Schaaf 2012, S. 24; Zink 2011, S. 14f.

750 Hesselbarth 2009, S. 230 unter Verwendung von Busch 2006, S. 262–266.

Statements von Handwerkern und Kleinstunternehmen zu Dienstleistungsinnovationen
„Als gewerblich tätiger Handwerker und Unternehmer verdiene ich an meinen Produkten, nicht an Dienstleistungen“ (Strina/Heinen 2011, S. 148).
„Dienstleistungen – das ist was für Friseure oder Masseure, aber ich als Heizungs- und Sanitärfachmann liefere sanitäre Einrichtungen“ (Strina/Heinen 2011, S. 148).
„Wir versuchen das auch immer wieder mal mit besonders gestalteten Flyern oder Sonderaktionen, aber das rechnet sich häufig nicht“ (Strina/Heinen 2011, S. 148).
„Service Engineering – das hört sich doch schon so an, als wenn es nur was für Konzerne wäre“ (Strina/Heinen 2011, S. 148).
„Bei meiner Kammer habe ich neulich mal nachgefragt, aber die konnten mir da nicht weiterhelfen“ (Strina/Heinen 2011, S. 149).

Abbildung 26: Statements von Handwerkern und Kleinstunternehmen zu Dienstleistungsinnovationen

Quelle: Strina/Heinen 2011, S. 148–149.

Für KMU ist es allerdings essenziell, diese Herausforderungen anzunehmen, um die Potenziale einer Nachhaltigkeitsorientierung zu nutzen.

5. *Institutionelle Innovationen*

„Institutionelle Innovationen betreffen die Organisation der gesellschaftlichen Akteure sowie deren Ordnungsprinzipien. Sie umfassen das Entstehen bzw. die Setzung von (neuen) Regeln, die aufgrund von Anreiz- und Hemmwirkungen gesellschaftliche Akteure zu mehr technischen, sozialen und wieder neuen institutionellen Innovationen anregen können.“[751] Somit erweitern sie den Fokus von Organisations- und Managementinnovationen.[752] Die vom Staat gesetzten Rahmenbedingungen geben dabei eine Orientierung für die Umsetzung von Innovationen.[753] „Im Sinne eines Leitbildes einer nachhaltig zukunftsverträglichen Entwicklung müssen sich Innovationen daran messen lassen, ob sie zu mehr Langfristorientierung und Strategiefähigkeit in Staat, Wirtschaft und Gesellschaft führen. Das heißt, jeder innovative Schritt soll am Ende zu einer nachhaltigen Gesamtentwicklung führen.“[754] KMU tragen zu institutionellen Innovationen insb. durch die Wahrnehmung ihrer Normierungsverantwortung bei.

[751] Deutscher Bundestag 1998, S. 195.
[752] Vgl. Punkt 1 dieser Aufzählung.
[753] Vgl. Deutscher Bundestag 1998, S. 195.
[754] Deutscher Bundestag 1998, S. 208.

	Was?	Wie (Bsp.)?	Wer?	Warum?	Wie sehr?	Wo?
Unternehmen	Organisation/Management	Einführung von Umwelt-, Sozial- und Nachhaltigkeitsmanagementsystemen, Betroffenheitsanalyse, Entwicklung einer Nachhaltigkeitsstrategie, Nachhaltigkeitsberichterstattung, Änderung der Supply Chain, Nachhaltigkeitskultur	KMU	Risikominimierung, Verantwortungsübernahme, Transparenz, strategische Umsetzung, Wettbewerbsvorteile	in Abhängigkeit vom Status quo (Betroffenheitsanalyse); Neueinführung oder Verbesserung von Teilprozessen (orientiert an Ausbaustufen)	unternehmensintern
	Soziales	intern: Arbeitszeitmodelle, Work-Life-Balance, Gesundheitsförderung extern: Sponsoring, Engagement in Projekten, Volunteering	KMU, Mitarbeiter, NGOs. insb. lokale Stakeholder/Region, Politik	Mitarbeitermotivation und –bindung, Transparenz, Wettbewerbsvorteile, Einhaltung gesetzlicher Vorschriften, Öffentlichkeitsarbeit	teilweise Verbesserungen/Veränderungen, teilweise völlig neue Konzepte	unternehmensintern und -extern
	Prozess	Verbesserung von Teilprozessschritten oder Einführung neuer Prozesse, hier insb. mit Umweltorientierung (Cleaner Production)	KMU, Forschung, Lieferanten, lokale Stakeholder/Region, evt. Politik	Verbesserung der Ökologie- und Sozialverträglichkeit [Ressourceneffizienz, Emissionsminderung (inkl. Abfälle), Öffentlichkeitsarbeit, Einhaltung gesetzlicher Vorschriften, Verbesserung der Arbeitsbedingungen]	Verbesserung (End of Pipe Technologien) bis hin zu völlig neuen technologischen Prozessen (Intergrierte Umweltschutztechnologien)	intern, Beschaffungsmarkt, Absatzmarkt, evtl. Abfallwirtschaft
	Produkte und Dienstleistungen	Einführung neue und/oder Verbesserung bestehender Produkte oder Dienstleistungen, Einführung von Produkt-Service-Systemen	KMU, Kunden, Forschung, Lieferanten	Emerging Markets, Gewinnorientierung, Marketing, Erhöhung der Effizienz, Kosteneinsparungspotenzial, Erhalt/ Steigerung der Wettbewerbsposition, „green innovation" (Dematerialisierung)	Innovationen, Verbesserungen und radikale Innovationen bei Produkten, Services oder Kombinationen daraus	lokaler/regionaler Markt, eher unternehmensintern, aber auch mit Partnern möglich
Gesellschaft	Gesellschaftliche Akteure und deren Ordnungsprinzipien	Setzung von (neuen) formgebundenen (z. B. Verträge) als auch formungebundenen (z. B. Sitten , Gewohnheiten) Regeln	Staat, NGOs, KMU, Branchenverbände	Anregung der Innovationsfähigkeit der Akteure, Verbesserung der Nachhaltigkeitsleistung, Verbesserung der Wettbewerbssituation		national, aber auch regional bzw. sektoral

Abbildung 27: Unterteilung von nachhaltigkeitsrelevanten Innovationen im KMU-Kontext

Quelle: Vgl. Gelbmann/Rauter/Engert u. a. 2013, S. 39; modifiziert unter Nutzung von Deutscher Bundestag 1998, S. 195.

Abbildung 27 gibt einen Überblick zu den bereits erläuterten nachhaltigkeitsrelevanten Innovationen und stellt neben dem Innovationsobjekt („Was?") Antworten auf weitere Fragen zur Innovationstätigkeit von KMU („Wie?", „Wer?", „Warum?", „Wie sehr?", „Wo?") dar.[755]

Innovationen werden in KMU nicht „automatisch" generiert und durchgesetzt. Ihnen stehen Barrieren gegenüber. Im Folgenden werden die Promotorenmodelle und das Verhaltensmodell nach Zabel als Ansätze für die Entwicklung eines Barrierenkonzeptes zur Überwindung von Barrieren der Nachhaltigkeitsorientierung vorgestellt.

D.2 Promotorenmodelle als allgemeine Erklärungsansätze für Innovationsbarrieren

D.2.1 Ausgangsüberlegungen

Die vorangegangenen Ausführungen belegen, dass für KMU zahlreiche Möglichkeiten existieren, Nachhaltigkeitsinnovationen zu nutzen und dadurch neue Erfolgspotenziale zu generieren. Trotzdem setzen sich Nachhaltigkeitsinnovationen in KMU nur schwer durch, zahlreiche Barrieren stehen ihnen im Weg.[756]

Zu ihrer Überwindung bedarf es des Einsatzes von Schlüsselpersonen. Viele Konzepte gehen davon aus, dass die Existenz von Schlüsselpersonen notwendige Bedingung für den Erfolg von Innovationen ist.[757] Schlüsselpersonen haben gemein, dass sie, im Vergleich zu anderen Unternehmensmitgliedern, ein hohes Aktivitätsniveau aufweisen, was dazu führt, dass Innovationsprozesse mit Schlüsselpersonen erfolgreicher verlaufen als Innovationsprojekte ohne diese Förderer.[758] In KMU gilt die Person des Unternehmers als Schlüsselperson. Als bekannteste Schlüsselpersonenkonzepte gelten die Promotorenkonzepte.[759]

---

755 Die Arten von Innovationen sind in der Praxis nicht klar voneinander abzugrenzen. Es bestehen Interdependenzen (vgl. Deutscher Bundestag 1998, S. 195).

756 Vgl. Kapitel E.1.

757 Vgl. Hauschildt/Schewe 1999, S. 161. Der Artikel ist zuerst erschienen in Hauschildt/Schewe 1997.

758 Vgl. Hauschildt/Schewe 1999, S. 163; Witte 1973, S. 28 f; Tushman/Katz 1980, S. 1071 ff. Pulczynski 1991 am Beispiel des GROWIAN (große Windenergieanlage) Forschungsprojektes.

759 Zu den Promotorenkonzepten vgl. Witte 1973 sowie die Weiterentwicklungen von Hauschildt/Chakrabarti (1988) und Gemünden/Walter (1995). Historisch bauen die Promotorenmodelle auf dem Champion-Modell auf (als bekannteste Vertreter der Champion-Modelle gelten Schon 1963, Chakrabarti 1974, Tushman/Nadler 1986, Howell/Higgins 1990). Diesem liegt die Annahme zu-

Bereits im Jahr 1912 legte Schumpeter mit den Rollen „Erfinder“ und „Unternehmer“ ein Rollenkonzept vor, welches die Förderung von Innovationen analysiert.[760] Seitdem wurden eine Vielzahl von Promotorenkonzepten entwickelt, welche jedoch schwer vergleichbar sind, da sie sich in Zahl und Charakterisierung bzw. Abgrenzung der Promotorenrollen unterscheiden.[761] Die vorliegende Arbeit basiert auf den Ausführungen von Witte sowie den darauf aufbauenden Arbeiten von Hauschildt und Chakrabarti sowie Gemünden und Walter,[762] da damit auf einer theoretisch und empirisch fundierten Basis, welche in der Literatur intensiv diskutiert und weit verbreitet ist, aufgebaut werden kann.[763]

Das hier verwendete Promotorenmodell lehnt sich in seinem Aufbau an das Barrierenkonzept an.[764] Die innerhalb des Barrierenkonzeptes aufgezeigten Barrieren be- bzw. verhindern den Innovationsprozess. Promotoren geben in den Innovationsprozess Energie, welche die Barrieren überwindet, wodurch die Innovation erfolgreich verläuft.[765]

D.2.2 Darstellung des Promotorenmodells nach Witte

Im Rahmen seiner Forschung untersuchte Witte in den 1970er Jahren die Frage, welche Kräfte in Unternehmen und Behörden den wirtschaftlichen Nutzen technischer Innovationen garantieren bzw. ihn behindern.[766] Ein wesentlicher Bestandteil

---

grunde, dass im Wesentlichen eine Person den Innovationsprozess vorantreibt (vgl. Hauschildt/Schewe 1999, S. 164). Allerdings liefern die Champion-Modelle kein geschlossenes theoretisches Konzept, sondern nur die Aussage, dass Innovationsprozesse ohne Champion nicht bzw. nicht gleichermaßen erfolgreich verlaufen wie Innovationsprojekte mit Champion (Hauschildt/Schewe 1999, S. 164).

760 Vgl. Schumpeter 1997, S. 110ff.

761 Vgl. dazu die Ausführungen von Folkerts 2001, S. 20. Eine Übersicht zur Rollenvielfalt im Innovationskontext findet sich bei Hauschildt/Salomo 2011, S. 123.

762 Vgl. insb. Witte 1973. Sie unterscheiden sich von den Champion-Modellen insb. durch die Trennung von Schlüsselfunktion und Schlüsselperson und der damit einhergehenden Erweiterung der Ein-Personen-Perspektive zu einer Multi-Personen-Perspektive. Dabei kann innerhalb des Promotorenmodells eine Person eine oder mehrere Rollen übernehmen (vgl. Hauschildt/Schewe 1999, S. 165–166).

763 Vgl. dazu die Vorgehensweise von Folkerts 2001, S. 21.

764 Vgl. Hauschildt/Schewe 1999, S. 165.

765 Von den Promotorenkonzepten unterscheiden sich die Gatekeeper-Ansätze. Diese basieren auf der Annahme, dass Schlüsselpersonen „unabhängig von einem bestimmten Innovationsprojekt aktiv werden“ (Hauschildt/Schewe 1999, S. 161; zu den Gatekeeperansätzen vgl. Allen 1967 sowie Allen 1970). Eine Abgrenzung des Gatekeepers zum Promotor bzw. zu den einzelnen Promotorenrollen findet sich bei Hauschildt/Schewe 1999, S. 167–168).

766 Vgl. Witte 1973, Vorwort. Zur historischen Entwicklung des Promotorenmodells und zum Stand der Forschung vgl. Busse 2005, S. 148–150.

der Forschung Wittes beinhaltet die empirische Untersuchung von Innovationen, zu Beginn am Beispiel der Einführung von Computern in deutschen Organisationen.[767]

Ausgangspunkt der Überlegungen Wittes bei der Entwicklung des Promotorenmodells (1973) ist die These, dass der Umsetzung von Innovationen in Unternehmen Widerstände bzw. Barrieren gegenüberstehen.[768] Witte sieht eine Barriere als „hemmende[s], aber eben überwindbare[s] Hindernis“[769] bei der Durchsetzung von Innovationen. Die Überwindung dieser Barrieren ist an die Bereitschaft und die Fähigkeit zur Mitwirkung am Innovationsprozess gebunden, welche bei den Akteuren immer noch häufig nicht besonders ausgeprägt ist.[770] Diese „Beharrungsambitionen“ resultieren u. a. aus dem Festhalten am Status quo.[771] Gelingt es nicht, die Barrieren im Innovationsprozess zu überwinden, setzt sich eine Innovation nicht durch.[772]

Das Promotorenmodell fußt auf folgenden Annahmen:[773]

- „Korrespondenztheorem“
  Die Durchsetzung von Innovationen bedarf der Überwindung von Widerständen.[774] Hierfür wird Energie benötigt, wobei eine „Korrespondenz zwischen Widerstand und widerstandsüberwindender Energie“[775] besteht.
- „Theorem der Arbeitsteilung“
  Die für die Überwindung der Widerstände aufzubringende Energie wird von verschiedenen Personen arbeitsteilig aufgebracht.[776]
- „Interaktionstheorem“
  Die gute Zusammenarbeit zwischen den Promotoren fördert den Innovationsprozess.

---

767 Vgl. Witte 1973, Vorwort.

768 Vgl. Witte 1999, S. 12. Bei Witte 1999 handelt es sich um eine gekürzte und überarbeitete Fassung von Witte 1973.

769 Witte 1999, S. 13.

770 Vgl. Witte 1999, S. 12–13.

771 Vgl. Witte 1999, S. 13.

772 Vgl. Witte 1999, S. 13.

773 Vgl. Hauschildt/Kirchmann 1999, S. 92; Busse 2005, S. 150–151; Müller 2004. Hauschildt/Salomo ergänzen diese um ressourcenorientierte Annahmen: das Defizittheorem, das ressourcenbezogene Theorem der Arbeitsteilung sowie das ressourcenbezogene Interaktionstheorem (vgl. Hauschildt/Salomo 2011, S. 125–129).

774 Vgl. Busse 2005, S. 150.

775 Hauschildt/Kirchmann 1999, S. 92.

776 Dabei unterscheidet Witte im Promotorenmodell zwischen der Mitarbeiterfunktion und der Rolle, die im Innovationsprozess übernommen wird, ohne diese an eine bestimmte Person zu binden. (vgl. Witte 1973, S. 15; Steppeler 2010, S. 43).

Witte unterscheidet zwei Arten von Barrieren, die Innovationen entgegenstehen: Willens- und Fähigkeitsbarrieren.[777]

D.2.2.1 Willensbarrieren

Innovationen verändern den kalkulierbaren Ist-Zustand in Unternehmen, dessen Vor- und Nachteile bekannt sind, und begründen sich deshalb „aus den Beharrungskräften des Status quo“[778]. Innerhalb des Status quo fühlen sich die Personen sicher. Jede Innovation ist mit Ungewissheit verbunden, da Chancen und Risiken der Innovation nur bedingt vorhersehbar sind. Um das Risiko zu minimieren, halten Individuen deshalb an Bestehendem fest.[779]

Willensbarrieren sind wahllos: Sie richten sich nicht gegen eine bestimmte Erscheinungsform. Beispielsweise zeigen sich Willensbarrieren gegen die Neuerung an sich oder gegen Personen, die die Neuerungen unterstützen. Hauschildt und Salomo fassen dies pointiert zusammen: „Wer nicht will, findet auch immer einen Grund für seinen Widerstand.“[780] Das bedeutet auch, dass der Widerstand nicht nur unbewusst, sondern sogar sehr reflektiert sein kann.[781]

Zur Überwindung der Willensbarrieren muss das Unternehmen seine Sanktionssysteme aktivieren und Anreize für die Teilnahme am Innovationsprozess schaffen.[782] Diese Aufgabe kommt insb. den Organisationsmitgliedern mit hierarchischer Macht zu.[783]

D.2.2.2 Fähigkeitsbarrieren

Neben den Willensbarrieren ergeben sich zusätzlich Barrieren aus dem Unwissen über die Innovation selbst sowie deren Nutzung bzw. Anwendung.[784] Diese Barrieren werden als „Fähigkeitsbarrieren“ bezeichnet.[785] Die Unwissenheit nimmt mit steigen-

---

777 Vgl. Witte 1973.
778 Witte 1999, S. 13.
779 Vgl. Witte 1973, S. 6–7. Witte begründet dieses Festhalten am Status quo mit der Anreiz-Beitrags-Theorie (vgl. Witte 1999, S. 13; Kieser/Ebers 2014, darin insb. Berger/Bernhard-Mehlich/Oertel 2014, S. 121–126 sowie zu den Ursprüngen March/Simon 1993, Barnard 1982).
780 Hauschildt/Salomo 2008, S. 166.
781 Vgl. Hauschildt/Salomo 2011, S. 166.
782 Vgl. Witte 1999, S. 14.
783 Vgl. Witte 1999, S. 14. Zum Thema Macht als Grundlage der Führung vgl. Hungeberg/Wulf 2015, S.311–312.
784 Vgl. Witte 1999, S. 14.
785 Die Barriere des Nichtkönnens leitet sich aus der Barriere des Nichtwissens ab. Zur Barriere des

der Komplexität der Innovation zu, da die Zusammenhänge im Einzelnen immer weniger durchschaut werden können.[786]

Zur Überwindung der Fähigkeitsbarrieren wird Fachwissen benötigt, wobei der Träger des Fachwissens in die Lage versetzt werden muss, „die neuen und komplexen Aufgaben sachgerecht zu lösen"[787]. Dabei setzt jeder Innovationsprozess anderes Fachwissen voraus, welches von einem oder mehreren Akteuren im Laufe des Prozesses erworben werden kann.[788]

D.2.2.3 Promotoren zur Überwindung der Willens- und Fähigkeitsbarrieren

Bereits Schumpeter macht darauf aufmerksam, dass zur Überwindung von Barrieren engagierte Persönlichkeiten notwendig sind.[789] Witte stellt heraus, dass die Barrieren personalisiert sind, d. h. es sind Menschen (Opponenten), „die Innovationen nicht wollen oder diese sachlich nicht nachvollziehen können"[790]. „Personen, die einen Innovationsprozess aktiv und intensiv fördern"[791] werden als „Promotoren" bezeichnet.[792] Promotoren bringen Energie in den Innovationsprozess ein und ermöglichen dadurch die Überwindung der Barrieren.[793] Sie werden durch die folgenden Eigenschaften charakterisiert, welche an dieser Stelle zusammengefasst werden: Promotoren ...

- ... starten den Innovationsprozess und treiben diesen aktiv voran,
- ... agieren nicht als „Verwalter" und erfüllen kein klassisches Stellenbild,
- ... haben ein überdurchschnittlich hohes Maß an Aktivität, welches sie (in Form von Energie) in den Innovationsprozess einbringen,
- ... identifizieren sich mit dem Erfolg des Innovationsprozesses,
- ... verkörpern Veränderung,

Nichtwissens und deren Bedeutungsveränderung seit Beginn der Promotorenforschung vgl. Hauschildt 1999, S. 274.

786 Vgl. Witte 1999, S. 14; Busse 2005, S. 151; Blessin 2001, S. 13.

787 Witte 1999, S. 14.

788 Vgl. Witte 1999, S. 14.

789 Vgl. Schumpeter 1997, S. 111 und 124–130 sowie Busse 2005, S. 94.

790 Witte 1999, S. 15.

791 Witte 1973, S. 15–16 sowie Witte 1999, S. 15.

792 Wobei Witte bereits 1973 darauf hinweist, dass „auch andere Enscheidungsprozesse, also etwa solche, die zwar ein komplexes, aber nicht innovatives Problem lösen, den Einsatz von Promotoren verlangen" (Witte 1973, S. 16).

793 Vgl. Witte 1973, S. 15 sowie Witte 1999, S. 15.

- … handeln innerhalb einer vorgegebenen Hierarchie. [794]

Witte leitet aus den Willens- und Fähigkeitsbarrieren zwei Arten von Promotoren ab: den Macht- und den Fachpromotor.[795]

D.2.2.3.1 Machtpromotor zur Überwindung von Willensbarrieren

Dem Machtpromotor kommt im Innovationsprozess die Aufgabe zu, die vorhandenen Willensbarrieren zu überwinden, indem er den „Innovationsprozeß durch hierarchisches Potential aktiv und intensiv fördert“[796]. Der Machtpromotor verfügt über spezifische Verhaltensweisen, durch die er neben seiner Position innerhalb der Aufbauorganisation im Unternehmen charakterisiert ist.[797]

Der formale Einfluss des Machtpromotors spiegelt sich in seinen Kompetenzen wider: Er ist berechtigt, Sanktionen gegenüber Opponenten auszusprechen und Innovationsbefürworter zu schützen.[798] Der Machtpromotor arbeitet mit Anreizen und Belohnungen im Sinne moderner Management- und Führungsmethoden, er überzeugt und begeistert.[799] Dabei ist er, was die Opponenten wissen, mit ausreichend Macht ausgestattet, die Sanktionen und den Schutz durchzusetzen.[800] Dies impliziert, dass der Machtpromotor einen hohen Rang innerhalb der Organisation einnimmt.[801]

Die Aufgabe des Machtpromotors besteht darin, die Energie aufzubringen und einzusetzen, die die Innovation vorantreibt und die Willensbarrieren der Opponenten überwindet.[802] Dabei verfügt der Machtpromotor neben der Macht auch über die notwendigen Ressourcen, eine Entscheidung für eine Innovation zu treffen, und auch über die Macht, diese durchzusetzen.[803] Die sich aus der Promotorenrolle ergebenden Aufgaben werden zusätzlich zu der eigentlichen Arbeitsaufgabe wahrgenommen.[804]

---

794 Vgl. Witte 1973, S. 15–17 sowie Witte 1999, S. 15–16.
795 Vgl. Witte 1973, S. 17–19 sowie Witte 1999, S. 16–18.
796 Witte 1973, S. 17 sowie Witte 1999, S. 16.
797 Vgl. Witte 1973, S. 17; Müller 2004, S. 152. Zu den unterschiedlichen Machtgrundlagen des Machtpromotors vgl. Corsten 1989, S. 19f.
798 Vgl. Witte 1999, S. 16; Witte 1973, S. 17; Shepard 1967, S. 471; Müller 2004, S. 152.
799 Vgl. Müller 2004, S. 152.
800 Vgl. Witte 1973, S. 17; Busse 2005, S. 152.
801 Vgl. Witte 1973, S. 17; Müller 2004, S. 152.
802 Vgl. Witte 1973, S. 17–18.
803 Vgl. Hauschildt/Chakrabarti 1999, S. 78; Hauschildt/Salomo 2008, S. 170.
804 Vgl. Witte 1999, S. 15.

Der Machtpromotor wird durch folgende Eigenschaften charakterisiert:[805]

- Der Machtpromotor unterstützt aktiv den Innovationsprozess und setzt dabei all seine Energie ein;
- für den Erfolg der Innovation geht der Machtpromotor in Auseinandersetzung, überbrückt Schwierigkeiten und gewährt materielle und immaterielle Hilfen;
- er sieht über Misserfolge innerhalbe des Innovationsprozesses hinweg und ermutigt die Beteiligten zum Weitermachen;
- er steht in engem Kontakt zu anderen Promotoren und betont die Bedeutung der Innovation.

Neben der Position im Unternehmen ist der Machtpromotor auch über seine Aktivität an sich herausragend, was in der unternehmerischen Praxis durch die Häufigkeit seines Eingreifens sowie das Bemerktwerden durch die Opponenten deutlich wird.[806]

D.2.2.3.2 Fachpromotor zur Überwindung von Fähigkeitsbarrieren

Der Fachpromotor befördert den „Innovationsprozeß durch objektspezifisches Fachwissen aktiv und intensiv“[807] und unterstützt somit die Überwindung der Fähigkeitsbarriere. Er wird charakterisiert als „Erfinder, Ideenträger, der kreative Genius. Er beherrscht die technologisch neue Materie. Er kennt die Alternativen. Er weiß um die inneren Gesetzmäßigkeiten, die Leistungspotentiale, die Begrenztheit der neuen Produkte oder Verfahren“[808]. Zu Beginn der Innovation ist er am stärksten mit dieser verbunden.[809]

Die hierarchische Position des Fachpromotors sowie seine Macht sind für den Innovationsprozess unerheblich.[810] Der Fachpromotor ist ein am Innovationsobjekt Interessierter, der sich das nötige Wissen über die Innovation auch während des laufenden Innovationsprozesses erarbeiten kann und nicht schon zu Beginn über das Wis-

---

805 Vgl. Witte 1999, S. 17.
806 Vgl. Witte 1973, S. 18.
807 Witte 1999, S. 17.
808 Hauschildt/Chakrabarti 1999, S. 78.
809 Vgl. Müller 2004, S. 149.
810 Vgl. Witte 1999, S. 17–18; Witte 1973, S. 18; Müller 2004, S. 149.

sen verfügen muss.[811] Seine Macht generiert der Fachpromotor über objektspezifisches Fachwissen[812] und dem daraus resultierenden Respekt.

Der Fachpromotor ist in der Lage, sein Wissen weiterzugeben und andere dazu zu motivieren, die Innovation zu nutzen.[813] Dafür reicht es nicht aus, nur Experte zu sein, auch der Fachpromotor muss in Kommunikation treten können, um die Innovation durchzusetzen.[814] Der Fachpromotor kann im Unternehmen als Multiplikator für die Innovation eintreten, indem er die Akteure über sein Fachwissen aktiviert.[815]

Grundsätzlich kann jedes Organisationsmitglied die Rolle des Fachpromotors übernehmen.[816] Allerdings kann es erst mit ausreichender Fachkenntnis über das Innovationsprojekt seine Funktion als Promotor wahrnehmen und die Opponenten von der Innovation überzeugen.[817]

Er ist organisatorisch dort angesiedelt, wo die (technische) Innovation die stärksten Auswirkungen oder Anknüpfungspunkte hat.[818] Die Energie, die Fähigkeitsbarriere zu überwinden, kommt aus dem Fachwissen des Promotors.[819] Neben dem Fachwissen verfügt er über Fachkönnen, um die innovationsbedingten Aufgaben zu erfüllen.[820]

Macht- und Fachpromotoren bilden ein Gespann, gemeinsam setzen sie sich für die Innovation ein.[821] Dabei belegen empirische Ergebnisse, dass Innovationen in Organisationen mit Strukturen ohne Promotoren weniger erfolgreich verlaufen als Innovationen mit Macht- und/oder Fachpromotoren.[822]

---

811 Vgl. Witte 1999, S. 17–18 sowie Witte 1973, S. 18.
812 Vgl. Walter 1998, S. 104.
813 Vgl. Witte 1999, S. 18.
814 Vgl. Witte 1973, S. 19.
815 Vgl. Müller 2004, S. 150.
816 Vgl. Witte 1999, S. 17.
817 Vgl. Witte 1973, S. 19.
818 Vgl. Witte 1999, S. 17; Witte 1973, S. 18; Müller 2004, S. 149.
819 Vgl. Witte 1973, S. 19; Busse 2005, S. 153.
820 Vgl. Busse 2005, S. 153.
821 Vgl. Hauschildt/Kirchmann 1999, S. 91.
822 Unabhängig von deren Struktur (Gespann, einseitige Machtstruktur, einseitige Fachstruktur, Personalunion-Struktur) (vgl. Witte 1999, S. 39). Zur kritischen Auseinandersetzung mit dem Promotorenmodell vgl. Busse 2005, S. 161–166; Wicher 1995.

D.2.3 Weiterentwicklungen des Promotorenmodells von Witte

D.2.3.1 Die Weiterentwicklung von Hauschildt und Chakrabarti

D.2.3.1.1 Organisations- und Administrationsbarrieren in der Theorie von Hauschildt und Chakrabarti

Hauschildt und Chakrabarti (1988) identifizieren eine dritte Barriere, die der Durchsetzung von Innovationen entgegensteht: die Barriere des Nichtdürfens.[823] Innovationen müssen zumeist organisatorische und administrative Widerstände überwinden.[824] Dazu zählen administrative Zwänge sowie organisatorische Ge- und Verbote, welche sich bspw. aus der Unternehmensverfassung ergeben und die Durchsetzung der Innovation verzögern oder sogar verhindern.[825]

Die besondere Leistung von Hauschild/Chakrabarti liegt in der Erweiterung des Promotorenmodells um die Rolle des Prozesspromotors und der umfassenden Charakterisierung der drei Promotorenrollen Macht-, Fach- und Prozesspromotor auf die in der vorliegenden Arbeit zurükgegriffen wird, um die definierten Barrieren zu überwinden.[826]

D.2.3.1.2 Prozesspromotor zur Überwindung der Organisations- und Administrationsbarrieren in der Theorie von Hauschildt und Chakrabarti

Der Prozesspromotor gewinnt bei komplexen Innovationen (Problem- und Systemkomplexität) sowie in komplexen, vielgliedrigen Großunternehmen an Bedeutung, da er über die Institution und die dort vorherrschenden Prozeduren gleichermaßen Kenntnisse besitzt.[827] Hauschildt und Salomo charakterisieren den Prozesspromotor folgendermaßen:

> „Er verhindert Insellösungen. Er stellt die Verbindung zwischen dem Fachpromotor und dem Machtpromotor her. Er wirbt für das Neue. Er kann aus der Idee einen Aktionsplan entwickeln. Er hat diplomatisches Geschick und weiß, wie man unterschiedliche Menschen individuell anspricht und gewinnt. Seine

---

823 Vgl. Hauschildt/Chakrabarti 1999. Der Artikel ist zuerst erschienen in Hauschildt/Chakrabarti 1988.
824 Vgl. Hauschildt/Kirchmann 1999, S. 93.
825 Vgl. Busse 2005, S. 151.
826 Vgl. Hauschildt/Chakrabarti 1999, S. 77.
827 Vgl. Hauschildt/Kirchmann 1999, S. 93. Zur Existenz und Effizienz des Prozesspromotors vgl. Hauschildt/Kirchmann 1997.

Rolle kann er vornehmlich dann entfalten, wenn er schon relativ lang in der Unternehmung tätig ist und aufgrund früherer Tätigkeit in der Lage war, ein soziales Netzwerk aufzubauen."[828]

Zu seinen Charakteristika zählen:[829]

- Kenntnisse der Organisation sowie der Betroffenen
- Tätigkeit als Diplomat und Vermittler
- Verbindungen zwischen anderen Promotoren schaffen
- aktives Werben für Innovationen
- Wahrnehmung von Aufgaben als Übersetzer (z. B. spricht der Prozesspromotor die Sprache der Technik und die Sprache des Unternehmens)
- Überführung von Ideen in einen Plan
- individuelle Ansprache von Menschen

Der Leistungsbeitrag des Prozesspromotors beruht insb. auf der prozessfördernden Vermittlung sowie der Koordination[830] der Akteure.[831] Der Prozesspromotor steuert den Informationsfluss zur Innovation innerhalb des Unternehmens.[832] Im Vergleich zu Macht- und Fachpromotor verfügt der Prozesspromotor weder über formale Machtinstrumente noch funktionale Autorität.[833] Seine Bedeutung bei der Durchsetzung von Innovationen ergibt sich aus seiner Kenntnis über die Organisation, ihre Mitglieder sowie sein Kommunikationstalent.[834]

D.2.3.2 Die Weiterentwicklung von Gemünden und Walter

D.2.3.2.1 Interorganisationale Barrieren in der Theorie von Gemünden und Walter

Die vorgestellten Untersuchungen von Witte, Hauschild und Chakrabarti konzentrieren sich im Wesentlichen auf intraorganisationale Barrieren und berücksichtigen interorganisationale Prozesse nicht ausreichend.[835] Denn neben dem innerbetriebli-

---

828 Hauschildt/Salomo 2008, S. 171.

829 Vgl. Hauschildt/Chakrabarti 1999, S. 78; Hauschildt/Kirchmann 1999, S. 93; Hauschildt/Schewe 1999, S. 166; Hauschildt/Salomo 2008, S. 171; Howell/Higgins 1990; Busse 2005, S. 153.

830 Töpfer spricht in diesem Zusammenhang sogar von einem Koordinierungspromotor (vgl. Töpfer 1984, S. 399).

831 Vgl. Müller 2004, S. 156.

832 Vgl. Busse 2005, S. 153.

833 Vgl. Hauschildt/Salomo 2008, S. 171.

834 Vgl. Hauschildt/Kirchmann 1999, S. 93; Busse 2005, S. 154; Müller 2004, S. 155.

835 Vgl. Gemünden/Walter 1999, S. 114.

chen Austausch von Ressourcen ist für die erfolgreiche Durchsetzung von Innovationen auch der Austausch von Ressourcen auf zwischenbetrieblicher Ebene relevant.[836]

Den Kooperationen zwischen Unternehmen stehen Barrieren entgegen, die auf der Seite der externen Innovationspartner bzw. in der Zusammenarbeit mit diesen entstehen und Innovationen be- bzw. verhindern.[837] Grundsätzlich verlaufen die interorganisationalen Widerstände nach dem gleichen Muster wie intraorganisationale, der Grund des Widerstandes unterscheidet sich jedoch.[838]

Zu der Barriere des Nichtwollens, der Barriere des Nichtkönnens und der Barriere des Nichtdürfens kommen inter-organisationale Barrieren hinzu: die Barriere des Nicht-voneinander-Wissens, Nicht-zusammenarbeiten-Könnens, Nichtzusammenarbeiten-Wollens und Nicht-zusammenarbeiten-Dürfens[839]. Gemünden leitet die externen Barrieren aus der Forschung zum Informationsverhalten ab.[840]

Barriere des „Nicht-voneinander-Wissens"

Bei der Barriere des „Nicht-voneinander-Wissens" bleiben potenzielle, externe Kooperationspartner für das Unternehmen unbekannt.[841] Mögliche Gründe dafür sind:[842]

- Geheimhaltung, z. B. aus wirtschaftlichen oder politischen Motiven
- räumliche und/oder kulturelle Distanz zu potenziellen Kooperationspartnern
- bisher noch unbekannte Bedürfnisse
- hohe Transaktionskosten, die z. B. die Suche nach Kooperationspartnern behindern

836 Vgl. Gemünden/Walter 1999, S. 113; Busse 2005, S. 151–152.
837 Vgl. u. a. Gemünden/Walter 1999, S. 113–114 und 119; Hauschildt/Kirchmann 1999, S. 93–94; Gemünden 1994, S. 199; Walter 1998; Rothwell/Dodgson 1991, S. 131ff.; Doz 1988, S. 35ff.
838 Vgl. Busse 2005, S. 151.
839 Vgl. Gemünden/Walter 1999, S. 119.
840 Vgl. Gemünden 1993.
841 Vgl. Gemünden/Walter 1999, S. 119; Busse 2005, S. 152.
842 Vgl. Gemünden/Walter 1999, S. 119 unter Verwendung von Pavitt 1992; Turpin/Garrett-Jones/Rankin 1996.

Barriere des „Nicht-zusammenarbeiten-Könnens“

Haben sich die Kooperationspartner gefunden, bedeutet dies nicht automatisch, dass die Zusammenarbeit erfolgreich verläuft. Es bedarf einer Koordination der Zusammenarbeit, wobei unterschiedliche Hürden genommen werden müssen.[843] Dazu gehören z. B. eine gemeinsame Sprache, die gemeinsame Problemdefinition, die Festlegung der Arbeitspartner sowie der dazu passenden Aufbau- und Ablauforganisation.[844] Diese Hürden behindern die Zusammenarbeit zwischen den Kooperationspartnern und stellen eine Barriere für die Innovation dar.

Barriere des „Nicht-zusammenarbeiten-Wollens“

Gemünden und Walter beziehen sich in ihrer Argumentation zur Barriere des Nicht-zusammenarbeiten-Wollens auf das oppositionelle Verhalten der Innovationsgegner.[845] Diese sind nicht per se dazu bereit, mit externen Partnern zusammenzuarbeiten. Trotz sachlicher Argumente lassen sich die Innovationsgegner in diesem Fall nicht überzeugen. Dabei kann das Verhalten auf intellektuelle Überforderung oder Defizite bei der kognitiven Problembewältigung zurückgeführt werden.[846]

Daneben können persönliche oder organisatorische Gründe (z. B. Unklarheiten bei der Aufgaben- und Ergebnisverteilung) vorliegen, die zur Barriere des „Nicht-zusammenarbeiten-Wollens“ führen.[847]

Barriere des „Nicht-zusammenarbeiten-Dürfens“

Eine weitere externe Barriere ist die des Nicht-zusammenarbeiten-Dürfens. Zum Beispiel können im Unternehmen Ge- und Verbote vorliegen, die eine Zusammenarbeit mit externen Partnern verbieten (z. B. aufgrund einer Unternehmensstrategie, die die Kooperation nicht erlaubt).[848] Außerdem können Machtopponenten oder Drittparteien wie bspw. Großkunden die Zusammenarbeit unterbinden.[849]

---

843 Vgl. Gemünden/Walter 1999, S. 120.
844 Vgl. Gemünden/Walter 1999, S. 120 unter Verwendung von Ramiller 1994; Rothwell/Dodgson 1991.
845 Vgl. Gemünden/Walter 1999, S. 120.
846 Vgl. Van de Ven 1986.
847 Vgl. Schrader 1991.
848 Vgl. Gemünden/Walter 1995 sowie Gemünden/Walter 1999, S. 120.
849 Vgl. Gemünden/Walter 1999, S. 120.

D.2.3.2.2 Beziehungspromotor zur Überwindung der Interorganisationalen Barrieren in der Theorie von Gemünden und Walter

Dem Beziehungspromotor kommt die Aufgabe zu, die externen Barrieren des Innovationsprozesses zu überwinden.[850] Er gilt als Verantwortlicher für die Außenbeziehungen der Organisation.[851] Zu seinen Leistungsbeiträgen zählen: „Das Erreichen und Zusammenbringen von Personen, die Dialogführung mit Personen, das Steuern ihrer Interaktionsprozesse und das Fördern sozialer Bindungen zwischen den Partnern."[852]

Walter definiert Beziehungspromotoren als diejenigen Personen, „die einen inter-organisationalen Austauschprozeß aktiv und intensiv fördern, und zwar auf Basis eines Netzwerkes guter persönlicher Beziehungen zu wichtigen Akteuren der (potenziellen) Partnerorganisationen und relevanten Drittparteien sowie aufgrund von Fähigkeiten, neue Beziehungsnetzwerke zu entwickeln und zu nutzen."[853]

Die hierfür benötigte Macht[854] erlangt der Beziehungspromotor aus seiner Sozialkompetenz, seiner Netzwerkkompetenz und seinem Beziehungsportfolio.[855]

Zur Sozialkompetenz

Zu den Eigenschaften des Beziehungspromotors gehören seine „Kommunikationsfähigkeit, Kontaktfreudigkeit, Konfliktfähigkeit, Einfühlungsvermögen, emotionale Stabilität, Motivationsfähigkeit, Verantwortungsbewusstsein, Flexibilität, Lernfähigkeit, Fähigkeit zur Selbstreflexion sowie Gerechtigkeitssinn"[856]. Zudem weist er besondere Fähigkeiten in der Zusammenarbeit mit Gruppen auf: Er kann z. B. gut organisieren,

---

850 Vgl. Walter 1998; Gemünden/Walter 1999.

851 Vgl. Gemünden/Walter 1995, S. 971.

852 Gemünden/Walter 1999, S. 120–121; vgl. ausführlich auch Müller 2004, S. 167–170.

853 Walter 1998, S. 116.

854 Walter versteht in diesem Zusammenhang unter Macht die Möglichkeit von Promotoren, „auf Handlungen anderer im Sinne eigener Motivationen einzuwirken." (Walter 1998, S. 116).

855 Vgl. Walter 1998, insb. S. 117–118. Gemünden und Walter unterscheiden alternativ als Machtquellen persönliche Eigenschaften (Expertenwissen, Wissen über Netzwerkpartner, soziale Kompetenz, Charisma, Kooperationserfahrung) und die Position im sozialen System (hierarchische Position, Netzwerkposition) (vgl. Gemünden/Walter 1999, S. 122–124). Zu den Machtquellen Sozialkompetenz, Netzwerkkompetenz und Beziehungsportfolio vgl. die Ausführungen von Walter 1999, S. 269–270, sowie Müller 2004, S. 164–167.

856 Walter 1998, S. 117.

koordinieren und Interaktionsregeln erarbeiten, innerhalb einer Gruppe und zwischen verschiedenen Gruppen.[857]

Zur Netzwerkkompetenz

Der Beziehungspromotor hat spezifisches Wissen zur Motivation und über die Ressourcen der externen Kooperationspartner des Innovationsprozesses.[858] Er kennt die Verhaltenserwartungen der einzelnen Akteure des Netzwerkes. Zudem verfügt er über Wissen zu den formellen und informellen Bindungen der Akteure und kennt deshalb alternative Interaktionspartner der potenziellen Kooperationspartner sowie des Unternehmens.[859]

Zum Beziehungsportfolio

Der Beziehungspromotor verfügt aufgrund seiner zentralen Position im Netzwerk über umfangreiche persönliche Beziehungen, woraus sich strukturell bedingte Macht ergibt.[860] Die Akteure von (potenziellen) Partnerorganisationen oder relevante Dritte verfügen über kritische Ressourcen.[861] Charakteristisch ist, dass seine sozialen Netzwerke über Organisationsgrenzen hinweg reichen.[862]

D.2.4 Zum Auftreten der Promotorenrollen

Neben den theoretischen Beiträgen zum Promotorenmodell existiert eine Vielzahl empirischer Untersuchungen, die der Frage nachgehen, welche Promotorenrollen bei erfolgreichen Innovationsprozessen existieren und in welchen Konstellationen diese den Innovationsprozess zum Erfolg führen.[863] Die Ergebnisse sind heterogen und zeigen die komplette Bandbreite bezüglich des Grades der Arbeitsteilung: Neben Arbeiten, in denen explizit keine Promotoren nachgewiesen werden[864] zeigen andere beispielsweise, dass ein Promotorengespann[865], eine Promotorentroika[866] oder Innovationsteams mit 5 bis 7 Teilnehmern[867] Innovationsprozesse zum Erfolg bringen.[868]

---

857 Vgl. Walter 1998, S. 117.
858 Vgl. Walter 1998, S. 117.
859 Vgl. Walter 1998, S. 117.
860 Vgl. Walter 1998, S. 117.
861 Vgl. Walter 1998, S. 117.
862 Vgl. Walter 1998, S. 117.
863 Vgl. dazu Hauschildt/Kirchmann 1999; Walter/Gemünden 1999.
864 Vgl. Markham/Green/Basu 1991 sowie Scholl 2004, S. 86.
865 Vgl. Witte 1973, S. 35 oder Chakrabarti/O´Keefe 1977, S. 340.

In allen Konstellationen stehen die Promotoren regelmäßig miteinander im Dialog und erarbeiten gemeinsam konstruktive Lösungen zur Durchsetzung der Innovation.[869] So entsteht eine produktive Atmosphäre, in der Pro und Contra der Innovation diskutiert werden können und jeder Beteiligte sich mehr als üblich in den Prozess einbringen kann.[870]

Die SAPPOH-Studie[871] aus den 1970er Jahren weist nach, dass es zu einer Akkumulation der Rollen unter den Promotoren kommt. Das bedeutet, dass die Promotoren im Promotorenmodell nicht über „Rollenexklusivität" verfügen, da eine Person eine oder mehrere Rollen im Rahmen des Innovationsprozesses übernehmen kann.[872] Es sind „Rollenkombinationen" (ein Individuum nimmt mehrere Rollen ein) und „Rollenpluralität" (mehrere Individuen übernehmen eine Rolle) möglich.[873] Innerhalb des Innovationsprozesses können die Rollen zudem wechseln: Promotoren geben ihre Rolle auf und scheiden aus dem Innovationsprozess aus oder übernehmen andere Rollen.[874]

Mit Blick auf die vorliegende Arbet gilt es zu untersuchen, welche Promotorenkonstellationen in KMU möglich sind und welche Rolle dem Unternehmer dabei zukommt.

D.3 Das Verhaltensmodell nach Zabel

D.3.1 Grundlegende Aussagen zum Verhaltensmodells nach Zabel

Wie bereits erläutert spielt für eine nachhaltige Entwicklung das Verhalten eine bedeutende Rolle. Um die Zusammenhänge zwischen Verhalten und Innovationsbarrieren analysieren zu können, muss zunächst geklärt werden, wie menschliches Verhalten entsteht und warum sich Individuen wie verhalten. Als Erklärungsansatz eignet sich insb. das Verhaltensmodell nach Zabel, welches im Jahr 1999 publik gemacht wurde.[875] Im Gegensatz zu den herkömmlichen ökonomischen Modellen fin-

---

866 Vgl. Hauschildt/Kirchmann 1999, S. 107.
867 Vgl. Bantel/Jackson 1989, S. 107ff. sowie Howel/Higgins 1990, S. 317ff.
868 Vgl. Hauschildt/Kirchmann 1999, S. 92–93.
869 Vgl. Hauschildt/Salomo 2008, S. 171.
870 Vgl. Hauschildt/Salomo 2008, S. 171.
871 Vgl. Rothwell/Freeman/Horsley et al. 1974.
872 Vgl. Steppeler 2010, S. 43; Hauschildt/Salomo 2008, S. 172.
873 Vgl. Hauschildt/Salomo 2008, S. 172.
874 Vgl. Hauschildt/Salomo 2008, S. 172.
875 Vgl. Zabel 1999b. An dieser Stelle wird auf das Modell und folgende Arbeiten von Zabel zurück-

den beim Verhaltensmodell sowohl egoistische als auch altruistische Verhaltensaspekte und die genetischen Prägungen Berücksichtigung.[876] Ziel dieses Verhaltensmodells ist es, reales menschliches Verhalten ganzheitlich, d. h. unter Einbezug interdisziplinärer[877] und empirischer Erkenntnisse, unter Beachtung des Menschen als Natur- und Kulturwesen sowie als Individuum und Gruppenmitglied zu erklären. Zugleich wird der Prozesscharakter des Verhaltens berücksichtigt.[878] Das Verhaltensmodell nach Zabel ist in der Forschungsrichtung der ökologischen Ökonomik verortet.[879] Unter Berücksichtigung empirischer Erkenntnisse liefert das Modell Beiträge auf der Erklärungs- und der Gestaltungsebene.[880]

Die wesentlichen Beiträge des Verhaltensmodells auf ersterer Ebene liegen bei der Klärung folgender Fragen:[881]

- Wie entsteht ein bestimmtes Verhalten und warum setzt es sich so dominant durch?[882]
- Wie können parallel dazu auch alternative Verhaltensorientierungen bestehen?
- Welche Wechselwirkungen und Verknüpfungen gibt es zwischen den Verhaltensausrichtungen im Allgemeinen, aber auch auf der Individual- und der Gruppenebene von Verhalten?

Ziel ist es, reales Verhalten in unterschiedlichen Situationen zu deuten und zu erklären.[883] Auf der Gestaltungsebene liefert das Verhaltensmodell nach Zabel Beiträge zur „Identifizierung von Verhaltensquellen für sustainabilityorientiertes Verhalten“[884]

---

gegriffen: Zabel 2001, S. 105–112; Zabel 2002, S. 145–168; Zabel 2005, S. 717–735; Zabel 2011b, S. 339–358. Eine erste Veröffentlichung des Verhaltensmodells fand im Jahr 1999 statt. Weitere Arbeiten, zum Teil mit gravierenden Weiterentwicklungen (z. B. der Einführung von Regelkreisen) folgten in den Jahren 2001, 2005, 2006 und 2011. Eine Adaption des Verhaltensmodells zum Vertrauensmodell fand bei Rheinländer statt (Rheinländer 2013).

876 Vgl. dazu auch die Ausführungen in Siebenhüner 2001 sowie Rheinländer 2013.

877 Die Forderungen der Öffnung der Wirtschaftswissenschaften gegenüber anderen Disziplinen über die Integration von Erkenntnissen z. B. aus den Neuro- und Systemwissenschaften werden immer lauter (vgl. u. a. Pruckner 2012, S. 187).

878 Vgl. Zabel 2001, S. 106 sowie Zabel 2011b, insb. S. 339–345.

879 Vgl. Zabel 1999b, S. 8.

880 Vgl. Zabel 2011b sowie Zabel 1999b, S. 8–9.

881 Vgl. Zabel 1999b, S. 8–9. An dieser Stelle finden sich auch weitere Erklärungsbeiträge des Verhaltensmodells nach Zabel.

882 Vgl. Zabel 1999b, S. 8–9.

883 Vgl. Zabel 1999b, S. 9.

884 Zabel 1999b, S. 9.

und zeigt Aktivierungsmöglichkeiten und Grenzen auf.[885] Wesentliche Impulse (im Vergleich zur traditionellen Ökonomik) liefern:

- „Altruismus (versus Egoismus);
- Selbstorganisationsprozesse (versus Fremdorganisation);
- außerökonomische Anreize (versus ökonomische Anreize);
- immaterielle Bedürfnisse (versus materielle Bedürfnisse);
- natürliche Antriebs- und Belohnungsmuster (versus kulturelle Muster);
- qualitatives Wachstum (versus quantitatives Wachstum);
- Kooperationsprinzip (versus Defektieren);
- Kreislaufwirtschaft (versus Durchflusswirtschaft).“[886]

D.3.1.1 Die Determinanten des Verhaltensmodells nach Zabel

Als Determinanten des Verhaltensmodells wirken die genetischen und kulturellen Prägungen sowie die Situation, in der das Verhalten stattfindet.[887]

1. Zu den genetische Prägungen

Die genetischen Prägungen sind für die „primäre, ursprüngliche Ausrichtung“[888] menschlichen Verhaltes verantwortlich und noch heute als „Verhaltensvorrat“ vorhanden.[889] Sie setzen sich aus den „Antriebs-, Sinngebungs-, Sozialisations- und Belohnungsmuster[n] lebensdienlichen Verhaltens“[890] zusammen.

Genetische Prägungen beinhalten eine Egoismus- und eine Altruismuskomponente.[891] Die Egoismuskomponente orientiert sich am individuellen Überleben und der individuellen Entfaltung, wohingegen sich die Altruismuskomponente am Überleben der Art und der Entfaltung der Art ausrichtet.[892] Da sich die genetischen Prägungen im Laufe der Evolution in Kleingruppen und Stammesverbänden herausgebildet

---

885 Vgl. Zabel 1999b, S. 9.
886 Zabel 1999b, S. 9–10. Zu den Grenzen des Wachstums vgl. Meadows/Ran-ders/Meadows 2012.
887 Vgl. Zabel 2001, S. 105–112; Zabel 2002, S. 145–168; Zabel 2005, S. 717–735; Zabel 2011b, S. 339–358.
888 Zabel 2001, S 109.
889 Vgl. Zabel 2001, S 109. Zur Differenzierung von angeborenem und erlerntem Verhalten vgl. Maturana/Varela 2012, S. 187–189.
890 Zabel 2011b, S. 346, Zabel 2002, S. 150.
891 Zum Mix aus Egoismus und Altruismus vgl. u. a. Zabel 2011b, S. 346. Zur Unterscheidung Egoismus/Altruismus vgl. Maturana/Varela 2012, S. 213.
892 Vgl. Zabel 2002, S. 151, Zabel 1999b, S. 10 und Trivers 1971 sowie Bauer 2011.

haben, orientiert sich Verhalten an anderen Gruppenmitgliedern und ist auf Solidarität und Gemeinwohl angelegt.[893] Gruppenfeindliches Verhalten wird durch Emotionen eingeschränkt (z. B. durch Scham- und Schuldgefühle bei Fehlverhalten) und sogar sanktioniert (z. B. durch Liebes- oder Ressourcenentzug) und führt im Extremfall bis zum Ausschluss aus der Gruppe.[894]

Im Menschen sind die genetischen Prägungen als Muster angelegt und werden entweder durch eine sinnliche Wahrnehmung oder durch Instinkte bzw. Reflexe (vor allem bei drohender Gefahr) aktiviert.[895] Dabei orientieren sie sich am Prinzip der Aufwandsminimierung unter Nutzung einfacher Reiz-Reaktions-Mechanismen und Ursache-Wirkungsbeziehungen mit natürlichen Wachstumsbarrieren und negativen Rückkopplungen.[896]

Die Bedeutung der genetischen Prägungen resultieren wesentlich aus der Altruismuskomponente: Sie bilden die Basis der Humanitätsorientierung, da sie Auslöser für soziales und moralisches Verhalten sind.[897] Genetisch geprägtes Verhalten orientiert sich am Postulat der Lebensdienlichkeit und beinhaltet somit eine Ausrichtung am Vorsorge- und Vorsichtsprinzip.[898] Gleichzeitig ist festzustellen, dass die in der Jäger- und Sammlerzeit herausgebildeten Funktionsprinzipien noch heute vorhanden sind. Diese orientieren sich an dem Leben in Stammesverbänden.[899] Unter den zurzeit vorherrschenden Strukturen in Wirtschaft und Gesellschaft können sie jedoch zu nachhaltigkeitsfeindlichem Verhalten führen.[900]

Die wesentlichen Charakteristika der genetischen Prägungen sind in ***Abbildung 28*** zusammengestellt:

---

893 Vgl. Zabel 2011b, S. 346 sowie Morris 1996.

894 Vgl. Zabel 2011b, S. 346.

895 Vgl. Zabel 2011b, S. 347 und Zabel 2002, S. 150. Als Beispiel für einen Reflex kann der Tauchreflex genannt werden. Wenn das gesamte Gesicht mit Wasser in Berührung kommt, wird der Tauchreflex ausgelöst, der dafür sorgt, dass die Atemwege geschlossen werden. Außerdem werden die Bronchien zusammengezogen sowie der Herzschlag vermindert, um sich vor dem Ertrinken und den Auswirkungen eines kurzzeitigen Atemstillstands zu schützen (vgl. Morris 1996, S. 53–54).

896 Vgl. Zabel 2001, S. 109–110.

897 Vgl. Zabel 1999b, S. 11.

898 Vgl. Zabel 2011b, S. 346, Zabel 2001, S. 109, Zabel 1999b, S. 11.

899 Vgl. Zabel 2001, S. 110; Morris 1996, S. 48.

900 Vgl. Zabel 2001, S. 110 und Morris 1996 sowie das Kapitel E.2.2.

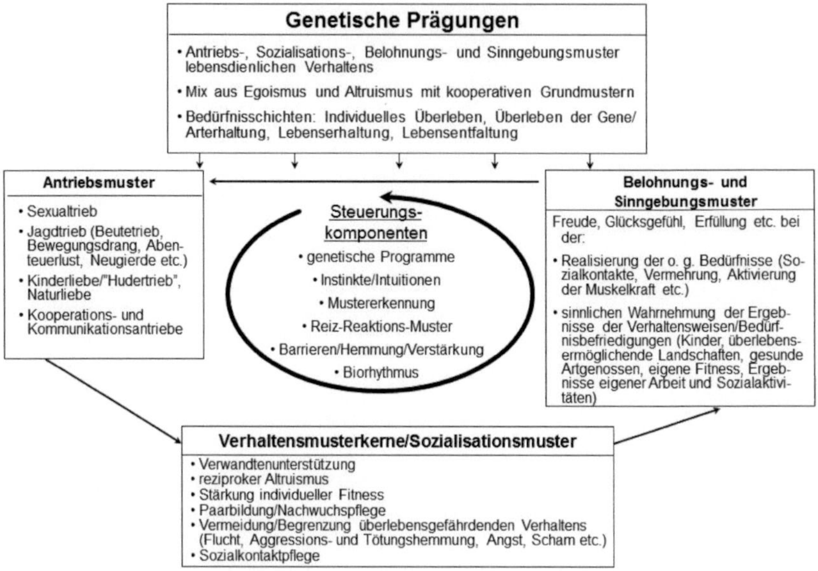

Abbildung 28: Genetische Prägungen menschlichen Verhaltens

Quelle: Zabel 2001, S. 139.

Zabel weist explizit auf die ökonomische Bedeutung der genetischen Prägungen hin.[901] Genetische Prägungen können z. B. die Nachfrage nach Gütern auslösen (z. B. kann mit dem Bedürfnis nach Fitness das Interesse am Joggen hervorgerufen werden und damit der Kauf von Sportschuhen und Sportkleidung), die Grundlage für freiwillige Kooperations- und Kommunikationsaktivitäten von Unternehmen in Richtung Gemeinwohl und Lebensdienlichkeit bilden und die Verhaltensausrichtung auf Effizienz und Effektivität (z. B. durch die Aufdeckung und den Abbau von organisatorischen Ineffizienzen) unterstützen.[902]

2. Zu den kulturelle Prägungen

Die genetischen Prägungen wirken wechselseitig mit kulturellen Verhaltensimpulsen, die im Verhaltensmodell als „kulturelle Prägungen menschlichen Verhaltens" be-

---

901 Vgl. Zabel 2015d, Abb. 2/80 und 2/81.

902 Vgl. Zabel 2015d, Abb. 2/80 und 2/81. Somit sind die genetischen Prägungen als eine notwendige jedoch keine hinreichende Bedingung für Nachhaltigkeit zu interpretieren (vgl. Zabel 2015d, Abb. 2/81).

zeichnet werden.[903] Die kulturellen Prägungen spiegeln das „Menschengemachte" wieder.[904] Verhalten findet innerhalb dieser menschengemachten Rahmenbedingungen (z. B. Gesetze, Werte, Traditionen) statt und bedingt diese.[905] Kulturelle Prägungen wirken relativ stabil auf unser Verhalten, können sich aber z. B. im Rahmen von Lernprozessen verändern.[906]

3. Zur Situation/zu den situative Einflüssen

Als dritte verhaltensleitende Determinante führt Zabel die situativen Einflüsse an. Verhalten passt sich, ausgehend von der genetisch und kulturell geprägten Verhaltensorientierung der Situation an und kann somit von der eigentlichen Verhaltensausrichtung abweichen.[907] Beispiele für situative Einflüsse sind Zwänge (z. B. wenn ein Individuum aus ökonomischen Gründen einer Arbeit nachgehen muss, die nicht der Qualifikation und den Interessen entspricht) oder Verführungen (z. B. wenn ein grundsätzlich motivierter Mitarbeiter von seinen Kollegen überredet wird, die Kaffeepause zu verlängern, statt erneut an die Arbeit zu gehen) denen Individuen unterliegen.[908]

D.3.1.2 Die Regelkreise des Verhaltensmodells nach Zabel

Die Persönlichkeit bildet sich durch einen individuellen Mix aus genetischen und kulturellen Prägungen und äußert sich in der „Grundsubstanz an Wollen".[909] Im Verhaltensmodell nach Zabel wird menschliches Verhalten durch die Aktivierung des inneren Modells bzw. des Persönlichkeitsprofils (z. B. durch Emotionen und Instinkte) sowie als Reaktion auf eine sinnliche Wahrnehmung ausgelöst.[910] Die Interaktion menschlichen Verhaltens kann mit Hilfe der fünf verschachtelten Regelkreise des Verhaltensmodells erklärt werden, welche sich gegenseitig bedingen sowie dynamisch wirken.[911] Die Regelkreise arbeiten mit verschiedenen Abfragen.[912] Besonders hervorzuheben ist, dass unter Rückgriff auf das Verhaltensmodell sowohl Kurz-

---

903 Vgl. Zabel 2002, S. 153.
904 Vgl. Zabel 2001, S. 114.
905 Vgl. Zabel 2011b, S. 347. Zabel weist an dieser Stelle auf die Strukturationstheorie von Anthony Giddens aus dem Jahr 1984 hin (vgl. Giddens 2013).
906 Vgl. Zabel 1999b, S. 12.
907 Vgl. Zabel 2001, S. 347.
908 Vgl. Zabel 2001, S. 107–108.
909 Vgl. Zabel 2015b, S. 44.
910 Vgl. Zabel 2015b, S. 44.
911 Vgl. Zabel 2011b, S. 348–350, Zabel 2002, S. 154–155.
912 Vgl. Abbildung 29.

schlussreaktionen als auch langfristige (strategische) Entscheidungen erklärt werden können.[913]

Konstruktivistischer Regelkreis

Der konstruktivistische Regelkreis beschreibt die Auseinandersetzung eines Individuums mit sich selbst (über die „Grundsubstanz an Wollen“).[914] Als Folge ergibt sich eine Verhaltensneuausrichtung auf Basis der Korrektur der Selbstwahrnehmung.[915] Der Anlass hierfür kann partiell losgelöst von der Umwelt gesehen werden.[916] Durch diese Auseinandersetzung kann es zu einer Veränderung der „Grundsubstanz an Wollen“ kommen.[917] Als Beispiel ist an dieser Stelle das Überdenken des eigenen Lebensstils durch den Unternehmer nach einer Umweltkatastrophe (welchen Beitrag leiste ich zum Klimawandel?) zu nennen.[918] Innerhalb des konstruktivistischen Regelkreises kann es zu einer Schwächung bzw. Stärkung des Selbstbildes und zu einer Bestätigung oder Korrektur der Selbstwahrnehmung kommen.[919]

Notfall- und Reflexregelkreis

Wird die Abfrage nach einer Not- oder Reflexsituation bejaht, wird der Notfall- und Reflexregelkreis aktiviert.[920] Dabei werden durch einen Reiz die genetischen Programme abgerufen, die daraufhin Verhalten in Form von Instinkten und Reflexen auslösen, ohne den Verstand bzw. das innere Modell abzurufen.[921] Beispielhaft dafür ist das fluchtartige Verlassen des Firmengebäudes bei Feuer. Das reflexartige Verhalten führt dazu, dass keine weiteren Determinanten bzw. Teilprozesse des Verhaltens Berücksichtigung finden. Dabei kann das fluchtartige Verlassen des Firmengebäudes z. B. bedeuten, dass wichtige Dokumente zurückgelassen werden müssen. Es findet auch keine situative Anpassung des Verhaltens statt, da schnell auf eine Gefahrensituation reagiert wird.

---

913 Vgl. Zabel 2002, S. 154.

914 Zu den biologischen Grundlagen des Erkennens vgl. Maturana/Varela 2012.

915 Vgl. Zabel 2011b, S: 349; Zabel 2015b, S. 44.

916 Vgl. Zabel 2005, S. 727.

917 Vgl. Zabel 2011b, S. 349; Zabel 2002, S. 154. Die „Grundsubstanz an Wollen“ entspricht der grundsätzlichen Orientierung des Individuums. Sie entspricht dem inneren Modell, weshalb die beiden Begriffe in der vorliegenden Arbeit als Synonyme Verwendung finden.

918 Zum Zusammenhang von Geist und Bewusstsein vgl. Maturana/Varela 2012, insb. S. 251–254.

919 Vgl. Zabel 2011b, S. 349.

920 Vgl. Abbildung 29.

921 Vgl. Zabel 2011b, S 348, Zabel 2002, S. 155.

Interaktionsregelkreis

Fallen die Abfragen für eine Notfallsituation und den situativen Handlungsbedarf negativ aus, wird der Interaktionsregelkreis aktiviert. Zabel bezeichnet diesen als „tragende(n) Regelkreis“[922], als „normale Verhaltenssituation“[923]. Dabei findet ausgehend von der Wahrnehmung Verhalten im Sinne der „Grundsubstanz an Wollen“ statt. Im Interaktionsregelkreis werden die genetischen und kulturellen Prägungen unter Einbezug der Informationsintegration berücksichtigt.[924] Beispielhaft ist an dieser Stelle das Verhalten des Unternehmers im normalen Tagesgeschäft zu nennen. Charakteristisch sind die dabei entstehenden Interaktionsdynamiken.

Situationsanpassungsregelkreis

Liegt keine Notfallsituation vor, besteht aber situativer Handlungsbedarf, wird der Situationsanpassungsregelkreis aktiviert. Es findet ein situativ angepasstes Verhalten unter Beachtung von Verhaltenseinflüssen aus konkreten (Lebens-)Situationen sowie Anpassungs- und Reaktionserfordernissen statt.[925] So kann ein Unternehmer nur in eine umweltfreundliche IUS-Technologie investieren, wenn die Bank ihm notwendige Kredite zur Verfügung stellt. Sind keine ausreichenden Mittel vorhanden, kann der Unternehmer dazu gezwungen sein, entgegen seiner Nachhaltigkeitsorientierung auf die kostengünstigere EOP-Technologie mit höherer Umweltbelastung und geringeren Investitionskosten zurückzugreifen.[926]

Gruppendynamikregelkreis

Das Verhalten in Gruppen wird vom Gruppendynamikregelkreis gesteuert.[927] An dieser Stelle ist das genetische Bedürfnis nach Gruppenzugehörigkeit und die daraus

---

922 Zabel 2011b, S. 349.

923 Zabel 2011b, S. 349.

924 An dieser Stelle wird in der Arbeit eine Modifikation des Verhaltensmodells nach Zabel vorgenommen. „Normales“ Verhalten findet nach Ansicht der Autorin ohne eine Eigenreflexion des eigenen Verhaltens statt. Bspw. bei der Büromaterialbestellung: Wenn ein Unternehmer die Büromaterialbestellungen anordnet, philosophiert er nicht bei jedem Artikel über die Umweltverträglichkeit der einzelnen Produkte, sondern bestellt nach seiner grundsätzlichen Einstellung, der „Grundsubstanz an Wollen“. Aus diesem Grund findet beim Interaktionsregelkreis keine Eigenreflexion des eigenen Verhaltens statt. Dies findet auch in der grafischen Darstellung des Verhaltensmodells Berücksichtigung.

925 Vgl. Zabel 2015b, S. 45; Zabel 2011b, S. 349 und Zabel 2006, S. 155.

926 Besonders tragisch ist dies, da Banken bei der Kreditvergabe zumeist die Lebenszykluskosten von Technologien nicht berücksichtigen und diese bei IUS-Technologien zumeist unter denen von EOP-Technologien liegen (vgl. Zabel 2009 sowie Kapitel D.1.2).

927 Der Gruppendynamikregelkreis findet zum ersten Mal in der Veröffentlichung Zabel 2011b An-

resultierende Verhaltensneigung von Bedeutung.[928] Individuelles Verhalten wird stark durch die Zugehörigkeit zu Gruppen, die Identifikation mit der jeweiligen Gruppe, deren Gruppennormen und Gruppenspezifika (Zwang, Verdrängung, Abgrenzung, Aufwertung) beeinflusst.[929] Auch Unternehmer organisieren sich in unterschiedlichsten Gruppen, beeinflussen diese und werden von diesen beeinflusst.[930]

D.3.1.3 Zusammenfassung zum Verhaltensmodell

Zusammenfassend lässt sich festhalten, dass mit Hilfe der fünf Regelkreise im Verhaltensmodell menschliches Verhalten umfassend erklärt werden kann. Verhaltensleitend sind neben den Regelkreisen die Determinanten des Verhaltensmodells (die genetischen und kulturellen Prägungen der Individuen sowie die Situation, in der Verhalten stattfindet).[931] ***Abbildung 29*** stellt das Verhaltensmodell nach Zabel abschließend grafisch dar:

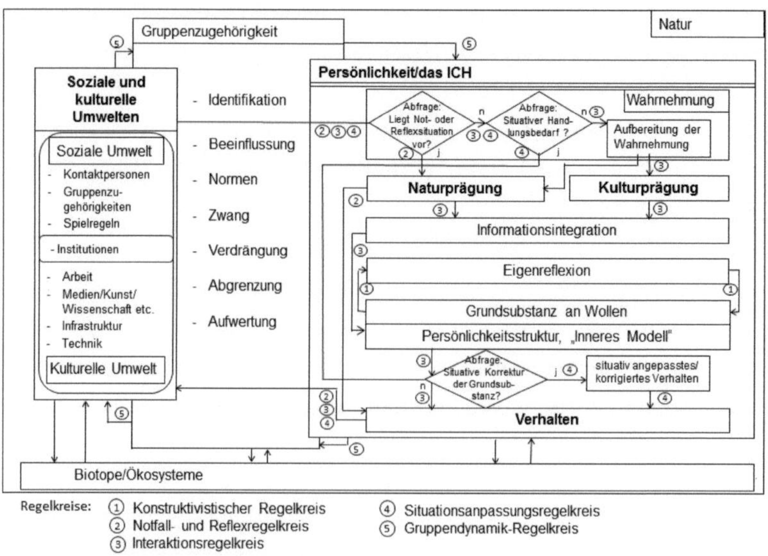

Abbildung 29: Das Verhaltensmodell nach Zabel

Quelle: Zabel 2011b, S. 349 mit leicht modifiziertem Ablauf des Interaktionsregelkreises.

wendung (vgl. Zabel 2011b, S. 349).

928 Vgl. Zabel 2001, S. 109, sowie Zabel 2014, S. 116 und S. 117; Franken 2010, S. 173.

929 Zur Gruppenzugehörigkeit vgl. Zabel 2014, S. 117–118.

930 Vgl. Kapitel E.1.3.6.

931 Vgl. Zabel 2001.

D.4 Schlussfolgerungen aus den Promotorenmodellen und dem Verhaltensmodell nach Zabel für die Anwendung in der Arbeit

Die vorangegangenen Erläuterungen führen zu der Frage, welchen Beitrag die Promotorenmodelle und das Verhaltensmodell nach Zabel zur Durchsetzung von Nachhaltigkeitsinnovationen sowie zur Systematisierung und zur Überwindung der Barrieren der Nachhaltigkeitsorientierung von KMU leisten können.

Die Promotorenmodelle gehen davon aus, dass Opponenten im Wesentlichen dafür verantwortlich sind, dass Innovationen verzögert, verformt oder verhindert werden.[932] In Kombination mit dem Barrierenkonzept ermöglichen die Promotorenmodelle das Aufzeigen und Systematisieren von Barrieren der Nachhaltigkeitsorientierung von KMU und der Entwicklung von Promotorenrollen, die die Nachhaltigkeitsorientierung von KMU ermöglichen bzw. unterstützen.

Die in den Wirtschaftswissenschaften zumeist verwendeten Verhaltensmodelle konzentrieren sich im Wesentlichen auf „egoistische, eigennutzorientierte, ökonomierelevante Verhaltenskomponenten".[933] Demgegenüber steht das Verhaltensmodell nach Zabel, welches zusätzlich „emotionale bzw. altruistische, genetisch programmierte Komponenten"[934] berücksichtigt. Aus diesem Grund eignet sich das Verhaltensmodell von Zabel zur Erklärung realen Verhaltens und zur Anwendung im BNM, um verhaltensbedingte Barrieren bei der Förderung nachhaltigkeitsfreundlichen Verhaltens zu identifizieren und zu erläutern sowie um Ansatzpunkte für nachhaltigkeitsfreundliches Verhalten zu ermitteln. Dies dient als Voraussetzung für die Arbeit der Promotoren.

Die Promotorenmodelle wiederum, mit deren Hilfe die Umsetzung der aus dem Verhaltensmodell gewonnen Erkenntnisse gelingen soll, basieren auf den Annahmen Korrespondenztheorem, Theorem der Arbeitsteilung sowie Interaktionstheorem.[935] Das Hinzuführen von spezifischer Energie („Korrespondenztheorem")[936] ist dabei eine notwendige, aber nicht hinreichende Bedingung zur Überwindung der Barrieren im Nachhaltigkeitskontext in KMU. Es bedarf zusätzlich der Bereitstellung von allge-

932 Vgl. Kapitel D.2 und Kapitel E.
933 Zabel 2001, S. 106. Vgl. dazu auch Siebenhüner 1999.
934 Zabel 2001, S. 106.
935 Vgl. die Ausführungen in Kapitel D.2.2.
936 Vgl. Hauschildt/Salomo 2011, S. 126.

meinen sowie innovationsspezifischen Ressourcen und der aktiven Willensbildung und -durchsetzung.

Die Energie zur Überwindung der Barrieren kann von verschiedenen Personen eingebracht werden („Theorem der Arbeitsteilung“).[937] Diese Erkenntnisse beruhen auf der Untersuchung von Großunternehmen. KMU sind durch einen geringen Grad an Arbeitsteilung charakterisiert und weisen einfache Organisationsstrukturen auf.[938] Deshalb kann man die Erkenntnisse und empirischen Ergebnisse Wittes nicht unreflektiert auf KMU übertragen. Witte geht im Promotorenmodell noch von einer Rollenexklusivität aus.[939] Im Nachhaltigkeits- und KMU-Kontext ist diese Annahme nicht haltbar. Dies führt dazu, dass der Unternehmer im KMU mehrere Rollen im Innovationsprozess übernehmen muss. Hauschildt/Salomo konstatieren: „Rollenkombination und Rollenpluralität sind Normalfälle. Die idealtypische Rollenexklusivität ist die Ausnahme.“[940] Dem „Interaktionstheorem“[941] (die gute Zusammenarbeit zwischen den Promotoren fördert den Innovationsprozess) kommt somit automatisch eine geringere Bedeutung zu.

Die für das Forschungsvorhaben nicht zweckdienlichen Annahmen aus den Promotorenmodellen führen zu einer dialektischen Aufhebung der Promotorenmodelle und eine „Unterfütterung“ mit dem Verhaltensmodell im Nachhaltigkeits- und KMU-Kontext in folgenden Bereichen:

- Spezifizierung und Anwendung der Promotorenmodelle unter Berücksichtigung der Charakteristika von KMU sowie von Nachhaltigkeitsinhalten und -herausforderungen,
- Konkretisierung von Verhaltensaspekten,
- differenzierte und theoriebasierte Barrierenermittlung, insb. im Verhaltenskontext unter Verwendung des Verhaltensmodells nach Zabel,
- Neuausrichtung bzw. Profilierung der bestehenden Promotorenrollen,

---

937 Vgl. Hauschildt/Salomo 2011, S. 126.
938 Vgl. Kapitel B.4.
939 Vgl. Folkerts/Hauschildt 2002, S. 8f.
940 Hauschildt/Salomo 2011, S. 130. Wobei diese Aussage allgemein gilt und deshalb insb. mit Blick auf Großunternehmen zu interpretieren ist.
941 Vgl. Hauschildt/Salomo 2011, S. 126.

- Weiterentwicklung der Promotorenstruktur insb. durch die Entwicklung neuer Promotorenrollen unter Rückgriff auf das Verhaltensmodell,
- Erweiterung des Bezugsrahmens zu Barrieren, Ressourcen und Akteuren.

Da der Abbau der Barrieren alleine nicht die erfolgreiche Umsetzung von Nachhaltigkeitsinnovation in KMU sichert, bedarf es zusätzlich der Schaffung von Innovationsvoraussetzungen durch eine allgemeine und spezielle Ressourcenbereitstellung in KMU sowie der Motivation der Stakeholder, Nachhaltigkeitsinnovationen zu initiieren und umzusetzen (aktive Willensbildung und -durchsetzung).

Dazu ist die Entwicklung eines neuen Barrierenkonzeptes unter Berücksichtigung von KMU-, Nachhaltigkeits- und Verhaltensaspekten sowie geeigneter Promotorenrollen zweckmäßig. Zu berücksichtigen ist, dass nicht jede Promotorenrolle nur zur Überwindung einer Barriere befähigt. Im Nachhaltigkeits- und KMU-Kontext wirken die Promotorenrollen zusammen: Die Person des Unternehmers vereinigt die verschiedenen Rollen in sich. Die Leistungen des neuen Ansatzes liegen deshalb in der Identifizierung und Charakterisierung der Person des Unternehmers als Universalpromotor für Nachhaltigkeit in KMU, welcher aufgrund der geringen Arbeitsteilung in KMU mehrere bzw. alle Promotorenrollen übernehmen kann bzw. Promotorenrollen partiell delegieren kann.

E Entwicklung eines Barrierenkonzeptes für die Nachhaltigkeitsorientierung von KMU

E.1 Herangehensweise bei der Systematisierung von Barrieren der Nachhaltigkeitsorientierung von KMU

Im Fokus des folgenden Kapitels steht die Entwicklung eines Barrierenkonzeptes unter Berücksichtigung von übergeordneten Voraussetzungen zur Nachhaltigkeitsorientierung von KMU (***Kapitel E.1.1***), der Willensbildung (***Kapitel E.1.2***) und der Durch- und Umsetzung des Willens (***Kapitel E.1.3***) in Richtung Nachhaltigkeit.

Die Basis der Nachhaltigkeitsorientierung von KMU bildet das BNM.[942] Das BNM kann in KMU als Nachhaltigkeitsinnovation interpretiert werden.[943] Die Einführung und Anwendung des BNM in KMU kann durch Nachhaltigkeitsinnovationsprojekte unterstützt werden, wie bspw. die Einführung eines Umweltmanagementsystemes nach EMAS III bzw. ISO 14 001 oder die Einführung einer Nachhaltigkeitsberichterstattung nach GRI G4. Für den Erfolg der Nachhaltigkeitsinnovationen ist es notwendig, im KMU Innovationsvoraussetzungen zu schaffen, indem Ressourcen bereitgestellt werden und zu einer aktiven Willensbildung und -durchsetzung motiviert wird.

In der vorliegenden Arbeit finden eine dialektische Aufhebung der Promotorenmodelle sowie des Verhaltensmodells nach Zabel und eine Anwendung der Erkenntnisse aus den Modellen im Nachhaltigkeits- und KMU-Kontext statt.[944] Dabei werden die für die Entwicklung eines KMU-tauglichen BNM nützlichen Theorieansätze weitergeführt, während die theoretischen Ansätze ohne brauchbaren Bezug zum hier verfolgten BNM in KMU verworfen werden. Das bedeutet, die Elemente, die ein Aufzeigen und Systematisieren der Barrieren der Nachhaltigkeitsorientierung von KMU ermöglichen, zu erhalten. Dies erfolgt insb. über die Beibehaltung der Verbindung zwischen Barrierenkonzept und Promotoren sowie der Struktur zur Systematisierung der zu beschreibenden Promotorenrollen (Machtquellen und Leistungsbeiträge). Da eine Lücke insb. bei der Erklärung verhaltensbedingter Barrieren besteht, werden die Erkenntnisse aus den Promotorenmodellen um die des Verhaltensmodells nach Za-

942 Vgl. Kapitel C.4.
943 Vgl. Kapitel D.1.
944 Der Begriff „dialektische Aufhebung“ geht aus Georg W.F. Hegel zurück (vgl. Hegel 1812).

bel erweitert, um die im Nachhaltigkeits- und KMU-Kontext besonders bedeutsamen verhaltensbedingten Widerstände aufzuzeigen zu können.

Die Barrieren einer Nachhaltigkeitsorientierung von KMU können in allgemeine Barrieren der Nachhaltigkeitsorientierung, Willensbildungsbarrieren sowie Willensdurchsetzungsbarrieren unterschieden werden (***vgl. Abbildung 30***).[945]

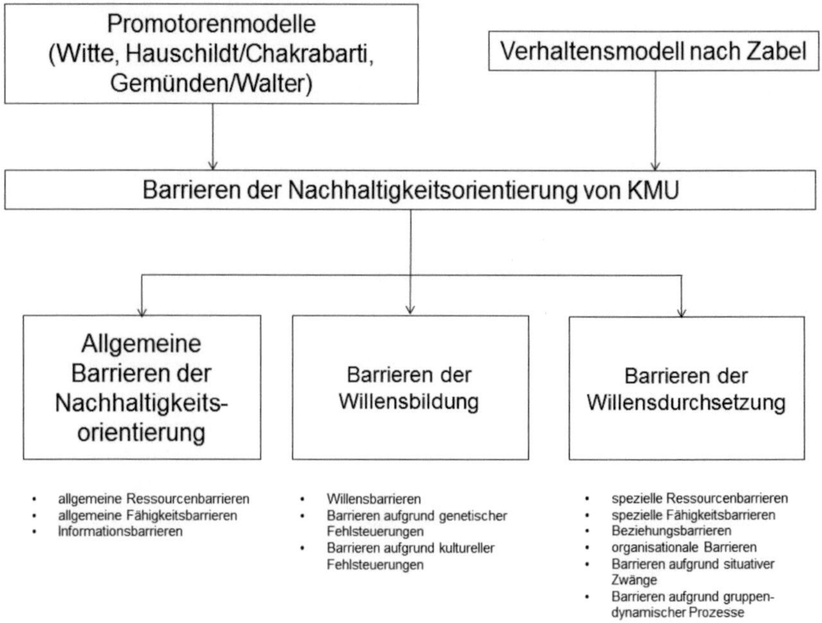

Abbildung 30: Barrieren der Nachhaltigkeitsorientierung von KMU

Quelle: Eigene Darstellung.

E.1.1 Allgemeine Barrieren der Nachhaltigkeitsorientierung

Die allgemeinen Barrieren der Nachhaltigkeitsorientierung richten sich nicht gegen ein spezifisches Nachhaltigkeitsinnovationsprojekt. Sie zeigen sich an einem grundsätzlichen Widerstand gegen alles, was neu ist und mit dem Thema Nachhaltigkeit in Verbindung gebracht werden kann.

---

945 Die Unterscheidung in Willensbildung und Willensdurchsetzung geht auf die entscheidungsorientierte Betriebswirtschaftslehre zurück (vgl. Heinen 1992, S. 32).

E.1.1.1 Allgemeine Ressourcenbarrieren

Ressourcenbarrieren erklären die fehlende Bereitschaft zur Nachhaltigkeitsinnovation aus einem Ressourcenmangel heraus.[946] Um eine Nachhaltigkeitsausrichtung des KMU zu ermöglichen und Nachhaltigkeitsinnovation zu schaffen, werden allgemeine Ressourcen benötigt. Es werden fünf Ressourcenarten unterschieden: „(1) Finanzielle Ressourcen (Cashflow, Kreditwürdigkeit etc.), (2) physische Ressourcen (Gebäude, Anlagen, Servicestationen usw.), (3) Humanressourcen (Facharbeiter, Ingenieure, Führungskräfte usw.), (4) organisatorische Ressourcen (Informationssysteme, Integrationsabteilungen usw.) und (5) technologische Ressourcen (Qualitätsstandards, Markennamen, Forschungs-Know-how usw.).“[947] Dabei gelten die finanziellen Ressourcen als „Basisressourcen“, da sie sowohl Ausgangs- und Endpunkt der Ressourcentransformation bilden (Geld-Ware-Geld-Zyklus).[948]

Der Ressourcenmangel kann sich im KMU in allen Ressourcenarten zeigen und führt dazu, dass Kapazitäten fehlen, z. B. zum Aufbau eines Nachhaltigkeitsmanagements, um für das Thema Nachhaltigkeit zu sensibilisieren, um die allgemeinen Voraussetzungen für Nachhaltigkeitsinnovationen im KMU zu schaffen sowie ein BNM aufzubauen.

E.1.1.2 Allgemeine Fähigkeitsbarrieren

Mit der Nachhaltigkeitsinnovation sind im KMU per Definition Neuerungen für die beteiligten Akteure verbunden, die Lernprozesse erforderlich machen.[949] Allgemeine Fähigkeitsbarrieren beziehen sich auf die Voraussetzungen für allgemeine Lösungsbeiträge in Richtung Nachhaltigkeit. Nachhaltigkeitsherausforderungen sind vielfältig und komplex.[950] Somit bedarf es für deren Lösung insb. allgemeiner Fähigkeiten (z. B. kritisches Denken, Teamfähigkeit, Konfliktfähigkeit).[951] Sofern es den Akteuren an den kognitiven Voraussetzungen fehlt, diese nachhaltigkeitsbezogenen Lösungs-

[946] Zur Barriere des ressourcenbezogenen Nichtkönnens vgl. Hauschildt 1998, S. 4; Busse 2005, S. 151. Buchholz weist empirisch die Faktoren „fehlende finanzielle Mittel“ und „Mangel an Zeit“ als die häufigsten Gründe für ein fehlendes Nachhaltigkeitsengagement nach (vgl. Buhholz 2009, S. 32–33).

[947] Steinmann/Schreyögg/Koch 2013, S. 194 basierend auf Hofer/Schendel 1978. Zu einer Übersicht von verschiedenen Systematisierungen von Unternehmensressourcen vgl. Krings 1997, S. 142ff.

[948] Vgl. Steinmann/Schreyögg/Koch 2013, S. 194.

[949] Vgl. Folkerts 2001, S. 27–28.

[950] Zu den Nachhaltigkeitsherausforderungen im Kontext des Klimawandels vgl. u. a. Brinkel 2017 sowie Hesselbarth 2009.

[951] Vgl. dazu die Ausführungen in Kapitel F.2.2.

beiträge zu leisten, wird deshalb von allgemeinen Fähigkeitsbarrieren gesprochen.[952] Dabei stellen die „Fähigkeiten (abilities) (…) die kognitive sowie psychische und physische Basis für Handlungen dar“[953].

Aus diesem Grund ist es sinnvoll, die Innovationsidee der Nachhaltigkeitsorientierung des KMU für die Beteiligten klar aufzubereiten und inhaltlich substanziell vorzustellen, um die Betroffenen in die Lage zu versetzen, die Innovation aus Nachhaltigkeitsperspektive zu beurteilen.[954] Dabei sollte der Situation Rechnung getragen werden, dass nicht alle Innovationsbeteiligten über die gleichen allgemeinen Fähigkeiten verfügen.[955] Darunter fallen z. B.:[956]

- die Wahrnehmung nachhaltigkeitsbezogener Probleme,
- die Analyse der nachhaltigkeitsbezogenen Problemstellung,
- die Suche, das Begreifen und die Bewertung möglicher nachhaltigkeitsbezogener Problemlösungen,
- die Bestimmung und Durchführung angemessener nachhaltigkeitsbezogener Maßnahmen zur Problemlösung,
- die Kontrolle bzw. Korrektur der Ergebnisse nachhaltigkeitsbezogener Aktivitäten.

Die Umgestaltung des KMU entsprechend der Nachhaltigkeitskriterien stellt die Betroffenen vor die Herausforderung, alte Fähigkeiten und Arbeitsroutinen aufzugeben und neue zu erlernen. Insbesondere bei einem radikalen organisatorischen Wandel können die Betroffenen Risiken und Chancen der Umorganisation nur schwer abschätzen.[957] Es müssen im Vergleich zur bisherigen Tätigkeit nachhaltigkeitsbezogene Fähigkeiten und Fertigkeiten erworben und angewandt werden:

---

952 Vgl. Walter 1998, S. 35 sowie die dort genannte Literatur.

953 Becker 2013, S. 7. Fähigkeiten bilden die Grundlage zur Erlangung von Fertigkeiten: „Fertigkeiten (skills) beschreiben das erlernbare sowie anwendungs- und funktionsbereite Können einer Person. Das Erlernen von Fertgkeiten wird beeinflusst durch die Fähigkeiten einer Person, bereits erlerntes (Vor-)Wissen, schon vorhandene Fertigkeiten (Erfahrungen) sowie durch Motivation und den persönlichen Willen“ (Becker 2013, S. 7). Sie können durch Übung automatisiert werden, so dass Routinen entstehen (vgl. Staudt 2000, S. 272). Die Kompetenzen setzen sich aus Wissen, Fähigkeiten und Fertigkeiten zusammen (vgl. Becker 2001, S. 54).

954 Vgl. Steppeler 2010, S. 39.

955 Vgl. Steppeler 2010, S. 39.

956 Vgl. ohne Nachhaltigkeitsbezug Walter 1998, S. 37; Witte 1973, S. 7–8.

957 Vgl. Hauschildt/Salomo 2008, S. 165.

„Radikale Umorganisationen erfordern intensives Lernen, Verwendung neuer Begriffe oder Sprachen, Begreifen von bisher unbekannten Ursache-Wirkungsketten, Aufbau neuer Denkbahnen, Ordnungssysteme, Unterscheidungen, Schlussfolgerungen sowie schließlich das Trainieren neuartiger Reaktionen. Jede Umorganisation verlangt eine geistige Auseinandersetzung (…).“[958]

Besonders schmerzhaft ist die Veränderung, wenn die Betroffenen schwer erarbeitete Routinen aufgeben müssen.[959]

Die Überwindung der allgemeinen Fähigkeitsbarrieren gemeinsam mit den allgemeinen Ressourcenbarrieren bildet die Grundlage eines ganzheitlichen systematischen Nachhaltigkeitsmanagements in KMU.

E.1.1.3 Informationsbarrieren

Informationen bilden die Grundlage für nachhaltigkeitsorientiertes Verhalten. Sie müssen gesammelt, selektiert und im KMU aufbereitet werden.[960] Dabei zeigen sowohl allgemeine Nachhaltigkeitsinformationen (z. B. zum Klimawandel, zur Biodiversität) als auch spezielle Informationen (z. B. zum unternehmensinternen Rohstoff- und Energieverbrauch) Relevanz.[961] U. a. fehlende Informationen über Nachhaltigkeitsthemen führen zu nachhaltigkeitsfeindlichem Verhalten. Aber auch im Umgang mit Informationen besteht eine Gefahr darin, dass „leerlaufende Information nicht nur keine Wirkung hat, sondern eine andere Wirkung als jene, die man mit dem Absenden beabsichtigt.“[962]

Liegen Informationsbarrieren vor, wird es „Menschen mit einer bestimmten persönlichen Ausstattung und in einem bestimmten sozialen Umfeld“[963] erschwert bzw. unmöglich gemacht, „Informationen wahrzunehmen oder zu verstehen“.[964] Informationsbarrieren können folgendermaßen unterteilt werden:[965]

958 Hauschildt/Salomo 2008, S. 165.
959 Vgl. Hauschildt/Salomo 2008, S. 165.
960 Schaltegger und Zvezdov 2012a sprechen davon, Nachhaltigkeitsinformationen zu generieren, zu managen und zu nutzen (vgl. Schaltegger/Zvezdov 2012a, S. 275). Zu Nachhaltigkeitsinformationen und deren Sammlung, Aufbereitung und Nutzung vgl. u. a. Burritt/Schaltegger/Zvezdov 2011.
961 Speziell bei der Nachhaltigkeitsberichterstattung zeigt sich die Relevanz von Informationen und deren Wirkung auf den Unternehmenserfolg (vgl. zu Nachhaltigkeitsinformationen und Berichterstattung Schaltegger/Zvezdov 2012a, S. 276).
962 Fröhlich 2016, S. 50.
963 Fröhlich 2016, S. 47.
964 Fröhlich 2016, S. 47.
965 Diese Systematisierung geht auf Fröhlich 2016 zurück, welche die Auswirkungen von Informati-

- Barrieren auf der Wahrnehmungsebene
  Können Individuen die bereitgestellten Informationen zu Nachhaltigkeitsthemen mit ihren Sinnen nicht aufnehmen, spricht man von Barrieren auf der Wahrnehmungsebene.[966] Beispielhaft kann an dieser Stelle ein blinder Mitarbeiter im KMU genannt werden, der ein Schulungsvideo nicht sehen oder Weiterbildungsunterlagen nicht „einfach" lesen kann.[967]
- Barrieren auf der Erfassungsebene
  Wahrgenommene Informationen werden nicht automatisch erfasst, da sie dazu zunächst richtig durch den Empfänger decodiert werden müssen.[968] Beispielhaft kann an dieser Stelle ein auf deutsch erstellter Nachhaltigkeitsbericht eines international tätigen KMU genannt werden, welcher von englischsprachigen Kunden nicht verstanden wird.
- Barrieren auf der Erfahrungsebene
  Das Verständnis einer Information wird wesentlich durch die relevanten Vorerfahrungen bestimmt.[969] Was „CCS" bedeutet, wird nur verstanden, wenn man sich bereits mit der Technik „Carbon Capture Storage" auseinandergesetzt hat. Hinzu kommt, dass KMU einen eigenen Informations- und Kommunikationsstil entwickeln, der sich in einer eigenen Sprache ausdrücken kann.[970]
- Barrieren auf der Wissensebene
  Bei der Barriere auf der Wissensebene wird von fehlendem nachhaltigkeitsbezogenem Vorwissen ausgegangen. Fehlende Erfahrung kann durch angelerntes Wissen kompensiert werden, wobei das angelernte Wissen auf dem erworbenen Vorwissen basieren sollte.[971]

---

onsbarrieren auf Franchisesysteme und Wege zu deren Überwindung untersucht (vgl. Fröhlich 2016). Dabei greift sie auf das „Vier-Seiten-Modell" von Schulz von Thun zurück (vgl. Schulz von Thun 2016): Um Informationen weitergeben zu können bedarf es der Kommunikation zwischen Sender und Empfänger über ein Medium. Schulz von Thun geht davon aus, dass jede Information vier Seiten (auf der Sachebene eine Sachbotschaft, auf der Beziehungsebene eine Beziehungsbotschaft, auf der Selbstoffenbarungsebene Informationen zur eigenen Person und auf der Appellseite Informationen zur Erwartung an den Empfänger) hat. Der Empfänger einer Botschaft hat somit die Wahl, welcher Seite der Botschaft er Gehör schenkt (vgl. Schulz von Thun 2016 sowie Fröhlich 2016, S. 46). Somit wird deutlich, wie leicht die beabsichtigte Information nicht verstanden bzw. fehlinterpretiert werden kann (vgl. Fröhlich 2016, S. 47).

966 Vgl. Fröhlich 2016, S. 47.

967 Zu weiteren unternehmensbezogenen Beispielen vgl. Fröhlich 2016, S. 47–48.

968 Vgl. Fröhlich 2016, S. 48.

969 Vgl. Fröhlich 2016, S. 49.

970 Vgl. Fröhlich 2016, S. 49.

971 Vgl. Fröhlich 2016, S. 49–50.

E.1.2 Barrieren der Willensbildung

Der Prozess der Willensbildung hat die Durchführung einer konkreten Nachhaltigkeitsinnovation mit dem Oberziel einer erhöhten Nachhaltigkeitsorientierung des KMU zum Ergebnis. Die Willensbildung „endet mit der geäußerten oder auch stillschweigend gefassten Absicht, bestimmte [nachhaltigkeitsbezogene] Handlungen auszuführen oder zu unterlassen“[972].

E.1.2.1 Willensbarrieren

Die Widerstände gegen eine Nachhaltigkeitsinnovation lassen sich durch das Festhalten am Status quo erklären. Neuerungen sind für das KMU mit Ungewissheit verbunden.[973] Aus der Ungewissheit können sich Ängste vor Veränderungen (bzw. diese nicht bewältigen zu können) ergeben und Konflikte entstehen.[974]

Willensbarrieren können sich gegen die Idee der Nachhaltigkeitsorientierung, aber auch gegen Personen richten, die die Nachhaltigkeitsorientierung voranbringen möchten.[975] Dies passiert, wenn diese bspw. als „Ökospinner“ oder „Ökos“ tituliert und ihre Ideen und Vorschläge als Utopie und nicht umsetzbar herabgespielt werden.

Die Barrieren sind dadurch gekennzeichnet, „dass es allein dem Willen der Innovationsbeteiligten und -betroffenen obliegt, ob eine neue, objektiv bessere Lösung auch von ihnen als bessere Lösung anerkannt wird“[976]. Zur Überwindung der Willensbarrieren bedarf es Energie, „die über die entsprechenden [nachhaltigkeitsbezogenen] Fähigkeiten hinaus erforderlich ist, um zu entschließen, aktiv und positiv an einem anvisierten oder bereits gestarteten“ [977] nachhaltigkeitsorientierten Projekt mitzuwirken.

Die Anerkennung der Notwendigkeit einer Nachhaltigkeitsorientierung sowie die Überwindung der allgemeinen Ressourcen- und Fähigkeitsbarrieren bilden die Grundlage der Umsetzung von Nachhaltigkeitsinnovationen. Selbst beim Vorhandensein der kognitiven Voraussetzungen bzw. fachlichen Fähigkeiten zur Umsetzung

---

972 Heinen 1992, S. 32.

973 Vgl. Kapitel D.2.2.1 sowie die dort angegebene Literatur.

974 Vgl. Wolf 2011. Zu Konflikten als Barrieren der Nachhaltigkeitsorientierung vgl. Gerlach 2006, insb. S. 206–27.

975 Vgl. ohne Nachhaltigkeitsbezug Steppeler 2010, S. 40.

976 Steppeler 2010, S. 40.

977 Walter 1998, S 36. Diese Energie bezeichnet Walter als Wille (vgl. Walter 1998, S 36).

einer Nachhaltigkeitsinnovation ist diese nicht automatisch gesichert, wenn es den Betroffenen am Willen fehlt, die Neuerung im KMU durchzusetzen.[978] Der Widerstand im Rahmen der Willensbarrieren kann unterschiedliche Gründe haben, welche in folgender Tabelle dargestellt werden (vgl. ***Tabelle 20***):[979]

Kategorien von Willensbarrieren	Gründe des Widerstandes im Nachhaltigkeitskontext
Weltanschauliche Gründe	• Umgestaltung der Produkte, Prozesse und Verhaltensweisen in Richtung Nachhaltigkeit stellt bisherige Basisorientierung infrage • Nachhaltigkeitsorientierung verletzt die persönlichen Grundwerte des Innovationsgegners oder steht im Widerspruch zu ihnen
Sachliche Gründe	• Nachhaltigkeitsorientierung bringt dem KMU keinen Nutzen bzw. Investitionen in die Nachhaltigkeitsorientierung des KMU sind aus Sicht des KMU unrentabel • fehlende Förderung (insb. materielle) der Nachhaltigkeitsorientierung von KMU • andere Probleme des KMU werden für wichtiger bzw. dringlicher erachtet
Persönliche Gründe	• Vorbehalte gegen die Innovatoren • persönliche Nachteile aus der Nachhaltigkeitsorientierung des KMU • Risikoaversion und damit verbunden das Festhalten am Status quo • Angst vor Misserfolgen im Rahmen der Nachhaltigkeitsorientierung des KMU • fehlende eigene Überzeugung vom Mehrwert der Nachhaltigkeitsorientierung des KMU • kurzfristiges Denken des Unternehmers als Eigentümer des KMU • fehlendes Interesse an Nachhaltigkeitsthemen (des Unternehmers, der Mitarbeiter, der Kunden und Konsumenten sowie anderer Stakeholder des KMU) • Angst vor Wissens- und Machtverlust der Akteure

Tabelle 20: Differenzierung von Willensbarrieren im Nachhaltigkeitskontext

Quelle: Eigene Zusammenstellung basierend auf Hauschildt/Salomo 2011, S. 109; Steppeler 2010, S. 40.

Der drohende Wissens- und Machtverlust ist charakteristisch für das Entstehen von Willensbarrieren: Eine Ausrichtung der Produkte, Prozesse und Verhaltensweisen in Richtung Nachhaltigkeit geht mit dem „Verlust des Fachwissens und Entwertung des impliziten Wissens, auf das sich die fachliche Autorität des Betroffenen gründet“[980], einher. Beispielsweise bedeutet dies für den Unternehmer den Verlust seines Herrschaftswissens, da Nachhaltigkeit Transparenz erzwingt und z. B. Wissen über Strategie und das Vorhandensein von Ressourcen bekannt wird.[981] Mit dem Teilen des

---

978 Vgl. Walter 1998, S. 43; Walter 1998, S. 35–36, sowie die dort genannte Literatur.

979 Die Systematisierung der Gründe des Widerstands geht auf Hauschildt/Salmon 2011, S. 109 zurück. Walter wählt eine andere Unterteilung und differenziert Willensbarrieren in allgemeinpsychologisch begründete Willensbarrieren, differentiell-psychologisch begründete Willensbarrieren und sozialpsychologisch begründete Willensbarrieren (vgl. Walter 1998, S. 43–51).

980 Hauschildt/Salomo 2008, S. 167.

981 Vgl. Hauschildt/Salomo 2008, S. 167.

Wissens ist für den Unternehmer ein Machtverlust verbunden.[982] Aus diesen Gründen entscheidet er sich ggf. gegen ein Nachhaltigkeitsinnovationsprojekt.

E.1.2.2 Barrieren aufgrund genetischer Fehlsteuerungen

Barrieren der Nachhaltigkeitsorientierung von KMU ergeben sich weiterhin aus genetischen Fehlsteuerungen.[983]

Die genetischen Prägungen haben sich als Verhaltensregulative in der Evolution über Jahrtausende entwickelt.[984] Die genetischen Programme werden in der geld-, egoismus- und wachstumsfixierten Lebens- und Arbeitswelt, welche durch Großorganisationen ohne bzw. mit wenig emotionalem Nahkontakt und einer Tendenz zur Technikdurchdringung gekennzeichnet sind, nicht adäquat bzw. kaum aktiviert.[985] Unter den heutigen Bedingungen (Großorganisationen, Technikeinsatz) führen die genetischen Programme der Jäger- und Sammlerzeit sogar zu Fehlentwicklungen bzw. -steuerungen.[986]

Daraus ergeben sich Barrieren der Nachhaltigkeitsorientierung, welche sich in nachhaltigkeitsfeindlichem Verhalten darstellen und darin münden, dass Nachhaltigkeitsinnovationen nicht umgesetzt werden. Die Barrieren aufgrund genetischer Fehlsteuerungen knüpfen an die Komponenten der genetischen Prägungen an.

Barrieren basierend auf den Antriebsmustern

In der Motivationspsychologie gelten Triebe[987] als generelles Erklärungskonstrukt zur Generierung von Verhalten.[988]

---

982 Vgl. Hauschildt/Salomo 2008, S. 167.

983 Zu genetischen Prägungen vgl. Kapitel D.3.1.1 und Abbildung 28.

984 Vgl. Zabel 2001, S. 109 sowie S. 147.

985 Vgl. Zabel 2001, S. 147–148.

986 Vgl. Zabel 2001, insb. S. 148.

987 Dabei werden die Begriffe Trieb, Antrieb und Motivation in der ökonomischen Literatur häufig als Synonyme verwendet.

988 Vgl. Rothermund/Eder 2011, S. 22. Zabel sieht Triebe nur als einen Baustein bei der Entstehung von Verhalten, da neben den genetischen Prägungen auch die kulturellen Prägungen und die Situation verhaltensbeeinflussend sein können (vgl. Zabel 2011a). Die Triebquelle als körperlicher Spannungszustand ist Ausgangspunkt mit dem Ziel der Reduktion der Triebspannung, was im Ergebnis bei den Individuen zu Glücksgefühlen führt und Befriedigung auslöst (vgl. Rothermund/Eder 2011, S. 22). Triebzustände werden durch energetische Umwandlungen beschrieben, wobei die Triebenergie unspezifisch ist und daher zu unterschiedlichen Zwecken eingesetzt werden kann (zur Triebtheorie vgl. Rothermund/Eder 2011, S. 22). Charakteristisch für Triebe ist außerdem die Tatsache, dass diese nicht ausgeschaltet, sondern lediglich unterdrückt

Die Antriebsmuster menschlichen Verhaltens haben sich in den letzten Jahrmillionen der menschlichen Entwicklung herausgebildet, die durch das Leben in Kleingruppen im Einklang mit der Natur gekennzeichnet waren.[989] Als Beispiele für Antriebsmuster ist der Jagdtrieb zu nennen.[990] Das Jagen führte in dieser Zeit zu neuen Entwicklungen, die das Weiterkommen der menschlichen Rasse ermöglichten: Um erfolgreich jagen zu können benötigt man eine gemeinsame Jagdstrategie und gegenseitige Hilfe.[991] Dies führte laut Morris dazu, dass sich aus anfänglichen Lauten eine Sprache entwickelte.[992] Aufgrund der defizitären Ausbildung von Krallen und Zähnen haben die Menschen zur Kompensation Waffen entwickelt und gebaut.[993] Dies unterstützte die Menschen weiter in ihrem Fortkommen.

Unsere heutige Gesellschaft ist von Großstrukturen geprägt (Großunternehmen, Großstädte, Anonymität in der Masse z. B. des Internets) in denen menschliche Beziehungen und soziale Bindungen, wie sie in der Jäger- und Sammlerzeit vorhanden waren, verlorengehen. Unter diesen Rahmenbedingungen menschlichen Lebens und Arbeitens kommt es zu einer Ersatzbefriedigung des Jagdtriebes in anderen Bereichen (z. B. beim Sport). Die Übertragung des Jagdtriebes auf das Berufsleben führt in vielen Fällen zu Barrieren der Nachhaltigkeitsorientierung bzw. nachhaltigkeitsfeindlichem Verhalten. Der Unternehmer wird in einer geld-, egoismus- und wachstumsfixierten Welt regelrecht dazu motiviert, Natur und Menschen auszunutzen und unter unwürdigen Bedingungen arbeiten zu lassen. Dies wirkt sich auch auf den Unternehmer selbst aus, da er unter extremem Druck agieren muss, der zu psychischen Problemen führen kann.

---

oder kontrolliert werden können (vgl. Rothermund/Eder 2011, S. 22). Zudem sind Triebzustände von aversiver Qualität: Sie zeigen einen negativen Gefühlszustand an. Verhalten wird ausgelöst, weil man versucht den negativen (Sehnsucht) in einen positiven Gefühlszustand (Bedürfnisbefriedigung, Belohnung etc.) zu transformieren (vgl. Rothermund/Eder 2011, S. 23).

989 Vgl. Zabel 2011a, S. 350.

990 Zur Jagd als Mechanismus der biotischen und kulturellen Evolution des Menschen vgl. Kühnle 2003.

991 Vgl. Morris 1996, S. 48.

992 Vgl. Morris 1996, S. 59.

993 Vgl. Morris 1996, S. 59.

Barrieren basierend auf Belohnungs- und Sinngebungsmustern

Als zweite Komponente der genetischen Prägungen nennt Zabel die Belohnungs- und Sinngebungsmuster menschlichen Verhaltens, die im Folgenden getrennt analysiert werden, um Barrieren der Nachhaltigkeitsorientierung von KMU darzustellen.

Belohnungsmuster

Das Verhalten ist motiviert durch ein sich lohnendes Ziel, welches sich in der Ausschüttung von Dopamin, endogenen Opioden und Oxytozin als Belohnung bzw. Triebbefriedigung widerspiegelt.[994] Bauer leitet aus der Neurobiologie ein zentrales Ziel der Motivationssysteme ab: „Kern aller Motivation ist es, zwischenmenschliche Anerkennung, Wertschätzung, Zuwendung oder Zuneigung zu finden und zu geben".[995] Er formuliert: „Die Motivationssysteme schalten ab, wenn keine Chance auf soziale Zuwendung besteht, und sie springen an, wenn das Gegenteil der Fall ist, wenn also Anerkennung oder Liebe im Spiel ist."[996] Als weitere Belohnungen menschlichen Verhaltens identifiziert Bauer Humor[997] und Musik[998], die beide das Gemeinschaftsgefühl befördern.

Bei den Belohnungsmustern wird deutlich, dass diese darauf beruhen, dass Menschen Beziehungswesen sind: Die Belohnungssysteme sind auf Kooperation und Interaktion angewiesen. Probleme in oder Defizite an zwischenmenschlichen Beziehungen führen zu einer Deaktivierung der Motivationssysteme und/oder Aktivierung der Stresssysteme mit zum Teil gravierenden psychischen und physischen Störungen.[999] An dieser Stelle wird deutlich, welche Bedeutung die Gruppe für menschliches Verhalten spielt, da sie im Belohnungssystem eine zentrale Rolle einnimmt.[1000]

Am Beispiel der Person des Unternehmers lassen sich die Fehlsteuerungen (in Richtung Nicht-Nachhaltigkeit) bei den Belohnungsmustern unter den heutigen Rahmenbedingungen erläutern. Aufgrund einer zu hohen Arbeitsbelastung gehen für den Unternehmer wichtige zwischenmenschliche Beziehungen verloren, da neben seiner

994 Vgl. Bauer 2011, S. 30–33.
995 Bauer 2011, S. 36.
996 Bauer 2011, S. 37.
997 Vgl. Bauer 2011, S. 44–45.
998 Vgl. Bauer 2011, S. 45–46.
999 Vgl. Bauer 2011, S. 71–73.
1000 Vgl. Kapitel D.3.1.2.

beruflichen Tätigkeit nicht genug Zeit und Kraft für sein Privatleben sowie Familie und Freunde übrig bleibt.[1001] Damit können die Belohnungsmuster nicht aktiviert und wichtige Botenstoffe nicht hinreichend ausgeschüttet werden. Dies führt im Wirtschaftsleben für viele Unternehmer zu einer Demotivation und Überlastung, was wiederum Stress verursacht, der zu psychischen und physischen Problemen führen kann.[1002] Zudem wirken Geld, Karriere und Macht heute häufig als Motivation und Ersatzbefriedigung.

Verstärkend kommt hinzu, dass der Unternehmer in seiner beruflichen Tätigkeit zwar Sozialkontakte pflegt, diese aber durch hierarchische Verhältnisse gekennzeichnet sind (z. B. zu Mitarbeitern und Kunden).[1003] Der Unternehmer ist nur selten Privatperson, wo er seinem Bedürfnis nach zwischenmenschlichen Beziehungen nachkommen kann.

Singgebungsmuster

„Sinngebungen sind der Ausdruck für das Verhältnis der Menschen in und gegenüber der Natur, sie beinhalten eine Vision über das Verhältnis zwischen Mensch und Natur und sie enthalten orientierende Aspekte für das Handeln in der Natur."[1004]

Natur war in der Vergangenheit direkter Lebensraum und Lebensgrundlage für die Menschen. Das dualistisch-anthropozentrische Verständnis der Beziehung zwischen Mensch und Natur führt zur Legitimation von Natureingriffen und der Instrumentalisierung der Natur durch die Menschen, die im Mittelpunkt jeglichen Handels stehen.[1005] Als Ergebnis entsteht in der heutigen Gesellschaft eine Entfremdung von der Natur, die lediglich als Objekt wahrgenommen wird.[1006] Dies kann man z. B. beim Anbau und Verzehr von Obst und Gemüse beobachten. Obst und Gemüse wird von

---

1001 Jeder dritte Unternehmer arbeitet an mehr als 10 Tagen im Monat mehr als 10 Stunden in seinem Unternehmen (vgl. Martin/Bartscher-Finzer 2008b, S. 12–13). Die Daten dieser Arbeit stammen aus dem dritten und vierten Survey on Working Conditions (Paoli/Merllié 2001 sowie Parent-Thirion/Fernández Macías/Hurley et al. 2007). Neben der hohen zeitlichen Belastung sind Unternehmer auch von den Belastungen aus der Arbeitsumgebung (z. B. Lärm und Vibrationen) und dem Arbeitsvollzug (z. B. durch ene falsche Körperhaltung, schweres Heben und repetitive Handbewegungen) betroffen (vgl. Martin/Bartscher-Finzer 2008a, S. 10–12 und 14–15).

1002 Zum Thema Stress und Burnout in Organisationen vgl. z. B. Scherrmann 2015.

1003 Vgl. dazu auch die Ausführungen zu Hierarchiebarrieren in Kapitel E.1.1.1.

1004 Ziebertz 1994, S. 240. Ziebertz analysiert in seiner Arbeit religiöse und nicht-religiöse Sinngebungen und deren Einfluss auf ökologisches Handeln (vgl. Ziebertz 1994).

1005 Vgl. Ziebertz 1994, S. 246–247.

1006 Zum „modernen" Naturverständnis vgl. insb. Ziebertz 1994, S. 246–247.

den meisten Deutschen nicht mehr selbst angebaut sondern in Monokulturen produziert und über den Lebensmitteleinzelhandel bezogen. Durch die Möglichkeiten der Konservierung von Obst und Gemüse und aufgrund der Globalisierung des Lebensmittelmarktes können Konsumenten eine breite Palette an Gemüse- und Obstsorten zu jeder Jahreszeit beziehen.[1007] Dies führt zum Verlust von Kenntnissen über regionale Obst- und Gemüsesorten sowie deren Anbauzeiten.[1008] Zudem müssen sich regionale Obst- und Gemüsebauern einem internationalen Wettbewerb stellen. Der Wettbewerb beeinflusst die tägliche Verfügbarkeit der Produkte genauso wie das Koch- und Essverhalten. Die Menschen nehmen sich selbst nur als Konsumenten im Supermarkt wahr. Damit einher geht der Verlust an Naturkontakten, was durch die Urbanisierung noch zunimmt.

Gerade Unternehmer haben in der Regel wenig Zeit bzw. nehmen sich nicht die Zeit für Naturkontakte und gesunde, regionale und saisonale Ernährung. Essen wird in der heutigen Zeit zur Nebensache und muss vor allem schnell, einfach und kostengünstig sein. Die in den genetischen Prägungen verankerten Sehnsüchte der Menschen nach intakter Natur können nicht erhalten bzw. nicht aktiviert werden. Somit besteht keine Motivation zur Naturerhaltung und „zum Einsatz für eine lebenswerte Zukunft".[1009] Sinngebungsmuster können in diesen Rahmenbedingungen ihre Wirkung nicht entfalten und verursachen Barrieren bei der Nachhaltigkeitsorientierung bzw. nachhaltigkeitsfeindliches Verhalten.

Verhaltensmusterkerne/Sozialisationsmuster

In den genetischen Prägungen sind Muster angelegt, die nach Aktivierung ein bestimmtes Verhalten auslösen.[1010] Auch die Verhaltensmuster können bei der ausgeprägten Geld-, Egoismus- und Wachstumsfixierung in unserer Gesellschaft nicht

---

1007 Vgl. Max-Rubner-Institut 2008, S. 85.

1008 Dies lässt sich sehr gut am Beispiel von alten Apfelsorten wie Glockenapfel oder Santana illustrieren, die nur noch selten erhältlich sind. Durch die Herauszüchtung von Polyphenolen bei neuen Apfelsorten wie Jonagold und Elstar konnte zwar der für viele unangenehm säuerliche Geschmack und die braune Verfärbung nach dem Anschneiden des Apfels verringert werden. Bei den neuen Apfelsorten hat sich allerdings das Risiko, an Allergien zu erkranken, erhöht, da Polyphenole das Apfelallergen deaktivieren (vgl. BUND 2011).

1009 Birkel 2002, S. 152.

1010 Vgl. Zabel 2001, S. 149.

(adäquat) abgerufen werden und führen gegebenenfalls sogar zu Fehlsteuerungen.[1011]

	Komponenten der genetischen Prägungen	**Ökologische Wirkungen**	**Soziale Wirkungen**
Anriebsmuster	Sinnliche Wahrnehmung	• Unterbewertung/Vernachlässigung von sinnlich nicht/ungenügend wahrnehmbaren ökologischen Schäden (Strahlung, schleichende Vergiftungen, Klimaveränderungen) • Untergrabung von Verantwortungswahrnehmung gegenüber der Natur	• Unterbewertung/Vernachlässigung von sinnlich nicht/ungenügend wahrnehmbaren sozialen Problemen (Armut, demografischer Wandel, Arbeitslosigkeit) • Untergrabung von Verantwortungswahrnehmung gegenüber Menschen
	Individuelles Geltungsstreben	• Anpassung an aktuelle Werte- und Erfolgsmuster (Habenmodus, Ausbeutungsmentalität etc.) mit der Beteiligung an Naturübernutzungen • Überbewertung eigener und Unterbewertung fremder Leistungen (Ökologiebezug) mit der Folge von Schuldprojektionen etc. • Wachstumsfixierung führt ohne Wachstumsgrenzen zu beschleunigter Naturübernutzung • Affinität zu „Action“, Gigantizismus, Zahlengläubigkeit etc. mit negativen ökologischen Wirkungen	• Anpassung an aktuelle Werte- und Erfolgsmuster (Habenmodus, Ausbeutungsmentalität etc.) unter Inkaufnahme von schlechten Arbeitsbedingungen, Kinderarbeit und Gesundheitsgefährdungen • Überbewertung eigener und Unterbewertung fremder Leistungen (mit Sozialbezug) mit der Folge von Schuldprojektionen etc. • Wachstumsfixierung führt ohne Wachstumsgrenzen zur Ausnutzung menschlicher Arbeitskräfte (insb. in der Dritten Welt und von Kindern) und zu Ungerechtigkeiten • Affinität zu „Action“, Gigantizismus, Zahlengläubigkeit etc. mit negativen sozialen Wirkungen
	Priorisierung starker und akuter bzw. aktueller Reize	• Verdrängung von Umweltproblemen durch akute Probleme (z. B. persönliche Krankheit) • Verdrängung von längerfristigen, kumulativen Wirkungen (schleichendes Waldsterben, Artensterben etc.) • Affinität zu „Sensationsmeldungen“ (Fehlbewertung, ggf. Ablenkung von ökologischen Schäden) • Übersehen der Komplexität von ökologischen Folgewirkungen • Fehlinterpretation bzw. Verharmlosung von Fakten zur Umweltbelastung	• Verdrängung von sozialen Problemen durch akute Probleme (z. B. persönliche Probleme) • Verdrängung von längerfristigen, kumulativen Wirkungen (z. B. demografischer Wandel) • Affinität zu „Sensationsmeldungen“ (Fehlbewertung, ggf. Ablenkung von sozialen Problemen) • Übersehen der Komplexität von sozialen Folgewirkungen • Fehlinterpretation bzw. Verharmlosung von Fakten zu sozialen Problemen

[1011] Vgl. Zabel 2001, S. 147.

	Komponenten der genetischen Prägungen	Ökologische Wirkungen	Soziale Wirkungen
Belohnungs- und Sinngebungsmuster	Ausschüttung von Botenstoffen (Oxytozin, körpereigene Opioide und Dopamin)	Freude, Glücksgefühl, Erfüllung etc. bei der: • Realisierung von Bedürfnissen (Pflanzaktionen, Betriebsbegrünungen etc.) • sinnliche Wahrnehmung der Ergebnisse der Verhaltensweisen/Bedürfnisbefriedigung (überlebensermöglichende Landschaften, Spaziergänge in intakter Natur)	Freude, Glücksgefühl, Erfüllung etc. bei der: • Realisierung von Bedürfnissen (Sozialkontakte, Vermehrung, Aktivierung der Muskelkraft etc.) • sinnliche Wahrnehmung der Ergebnisse der Verhaltensweisen/Bedürfnisbefriedigung (Kinder, gesunde Artgenossen, eigene Fitness, Ergebnisse eigener Arbeit und Sozialaktivitäten)
	Rahmen und Orientierung für das Mensch-Natur-bzw. das Mensch-Mensch-Verhältnis	• Natur als Objekt • Instrumentalisierung der Natur	• Legitimierung von Ausbeutung und Übernutzung
Verhaltensmusterkerne/ Sozialisationsmuster	Trial-and-Error	• Risikoneigung/Folgennegierung im ökologischen Bereich • Hemmungs- und Grenzenlosigkeit der Natureingriffe	• Risikoneigung/Folgennegierung im sozialen Bereich • Hemmungs- und Grenzenlosigkeit im Umgang mit Menschen
	Streben nach Überschaubarkeit	• Bevorzugung einfacher Ursache-Wirkungs-Erklärungen (lineares Denken) im ökologischen Bereich	• Bevorzugung einfacher Ursache-Wirkungs-Erklärungen (lineares Denken) im sozialen Bereich
	Streben nach Angst- und Konfliktfreiheit	• Verdrängung eigener Schuld • Anpassung an Natur(über)-nutzungsformen • Verdrängung von Gefahr	• Verdrängung sozialer Probleme und Gefahren sowie der Möglichkeiten, diese aktiv zu beheben • Anpassung an die (bestehende) Welt
	Anpassung an Gruppenurteile und -verhaltensweisen	• verzögerte Problemwahrnehmung • Massen-Manipulierbarkeit • Technikgläubigkeit	• verzögerte Problemwahrnehmung • Massen-Manipulierbarkeit • Verhaltenskonservierung
	Verdichtung mehrerer Erfahrungen zu einheitlichen (Vor-) Urteilen	• Blockieren des Erkennens neuer Umweltprobleme bzw. deren Unterbewertung	• Blockieren des Erkennens neuer sozialer Probleme bzw. deren Unterbewertung

Tabelle 21: Komponenten der genetischen Prägungen und Beispiele zu deren Ausprägungen im Industrialismus

Quelle: Zabel 2011b, S. 351, Zabel 2002, S. 151 sowie Zabel 2001, S. 148 (mit leichten Modifizierungen) und Übertragung auf soziale Wirkungen.

Dies wird am Beispiel des Verhaltensmusters „Streben nach Überschaubarkeit" deutlich: Der Mensch bevorzugt einfache Ursache-Wirkungs-Erklärungen (lineares Denken) und blendet „die im ökologischen Kontext so wichtigen Folge-, Neben- und Rückwirkungen"[1012] aus. Damit folgt er dem „Bedürfnis nach möglichst aufwandsar-

1012 Zabel 2001, S. 154. Zur Bevorzugung einfacher Ursache-Wirkungs-Beziehungen vgl. Zabel 2001,

mer Überschaubarkeit der Welt und erfolgssicherer Orientierung der eigenen Handlungen".[1013] So wird ein Unternehmer, der aus ökonomischen Gründen bestrebt ist den günstigsten Strom für sein KMU zu beziehen, ausblenden, aus welcher Quelle der günstigste Strom kommt, wenn die Informationsbeschaffung komplex und aufwendig ist. Mit Atomstrom verbundene Gefahren und die negativen ökologischen und sozialen Folgen blendet er aus. Aus diesem Grund kann die Nutzung dieses Stroms als nachhaltigkeitsfeindliches Verhalten interpretiert werden.[1014]

Tabelle 21 fasst die vorangegangenen Ausführungen zu Antriebsmustern, Belohnungs- und Sinngebungsmuster sowie Verhaltensmusterkernen und Sozialisationsmustern zusammen und zeigt exemplarisch weitere Beispiele für genetische Fehlsteuerungen und deren ökologischen und sozialen (Negativ-)Wirkungen auf, welche als Barrieren aufgrund genetischer Fehlsteuerungen interpretiert werden können.

E.1.2.3 Barrieren aufgrund kultureller Fehlsteuerungen

Der Mensch ist kein reines Naturwesen, er ist von genetischen und kulturellen Prägungen determiniert, die wechselseitig wirken und sich zum Teil sogar überlagern. Er wird deshalb als Natur- und Kulturwesen beschrieben.[1015]

Kultur bezeichnet „dabei das Ergebnis der gesamten menschlichen Tätigkeit, in der Menschen ihre praktischen und geistigen Fähigkeiten durch Arbeit und Bewusstseinsprozesse vergegenständlichen"[1016]. Die Kultur beinhaltet neben materieller Kultur (z. B. Bildende Künste, Medien, kulturelle Institutionen) auch kulturelles Wissen (z. B. Sprache und Religion) sowie kulturelles Verhalten (z. B. Tradition, Werte, Vertrauen) und bestimmt somit die Rahmenbedingungen menschlichen Handelns.[1017]

Die „Errungenschaften" unserer heutigen Gesellschaft basieren auf einem Kulturverständnis, welches von einer Geld-, Egoismus- und Wachstumsorientierung gekenn-

S. 153–155.

1013 Zabel 2001, S. 154.

1014 Zu den negativen Aspekten der Atomenenergie vgl. z. B. Kemfert/Gerbaulet/von Hirschausen u. a. 2015; Zabel 2012b, S. 402 f.

1015 Vgl. Zabel 2001, S. 114.

1016 Rheinländer 2013, S. 149.

1017 Vgl. Hofstede 1997, S. 2f; Rheinländer 2013, S. 149. Dabei liegt eine Wechselseitigkeit vor, da Menschen sowohl die Kultur als auch die Ergebnisse der Kultur beeinflussen.

zeichnet ist.[1018] Die Wurzeln der kulturellen Prägungen von heute finden sich im Industrialismus (***vgl. Abbildung 31***):

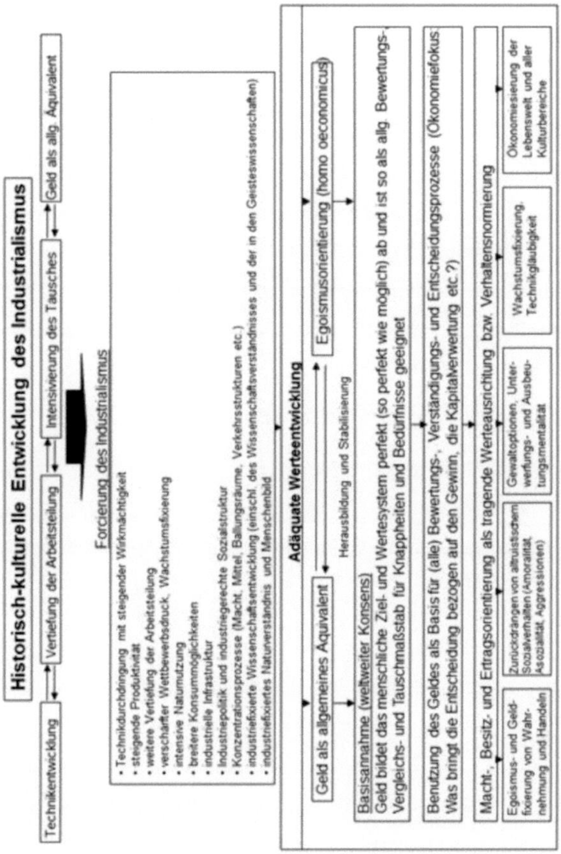

Abbildung 31: Historisch-kulturelle Verhaltensnormierung des Industrialismus
Quelle: Zabel 2001, S. 116.

Die sich aus der Industrialismusforcierung abgeleitete Macht-, Besitz- und Ertragsorientierung hat sich als tragende Werteausrichtung in unserer Gesellschaft herausgebildet und führt zu:

- „Egoismus- und Geldfixierung von Wahrnehmung und Handeln"[1019],

---

[1018] Vgl. Zabel 2011a, S. 350. Dieses führt langfristig zur Entstehung von ökologischen und sozialen Knappheiten (Vgl. Zabel 2011a, S. 350).

- „Zurückdrängen von altruistischem Sozialverhalten (Amoralität, Asozialität, Aggressionen)“[1020],
- „Gewaltoptionen, Unterwerfungs- und Ausbeutungsmentalität“[1021],
- „Wachstumsfixierung und Technikgläubigkeit“[1022],
- „Ökonomisierung der Lebenswelt und aller Kulturbereiche“[1023].

Die Macht-, Besitz- und Ertragsorientierung bilden die Grundlage der kulturellen Fehlsteuerungen und daraus resultierend der Barrieren aufgrund kultureller Fehlsteuerungen, die Nachhaltigkeitsbarrieren hervorrufen bzw. eine Nachhaltigkeitsorientierung von KMU verhindern. Für eine Nachhaltigkeitsorientierung kommt erschwerend hinzu, dass die in Richtung Nachhaltigkeit ausgerichteten genetischen Prägungen durch die kulturellen Prägungen partiell verdrängt werden und sich neue nachhaltigkeitsfeindliche kulturelle Verhaltensmuster herausbilden bzw. die bestehenden Verhaltensmuster Nachhaltigkeitsfeindlichkeit unterstützen werden.[1024]

<u>Tabelle 22</u> fasst die Bedingungen derzeitigen Wirtschaftens und ausgewählte Auswirkungen auf das Verhalten des Unternehmers im Kontext von Kultur zusammen. Dieser Fokus würde gewählt, da auf der Person des Unternehmers ein Schwerpunkt der vorliegenden Arbeit liegt.

Die Bedingungen derzeitigen Wirtschaftens sind als Barrieren aufgrund kultureller Fehlsteuerungen zu interpretieren. Am Beispiel der Person des Unternehmers kann die zu starke Egoismus- und Geldfixierung von Wahrnehmung und Handeln beispielhaft dargestellt werden: Ein Unternehmer, der als erfolgreich wahrgenommen werden möchte, sollte sich modisch kleiden und ein KFZ der Luxusklasse besitzen. Er leistet sich, wenn möglich, das jüngste Smartphone sowie den neusten Computer, Laptop und einen Tablett-PC. Er wohnt städtisch in einem Loft oder Penthouse und liebt Luxus. Dies sind alles Beispiele für ein Rollenbild, welches stark geld- und wachstumsfixiert ist. Egoistisches und eventuell sogar ausbeuterisches Verhalten wird in einem adäquaten gesellschaftlichen Umfeld mit Macht und Anerkennung belohnt. Ohne

---

1019 Zabel 2001, S. 116.
1020 Zabel 2001, S. 116.
1021 Zabel 2001, S. 116.
1022 Zabel 2001, S. 116.
1023 Zabel 2001, S. 116.
1024 Vgl. Zabel 2011a, S. 113.

diese Statussymbole wirkt ein Unternehmer in einer solchen Gesellschaft als nicht erfolgreich. Der Konsum wird für den Unternehmer zur „Ersatzbefriedigung“ und führt unter Umständen bis zum Konsumrausch. Der Unternehmer kommt nicht in einen dauerhaften Zustand von Zufriedenheit und Glück, sondern wird begleitet von innerer Unruhe, Zukunftsängsten, zunehmender Rücksichtslosigkeit und Aggression.[1025] Genau diese kulturell bedingten Verhaltensweisen sollten und müssen berücksichtigt werden, um Nachhaltigkeit durchzusetzen.

Bedingungen derzeitigen Wirtschaftens	Auswirkungen auf das Verhalten des Unternehmers/Gründe für Nicht-Nachhaltigkeit des Unternehmers
Egoismus- und Geldfixierung von Wahrnehmung und Handel	• einseitige Fixierung der Werte (Habenmodus) • Ausrichtung des unternehmerischen Verhaltens ausschließlich auf Geldwertmaximierung • Konsumrausch (auch als Ersatzbefriedigung) und/oder Frustration • innere Unruhe • Zukunftsängste • zunehmende Rücksichtslosigkeit und Aggression
Zurückdrängen von altruistischem Sozialverhalten	• Amoralität des Unternehmers • Asozialität des Unternehmers • Aggressionen des Unternehmers
Gewaltoptionen, Unterwerfungs- und Ausbeutungsmentalität	• Zwang zu asozialem Verhalten (z. B. den Mitarbeitern und Lieferanten gegenüber)
Wachstumsfixierung und Technikgläubigkeit	• Expansions- und Wachstumsdruck • Konzentration auf quantitative Werte (Geld und Größe als Maßstab) • Kontrollverlust des Unternehmers
Ökonomisierung der Lebenswelt und aller Kulturbereiche	• Mobilitätsanforderung mit Loslösung von regionalen Bindungen • an Geldwerten ausgerichtete Gestaltung der Freizeit • monetär orientierte Beziehungen • Ökonomisierung der kulturellen Aktivitäten

Tabelle 22: Bedingungen derzeitigen Wirtschaftens und ausgewählte Auswirkungen auf das Verhalten des Unternehmers

Quelle: Tabellarisiert nach Zabel 2001, S. 189, erweitert um den Unternehmerbezug und weitere Beispiele.

E.1.3 Barrieren bei der Willensdurchsetzung

Im Willensbildungsprozess bezüglich einer nachhaltigen Entwicklung sollte der Entschluss getroffen werden, eine Nachhaltigkeitsinnovation im KMU zu initiieren. Im

[1025] Vgl. Zabel 2001, S. 189

Prozess der Willensdurchsetzung „versucht der Mensch, die gefassten Entschlüsse zu verwirklichen“[1026].

Der Erfolg der Willensdurchsetzung und damit der Umsetzung der Nachhaltigkeitsinnovation ist im Wesentlichen von der Art und dem Ablauf des Durchsetzungsprozesses im KMU abhängig.[1027] Dabei ist die Willensdurchsetzung als komplexer Prozess zu verstehen, der mehr als die Umsetzung einer einmal festgelegten Entscheidung für eine Nachhaltigkeitsinnovation beinhaltet. Es bedarf regelmäßiger Anpassungen von Zielen, Inhalten und Maßnahmen im Rahmen der Nachhaltigkeitsinnovation.[1028]

E.1.3.1 Spezielle Ressourcenbarrieren

Die speziellen Ressourcen orientieren sich inhaltlich an den allgemeinen Ressourcenbarrieren, werden aber benötigt, um eine spezifische Nachhaltigkeitsinnovation im KMU durchzuführen (z. B. die Einführung eines BNM im KMU, das Verfassen eines Nachhaltigkeitsberichts, die Ökobilanzierung eines im KMU hergstellten Produkts) und damit für die Willensdurchsetzung zu sorgen.

Spezielle Nachhaltigkeitsinnovationen können innerhalb des KMU aufgrund eines für diese Nachhaltigkeitsinnovation spezifischen Ressourcenmangels nicht durchgeführt werden (z. B. das Fehlen einer Software für die Erstellung einer Ökobilanz).[1029]

E.1.3.2 Spezielle Fähigkeitsbarrieren

Neben den allgemeinen Fähigkeitsbarrieren treten spezielle Fähigkeitsbarrieren auf. Diese beziehen sich auf Fähigkeiten, die eine spezifische Nachhaltigkeitsinnovation betreffen. Denn die Initiierung und Umsetzung von Nachhaltigkeitsinnovationen ist mit vielfältigen Problemen und Fragen verbunden, deren Lösung spezifische Fähigkeiten erfordern.[1030]

Zu den speziellen Fähigkeitsbarrieren gehören:[1031]

[1026] Heinen 1992, S. 32.
[1027] Vgl. Heinen 1992, S. 32.
[1028] Vgl. Heinen 1992, S. 32.
[1029] Vgl. Kapitel E. 1.1.1.
[1030] Vgl. die Ausführungen von Walter 1998, S. 35, sowie die dort angegebene Literatur.
[1031] Vgl. ohnen Nachhaltigkeitsbezug Walter 1998, S. 37–40, sowie die dort angegebene Literatur. Hauschildt/Salomo unterscheiden technologische Argumente, absatzwirtschaftliche Argumente,

- Technische Fähigkeitsbarrieren:
  Verfügt das KMU nicht über ausreichende naturwissenschaftlich-technische Kenntnisse, werden nachhaltigkeitsbezogene Probleme nicht als solche wahrgenommen und analysiert. In solchen Fällen finden naturwissenschaftlich-technische Lösungsansätze bei der Entwicklung von Nachhaltigkeitsinnovationen nicht ausreichend Berücksichtigung.
- Ökonomische Fähigkeitsbarrieren:
  Nachhaltigkeitsinnovationen werden erst nach einer Kalkulation der Kosten und Nutzen der Innovation durchgeführt. Wenn das entsprechende Finanzwissen in einem KMU fehlt, wird das Unternehmen risikoscheu reagieren, die Kosten der Nachhaltigkeitsinnovation über- und die Erfolgspotenziale der Nachhaltigkeitsinnovation unterbewerten. Die spezielle Fähigkeit liegt in der richtigen Bewertung der Kosten und des Nutzens der Nachhaltigkeitsinnovation.
- Rechtliche Fähigkeitsbarrieren:
  Fehlt einem KMU das rechtliche Know-how, ergibt sich eine Unsicherheit bei der Initiierung von Nachhaltigkeitsinnovationen (z. B. im Zusammenhang mit der Entwicklung von Patenten).

E.1.3.3 Beziehungsbarrieren

Ergeben sich Hindernisse für eine Nachhaltigkeitsinnovation aus den Beziehungen des KMU zu den internen und externen Stakeholdern, ist die Rede von Beziehungsbarrieren. Beziehungsbarrieren können sich im KMU unterschiedlich äußern:

- Interaktionsunsicherheit:
  Die Umgestaltung des KMU in Richtung Nachhaltigkeit kann bestehende Beziehungen innerhalb des Unternehmens und mit den externen Stakeholdern „zerstören“. Dadurch entstehen Unsicherheiten, da die Beziehungen häufig langfristig bestehen und Vertrauen, Glaubwürdigkeit und Transparenz herrscht. Neue Kontakte müssen angebahnt, aufgebaut und gepflegt werden.[1032]
- Fehlen geeigneter Kooperationspartner:[1033]

---

finanz- und erfolgswirtschaftliche Argumente sowie ökologische Argumente (vgl. Hauschildt/Salomo 2011, S. 102–107).

1032 Vgl. Hauschildt/Salomo 2008, S. 167.

1033 Diese Barriere knüpft insb. an die Überlegungen zu den Barrieren des Nicht-voneinander-Wissens und den Barriere des Nicht-zusammenarbeiten-Könnens an (vgl. Gemünden/Walter 1999, S. 119–120).

Mögliche interne und externe Partner bei der Umsetzung von Nachhaltigkeitsinnovationen bleiben dem KMU, z. B. aus strategischen Überlegungen oder kultureller Distanz, verborgen.[1034] Eine aktive Suche von Kooperationspartnern findet nicht statt, da die Erfolgschancen als (zu) gering bzw. die Kosten der Suche als (zu) hoch eingeschätzt werden.[1035]

Alleine das Finden eines potenziellen internen oder externen Kooperationspartners für eine Nachhaltigkeitsinnovation sichert nicht den Erfolg der Zusammenarbeit.[1036] Es bedarf der Überwindung von Barrieren, die sich z. B. aus einem fehlenden gemeinsamen Nachhaltigkeitsverständnis ergeben.[1037] Zudem muss der „richtige" Kooperationspartner für eine Nachhaltigkeitsinnovation ausgewählt werden. Dazu ist spezifisches Wissen über Kooperationsbeziehungen nötig, um diese aufzubauen und zu managen, welches in KMU häufig fehlt.

- Abhängigkeit zwischen den Interaktionspartnern:

  Kommt es zu einer nachhaltigkeitsbezogenen Zusammenarbeit, könnte sich unter den Kooperationspartnern ein Ungleichgewicht entwickeln, das zu Abhängigkeiten führt.[1038]

- Fehlende Zusammenarbeit für Nachhaltigkeit innerhalb des KMU:

  Bauer, Westerhoff und Keller stellen „die fehlende zielstrebige Zusammenarbeit aller an der Innovation beteiligten Unternehmensbereiche während des Innovationsprozesses"[1039] als die stärkste Barriere innerhalb von Unternehmen dar.

E.1.3.4 Organisationale Barrieren

Innovationen müssen sich innerhalb und außerhalb des KMU gegen zahlreichen Ge- und Verboten durchsetzen. Innerhalb des KMU kommt dies besonders in der Unternehmensorganisation zum Ausdruck.

KMU verfügen über flache Hierarchien, die mit kurzen Entscheidungswegen und festen Routinen einhergehen. Trotz der vorgegebenen Informationswege ist der Informationsfluss aufgrund organisatorischer, fachlicher und sprachlicher Distanzen

---

[1034] Zu weiteren Gründen vgl. Kapitel D.2.3.2.1.
[1035] Vgl. Gemünden/Walter 1999, S. 119–120.
[1036] Vgl. Gemünden/Walter 1999, S. 120.
[1037] Vgl. Gemünden/Walter 1999, S. 120; Ramiller 1994; Rothwell/Dodgson 1991.
[1038] Zu Abhängigkeitsbarrieren vgl. die Ausführungen von Walter 1998, S. 52–53 sowie 57–59.
[1039] Bauer/Westerhoff/Keller 2000, S. 404.

manchmal schwierig.[1040] Innerhalb von KMU existieren normalerweise Aufgaben-, Stellen- und Personenhierarchien.[1041] Diese dienen der Koordination von Routineaufgaben mit vorgegebenen Informationswegen.[1042] Da es sich bei Nachhaltigkeitsinnovationen nicht um Routineaufgaben handelt, werden diese in der Hierarchie nach oben weitergegeben, da Vorgesetzte bzw. die Unternehmensleitung für nicht geregelte Vorgänge verantwortlich sind.[1043]

Zur organisatorischen Trägheit bei der Innovation kommt das Phänomen der Nichtzuständigkeit. Niemand fühlt sich für „das Neue“ zuständig. Somit ist es möglich, dass die Nachhaltigkeitsinnovation nicht aufgegriffen und umgesetzt wird.[1044]

Das kann mit der Schwierigkeit einhergehen, dass sich die Nachhaltigkeitsinnovation „vom Ort des höchsten Sachverstandes“[1045] entfernt. Weniger die Potenziale, als vielmehr die Probleme der Nachhaltigkeitsinnovation schieben sich dann in den Fokus der Überlegungen.

Entstammt die Idee einer Nachhaltigkeitsinnovation aus einer der unteren Hierarchieebenen, kann der Unternehmer diese zudem als Kritik an seiner Arbeit auffassen. Er kann auch mit der Frage konfrontiert sein, weshalb die Nachhaltigkeitsinnovation nicht seine eigene Idee war.[1046] Beide Sachverhalte sorgen für Widerstände seitens des Unternehmers gegen die Nachhaltigkeitsinnovation.

E.1.3.5 Barrieren aufgrund situativer Zwänge

Individuen sind grundsätzlich bestrebt, sich im Sinne der „Grundsubstanz an Wollen“ zu verhalten und somit konsensorientiert.[1047] Trotz seines Bekenntnisses zum nachhaltigen Wirtschaften (nachhaltigkeitsorientierte „Grundsubstanz an Wollen“) kann ein Unternehmer durch die Situation, in der er sich befindet bzw. in der sein Verhalten stattfindet, zu nicht nachhaltigem Verhalten verführt sein.[1048]

1040 Vgl. zu den Besonderheiten von KMU Kapitel B.4.
1041 Vgl. Walter 1998, S. 52.
1042 Vgl. Folkerts 2001, S. 31–32.
1043 Vgl. Hauschildt/Salomo 2011, S. 115.
1044 Vgl. Hauschildt/Salomo 2011, S. 114–115.
1045 Hauschildt/Salomo 2011, S. 115.
1046 Vgl. Hauschildt/Salomo 2011, S. 115.
1047 Vgl. Kapitel D.3.1.2.
1048 Vgl. Zabel 2001, S. 108.

Solche situativen Zwänge ergeben sich z. B. aus den ökonomischen Sachzwängen bestmöglicher Kapitalverwendung, der Abhängigkeit von den „Spielregeln der geldgesteuerten Institutionen“[1049] sowie der Technikabhängigkeit.[1050]

Unternehmer unterliegen in vielen Bereichen ihres Wirtschafts- und Soziallebens situativen Zwängen, die nachhaltigkeitsfreundliches Verhalten z. T. erschweren oder sogar unmöglich machen. Dies kann am Beispiel der Mobilität verdeutlicht werden: Ein Unternehmer, der sich in seinen Privatleben bereits nachhaltigkeitsorientiert verhält – er nutzt sein Fahrrad und den öffentlichen Personennahverkehr für Urlaubsreisen fährt er mit der Bahn und verzichtet auf Flugreisen –, ist möglicherweise im Geschäftsleben zur Nutzung eines KFZs gezwungen, z. B. um Kunden in abgelegenen Gebieten besuchen oder Termine zeitlich einhalten zu können. Einer nachhaltigkeitsfreundlichen Mobilität stehen somit viele Barrieren entgegen.

E.1.3.6 Barrieren aufgrund gruppendynamischer Prozesse

Durch die Neugestaltung des KMU in Richtung Nachhaltigkeit können sich bestehende, altbewährte Gruppenkonstellationen im KMU verändern. In den vorherrschenden Gruppen sind die Beziehungen bekannt und aufeinander abgestimmt, was eine erfolgreiche Zusammenarbeit der Gruppenmitglieder ermöglicht.[1051] Die einzelnen Gruppenmitglieder sehen diese Struktur gegebenenfalls durch die Umorganisation gefährdet und scheuen sich, die Risiken neuer Gruppenkonstellationen einzugehen.[1052]

Gesellschaftliches Leben ist in Einheiten wie Gruppen organisiert.[1053] Auch ein Unternehmer agiert nicht losgelöst von der Umwelt. Er ist als Individuum Mitglied von Gruppen (Industrie- und Handelskammer [IHK], Handwerkskammer [HWK], Sportverein, Serviceclub etc.) und wird in seinem individuellen Verhalten von Gruppen(-mitgliedern) beeinflusst.[1054] Franken definiert Gruppen als „jede Ansammlung von zwei oder mehreren Personen, die sich aufgrund ähnlicher Interessen, Aufgaben

[1049] Zabel 2001, S. 122.
[1050] Vgl. Zabel 2001, S. 113 und S. 122.
[1051] Vgl. Hauschildt/Salomo 2008, S. 167.
[1052] Vgl. Hauschildt/Salomo 2008, S. 167–168.
[1053] Vgl. Franken 2010, S. 173 und Zabel 2001, S. 109.
[1054] Dabei ist der Unternehmer nicht in jeder Gruppe freiwilliges Mitglied (z. B. besteht bei der IHK gemäß § 2 IHKG für zahlreiche deutsche Unternehmen eine Pflichtmitgliedschaft – vgl. IHKG 2017).

oder Ziele“[1055] zusammengeschlossen haben. Sie lassen sich anhand der folgenden Merkmale charakterisieren:[1056]

- Mindestens zwei Personen bilden eine Gruppe.
- Es gibt keine formale Obergrenze an Mitgliedern einer Gruppe, es muss allerdings eine persönliche Interaktion zwischen den Gruppenmitgliedern möglich sein (ist Interaktion nicht mehr möglich, wird nicht mehr von ‚Gruppe‘ gesprochen).
- Zwischen den Gruppenmitgliedern gibt es Interaktionsmöglichkeiten (durch Kommunikation), die Wechselwirkungen erzeugen.
- Die Gruppe wird von außen als solche wahrgenommen und die einzelnen Gruppenmitglieder fühlen sich der Gruppe zugehörig.
- Die Gruppe formuliert ein gemeinsames, kooperatives Ziel. Bei den Gruppenmitgliedern setzt dies ein „Mindestmaß an Übereinstimmung“ voraus.
- Die Gruppenzugehörigkeit ist ein wesentlicher Moment persönlicher Erfüllung.

Gruppen können nach unterschiedlichen Kriterien, z. B. in primäre und sekundäre bzw. formelle und informelle Gruppen, eingeteilt werden (***vgl. Tabelle 23***).[1057]

In der Realität bestehen wechselseitige Beziehungen zwischen dem Individuum und der Gruppe. Diese äußern sich z. B. in den wechselseitigen Erwartungen.[1058] Zudem können Individuen gleichzeitig mehreren Gruppen angehören. Die Gruppen können auch konträre Ziele verfolgen (Zielkonflikte).[1059]

„Personen, die Organisationen und Gruppen angehören, verfügen oftmals über ein gemeinsames System von Einstellungen, Werten und sozialen Normen.“[1060] Gruppenmerkmale und -normen werden in die Persönlichkeit übernommen.[1061] Bei einem hohen Maß an Identifikation mit der Gruppe kommt dazu, dass man seine Persönlichkeit über die Gruppe definiert und die Gruppe als Teil der eignen Identität auf-

---

1055 Franken 2010, S. 174.
1056 Vgl. Hackman 1987; Brettel/Heinemann/Weiß u. a. 2009, S. 13–14.
1057 Vgl. Franken 2010, S. 174.
1058 Vgl. die Ausführungen zu den wechselseitigen Erwartungen des Unternehmers und der Stakeholder in Tabelle 12.
1059 Vgl. Franken 2010, S. 173.
1060 Walter 1998, S. 43.
1061 Vgl. Franken 2010, S. 173.

fasst. Somit wirkt sich die Gruppenzugehörigkeit direkt auf das nachhaltigkeitsbezogene Verhalten des Individuums aus (***vgl. Abbildung 32***).

Arten von Gruppen nach...	dem Grad der Zusammengehörigkeit		der Basis ihres Zustandekommens		den Zielen			ihrer Zusammensetzung	
	primäre Gruppe	sekundäre Gruppe	formelle Gruppe	informelle Gruppe	Aufgabengruppen	Interessengruppen	Freundschaftsgruppen	Rang- oder Statusgruppen	Funktionsgruppen
Merkmale	• relativ überdauernd • Starke emotionale Bindung der Gruppenmitglieder. • Basis der Gruppe sind Gefühle. • hohes Maß an Vertrauen	• unpersönlich • abstrakt • zweckbezogen	• Im Sinne der betrieblichen Zielerreichung geplant und bestimmt.	• Bilden sich spontan und ungeplant.	• Zusammenstellung zur Lösung einer oder mehrerer Aufgaben.	• Ein bestimmtes Interessen steht im Mittelpunkt.	• Zusammentreffen aufgrund von Sympathie. • Gruppenmitglieder können verschiedene Interessen haben.	• In der Gruppe wird Macht explizit nach Rang und Status der einzelnen Gruppenmitglieder verteilt.	• Gruppenmitglieder haben alle den gleichen Status, jedoch unterschiedliche Funktionen.
Beispiele	Familie, Face-to-Face-Gruppe	Arbeitsgruppen und Teams in Unternehmen	Abteilung, Projektgruppe	Fahrgemeinschaft	Projektgruppe	Fußballgruppe, Wissenscommunities in Unternehmen (zum Wissensaustausch)	beste Freunde, Schulfreunde	Abteilung	Arbeitsgruppe (ohne einen Gruppenleiter)

Tabelle 23: Arten von Gruppen

Quelle: Eigene Zusammenstellung nach Franken 2010, S. 174.

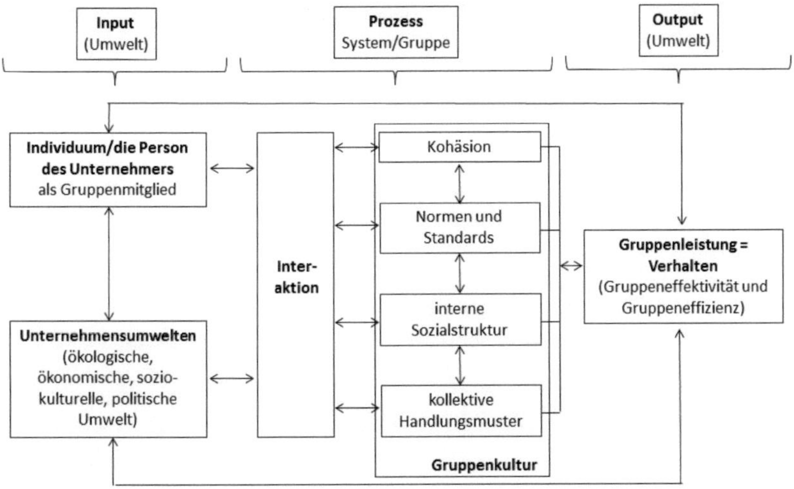

Abbildung 32: Die Gruppe als soziales System
Quelle: Schreyögg/Koch 2010, S. 222, ganz leicht modifiziert.

Die Gruppenkultur bezeichnet ein „gemeinsames Werte- und Normensystem (...), das von allen Mitgliedern gelebt und akzeptiert wird"[1062]. Sie hat sich innerhalb der Gruppe entwickelt und basiert auf gemeinsamen Traditionen, Erfahrungen und Erlebnissen, welche das Verhalten der einzelnen Gruppenmitglieder beeinflussen. Ist die Gruppenkultur nachhaltigkeitsfeindlich, erhöhen sich die Barrieren gegenüber der Nachhaltigkeitsinnovation. Die Gruppenkultur beinhaltet Normen und Standards, interne Sozialstrukturen, kollektive Handlungsmuster und Kohäsion.[1063] Unter Gruppenkohäsion versteht man „die subjektiv empfundene Attraktivität der Gruppe für ihre Mitglieder, die sie zusammenhält".[1064] Eine hohe Gruppenkohäsion bedeutet für die einzelnen Gruppenmitglieder eine hohe Attraktivität der Gruppe und führt somit zu einem starken Zusammenhalt und Einsatz der Gruppenmitglieder für die Gruppenziele und -normen.[1065] Somit bildet die Gruppenkohäsion eine wesentliche Voraussetzung für den Erfolg der Gruppe bzw. für die Gruppenleistung.[1066] Die Zugehörigkeit zu einer Gruppe mit hoher Gruppenkohäsion, welche sich zudem gegen Nachhaltig-

1062 Franken 2010, S. 179.
1063 Vgl. Abbildung 32.
1064 Franken 2010, S. 178.
1065 Vgl. Franken 2010, S. 179.
1066 Vgl. Franken 2010, S. 179.

keitsinnovationen ausspricht, erhöht die Barrieren gegenüber einer Nachhaltigkeitsinnovation erheblich.

In den genetischen Prägungen ist das Bedürfnis nach Gruppenzugehörigkeit, wie erwähnt, verankert.[1067] Denn die Zugehörigkeit zu Gruppen ist für Menschen überlebensnotwendig und hat zudem eine Bedeutung für das „gut, sinnvoll und frei leben“ [1068].[1069] Dabei hat die Gruppe Einfluss auf das nachhaltigkeitsbezogene Verhalten des Unternehmers und des KMU. Franken stellt fest, dass Gruppen, unabhängig von ihrer Art, starken Einfluss auf das Verhalten der Individuen auslösen,[1070] wobei der Einfluss positiv und/oder negativ sein kann.[1071] Als Beispiel für negative Wirkungen von Gruppen auf das Verhalten von Individuen kann das Phänomen „Deindividuation“[1072] genannt werden. In diesem Fall schließen sich Individuen verstärkt der Gruppenmeinung und den Gruppennormen an, ohne diese ausreichend zu reflektieren, und nehmen sich somit selbst aus der Verantwortung zurück.[1073] Dies stellt eine Gefahr für die Nachhaltigkeitsorientierung dar. So kann beispielsweise ein Unternehmer als Mitglied des Gemeinderates der einstimmigen Entscheidung des Gremiums, den Bau eines neuen Kohlekraftwerkes zu unterstützen, folgen, um weiterhin als Mitglied der Gruppe akzeptiert und respektiert zu werden. Die Entscheidung rechtfertigt er für sich damit, dass seine Stimme allein sowieso nichts an der Zustimmung zu dem Projekt geändert hätte.

Neurobiologisch ist dies mit dem „Urbedürfnis nach Spiegelung, nach Resonanz und nach Verbleib innerhalb der schützenden sozialen Identität“[1074] zu begründen.[1075]

1067 Vgl. Franken 2010, S. 173, Zabel 2011b, S. 349–350.

1068 Zabel 2013a, S. 310.

1069 Vgl. Franken 2010, S. 173, Zabel 2011b, S. 349–350.

1070 Vgl. Franken 2010, S. 173.

1071 Vgl. Franken 2010, S. 173. Aus der sozialpsychologischen Forschung sind Wechselwirkungen bekannt: Gruppen beeinflussen das Verhalten von Individuen, Individuen beeinflussen auch das Verhalten von Gruppe (vgl. Franken 2010, S. 175).

1072 Synonym werden in der Literatur auch die Begriffe „Gruppenuniformität“ und „Gruppendenken“ verwendet (vgl. Franken 2010, S. 175).

1073 Vgl. Franken 2010; Bauer 2012; Brettel/Heinemann/Weiß u. a. 2009; Franken 2010; Hackmann 1987; Lorsch 1987, insb. S. 190–222; Zabel 2001; Zabel 2002; Zabel 2011, S. 175.

1074 Bauer 2012, S. 151.

1075 Zu Spiegelneuronen vgl. Keysers 2013. Zudem erklären Neuropsychologen die Fähigkeit zur Rollenübernahme mit dem Phänomen der Spiegelneuronen (vgl. dazu u. a. Krischke 2000; Keysers 2013). Sie spiegeln Handlungen wider, die an anderen beobachtet werden oder die man sich nur vorstellt (vgl. Stahl 2003, S. 20). Unternehmer sind in alle Lebensphasen Einflüssen aus ihrer sozialen Umwelt ausgesetzt, welche die Fähigkeit „zum Spiegeln“ bedingen und sich somit auf die Art der Rollenübernahme auswirken (vgl. Stahl 2003, S. 20). Wächst der Unternehmer z. B. in einer Unternehmerfamilie auf, erlernt er früh die Fähigkeit zur Rollenübernahme und wie

Dieses Urbedürfnis ist für das Individuum wichtiger, als faktisch richtig zu handeln.[1076] Darin birgt sich die Gefahr z. B. zu risikoreichen Entscheidungen und der unzureichenden Berücksichtigung von Alternativen mit unterschiedlichen Ungewissheitsgraden und insb. mit unterschiedlichen Nachhaltigkeitswirkungen.[1077]

Im Vergleich zu Individualentscheidungen sind Gruppenentscheidungen per se risikofreudiger, da die Verantwortung für Entscheidungen auf alle Gruppenmitglieder verteilt wird und sich der Einzelne somit nicht für eine Entscheidung verantwortlich fühlt.[1078]

Ähnlich wie mit der Deindividuation verhält es sich mit dem Effekt des „Gruppendrucks" oder des „Groupthink". Individuen passen ihre Meinung der Gruppenmeinung an, auch wenn diese nicht ihrer eigentlichen Überzeugung entspricht.[1079] Dies führt auch dazu, dass von der Gruppennorm abweichende Meinungen nicht ausreichend diskutiert und im Extremfall sogar unterdrückt werden.[1080] Es resultiert daraus eine bedeutende Erschwernis für die Nachhaltigkeitsorientierung von KMU, da die Vorteile dieser für KMU von nachhaltigkeitsfeindlichen Gruppen nicht aufgegriffen und nicht ausreichend diskutiert werden.

Findet keine Unterstützung durch eine Gruppe in Richtung Nachhaltigkeit statt, entstehen Barrieren aufgrund gruppendynamischer Prozesse.

Abbildung 33 stellt Selbstorganisationskomponenten im Rahmen von Wirklichkeitskonstruktionen/Musterbildungen dar und zeigt für Unternehmer relevante Gruppenbeziehungen.

Die vorgestellten Barrieren der Nachhaltigkeitsorientierung von KMU können mit Sicherheit diskutiert werden (z. B. bezüglich der Vollständigkeit und der Abgrenzung),[1081] allerdings ist zweifelsfrei festzuhalten: KMU müssen diese Barrieren ken-

---

er verschiedene Rollen für seine unternehmerische Tätigkeit nutzen kann (vgl. Stahl 2003, S. 20. und S. 24).

1076 Vgl. Franken 2010, S. 175.

1077 Vgl. Franken 2010, S. 175.

1078 Vgl. Franken 2010, S. 175.

1079 Vgl. Franken 2010, S. 176. Empirisch konnte dieser Effekt bereits von Asch (1956) sowie von Janis (1972) bei der Analyse der Kabinettsentscheidungen aus der Kennedy-Ära nachgewiesen werden.

1080 Vgl. Franken 2010, S. 176.

1081 Vgl. Hauschildt/Salomo 2008, S. 166.

nen, sie ernst nehmen und erfolgreich überwinden, um Nachhaltigkeitsinnovationen durchsetzen und damit langfristig erfolgreich sein zu können.

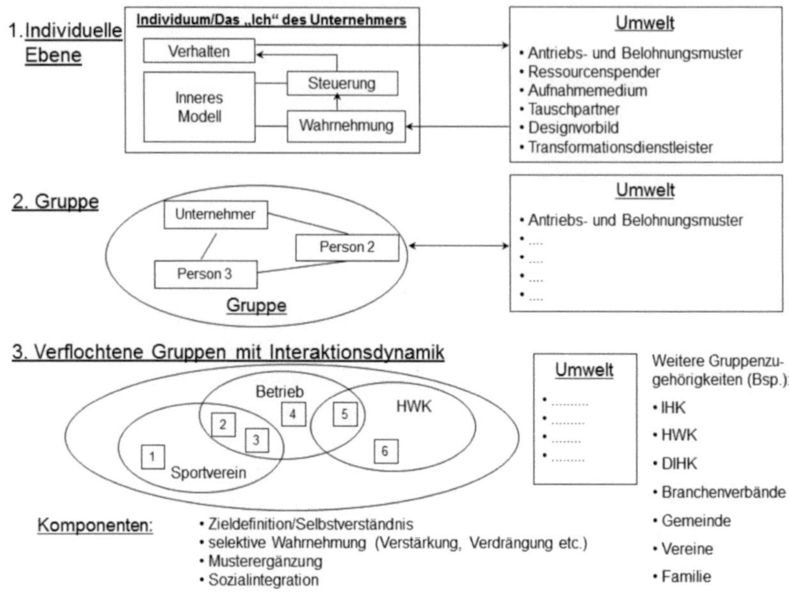

Abbildung 33: Selbstorganisationskomponenten im Rahmen von Wirklichkeitskonstruktionen/Musterbildungen

Quelle: Zabel 2011c, Folie 2.2/4, leicht modifiziert und angewandt am Beispiel der Person des Unternehmers.

E.2 Wirkungen des Widerstandes gegen eine Nachhaltigkeitsorientierung in KMU

Die Barrieren der Nachhaltigkeitsorientierung von KMU zeigen sich insb. im Widerstand, welcher durch die Opponenten personalisiert wird. Betrachtet man dabei die Nachhaltigkeitsinnovation als Prozess, führt diese das KMU aus einem Gleichgewichtszustand in einen neuen Gleichgewichtszustand.[1082] Dieser Transformation stellen sich Opponenten in den Weg. Je größer der Wirkkreis der Opponenten ist, desto mehr Energie ist notwendig, um die Innovation durchzusetzen,[1083] denn die Opponenten rufen Widerstände gegen die Nachhaltigkeitsorientierung des KMU hervor.

[1082] Vgl. Witte 1999, S. 13; Lewin 1961.
[1083] Vgl. Witte 1999, S. 13, und die dort verwendete Literatur.

Entsprechend schließt sich die Frage an, wie diese Widerstände auf die Nachhaltigkeitsausrichtung des KMU wirken. Dabei lassen sich drei Vorgehensweisen der Opponenten unterscheiden: Verhindern, Verzögern und Verformen.[1084]

Die Vorgehensweise „Verhindern"

Sind die Widerstände der Opponenten des KMU groß, werden diese alles daran setzen, die Nachhaltigkeitsorientierung von Produkten, Prozessen und Verhaltensweisen im Unternehmen zu verhindern. Diese Vorgehensweise ist besonders radikal, da sie die Idee der Nachhaltigkeitsorientierung bereits im Keim zu ersticken versucht. Dazu werden Argumente gegen die Nachhaltigkeitsinnovation gesammelt und miteinander verknüpft.[1085] So können die Opponenten z. B. grundsätzliche Diskussionen zum Thema Nachhaltigkeit anregen, indem sie die Notwendigkeit der Nachhaltigkeitsorientierung infrage stellen („Der Klimawandel ist doch gar nicht menschengemacht", „Mit einem höheren Technikeinsatz können wir diese Probleme doch auch so lösen"). Dazu merkt Steppeler an: „Verhindernder Widerstand ist in der Zielsetzung eindeutig zu erkennen, unbestimmt allerdings bleibt nicht selten der Wahrheitsgehalt der vorgetragenen Argumente."[1086]

Da ein Opponent die Nachhaltigkeitsorientierung des KMU alleine nur schwer sabotieren kann, werden die Opponenten innerhalb und außerhalb des KMU nach „Verbündeten" suchen, die die Durchsetzung der Nachhaltigkeitsinnovation mit zu verhindern suchen.[1087]

Die Vorgehensweise „Verzögern"

Sind die Opponenten nicht in der Lage, Nachhaltigkeitsinnovationen bzw. die Nachhaltigkeitsorientierung des KMU abzuwenden, versuchen sie, die Umsetzung zumin-

---

1084 Eine Darstellung der Vorgehensweisen ohne Nachhaltigkeits- und KMU-Bezug findet sich bei Hauschildt/Salomo 2008, S. 168 sowie Steppeler 2010, S. 41–42. Die Autoren bezeichnen die Vorgehensweisen als „Strategien". Dies würde geplantes und zielgerichtetes Handeln der Opponenten voraussetzen, was nicht immer gegeben ist. So führen z. B. auch diffuse Ängste zum Verhindern einer Nachhaltigkeitsinnovation in KMU, ohne dass sich dahinter eine klare Strategie verbirgt. Aus diesem Grund werden die Strategien in der vorliegenden Arbeit als Vorgehensweisen bezeichnet. Die einzelnen Vorgehensweisen sind in der Praxis z. T. nicht eindeutig voneinander abgrenzbar, es können Interdependenzen entstehen.

1085 Vgl. Hauschildt/Salomo 2008, S. 168.

1086 Steppeler 2010, S. 41.

1087 Vgl. Steppeler 2010, S. 41; Hauschildt/Salomo 2008, S. 168.

dest zu verzögern.[1088] Somit gewinnen die Opponenten Zeit, um die Nachhaltigkeitsinnovation zu diskutieren und Bedenken und Widerstände vorzubringen.

Die verhindernde und die verzögernde Vorgehensweise unterscheiden sich auch durch deren individuelle Wahrnehmung: Der Verhinderungswiderstand zeigt sich offen, wohingegen der Verzögerungswiderstand verdeckt stattfindet.[1089] Häufig „tarnen" sich die Opponenten als „falsche Freunde": Sie sind damit in den Nachhaltigkeitsinnovationsprozess integriert und können ihre Argumente gezielter vorbringen sowie zeitliche Verzögerungen z. B. durch die Anfrage von Angeboten für Nachhaltigkeitsberater oder durch die Beauftragung aufwendiger Kosten-Nutzen-Analysen herbeiführen. Zudem haben sie die Möglichkeit, regelmäßig Probleme bei der Umsetzung einer Nachhaltigkeitsorientierung aufzuzeigen und die Innovation gegenüber den Beteiligten schlechtzureden.

Die Vorgehensweise „Verformen"

Die Vorgehensweise „Verformen" wird in Betracht gezogen, wenn die Vorgehensweisen „Verhindern" bzw. „Verzögern" nicht erfolgsversprechend durchgeführt werden können.[1090] Bei der Vorgehensweise „Verformen" werden die innovativen Momente auf ein Minimum reduziert, um die Nachhaltigkeitsinnovation zu schwächen, z. B. werden nur punktuelle Nachhaltigkeitsbeiträge des KMU akzeptiert oder es wird lediglich die Einführung eines BNM in einer niedrigen Ausbaustufe vorgenommen. Die Gefahr des „Verformens" liegt in diesem Kontext insb. auch im „Verraten", „Konterkarieren" und „ins Gegenteil verkehren". So führt z. B. die Reduzierung der CO_2-Emissionen des KMU durch die Nutzung von Atomstrom als kohlenstoffarme Technologie zur Energiegewinnung zwar zur Treibhausgasminderung, die negativen Aspekte, die mit dem Einsatz dieses Energieträgers verbunden sind, können allerdings generell nicht mit einem kohärenten Nachhaltigkeitsleitbild in Einklang gebracht werden.[1091]

An dieser Stelle sei hervorgehoben, dass für diese oppositionellen Vorgehensweisen gilt, dass die Kenntnis von ihnen vorbeugend wirkt. Sie wurden ausführlich dargestellt, da die nachfolgend erörterten Promotorenrollen des Unternehmers in ihrer je-

---

[1088] Vgl. Steppeler 2010, S. 41.
[1089] Vgl. Steppeler 2010, S. 41.
[1090] Vgl. Hauschildt/Salomo 2008, S. 168; Steppeler 2010, S. 42.
[1091] Vgl. Kemfert/Gerbaulet/Hirschausen u. a. 2015; Zabel 2012b, S. 402f.

weiligen Funktion an den Barrieren ausgerichtet sind und das oppositionelle Verhalten verhindern bzw. überwinden sollen.

F Der Unternehmer als Universalpromotor für Nachhaltigkeit in KMU

F.1 Die Überwindung der Barrieren als Aufgabe des Unternehmers in seiner Funktion als Universalpromotor

Wie beschrieben führen Barrieren zur Verhinderung, Verzögerung und Verformung von Nachhaltigkeitsinnovationen in KMU. Die Überwindung der Widerstände kann als Aufgabe des Unternehmers als Universalpromotor für eine Nachhaltigkeitsorientierung in KMU gesehen werden (**vgl. Abbildung 34**).

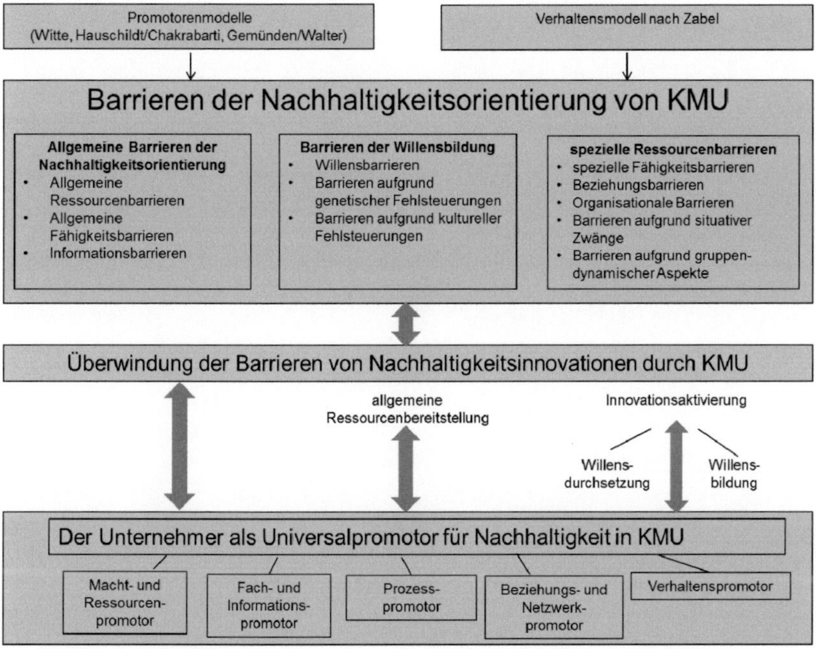

Abbildung 34: Überwindung der Barrieren von Nachhaltigkeitsinnovationen durch KMU
Quelle: Eigene Darstellung.

Aufgrund der besonderen Bedeutung des Unternehmers für eine nachhaltige Entwicklung sowie für die Nachhaltigkeitsorientierung des KMU ist dieser als Universalpromotor für Nachhaltigkeit in KMU zu verstehen. Der Unternehmer als Universalpromotor muss für die erfolgreiche Umsetzung von Nachhaltigkeit in KMU verschiedene Promotorenrollen zur Überwindung nachhaltigkeitsbezogener Barrieren einnehmen und kann damit die Erfolgschancen der Nachhaltigkeitsinnovation wesentlich erhöhen. Da in KMU im Vergleich zu Großunternehmen eine geringe Arbeitsteilung vorherrscht, kommt es zur Rollenakkumulation; der Unternehmer übernimmt mehrere Rollen im Innovationsprozess.[1092]

Dies ist auch deshalb von Bedeutung, da im Laufe des Innovationsprozesses unterschiedliche Promotorenkonstellationen gefordert sind. Zur Umsetzung von Nachhaltigkeit in KMU ist es notwendig, den Unternehmer nicht als einsamen Einzelkämpfer zu sehen.[1093] Er muss nicht als einsamer Champion für die Nachhaltigkeitsorientierung seines KMU kämpfen, sondern kann sich, um die Innovation erfolgreich durchzusetzen, „Verbündete" suchen und Promotorenrollen zeitweise und partiell delegieren bzw. abgeben. Beispielsweise kann die Rolle des Fachpromotors für Nachhaltigkeit vorübergehend ein externer Nachhaltigkeitsberater übernehmen. Der Unternehmer delegiert jedoch nur partiell, und niemals vollständig.

Dabei ist er nicht nur für den Abbau von Innovationsbarrieren verantwortlich: Über die Sicherung der Anwendung einer BNM-Konzeption im KMU sorgt der Unternehmer für die Generierunge und Umsetzung (neuer) Nachhaltigkeitsinnovationen.

Das Themenfeld Nachhaltigkeit ist so komplex, dass alle Promotorenrollen eingenommen werden müssen, um den Erfolg der Nachhaltigkeitsinnovation zu sichern. Dies bedeutet allerdings nicht, dass der Unternehmer in allen Phasen des Innovationsprozesses alle Promotorenrollen in gleicher Intensität ausfüllen muss.[1094] Zur Unterstützung können innerhalb des Nachhaltigkeitsinnovationsprozesses engagierte und interessierte Teilnehmer eines Innovationsteams gesucht werden, die den Unternehmer entlasten und die einzelnen Rolle übernehmen.[1095] Dabei kann der Unternehmer die Übernahme von Rollen nur anregen, nicht anordnen.[1096]

1092 Vgl. Steppeler 2010, S. 48. Die Arbeitsteilung ist eine Funktion der Unternehmensgröße (Vgl. Hauschildt/Chakrabarti 1999, S. 82).

1093 Vgl. Steppeler 2010, S. 44.

1094 Vgl. Tabelle 34.

1095 Vgl. Hauschildt/Chakrabarti 1999, S. 86.

1096 Wichtig ist es, bereits an dieser Stelle darauf hinzuweisen, dass die Promotoren den notwendigen Spielraum innerhalb ihrer Stellen benötigen, um die Promotorenfunktion wahrnehmen zu können; das bedeutet, dass die Promotorenfunktion andere Aufgaben ersetzt oder zusätzlich zu bestehenden Aufgaben übernommen werden muss (vgl. Witte 1973, S. 16; Steppeler 2010, S. 44).

Nachfolgende Abbildung zeigt die verschiedenen Promotorenrollen, die der Unternehmer als Universalpromotor einnimmt. Weiterhin werden die für eine systematische Nachhaltigkeitsorientierung zu gestaltenden Managementfelder und Unterstützer deutlich (vgl. **Abbildung 35**):

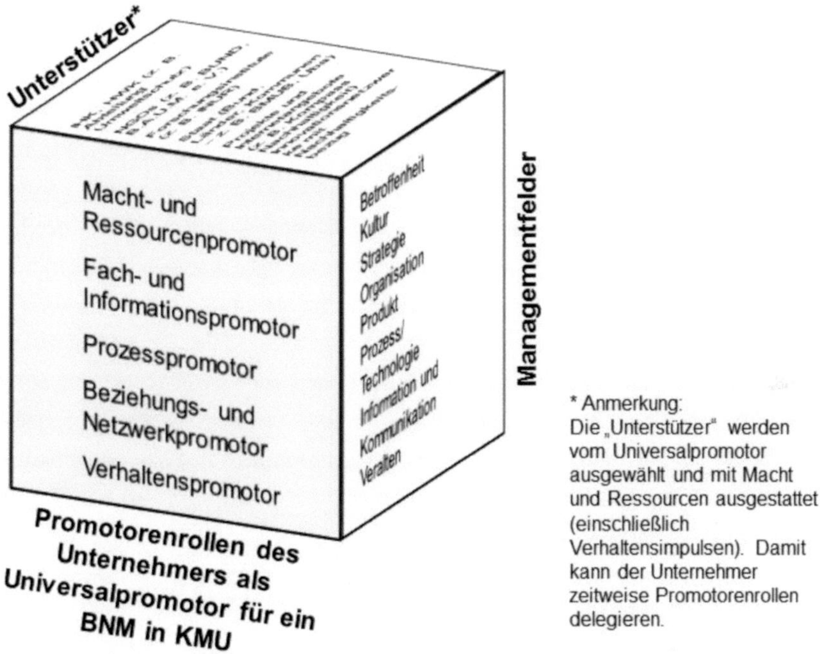

Abbildung 35: Der Unternehmer als Universalpromotor für ein BNM in KMU: Promotorenrollen, Unterstützer, Managementfelder

Quelle: Eigene Darstellung.

Der Unternehmer bleibt in seinen Rollen als Macht- und Ressourcenpromotor (MRP), Fach- und Informationspromotor (FIP), Prozesspromotor, Netzwerk- und Beziehungspromotor (NBP) sowie Verhaltenspromotor innerhalb der verschiedenen Managementfelder (Kultur, Strategie, Organisation etc.) für die ökologie- und sozialverträgliche Gestaltung der Produkte, Prozesse und Verhaltensweisen verantwortlich. Er erfährt dabei aus den unterschiedlichen Bereichen Unterstützung. So stellen z. B. der Bund und die Länder sowie die IHK und die HWK Informationsmaterialien zum Thema Nachhaltigkeit zur Verfügung.[1097] KMU erhalten außerdem über spezielle Internetangebote einen erleichterten Zugang zum Thema Nachhaltigkeit (z. B. die Internetplattform „KMU-Kompass", die KMU beim Thema nachhaltige Beschaffung unterstützt – http://kmu.kompass-nachhal-tigkeit.de).

F.2 Managementkompetenzen des Unternehmers in seinen Promotorenrollen und als Universalpromotor

Im Folgenden werden die einzelnen Promotorenrollen des Unternehmers als Universalpromotor im Nachhaltigkeitskontext und unter Berücksichtigung der Spezifika von KMU analysiert. Für die Überwindung der Barrieren im Rahmen eines BNM werden, wie in den vergangenen Kapiteln deutlich wurde, spezielle Ressourcen und Energien benötigt.[1098] Der Unternehmer als Universalpromotor sollte bei seiner Rollenwahrnehmung über ein überdurchschnittlich hohes Engagement und viel Energie verfügen, um Nachhaltigkeitsaspekte im Unternehmen zu identifizieren und umzusetzen.[1099] Das Engagement bezieht sich an dieser Stelle auf die Rolle als Promotor für Nachhaltigkeit. Die „Rollen kennzeichnen insofern situationsbezogen informelle, temporäre und auch projektbezogene Erwartungshaltungen"[1100]. Witte stellte bereits bei der Entwicklung des Promotorenmodells fest:

> „Wir hatten sowohl bei der Barriere des Nichtwollens als auch bei der Barriere des Nichtwissens gesehen, dass die Prozesswiderstände personalisiert sind, d. h., daß es eben Menschen sind, die die Innovation nicht wollen oder sachlich nicht nachvollziehen können. Dementsprechend sind auch die Energien zur Überwindung der Barrieren an Personen (Energieträger) gebunden."[1101]

Leistungsbeiträge und Machtquellen gelten als Elemente der Promotorenrolle,[1102] wobei Leistungsbeiträge als „spezifische Aktivitäten der Schlüsselpersonen, die der Durchsetzung eine Innovation dienen"[1103], definiert werden. Machtquellen beschrei-

[1097] Vgl. z. B. IHK Nürnberg für Mittelfranken o. A.
[1098] Vgl. Hauschildt/Salomo 2011, S. 130.
[1099] Vgl. ohne Nachhaltigkeitsbezug Steppeler 2010, S. 44.
[1100] Steppeler 2010, S. 44.
[1101] Witte 1999, S. 15.
[1102] Zu den Elementen der Macht-, Fach- und Prozesspromtorenrollen vgl. Fokerts S. 33–40; zu den Elementen der Beziehungspromotorenrolle Walter 1998, S. 116–129.
[1103] Walter 1999, S. 268.

ben signifikante Eigenschaften der Akteure, die ihnen die Möglichkeit geben, Leistungsbeiträge beizusteuern und die dafür notwendigen Ressourcen zu erhalten.[1104]

Anzumerken ist allerdings, dass es zusätzlich zur Überwindung der Barrieren die Aufgabe des Unternehmers als Universalpromotor für Nachhaltigkeit in KMU ist, allgemeine Ressourcen zur Innovationsaktivierung und -sicherung sowie Maßnahmen zur Willensbildung und Willensdurchsetzung in Richtung Nachhaltigkeit im KMU zur Verfügung zu stellen bzw. zu initiieren.

Im Folgenden werden die Leistungsbeiträge und Machtquellen des Rollenkonzeptes „Unternehmer als Universalpromotor" dargestellt. Dazu werden die Rollenbestandteile Macht- und Ressourcenpromotor, Fach- und Informationspromotor, Prozesspromotor, Netzwerk- und Beziehungspromotor sowie Verhaltenspromotor separat beleuchtet.

F.2.1 Macht- und Ressourcenpromotor

Ziel des Unternehmers als Macht- und Ressourcenpromotor (MRP) ist in erster Linie die Überwindung der Willensbarrieren sowie der allgemeinen und speziellen, mit der konkreten Nachhaltigkeitsinnovation verbundenen Ressourcenbarrieren, die der Nachhaltigkeitsorientierung entgegenstehen. In seiner Rolle als MRP stellt der Unternehmer die für ein BNM notwendigen Ressourcen zur Verfügung und ermöglicht somit z. B. die Entscheidung für die Entwicklung eines nachhaltigen Produktes.[1105]

Leistungsbeiträge des MRP

Der MRP setzt die ihm gegebene Energie für die Bereitstellung von Macht und Ressourcen zur Umsetzung von Nachhaltigkeitsinnovationen bzw. eines BNM in KMU ein und sichert die materielle Basis des KMU.[1106] Er stellt die notwendigen allgemeinen und speziellen Ressourcen zur Verfügung (z. B. finanzielle Mittel für Energiesparmaßnahmen wie die Anschaffung von LED-Lampen, Zeit für die Teilnahme an Weiterbildungen zum Thema Nachhaltigkeit, zusätzliches Personal und Technik für Nachhaltigkeitsmaßnahmen).[1107]

1104 Vgl. Walter 1999, S. 268; Hauschildt 1993b, S. 113–116.
1105 Vgl. Hauschildt/Salomo 2011, S. 153.
1106 Vgl. ohne Nachhaltigkeitsbezug Müller 2004, S. 152; Hauschildt/Salomo 2011, S. 127.
1107 Vgl. Steppeler 2010, S. 45.

Aufgrund seiner Stellung im KMU kennt der MRP die langfristige Strategie des Unternehmens.[1108] Er verfügt über die Kompetenz, Nachhaltigkeit in die Strategie des KMU aufzunehmen.[1109] Mit der strategischen Implementierung von Nachhaltigkeit im KMU legt der MRP die Grundlage für das BNM.[1110] Darauf aufbauend kann er Ziele definieren, Prioritäten im Unternehmen festlegen und der Einführung und Umsetzung eines BNM das notwendige Gewicht verleihen.[1111]

Der MRP muss die Innovation „BNM in KMU“ vor Opponenten verteidigen.[1112] Dabei sollte er in der Lage sein, den Widerstand der Opponenten zu „brechen“. Im Nachhaltigkeitskontext orientiert sich der MRP an den Prinzipien Kommunikation, Kooperation, Transparenz, nachhaltigkeitskonforme Anreize, Vertrauen und Glaubwürdigkeit und tritt mit den Opponenten aktiv in Kontakt, um Schwierigkeiten auszuräumen und Handlungsoptionen aufzuzeigen.[1113] Er „promotet“ die Nachhaltigkeitsinnovation im KMU durch Initiative und Aktivität.[1114] Während der gesamten Einführugsphase übt der MRP konstruktive Kritik an der Innovationsidee und am -prozess, um die Innovation erfolgreich durchzusetzen.[1115] Walter hält fest: „Das Einflusspotenzial des Machtpromotors beruht insbesondere auf der Überzeugung von Organisationsangehörigen, daß er ein legitimiertes Recht auf Einflußnahme auf ihr Verhalten besitzt.“[1116] Dabei nutzt der MRP positive und negative Sanktionen, um das BNM im KMU erfolgreich umsetzen zu können.[1117]

Machtquelle des MRP

Die Macht des MRP ergibt sich aus seiner Position im Unternehmen (hierarchisches Potenzial),[1118] wobei die Rolle des Unternehmers als MRP im Nachhaltigkeitskontext kritisch diskutiert werden muss. Auch die Forschungsergebnisse z. B. zu Führungsstilen oder zur Konfliktbewältigung sprechen gegen den Einsatz hierarchischer Macht

---

1108 Vgl. Hauschildt/Chakrabarti 1999, S. 78.
1109 Vgl. Hauschildt/Salomo 2011, S. 153.
1110 Vgl. Hauschildt/Salomo 2011, S. 140.
1111 Vgl. Steppeler 2010, S. 45. Zur Ideenbewertung vgl. Vahs/Brem 2013, S. 312–346.
1112 Vgl. Hauschildt/Salomo 2011, S. 140–141.
1113 Vgl. Müller 2004, S. 152. Als Instrument eignet sich bspw. der Stakeholderdialog (vgl. Kapitel F.4).
1114 Vgl. Steppeler 2010, S. 45.
1115 Vgl. Steppeler 2010, S. 45.
1116 Walter 1998, S. 101–102, unter Verwendung von Witte 1973, S. 17.
1117 Vgl. Walter 1998, S. 103.
1118 Vgl. Witte 1973, S. 17; Hauschildt/Salomo 2011, S. 124; Müller 2004, S. 152; Steppeler 2010, S. 45.

zur Durchsetzung einer Innovation, da der Einsatz von Macht innerhalb des Innovationsprozesses zumeist zu einem negativen Innovationsergebnis führt.[1119] Bereits Witte weist darauf hin: „Nicht die ständige Gewalt kennzeichnet den Machtpromotor, sondern das glaubwürdige hierarchische Potenzial, das allein durch sein Vorhandensein wirkt, ohne regelmäßig eingesetzt werden zu müssen."[1120] „Machtausübung [liegt] dann vor, wenn etwas gegen die Interessen der betroffenen Personen durchgesetzt wird, während es sich um Einfluss handelt, wenn die Interessen der betroffenen Personen beachtet und berücksichtigt werden."[1121] Im Nachhaltigkeitskontext steht deshalb die Einflussnahme des Unternehmers als Universalpromotors für Nachhaltigkeit in KMU und nicht die Machtausübung im Fokus der Rollenausübung als MRP.

F.2.2 Fach- und Informationspromotor

Der Unternehmer in seiner Rolle als Fach- und Informationspromotor (FIP) fördert die Einführung und Umsetzung eines BNM in KMU durch die Aneignung vorhandenen Wissens und allgemeiner Informationen mit Nachhaltigkeitsbezug sowie durch sein „objektspezifisches Fachwissen aktiv und intensiv"[1122]. Das „objektspezifische Fachwissen" bezieht sich in diesem Zusammenhang auf eine spezielle Nachhaltigkeitsinnovation wie bspw. das Objekt „BNM im KMU". Hinzu kommt die Verfügbarkeit von allgemeinen Informationen zum Thema Nachhaltigkeit.

In seiner Rolle als FIP schöpft der Unternehmer seine Energie deshalb aus dem nachhaltigkeitsbezogenen Fachwissen.[1123] Der FIP für ein BNM in KMU bringt das notwendige allgemeine und spezifische Fachwissen in den Innovationsprozess ein und verfügt über funktionale Autorität, um das BNM im KMU zu befördern.[1124]

Sein Interesse für ein BNM kann unter unterschiedlichen Bedingungen geweckt werden, z. B. durch Defizite in den vorhandenen Prozessen im KMU oder durch persönliches Interesse an Nachhaltigkeitsfragen.[1125]

1119 Vgl. Scholl 2004, S. 84.
1120 Witte 1973, S. 17, unter Verwendung von Irle 1970, S. 521 ff., und Witte 1969, S. 595 ff.
1121 Scholl 2004, S. 85. Zur Macht durch Legitimation vgl. Steinmann/Schreyögg/Koch 2013, S. 622.
1122 Witte 1999, S. 17.
1123 Vgl. Hauschildt/Salomo 2011, S. 135.
1124 Zur Rolle der funktionalen Autorität vgl. Hartmann 1968, S. 273–280.
1125 Vgl. Witte 1999, S. 17; Shepard 1967, S. 471.

Leistungsbeiträge des FIP

Der FIP ist durch sein objektspezifisches Fachwissen (Fachwissen zum BNM im KMU – Kenntnisse zur Konzeption, den Ausbaustufen etc.) charakterisiert.[1126] Er kennt die Fakten zum Thema Nachhaltigkeit und zur Einführung und Umsetzung eines BNM im KMU. Wenn er nicht über das nötige Fachwissen verfügt, kann er dieses im Laufe des Innovationsprozesses erwerben, z. B. durch Schulungen und Weiterbildungen wie „ÖKOPROFIT – Umweltmanagement für KMU" oder den Zertifikatslehrgang „CSR-Manager (IHK)".[1127] Zusätzlich verfügt er über allgemeine Informationen mit Nachhaltigkeitsrelevanz, z. B. zu den regionalen Entwicklungen infolge des Klimawandels.

Zu den Aufgaben des Unternehmers in seiner Rolle als FIP für ein BNM in KMU zählen:[1128]

- „[nachhaltigkeitsbezogene] Visionen zu formulieren und diese zu stimulieren,
- [nachhaltigkeitsorientierte] Lösungsansätze [z. B. Instrumente und die Konzeption des BNM in KMU] zu initiieren, Lösungsvorschläge zu beurteilen und den finalen Lösungsweg zu bestimmen,
- durch Kompetenz und Ausstrahlung die Voraussetzungen dafür zu liefern, den Prozess hemmende [nachhaltigkeitsbezogene] Fähigkeitsbarrieren zu überwinden,
- durch ein Initiieren, Motivieren und Korrigieren die vorhandenen Leistungsreserven ergebniswirksam [in Richtung Nachhaltigkeitsinnovation] zu mobilisieren"[1129] sowie
- Nachhaltigkeitsinformationen zu sammeln und unter Berücksichtigung der Besonderheiten des KMU aufzubereiten und zu verbreiten.

Im Nachhaltigkeitskontext darf das Wissen nicht alleine beim FIP verbleiben. Der FIP ist in diesem Kontext Experte für ein BNM in KMU und inhaltlicher Ansprechpartner, aber um das Verhalten aller Stakeholder in Richtung Nachhaltigkeit beeinflussen zu

---

[1126] Vgl. Hauschildt/Salomo 2011, S. 124.

[1127] Vgl. Steppeler 2010, S. 45; Hauschildt/Salomo 2011, S. 140; Landkreis Harburg o. A.; IHK Nürnberg für Mittelfranken o. A. Zum Erfolg der Einführung von Umweltmanagementsystemen mit ÖKOPROFIT vgl. Schmidt 2005.

[1128] Steppeler 2010, S. 46 (ohne Nachhaltigkeitsbezug).

[1129] Steppeler 2010, S. 46 (ohne Nachhaltigkeitsbezug).

können, muss der FIP das Wissen zum Thema Nachhaltigkeit an alle Stakeholder des Unternehmens weitergeben bzw. Instrumente zur Weitergabe institutionalisieren.

Machtquelle des FIP

Zu den Machtquellen des FIP zählen sein objektspezifisches Fachwissen[1130] sowie Informationen mit Nachhaltigkeitsbezug.

F.2.3 Prozesspromotor

Der Prozesspromotor vermittelt zwischen den am Innovationsprozess beteiligten Personen mit hierarchischem Potenzial sowie objektspezifischem, also nachhaltigkeitsbezogenem Fachwissen.[1131] Dabei beschränkt sich sein Agieren auf intraorganisationale Prozesse und Beziehungen.[1132] Der Prozesspromotor bestimmt die innerhalb des KMU Betroffenen und gewinnt diese für die Idee eines BNM.[1133] Dabei berücksichtigt der Unternehmer in seiner Rolle als Prozesspromotor idealerweise die Charakteristika seines KMU.

Leistungsbeiträge des Prozesspromotors

Der Unternehmer als Prozesspromotor hat zur Etablierung eines BNM in KMU die Aufgabe, ...[1134]

- die aus Nachhaltigkeitsperspektive relevanten (Prozess-)Informationen zu sammeln, diese zu filtern und gezielt innerhalb des KMU weiterzugeben,
- die (Prozess-)Informationen im internen Kommunikationsprozess zu „übersetzen", aufzubereiten und zu interpretieren,
- nachhaltigkeitsbezogene Kommunikations- und Kooperationsbeziehungen (intraorganisational) zu fördern,
- nachhaltigkeitsbezogene Tätigkeiten sowie die Unterstützung der Interaktionspartner in Nachhaltigkeitsfragen als Anwalt und Berater zu koordinieren,

---

1130 Vgl. Hauschildt/Salomo 2011, S. 124 unter Verwendung von Hauschildt/Chakrabarti 1988, S. 383, sowie Gemünden/Walter 1995, S. 973ff.

1131 Vgl. Kirchmann 1994, S. 225.

1132 Diese Beschränkung ist historisch aus der Einführung der Rolle des Beziehungspromotors (vgl. Walter 1998; Gemünden/Walter 1999) und der damit eingehenden Eingrenzung der Rolle des Prozesspromotors entstanden (vgl. Walter 1998, S. 107).

1133 Vgl. Hauschildt/Salomo 2011, S. 140.

1134 Vgl. ohne Nachhaltigkeitsbezug Walter 1998, S. 108; Müller 2004, S. 156.

- Insellösungen zu verhindern, indem er sich als Prozesspromotor dafür stark macht, dass Nachhaltigkeitsaspekte im Rahmen des BNM systematisch in Produkte, Prozesse und Verhaltensweisen integriert werden,[1135]
- die „Sprache der Nachhaltigkeit" in die „Sprache des KMU" zu übersetzen,[1136]
- ein sozialen Netzwerk innerhalb des KMU, welches bei der Einführung und Umsetzung eines BNM unterstützt, aufzubauen,[1137]
- Beziehungen innerhalb des KMUs anzubahnen, zu gestalten und zu pflegen.

Dem Prozesspromotor kommt im Nachhaltigkeitskontext eine besondere Bedeutung zu, da es sich beim Thema Nachhaltigkeit sowie der Umsetzung der Instrumente eines BNM in KMU um ein komplexes Themenfeld handelt, welches auf intraorganisationaler Ebene angeleitet und durch den Prozesspromotor umgesetzt werden sollte.[1138]

Machtquelle des Prozesspromotors

Zu den Machtquellen des Unternehmers in seiner Rolle als Prozesspromotor gehören seine Kenntnisse der Organisation bzw. der Prozesse innerhalb der Organisation des KMU (mit Relevanz für Nachhaltigkeit bzw. für das BNM) sowie seine Kommunikationsfähigkeit.[1139]

F.2.4 Netzwerk- und Beziehungspromotor

Der Netzwerk- und Beziehungspromotor (NBP) setzt sich im interorganisationalen Austausch für das Innovationsprojekt BNM in KMU ein.[1140] Dabei übernimmt er die Verantwortung für die Anbahnung, Gestaltung und Pflege der Beziehungen des KMU nach außen.[1141]

1135 Vgl. Hauschildt/Salomo 2011, S. 136.

1136 Vgl. Hauschildt/Salomo 2011, S. 136; Leonard-Barton 1995, S. 75.

1137 Vgl. Hauschildt/Salomo 2011, S. 136.

1138 Vgl. Hauschildt/Salomo 2011, S. 125.

1139 Vgl. Müller 2004, S. 155, sowie Hauschildt/Salomo 2011, S. 124 unter Verwendung von Hauschildt/Chakrabarti 1988, S. 383, sowie Gemünden/Walter 1995, S. 973ff.

1140 Obwohl Walter den Beziehungspromotor und sein interorganisationales Wirken klar von den Promotorenrollen Macht-, Fach- und Prozesspromotor und deren intraorganisationales Engagement abgrenzt, weist er darauf hin, dass auch diese Promotoren in Netzwerk- und Projektorganisationen interorganisational Einfluss ausüben (vgl. Walter 1998; Müller 2004, S. 163).

1141 Vgl. Gemünden/Walter 1995, S. 971; Müller 2004, S. 162. Zu Erfolgsfaktoren und Gestaltungsempfehlungen von grenzübergreifenden Geschäftsbeziehungen für KMU vgl. Gemünden/Walter/Helfert 1996. Nach innen übernimmt diese Aufgabe der Prozesspromotor (vgl. Kapitel F.2.3).

Die Unterscheidung zwischen Prozesspromotor und NBP ist relevant, da es keine hierarchische Macht zwischen wirtschaftlich unabhängigen Kooperationspartnern gibt.[1142] Deshalb müssen die Beziehungen zu den externen Stakeholdern anders gestaltet werden als die Beziehungen zu den internen Stakeholdern. Typische Kooperationsbereiche für KMU mit externen Stakeholdern sind „die Beschaffung, um die Marktmacht zu erhöhen, Forschung & Entwicklung, um die nötige ‚kritische Masse' zu erreichen; die Produktion, weil sich dadurch Effizienzvorteile ergeben können; und der Vertrieb, um leichter Zugang zu neuen Märkten zu finden."[1143]

NBP sind Personen,[1144] „die einen inter-organisationalen Austauschprozess aktiv und intensiv fördern und zwar auf der Basis eines Netzwerkes guter persönlicher Beziehungen zu wichtigen"[1145] externen Stakeholdern. Zudem verfügen sie über „Fähigkeiten, neue Netzwerkbeziehungen zu entwickeln und zu nutzen"[1146], immer mit dem Ziel, Nachhaltigkeitsinnovationen und das BNM in KMU zu fördern. Dabei stehen für den NBP insb. die externen Stakeholder im Fokus, welche über kritische Ressourcen bzw. über Unterstützungs- und Bedrohungspotenzial verfügen.[1147]

Leistungsbeiträge des Netzwerk- und Beziehungspromotors

Im Folgenden werden die Leistungsbeiträge des NBP mit Nachhaltigkeitsbezug erörtert. Dabei werden die Erkenntnisse von Walter bzw. Gemünden und Walter im Nachhaltigkeits- und KMU-Kontext diskutiert:[1148]

1. Leistungsbeiträge zum Erreichen von externen Stakeholdern

   KMU sehen sich potenziellen externen Kooperationspartnern gegenüber, mit denen sie nicht selbst sprechen können, dürfen bzw. wollen.[1149] Dies können sowohl Einzelpersonen als auch Gruppen sein. Gründe gegen eine direkte

---

1142 Vgl. Hauschildt/Salomo 2011, S. 137.

1143 Rissbacher/Stahl 2003, S. 120. Zur Kooperationsfähigkeit von KMU vgl. ebenso Rissbacher/Stahl 2003.

1144 Auch wenn an dieser Stelle von der Person gesprochen wird, meint diese den Unternehmer als Universalpromotor für ein BNM in KMU in seiner Rolle als NBP.

1145 Walter 1998, S. 116.

1146 Walter 1998, S. 116.

1147 Vgl. Gemünden/Walter 1995, S. 976; Carroll/Buchholz 2012, insb. S. 79–80; Savage/Nix/Whitehead et al. 1991, S. 65.

1148 Vgl. Gemünden/Walter 1999, S. 120–122, sowie Walter 1998, insb. S. 116–129. Walter stellt den Beziehungspromotor als neuen personalen Managementansatz vor. Im Fokus steht die Gestaltung effizienter Geschäftsbeziehungen.

1149 Vgl. Gemünden/Walter 1999, S. 121.

Kommunikation mit potenziellen externen Kooperationspartnern sind z. B. Unsicherheiten über die Einstellung des potenziellen Kooperationspartners zum Thema Nachhaltigkeit oder Engpässe (finanzielle oder zeitliche), die einer direkten Ansprache zum Thema Nachhaltigkeit entgegenstehen.[1150]

Dem NBP kommt in diesem Fall die Aufgabe zu, mit potenziellen externen Partnern zum Thema Nachhaltigkeit Kontakt aufzunehmen. Dabei bedarf es nicht zwingend einer direkten Beziehung des Promotors zum externen Stakeholder. Der NBP kann auch unerkannt bleiben und über einen Vermittler (z. B. einen Nachhaltigkeitsberater oder einen Vertreter der IHK oder HWK) agieren.[1151]

Das Potenzial des Unternehmers in seiner Rolle als NBP liegt insb. in der Kenntnis externer Stakeholder bzw. potenzieller Kooperationspartner zum Thema Nachhaltigkeit bzw. der Wege, diese zu finden.[1152]

2. Leistungsbeiträge zum Zusammenbringen des KMU mit externen Stakeholdern bzw. der externen Stakeholder untereinander

   Die eigentliche Aufgabe des NBP besteht nicht darin, den Dialog mit den Kooperationspartnern zum Thema Nachhaltigkeit persönlich zu führen.[1153] Er bringt die Personen bzw. Gruppen zusammen, die sich gemeinsam mit dem fokalen KMU für ein BNM in KMU einsetzen möchten und unterstützt den Dialog der Kooperationspartner.[1154] Dies ermöglicht der NBP z. B. über einen Nachhaltigkeitstag oder einen Runden Tisch zum Thema Nachhaltigkeit, der im KMU durchgeführt wird. Dadurch können potenzielle externe Kooperationspartner zum Thema Nachhaltigkeit zusammengebracht und der Dialog gefördert werden. Daran anknüpfend kann der NBP beim Aufbau externer Kooperationsbeziehung unterstützen.[1155] Im Fokus steht dabei, Kooperationspartner zu finden, die bei der Umsetzung eines BNM im KMU hilfreich sind.

1150 Vgl. Gemünden/Walter 1999, S. 121.
1151 Vgl. Gemünden/Walter 1999, S. 121.
1152 Vgl. Gemünden/Walter 1999, S. 121.
1153 Vgl. Gemünden/Walter 1999, S. 121.
1154 Vgl. Gemünden/Walter 1999, S. 121.
1155 Vgl. Gemünden/Walter 1999, S. 121.

Im Ergebnis bildet sich ein Netzwerk mit dem Ziel, Nachhaltigkeitsinnovationen in KMU erfolgreich umzusetzen.[1156]

3. Leistungsbeiträge zur Dialogführung mit externen Stakeholdern

   Der NBP kann zwischen dem KMU und dem Kooperationspartner als Übersetzer wirken, da er sowohl die „Sprache" des KMU, der Nachhaltigkeit und die des Kooperationspartners spricht.[1157] „Sprache" bedeutet in diesem Zusammenhang Fachsprache, aber auch z. B. die Mimik und Gestik der Kooperationspartner unterschiedlicher Kulturkreise. Sein Ziel ist es als Vermittler den Dialog mit externen Stakeholdern zu unterstützen, um eine Kooperation zu fördern, welche die Einführung und Umsetzung eines BNM im KMU sichert.

4. Leistungsbeiträge zur Prozesssteuerung

   Der NBP unterstützt die Erarbeitung von gemeinsamen Zielen, Plänen sowie Berichts- und Kontrollsystemen, um den Erfolg der Kooperationsbeziehung und damit eines BNM in KMU zu sichern.[1158] Innerhalb des Prozesses wirkt der NBP als Moderator, welcher immer aus ganzheitlicher Perspektive das Ziel des Innovationsprojektes „BNM im KMU" im Blick hat. Diese Aufgabe ist besonders in kritischen Phasen der Kooperationsbeziehung bzw. des Innovationsprozesses von Bedeutung. Er erarbeitet Vorschläge zur Konfliktregulierung zwischen den unterschiedlichen Akteuren, vermittelt und wirkt somit als Diplomat im Innovationsprozess.[1159]

5. Zur Förderung sozialer Bindung

   Der NBP kann direkt und indirekt Einfluss auf die Einstellung seiner Kooperationspartner nehmen und damit die Nachhaltigkeitsinnovationen in Richtung systematisches BNM in KMU lenken.[1160] Die Zusammenarbeit zwischen dem NBP und dem Kooperationspartner vertieft sich über die Zeit, es wird Vertrauen und

---

1156 Zu nachhaltigen Innovationsnetzwerken vggl. Kirschten 2006.
1157 Vgl. Gemünden/Walter 1999, S. 121.
1158 Vgl. Gemünden/Walter 1999, S. 122.
1159 Vgl. Gemünden/Walter 1999, S. 122.
1160 Vgl. Gemünden/Walter 1999, S. 122.

Commitment aufgebaut, welche zusätzlich die Nachhaltigkeitsorientierung der Zusammenarbeit begünstigen.[1161]

Machtquellen des Netzwerk- und Beziehungspromotors

Der NBP kann seine Energie aus drei Machtquellen schöpfen: Sozialkompetenz, Netzwerkwissen und Beziehungsportfolio. ***Tabelle 24*** fasst deren Charakteristika zusammen:[1162]

Sozialkompetenz	NBP „verfügen über eine überlegene Sozialkompetenz, die Kommunikationsfähigkeit, Kontaktfreudigkeit, Konfliktfähigkeit, Einfühlungsvermögen, emotionale Stabilität, Motivationsfähigkeit, Verantwortungsbewußtsein, Flexibilität, Lernfähigkeit, Fähigkeit zur Selbstreflexion sowie Gerechtigkeitssinn umfaßt. Darüber hinaus werden zur sozialen Kompetenz der Schlüsselpersonen insbesondere im Hinblick auf Gruppenarbeitsprozesse Organisations- und Koordinationsfähigkeit sowie die Fähigkeit zur Erarbeitung von Interaktionsregeln sowohl innerhalb von Gruppen als auch zwischen Akteuren unterschiedlicher Gruppen als wesentliche Teamkompetenz hinzugezählt" (Walter 1998, S. 117).
Netzwerkwissen	NBP „verfügen in Bezug auf soziale Interaktion über spezifisches Wissen hinsichtlich der Motivationen und Ressourcen von Interaktionspartnern und relevanten Dritten. Gleichzeitig sind die Schlüsselpersonen mit den Verhaltenserwartungen vertraut" (Walter 1998, S. 117). NBP besitzen „hinreichendes Wissen über formelle und informelle Bindungen sowie Alternativen der Interaktionspartner" (Walter 1998, S. 117). NBP sind „in bezug auf soziale Interaktion auch über eigene Alternativen ausreichend informiert" (Walter 1998, S. 117).
Beziehungsportfolio	NBP verfügen „mit einer zentralen Position in einem Netzwerk guter persönlicher Beziehungen über eine strukturelle Machtquelle" (Walter 1998, S. 117). NBP „entwickeln ihr soziales Netzwerk dahingehend, daß sie Verknüpfungsleistungen mit und zwischen Interaktionspartnern insbesondere auch über organisationale Grenzen hinweg effizient entfalten können. Bei dem Beziehungsportfolio der Schlüsselperson handelt es sich um ein umfangreiches und ausbalanciertes Set guter persönlicher Bindungen zu Akteuren, die (potentiellen) Partnerorganisationen und relevanten Dritten angehören und über kritische Ressourcen verfügen" (Walter 1998, S. 117). NBP „haben in bezug auf die Akquisition relevanter Ressourcen Zugang zu alternativen Quellen. Darüber hinaus sind die Schlüsselpersonen bei der Beschaffung relevanter Ressourcen weitgehend unabhängig von Vermittlern" (Walter 1998, S. 117).

Tabelle 24: Machtquellen des Netzwerk- und Beziehungspromotors

Quelle: Tabellarisiert nach Walter 1998, S. 117.

Der Unternehmer als Universalpromotor für ein BNM in KMU hat in seiner Rolle als NBP die Aufgabe, seine Sozialkompetenz, sein Netzwerkwissen sowie sein Beziehungsportfolio auf das Innovationsprojekt „BNM in KMU" auszurichten.

[1161] Vgl. Gemünden/Walter 1999, S. 122.

[1162] Vgl. Walter 1998, S. 117–118. Zu den Zusammenhängen zwischen Sozialkompetenz, Beziehungsportfolio und Netzwerkwissen vgl. Walter 1998, S. 118–124.

F.2.5 Verhaltenspromotor

Der Beitrag des Verhaltenspromotors für ein BNM in KMU ergibt sich aus den Erkenntnissen des Verhaltensmodells.[1163] Er ist darauf ausgerichtet, das Verhalten aller Stakeholder des KMU in Richtung Nachhaltigkeit zu lenken. Damit erweitert der Verhaltenspromotor die enge Projektperspektive auf eine grundsätzliche Nachhaltigkeitsorientierung als Basis für die nachhaltige Entwicklung.

Die Überwindung der dargestellten Barrieren von Nachhaltigkeitsinnovationen (auf individueller und institutioneller Ebene) ist durch die genannten Promotorenrollen sowie ökonomische Regulative alleine nicht zu bewältigen und bedarf einer Ergänzung um ethische Regulative, welche durch Sustainable Ethics[1164], eine Ethik der Nachhaltigkeit, abgebildet werden.[1165] Diese umfasst „eine durch (vorrangig) außerökonomische Anreize vermittelte und auf Altruismus gerichtete Normierung des wirtschaftenden bzw. sozialen Verhaltens mit dem Ziel der Sicherung der Einheit aus Überleben, gut, sinnvoll und frei leben [für eine möglichst große Zahl an Generationen] nach dem Postulat inter- und intragenerativer Gerechtigkeit.“[1166]

Zur Etablierung von Sustainable Ethics durch den Verhaltenspromotor bedarf es individueller Autonomie und Freiheit für diesen, denn individuelle Autonomie und Freiheit[1167] ...

- „sind die Voraussetzung für die Aktivierung genetisch geprägter, altruistischer Antriebe in Richtung humanistischer Verhaltensnormierung (Ethik),
- sind damit die Basis einer humanistisch gesteuerten Marktökonomie und der Funktionsfähigkeit sozialer Institutionen überhaupt,
- sind die Voraussetzung dafür, sich vor inhumanen Komponenten der ökonomischen Zwänge zu schützen,

---

[1163] Zum Verhaltensmodell vgl. die Ausführungen in Kapitel D.3.
[1164] Zu Sustainable Ethics vgl. Zabel 1999a, S. 168 ff. sowie Zabel 2001, S. 183ff.
[1165] Vgl. Hesselbarth 2009, S. 141.
[1166] Zabel 2001, S. 191, ergänzt um Zabel 2013a, S. 310.
[1167] Zabel 2001, S. 190–191. Als Anforderungen an Sustainable Ethics gelten die „Ausgewogenheit individueller und institutioneller Aspekte, Ausgewogenheit von ökonomischen und außerökonomischen Anreizen und Sanktionen, Ausgewogenheit von proaktiver und reaktiver Verhaltensbeeinflussung, Ausgewogenheit von Selbst- und Fremdorganisation (bei Vorrang der Selbstorganisation), Ausgewogenheit von regionaler, nationaler und globaler Bezugsebene, Ausgewogenheit von sozialen, ökologischen und ökonomischen Aspekten, Ausgewogenheit von intra- und intergenerativer Gerechtigkeit, ausgewogene Berücksichtigung aller Stakeholderinteressen, Ausgewogenheit von Egoismus und Altruismus als generelle Verhaltensquellen“ (Zabel 2001, S. 192).

- sind die inhärente Funktionsbasis eines zukunftsfähigen Unternehmens."[1168]

Die Reaktivierung der genetischen Prägungen durch den Verhaltenspromotor muss – orientiert am menschlichen Maß – von einer Änderung der Kultur und der Rahmenbedingungen flankiert werden.[1169] Somit ergeben sich, abgeleitet aus dem Verhaltensmodell, zwei Hauptbestandteile der Sustainable Ethics, welche die Leistungsbeiträge des Verhaltenspromotors darstellen (***vgl. Abbildung 36***).[1170]

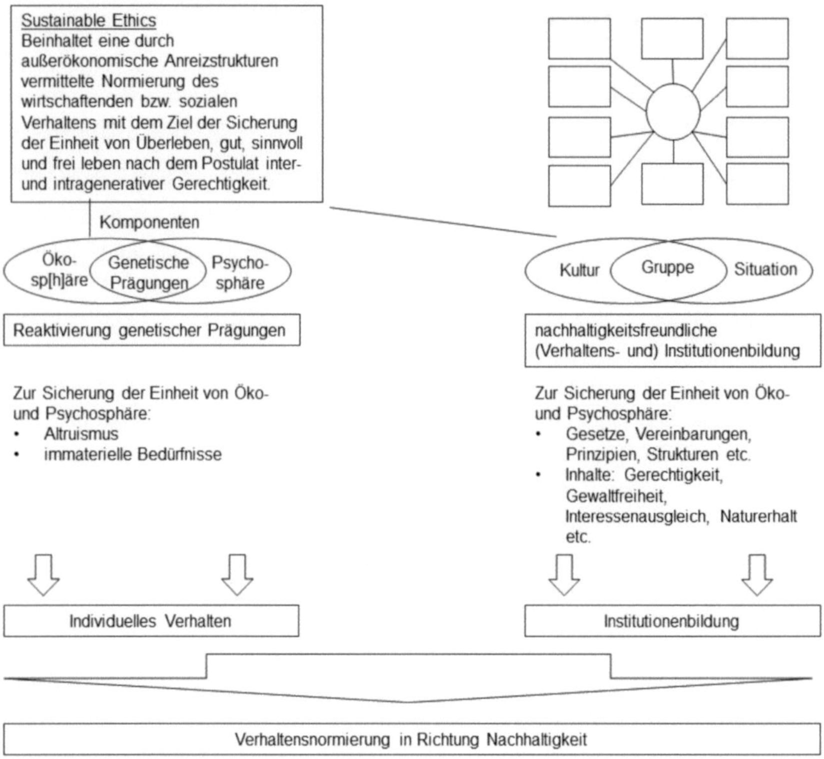

Abbildung 36: Konzeption der Sustainable Ethics
Quelle: Zabel 2001, S. 202.

[1168] Zabel 2001, S. 190–191.
[1169] Hesselbarth 2009, S. 141.
[1170] Vgl. Zabel 2001, S. 202.

1. die Reaktivierung der genetischen Prägungen sowie der Abbau genetischer Fehlsteuerung aller Stakeholder des KMU (individuelles Verhalten)[1171]
2. der Abbau von kulturellen Fehlsteuerungen, situativen Zwängen und nachhaltigkeitsfeindlichen Gruppenbeziehungen durch die Etablierung von Sustainable Ethics (nachhaltigkeitsgerechte Verhaltens- und Institutionenbildung)

Zu 1.: Reaktivierung der genetischen Prägungen sowie Abbau genetischer Fehlsteuerung

Bei den genetischen Prägungen finden sich zwei Ansatzpunkte zur Beeinflussung des Verhaltens in Richtung Nachhaltigkeit: Die Reaktivierung der genetischen Prägungen und der Abbau der genetischen Fehlsteuerungen.[1172]

Leistungsbeiträge zur Reaktivierung der genetischen Prägungen

Unter dem Slogan „Use it or loose it“[1173] müssen die „ursprünglichen“ genetischen Prägungen aktiviert und genutzt werden, da sie ohne eine regelmäßige Aktivierung und Nutzung nicht verhaltenswirksam werden.

> „Die Reaktivierung genetischer Prägungen setzt sozialorientierte Selbstorganisationprozesse in Richtung lebensdienliches Verhalten in Gang, die vor allem vermittels der Aktivierung des in den genetischen Prägungen verankerten Maßes an Altruismus (angemessener Mix aus Egoismus und Altruismus) individuelles Verhalten auf (...) [die Nachhaltigkeitszielstellung] ausrichten und somit die (…) Einheit von Öko- und Psychosphäre herstellen.“[1174]

Bei der Reaktivierung der genetischen Prägungen stehen Maßnahmen der Förderung von kleingruppenbasierten Strukturen sowie der Aktivierung der Verhaltensmuster in Richtung Ökologie- und Sozialverträglichkeit im Mittelpunkt.[1175] ***Tabelle 25***

1171 Die genetischen Prägungen gelten als Quellantrieb ethischen und damit altruistischen Verhaltens (vgl. Zabel 2001, S. 192). Zur Bedeutung der genetischen Prägungen für nachhaltigkeitsfreundliches Verhalten im Kontext der Sustainable Ethics vgl. Zabel 2001, S. 192–194.

1172 Vgl. Zabel 2011b, S. 352. Die Idee der Verhaltensnormierung bedarf eines neuen, nachhaltigkeitsfreundlichen Menschenbildes, wie es Siebenhüner skizziert (zum homo sustinens vgl. Siebenhüner 2001; zum Menschenbild des homo vitalis vgl. Zabel 1999a, S. 172). Dieses Menschenbild stellt den Menschen „als ganzheitliches, selbstbestimmtes, emotions- und empathiefähiges, lernfähiges, natur- und sozialintegriertes sowie verantwortlich handelndes Wesen mit einer Disposition für moralisches Verhalten (Moral Point of View)“ dar (Hesselbarth 2009, S. 144, basierend auf Siebenhüner 2001, S. 181ff.).

1173 Bauer 2011, S. 55.

1174 Zabel 2001, S. 195.

1175 Vgl. Zabel 2011b, S. 352.

zeigt Ansatzpunkte für den Verhaltenspromotor, Beiträge zur Reaktivierung genetischer Prägungen im KMU zu leisten:

Komponente	Teilkomponente/ Teilprozesse (Auswahl)	Leistungsbeiträge des Verhaltenspromotors und Beispiele im KMU
Altruistische Orientierung	Bedürfnis nach Nachwuchs und Zukunftssicherung	• Vereinbarkeit von Familie und Beruf im KMU fördern, z. B. durch Maßnahmen zur Arbeitszeitflexibilisierung und zur Kinder- und Angehörigenbetreuung • Förderung der Work-Life-Balance im KMU, z. B. Maßnahmen zur Verteilung der Arbeitszeit im Arbeitsleben • Entwicklung von zukunftsfähigen Produkten und Prozessen im KMU
	Bedürfnis nach Sozialkontakten	• Förderung von regelmäßigen Face-to-Face-Kontakten z. B. durch regelmäßige Teammeetings • Sicherung von Teamarbeit im KMU, z. B. durch Kleingruppenarbeit • Partizipative Führung durch den Unternehmer
	gesunde, heile Natur	• Begrünungsmaßnahmen innerhalb- und außerhalb des KMU, z. B. organisiert und durchgeführt durch die Mitarbeiter • Beitrag zu Naturschutz und Ökologieverträglichkeit, z. B. über Corporate Volunteering der Mitarbeiter des KMU • Förderung von Naturkontakten z. B. durch Exkursionen in ein Naturschutzgebiet (Wahrnehmung intakter Natur)
	Fitness	• Ergonomische Gestaltung des Arbeitsplatzes zur Sicherung der Fitness • Gesundheits- und Sportangebote, z. B. in Zusammenarbeit mit örtlichen Sportvereinen oder der Krankenkasse • Angebote an gesunden Speisen und Getränken für die Mitarbeiter bzw. Auswahl geeigneter Kooperationspartner wie Bio-Caterern
Egoistische Orientierung	Autonomie und Selbstkontrolle	• Erhöhung der Zeitsouveränität bzw. Flexibilität, z. B. durch Gleitzeit • Schaffung von Kontrollmöglichkeiten eigener Arbeit • Ermöglichung von Mitbestimmung im KMU
	Anerkennung und Geltungsstreben	• Schaffung von ökologie- und sozialorientierten Anreizen • Sicherung von Machtkontrolle und Machtbalance • Einforderung von personeller und sonstiger Folgenverantwortung • Betroffene zu Beteiligten machen • Nutzung von kleingruppenbasierten Strukturen, die in KMU vorherrschen, z. B. zur negativen Sanktionierung nicht nachhaltigen Verhaltens[1176]
	Bewegungs-drang, Neugierde, Abenteuerlust	• Einführung eines regelmäßigen Lauftreffs sowie die Organisation und Durchführung eines jährlichen Firmenlaufs • Schaffung von Möglichkeiten zur Befriedigung des Jagdtriebes z. B. beim Sport; Antriebe sind in diesen Fällen z. B. Siege, Bestzeiten, neue Rekorde oder Trophäen • Schaffung von Innovations- und lernorientierten Strukturen, Arbeitsformen und Kleingruppenarbeit z. B. über ein betriebliches Vorschlagswesen im KMU • Förderung von Sonderurlaub, z. B. für ein Sabbatical

Tabelle 25: Reaktivierung genetischer Prägungen im Unternehmen

Quelle: Tabellarisiert nach Zabel 2015c, Folie 2.4/4, erweitert mit Zabel 2011b, S. 352, und angewandt auf den Verhaltenspromotor in KMU.

[1176] Vgl. Zabel 2011b, S. 352.

Leistungsbeiträge zum Abbau genetischer Fehlsteuerungen

Beim Abbau der genetischen Fehlsteuerungen steht vor allem die Reduzierung der aus ihnen resultierenden Negativwirkungen auf Mensch und Umwelt im Fokus.[1177] ***Tabelle 26*** zeigt eine Auswahl an Mustern sowie Vermeidungsmöglichkeiten von genetischen Fehlsteuerungen in KMU:

Muster (Auswahl)	Vermeidungsmöglichkeiten von genetischen Fehlsteuerungen im KMU
Trial-and-Error-Verhalten	• Technikfolgenabschätzungen für die im KMU verwendeten Technologien • Demokratische Entscheidungspartizipation innerhalb des KMU • Machtbegrenzung (auch für den Unternehmer) z. B. durch Partizipation • Eindämmung von Interessenkonflikten durch Kommunikation und Kooperation
Individuelles Geltungsstreben	• Gruppenbasierte Egoismus- und Wachstumsbegrenzung innerhalb des KMU (z. B. durch partizipative Führung) • Offenlegung von Strukturen und Informationen für alle relevanten Stakeholder
Vermeidung von Angst/Verdrängung von Gefahren	• Unabhängige Informationsbereitstellung z. B. durch Informationskampagnen von Bund und Forschungsinstituten und Entscheidungspartizipation
Orientierung auf sinnlich wahrnehmbare Reize	• Ermöglichung sinnlicher Wahrnehmung z. B. durch Kontakt zur Natur
Priorisierung akuter und aktueller Reize	• Aufklärung zu ökologischen und sozialen Problemen • Erlangung strategischer Kompetenzen zum Umgang mit ökologischen und sozialen Problemen
Orientierung an Gruppen- und Mehrheitsurteilen	• Machtkontrolle bei Individual- und Gruppenentscheidungen, z. B. durch wechselnde Mehrfachgruppenzugehörigkeiten • Schaffung von Folgewirkungswissen

Tabelle 26: Vermeidung von Negativwirkungen genetischer Fehlsteuerungen

Quelle: Tabellarisiert nach Zabel 2011b, S. 352, leicht modifiziert und angewandt auf den Verhaltenspromotor in KMU.

Zu 2.: Abbau von kulturellen Fehlsteuerungen, situativen Zwängen und nachhaltigkeitsfeindlichen Gruppenbeziehungen

Der Abbau von kulturellen Fehlsteuerungen, situativen Zwängen und nachhaltigkeitsfeindlichen Gruppenbeziehungen sowie der simultane Aufbau kultureller Normen in Richtung einer nachhaltigkeitsorientierten Gesellschafts-, Wirtschafts- und Unternehmensethik und der damit einhergehenden Schaffung von nachhaltigkeitsfreundlichen Rahmenbedingungen durch Sustainable Ethics gehört zu den Leistungsbeiträgen des Verhaltenspromotors.

[1177] Vgl. Zabel 2011b, S. 352.

Unter den Rahmenbedingungen gegenwärtigen Lebens und Wirtschaftens bestehen Hemmnisse gegenüber Nachhaltigkeitsinnovationen, zu deren Überwindung nachhaltigkeitsfreundliche kulturelle Steuerungsmechanismen und Institutionen geschaffen werden müssen.[1178] Diese etablieren

> „eine ‚neue Kultur' im Sinne humanistischer Wertmaßstäbe, veränderter Denk- und Lebensstile sowie an diesen ausgerichteten Kommunikations- und Kooperationsformen"[1179] durch „institutionelle und richtungsweisende Vorkehrungen wie Kodizes, Leitbilder sowie eine nachhaltigkeitsgerechte Unternehmenskultur und Organisationsstruktur, die Handlungserwartungen von der Systemebene her aufbauen."[1180]

Zur Umsetzung im KMU bedarf es der aktiven Wahrnehmung der Normierungsverantwortung unter den Maßstäben der Sustainable Ethics:[1181]

2. A.: Via eines aktiv gestalteten Stakeholderdialoges mit allen legitimen Anspruchsgruppen[1182]:

Ziel des Stakeholderdialoges ist die Beeinflussung der Denk- und Handlungsmuster aller Stakeholder in Richtung Nachhaltigkeit. Daneben dient der Stakeholderdialog dazu, nachhaltigkeitsfreundliche Institutionen aufzubauen (z. B. „Initiative nachhaltige Region") bzw. sich in politische Prozesse einzubringen um eine nachhaltige Entwicklung zu fördern (z. B. über IHK, HWK, Unternehmerverbände). ***Tabelle 27*** gibt einen Überblick zu ausgewählten Institutionen mit einer Agenda zur nachhaltigen Entwicklung und Bezug zu KMU.

Allgemeine Normen und Werte	Politisch-administrative Institutionen	Wirtschaftliche Institutionen	Zivilgesellschaftliche Institutionen
Leitbild Nachhaltigkeit (Sustainability) Corporate Social Responsibility (CSR) (Good) Corporate Citizenship (CC) nachhaltigkeits-orientierte Lebensstile (z. B. LOHAS – Lifestyle of Health and Sustainability)	**Regional** regionale Agenda-21-Büros Regionalbüros von Parteien Initiativen für eine nachhaltige Regionalentwicklung IHK HWK	**Unternehmenskooperationen bzw. -institutionen** Econsense ökologische Unternehmensverbände wie z. B. B.A.U.M. e. V., future e. V. Branchenstandards und freiwillige Selbstverpflichtung (z. B. Responsible Care)	**Wissenschaft/Bildung** UN-Dekade "Bildung für nachhaltige Entwicklung" nachhaltigkeitsbe-zogene (Weiterbil-dungs-) Studiengänge Deutsche Bundesstiftung Umwelt (DBU) Borderstep Institut für Innovation und Nachhaltigkeit

1178 Vgl. Zabel 2001, S. 196.
1179 Zabel 2001, S. 175.
1180 Hesselbarth 2009, S. 144.
1181 Vgl. die Ausführungen von Zabel 1999a, S. 174–175 und die dort angegebene Literatur.
1182 Vgl. die Ausführungen zum Stakeholderdialog in KMU in Kapitel C.3.1. und F. 4.

Allgemeine Normen und Werte	Politisch-administrative Institutionen	Wirtschaftliche Institutionen	Zivilgesellschaftliche Institutionen
	National Rat für nachhaltige Entwicklung (RNE) SRU (Rat von Sachverständigen für Umweltfragen) BMU/Umweltbundesamt (UBA) nationale Nachhaltigkeitsstrategie nationale Umweltgesetze und -verordnungen (z. B. KrWG, BImSchG) Deutscher Corporate Governance Kodex Deutsches Umweltzeichen: Blauer Engel	**Gesellschaftsbe-zogene Kooperationen bzw. Institutionen von Unternehmen** mit Gewerkschaften, NGOs etc. produktbezogene Institutionen (z. B. FSC, MSC)	**Umwelt- und Entwicklungshilfe-organisationen und –initiativen** Greenpeace WWF BUND NABU Germanwatch Brot für die Welt Misereor
	Europäisch EMAS-Verordnung EU-Umweltaktionsprogramme europäische Richtlinien und Verordnungen (z. B. FFH-Richtlinie, EH-Richtlinie) Europäisches Umweltzeichen (Euroblume)		**Kirchen/Religionsgemeinschaften** Evangelische Kirche Katholische Kirche Judentum Islam
	International Rio-Prozess: Agenda 21, Klimarahmen-konvention (UNFCCC), Kyoto-Protokoll Global Compact UNEP, UN-Menschenrechtskonvention ILO		**Stiftungen** DBU Stiftung für die Rechte zukünftiger Generationen Stiftung für das Europäische Naturerbe etc.
			Sonstige Green Cross International Lokale Agenda-21-Initiativen nachhaltigkeitsorientierte Internetplattformen (z. B. Lexikon der Nachhaltigkeit) Club of Rome Verbraucherschutzorganisationen

Tabelle 27: Institutionen für eine nachhaltige Entwicklung (Auswahl)

Quelle: Tabellarisiert nach Zabel 2015a mit dem Fokus auf KMU gekürzt und leicht modifiziert.

Der aktive, auf Wechselseitigkeit angelegte Dialog ermöglicht den Abbau situativer Zwänge und nachhaltigkeitsfeindlicher Gruppenbeziehungen auf der einen Seite. Auf der anderen Seite schafft er nachhaltigkeitsfreundliche Situationen und Gruppenbeziehungen.

2. B.: Via Schaffung einer nachhaltigkeitsfreundlichen Unternehmenskultur:

Nach Schein wird die Unternehmenskultur als „Summe aller gemeinsamen, selbstverständlichen Annahmen, die eine Gruppe in ihrer Geschichte erlernt hat“[1183] definiert, wobei die kulturelle Basis die gemeinsamen, unausgesprochenen Annahmen einer Gruppe bilden.[1184]

Sie bezeichnet somit ein „gemeinsames Wertesystem von Vorstellungen, Orientierungsmustern, Normen und Denkweisen, welches – oftmals unbewusst – das Verhalten der Organisationsmitglieder nach innen und außen steuert, seinerseits aber ebenso von deren Verhalten konstituiert wird (Dualitätsprinzip)“.[1185] Die Unternehmenskultur gilt zudem als Erfolgsfaktor für die Umsetzung von Innovationen.[1186] Aus ihr resultieren innerbetriebliche Ge- und Verbote sowie administrative Zwänge.[1187] Eine nachhaltigkeitsbezogene Unternehmenskultur richtet sich an der Nachhaltigkeitszielstellung aus und bestimmt somit, bewusst oder unbewusst, das Verhalten der Organisationsmitglieder unter Berücksichtigung ökologischer, sozialer und ökonomischer Aspekte (Sicherung des Unternehmensbestandes und des Unternehmenserfolges).[1188]

Zu den Merkmalen einer nachhaltigkeitsorientierten Unternehmenskultur gehören:[1189]

- „konsequente Ausrichtung an den Erkenntnissen der Sustainability Science und dem Wertebackground einer nachhaltigen Gesellschaft; Abkehr vom ökonomischen und technokratischen Paradigma (…);
- [B]eachten der (…) Nachhaltigkeitsrelevanz der gesamten Unternehmenstätigkeit; Nachhaltigkeitsverantwortung für Produkte, Prozesse und Verhaltensweisen;
- Verantwortlichkeit des Unternehmens als korporativer Akteur und individuelle Verantwortung jeder Führungskraft und jedes Mitarbeiters (…);

1183 Schein 2010, S. 44.
1184 Vgl. Schein 2010, S. 29.
1185 Hesselbarth 2009, S. 407 sowie die dort angegebene Literatur. Die Kultur ist somit als Eigenschaft der Gruppe zu interpretieren (vgl. Schein 2010, S. 29 und die Ausführungen in Kapitel E.1.3.6).
1186 Vgl. Gerlach o. A., S. 1.
1187 Vgl. Busse 2005, S. 151.
1188 Vgl. Hesselbarth 2009, S. 407.
1189 Hesselbarth 2009, S. 408. Zu den Merkmalen einer nachhaltigen Unternehmenskultur vgl. auch Zabel 2001, S. 210 ff.; Siebenhüner 2001, S. 403–405; Burschel/Losen/Wiendl 2004, S. 586.

- ausgeprägte Kooperations- und Kommunikationsorientierung nach innen und außen sowie Beachtung legitimer Stakeholderanliegen;
- Vorsorgeorientierung und Bereitschaft zum Verzicht auf Aktivitäten mit hohen oder nicht absehbaren Nachhaltigkeitsrisiken;
- Lernorientierung sowie Bereitstellung reflexions- und lernfördernder Bedingungen;
- emotionale Integration und Entfaltung der Mitarbeiter auf Basis der Reaktivierung genetischer Prägungen." [1190]

Eine nachhaltigkeitsorientierte Unternehmenskultur ist im KMU nicht exogen gegeben, sie entsteht durch Individuen und deren Interaktion, wobei die Person des Unternehmers als Vorbild und Leitfigur dient. ***Tabelle 28*** zeigt die Ansatzpunkte für ein kulturbewusstes Management einer nachhaltigkeitsorientierten Unternehmenskultur, wobei der Unternehmer als Verhaltenspromotor eine Schlüsselrolle einnimmt:

Kulturebene	Allgemeine Charakteristika der Kulturebene	Ansatzpunkte für eine nachhaltige Unternehmenskultur
Ebene der Symbol-systeme	• von außen wahrnehmbare materielle Symbole, Artefakte, Rituale, Mythen, Verhaltensweisen, Slogans etc. • sichtbar, dennoch interpretationsbedürftig	• modernes, nach Nachhaltigkeitskriterien errichtetes Unternehmensgebäude • Begrünung des Werksgeländes • moderner Fuhrpark, z. B. mit Elektrofahrrädern • Durchführung klimaneutraler Veranstaltungen • Einsatz moderner, ökologie- und sozialverträglicher Technologien • Nachhaltigkeitsbezogene Monitoringsysteme • flache Hierarchien, offene Kommunikation regelmäßige Kleingruppentreffen zu nachhaltigkeitsbezogenen Themen • nachhaltigkeitsbezogene Vorbildfunktion des Unternehmers

[1190] Hesselbarth 2009, S. 408.

Kulturebene	Allgemeine Charakteristika der Kulturebene	Ansatzpunkte für eine nachhaltige Unternehmenskultur
Ebene der Normen und Standards	• kollektives Normensystem mit verbindlichen und sanktionierten Vorstellungen und Leitorientierungen • nur teilweise sichtbar und z. B. in Unternehmensgrundsätzen und Leitlinien manifestiert, z. T. jedoch auch implizit, unsichtbar und oftmals unbewusst	• Kodifizierung eines nachhaltigkeitsorientierten Wertesystems • Verankerung von nachhaltigkeitsorientierten Unternehmensgrundsätzen • Formulierung von Nachhaltigkeitsleitlinien • Berücksichtigung von nachhaltigkeitsbezogenen Schlüsselqualifikationen bei der Personalauswahl (z. B. Empathie, ganzheitliches Denken, Verantwortungsbewusstsein) • nachhaltigkeitsorientierte Personalentwicklung (z. B. kooperations- und kommunikationsorientierte Lernformen, selbstbestimmtes Lernen, nachhaltigkeitsbezogene Lerninhalte systemisches Denken, Behandlung ethischer Konflikte) • Kopplung der Anreizsysteme an nachhaltigkeitsbezogenes Handeln und Leistungsverhalten (z. B. Aufnahme von Nachhaltigkeitszielen in individuelle Zielvereinbarungen, Nachhaltigkeitsboni, Erfolgsbeteiligungen)
Ebene der Basisannahmen	• unsichtbare und oftmals tief verankerte Grundannahmen • Vorstellungen über Umwelt, Realität, Zeit, Wahrheit und Legitimität sowie menschliches Handeln und soziale Beziehungen • zeitlich relativ stabil • nur mittel- und längerfristig beeinflussbar	• Ermittlung des Ist-Kulturprofils mithilfe der Kultur- und Wertediagnostik (Einzel- und Gruppengespräche, Tiefeninterviews, Beobachtungen, Mystery-Tests, 360-Grad-Befragungen) zur Ergründung der gegenwärtigen Wertebasis einzelner Abteilungen, Teams und Mitarbeiter • gezielte Förderung von Mitarbeiten mit hohem Nachhaltigkeitsbewusstsein und Einsatz dieser Personen als Multiplikatoren • Reaktivierung der genetischen Prägungen

Tabelle 28: Ansatzpunkte für ein kulturbewusstes Management einer nachhaltigkeitsorientierten Unternehmenskultur

Quelle: Vgl. Hesselbarth 2009, S. 409 leicht modifiziert und auf KMU-Spezifika angewandt.

2. C.: Via Stärkung der Lern- und Innovationsprozessen für Nachhaltigkeit im KMU:

Der Abbau von kulturellen Fehlsteuerungen, situativen Zwängen und nachhaltigkeitsfeindlichen Gruppebeziehungen wird zudem über die Stärkung von nachhaltigkeitsorientiertem Lernen ermöglicht. Damit stellt nachhaltigkeitsorientiertes Lernen

> „einen Prozess dar, dem das Konzept Nachhaltigkeit als Zielrahmen zugrunde liegt und in dessen Ergebnis die Akteure dauerhafte Verhaltensänderungen

zeigen, welche auf eine modifizierte Wertebasis sowie veränderte Werte und Einstellungen infolge reflexiver Prozesse zurückzuführen sind."[1191]

Vermittlungsart der Kompetenz	Bezug zum Arbeitsplatz	Beispielhaft Maßnahmen in KMU
into the job	arbeitsplatzvorbereitend	(Schüler-)Praktikum im Themenfeld Nachhaltigkeit, Berufsausbildung und Traineeprogramme mit Maßnahmen zur Entwicklung von nachhaltigkeitsrelevanten Kompetenzen, Einarbeitung neuer Beschäftigter mit Bezug zu nachhaltigkeitsrelevanten Themen
on the job	arbeitsplatzbezogen	Job Enlargement (horizontale Form der Arbeitsstrukturierung, z. B. Beauftragung von Mitarbeitern der Beschaffungsabteilung mit dem Einkauf von nachhaltigen Produkten), Job Enrichment (vertikale Form der Arbeitsstrukturierung, z. B. Übertragung von zusätzlichen nachhaltigkeitsrelevanten Arbeitsaufgaben inklusive Planungs-, Kontroll- und Entscheidungsbefugnissen an einzelne Mitarbeiter im KMU), Job Rotation (systematischer Arbeitsplatzwechsel, z. B. innerhalb der Nachhaltigkeitsabteilung), teilautonome Arbeitsgruppen (Übertragung einer abgegrenzten Arbeitsaufgabe an eine Gruppe, verbunden mit der Vorgabe von Rahmenbedingungen und Ressourcen, z. B. Schaffung einer Projektgruppe zum Thema Müllvermeidung)
near the job	arbeitsplatznah	Qualitätszirkel, Umwelt-/Nachhaltigkeitszirkel, Werkstattzirkel, Lernstatt, Projektarbeit, Junior-Vorstand
off the job	arbeitsplatzübergreifend	Fortbildung, Seminare, Workshops, Assessment Center, Förderkreise, Erfahrungsaustauschgruppen, Selbsterfahrungsgruppen
out the job	arbeitsplatzverhältnisunabhängig	Gratifikationen, Belegschaftsdebatten, Betriebsinformationen, Personalgespräche
out off the job	aus dem Arbeitsplatz heraus	Ruhestandsvorbereitung, Outplacement

Tabelle 29: Nachhaltigkeitsbezogene Personalentwicklungsmaßnahmen in KMU (Auswahl)

Quelle: Tabellarisiert nach Priebe 2007, S. 44–45, Conradi 1983, S. 37–122, sowie Hesselbarth 2009, S. 429.

Individuelle Lernprozesse werden durch die Integration von Nachhaltigkeitsaspekten in die Personalentwicklungsmaßnahmen des KMU ermöglicht. ***Tabelle 29*** zeigt Personalentwicklungsmaßnahmen, die im KMU umgesetzt werden können, um Lernprozesse auf Nachhaltigkeit auszurichten. Die Systematisierung erfolgt über den Bezug zum Arbeitsplatz.[1192]

Eine Ausrichtung der individuellen Lernprozesse und der Personalentwicklungsmaßnahmen im KMU dient der Aktivierung und Sicherung von Nachhaltigkeitsinnovationen und schafft zudem ein übergeordnetes innovationsfreundliches Klima für Nach-

---

1191 Hesselbarth 2009, S. 426 basierend auf Arnold/Siebenhüner 2007, S. 154; Siebenhüner 2007, S. 58.

1192 Daneben existieren weitere Möglichkeiten der Systematisierung von Personalent-wicklungsmaßnahmen, z. B. nach dem Ort der Verrichtung, dem Zeitpunkt der Verrichtung und dem Bezug zur Stelle (vgl. Rowold 2015, S. 177–178).

haltigkeit und fördert dementsprechend die gesamtgesellschaftliche Entwicklung Richtung mehr Nachhaltigkeit.

Machtquellen des Verhaltenspromotors

Der Verhaltenspromotor benötigt ein breites Kompetenzspektrum, um die erfolgreiche Umsetzung eines BNM im KMU realisieren zu können. Die Machtquellen des Unternehmers als Verhaltenspromotor ergeben sich aus seiner Handlungskompetenz für Nachhaltigkeit, welche neben der Fach-, die Methoden-, Sozial- und Persönlichkeitskompetenz umfasst.[1193]

Der Aufbau und die Anwendung eines BNM im KMU erfordert vom Unternehmer neben der Fach- und Methodenkompetenz umfangreiche Sozial- und Persönlichkeitskompetenz.[1194] ***Tabelle 30*** zeigt die relevanten Kompetenzen für Unternehmer im Kontext eines BNM in Form eines Qualifikationsprofils.[1195]

1193 Kompetenzen werden „als eine Kombination aus Fähigkeiten, Kenntnissen und Haltungen verstanden, die es ermöglicht, Aufgaben sach- und anforderungsgerecht zu erledigen. Kompetenzen generieren sich durch den Rückgriff auf Qualifikationen, die das allgemein einsetzbare Niveau an Kenntnissen, Fähigkeiten und Wissen repräsentieren. Erst die anwendungsbezogene Kombination der Qualifikationen (Zweckbestimmung) erzeugt letztlich Kompetenz“ (Hesselbarth 2009, S. 426; zur Abgrenzung von Qualifikation und Kompetenz vgl. auch Bröckermann 2012, S. 38–41). Die Fachkompetenz bezeichnet „die Fähigkeit zur fachgerechten selbstständigen und eigenverantwortlichen Bewältigung berufstypischer Aufgaben und Sachverhalte gemäß den gestellten Anforderungen“ (Hesselbarth 2009, S. 426). Die „Methodenkompetenz bezeichnet die Fähigkeit zum Anwenden bestimmter Lern- und Arbeitsmethoden sowie zum selbstständigen Erschließen unterschiedlicher Lern- und Wirklichkeitsbereiche“ (Hesselbarth 2009, S. 426). Die Sozialkompetenz bezeichnet „die Gesamtheit der Dispositionen, die ein Individuum in die Lage versetzen, mit anderen Subjekten (Individuen, Gruppen, Organisationen etc.) zu kommunizieren, zu interagieren und ein gutes Betriebsklima zu schaffen.“ (Hesselbarth 2009, S. 426). Die Persönlichkeitskompetenz bezeichnet „die Gesamtheit der Dispositionen in Bezug auf die Selbstwahrnehmung und Selbstreflexion über die eigenen Handlungsvoraussetzungen und Handlungen“ (Hesselbarth 2009, S. 426).

1194 Vgl. Hesselbarth 2009, S. 426. Dabei sind insb. die Fach- und Methodenkompetenz erfolgsrelevant. So fehlt es z. B. speziell in Handwerksbetrieben oft an fundierten betriebswirtschaftlichen Kenntnissen.

1195 Zu individuellen Kompetenzen im Nachhaltigkeitskontext vgl. Klemisch/Schlömer/ Tenfelde 2007.

Handlungskompetenz des Verhaltenspromotors im Nachhaltigkeitskontext			
Fachkompetenz	**Methodenkompetenz**	**Sozialkompetenz**	**Persönlichkeitskompetenz**
• Recht: Rechtsgrundlagen z. B. zum Wasserhaushaltsgesetz (WHG), Kreislaufwirtschaftsgesetz (KrWG), Bundes-Immissionsschutzgesetz (BImSchG) und Chemikaliengesetz (ChemG) sowie zu den Beauftragten • Naturwissenschaften: z. B. Ökologie, Biologie, Klimatologie • Umwelttechnik: z. B. Verfahrens- und Energietechnik, Monitoringtechnologien, Mess-, Steuerungs- und Regelungstechnik • Ökonomie: z. B. Grundlagen der Betriebswirtschaftslehre in KMU (z. B. Personalwesen, Organisation, Investition, Bilanzierung) • Umweltökonomik (z. B. umweltpolitische Instrumente, Funktionsweise von Zertifikatelösungen) • I&K-Technologie: z. B. elektronische Berichterstattung, Risikomanagementsysteme • Nachhaltigkeits- und Systemwissen: • ökonomisch-ökologische und gesellschaftliche Zusammenhänge • ethische Grundlagen (Sustainable Ethics), Ausmaß- und Gerechtigkeitsfragen im Nachhaltigkeitskontext • Nachhaltigkeitsbewusstsein und gesellschaftliche Normen • Stakeholdermanagement	• Kenntnisse relevanter Informationsquellen und -wege, statistisch-empirische Kenntnisse • Umgang mit elektronischen Medien und modernen I&K-Technologien (z. B. PC, KEMS, Datenbanken) • Analysefähigkeit • Organisationstechniken • Lern- und Arbeitstechniken (z. B. Strukturieren, Exzerpieren, Nachschlagen) • Gesprächs- und Kooperationstechniken, Didaktik • Argumentationsfähigkeiten, Fähigkeiten zur Meinungsbildung und -begründung • Präsentationsmethoden • Steuerungs- und Kontrolltechniken • Planungs- und Entscheidungsfähigkeiten (Prognosemethoden: z. B. Szenarios, Portfolio- und Entscheidungsmodelle) • Gestaltung von Problemlösungsprozessen (z. B. Projektmanagement)	• Kommunikationsfähigkeit • Kooperationsfähigkeit • Fairness • Einsatzbereitschaft • Mitgefühl • Empathie • Menschenkenntnis • Konflikt- und Kritikfähigkeit • Verantwortungsbereitschaft • Zuverlässigkeit	• Motivation • Selbstbewusstsein • Eigeninitiative • Emotionalität • Entscheidungsfähigkeit • Selbstkontrolle • Wertebindung • individuelles Verantwortungsbewusstsein

Tabelle 30: Relevante Kompetenzen für den Unternehmer als Verhaltenspromotor für Nachhaltigkeit

Quelle: Vgl. Hesselbarth 2009, S. 427, unter Verwendung von Hopfenbeck/Willig 1995, S. 145; leicht modifiziert auf Nachhaltigkeits- und KMU-Spezifika angewandt.

F.3 Zusammenfassung der Promotorenrollen des Unternehmers als Universalpromotor

Der Unternehmer als Universalpromotor ist ein wesentlicher Erfolgsfaktor bei der Umsetzung von Nachhaltigkeitsinnovationen in KMU. Er kann über die Einnahme der Promotorenrollen Nachhaltigkeitsinnovationen aktivieren und sichern sowie Barrieren überwinden und die Umsetzung von Nachhaltigkeitsinnovationen in KMU ermöglichen. ***Tabelle 31*** fasst die Leistungsbeiträge und Machtquellen der einzelnen Promotorenrollen zusammen. Dabei besteht eine wechselseitige Beziehung: Diese können über das BNM im KMU generiert und unterstützt werden bzw. das BNM im KMU beeinflusst die Promotorenrollen sowie die Machtquellen und Leistungsbeiträge innerhalb der Promotorenrollen (vgl. ***Tabelle 31***).

Wie bereits in ***Kapitel B.4*** erläutert, resultiert aus der Einheit von Eigentum und Leitung, der Entscheidungszentralisation sowie der tragenden Bedeutung der Person des Unternehmers für eine Nachhaltigkeitsorientierung von KMU dessen Dominanz.[1196] Diese führt gleichzeitig zu einer „traditionellen“ Überlastung des Unternehmers.[1197] Durch die Übernahme der Promotorenrollen besteht zunächst die Gefahr, dass die bereits existierende Überlastung des Unternehmers weiter verstärkt wird.

KMU verfügen meist nicht über ausreichende Ressourcen, um ein BNM zu initiieren und anzuwenden. Dazu ist anzumerken, dass ein BNM zunächst Auswirkungen auf die Ressourcenallokation hat (Zeitmanagement des Unternehmers).[1198] Obwohl zusätzliche Ressourcen benötigt werden (z. B. für die Investitionen in neue, energieeffiziente Produktionsanlagen) ergeben sich aus der Anwendung des BNM zahlreiche Potenziale (Kosteneinsparpotenziale – durch Energiesparen oder geringere Versicherungskonditionen; Risikoreduktion), die die schnelle Amortisation der Investitionen ermöglichen.

[1196] Vgl. Kapitel B.4 sowie die Ausführungen von Lanninger 2009, insb. S. 42–51.

[1197] Vgl. Pfohl 2013a, S. 19; Lanninger 2009, S. 48; Gantzel 1962, S. 213; Gutersohn1986, S. 39; Wörwag 1996, S. 26.

[1198] Vgl. Seeberg 2013, S. 115.

Rolle des Unternehmers als Universalpromotor für Nachhaltigkeit in KMU	Machtquelle	Leistungsbeiträge
Macht- und Ressourcenpromotor	• hierarchisches Potenzial	• Zielbildung • Sicherstellung der Unternehmensziele und -strategien • Ressourcenbereitstellung und -freigabe • Überwindung von Opposition • Setzen von Anreizen und Sanktionen
Fachpromotor	• objektspezifisches Fachwissen zur Einführung und Umsetzung eines BNM im KMU • Informationen mit Nachhaltigkeitsbezug	• Problemlösungssuche • Kreativität • Ideen- und Alternativengenerierung • Invention • fachliche Entwicklung und Realisierung der Innovation
Prozesspromotor	• Organisationskenntnisse und Kommunikationspotenzial (intern)	• prozessfördernde Vermittlung zwischen auch am Prozess beteiligten dritten Akteuren
Netzwerk. und Beziehungspromotor	• Organisationskenntnisse und Kommunikationspotenzial (extern)	• zum Erreichen von Personen • zum Zusammenbringen von Personen • zur Dialogführung mit Personen • zur Prozessteuerung
Verhaltenspromotor	• Fach-, Methoden-, Sozial- und Persönlichkeitskompetenz	• zur Reaktivierung genetischer Prägungen • zur Reaktivierung kultureller Prägungen • zur nachhaltigkeitsfreundlichen Gestaltung der Situation • zur nachhaltigkeitsfreundlichen Gestaltung von Gruppenbeziehungen

Tabelle 31: Promotorenrollen, Machtquellen und Leistungsbeiträge des Unternehmers als Universalpromotor für Nachhaltigkeit in KMU

Quelle: Eigene unter Verwendung der in Kapitel F angegebenen Literatur sowie Hauschildt/Salomo 2011, S. 124, unter Verwendung von Hauschildt/Chakrabarti 1988, S. 383, sowie Gemünden/Walter 1995, S. 973 ff.

Für den Erfolg der Nachhaltigkeitsorientierung ist eine Innovationsaktivierung und -sicherung sowie der Abbau der Barrieren der Nachhaltigkeitsorientierung durch die Wahrnehmung der Promotorenrollen des Unternehmers als Universalpromotor ausschlaggebend. Die Belastung des Unternehmers kann jedoch maßgeblich durch die zeitweise und partielle Delegation der Promotorenrollen reduziert werden. Zudem ermöglichen die Potenziale einer Nachhaltigkeitsorientierung des KMU es, den Unternehmer zu entlasten und somit Freiräume für seine Rolle als Universalpromotor zu schaffen. Beispielhaft seien an dieser Stelle die Kostenreduktion durch ein BNM und der systematische Stakeholderdialog genannt. Durch die Einführung eines BNM kann das KMU seine Kosten mittels ressourcen- und energieeffizienzsteigernde Maßnahmen verringern (vgl. ***Kapitel C.4.2.1.1***). Die dadurch freigemachten Mittel können investiert werden, um die Arbeitsbelastung des Unternehmers zu reduzieren (z. B. durch neue Mitarbeiter). Die Einführung eines BNM und der damit einhergehende systematische Stakeholderdialog als Bestandteil der Betroffenheitsanalyse reduzieren für das KMU die Zukunftsrisiken z. B. durch das Verhindern von Gerichtsprozessen gegen das KMU. Der Stakeholderdialog unterstützt den Unternehmer im Umgang mit seinen Anspruchsgruppen und führt zu einer Reduktion der zeitlichen Belastung.

Durch die mit der Nachhaltigkeitsorientierung einhergehende größere Offenheit und Transparenz kann zudem die Delegationsbereitschaft des Unternehmers gesteigert werden, der traditionell Führungsaufgaben in Händen halten möchte.[1199]

F.4 Der Unternehmer als Universalpromotor zur Ausgestaltung der Konzeption eines BNM in KMU am Beispiel der Normierungsverantwortung

Bei der Nachhaltigkeitsorientierung durch ein BNM geht es nicht nur um die Überwindung der Barrieren, die bei der Nachhaltigkeitsorientierung von KMU auftreten, sondern auch um die gezielte Aktivierung von Stakeholdern als Innovatoren für Nachhaltigkeit. Der Unternehmer als Universalpromotor sollte aus diesem Grund neben der Aufmerksamkeit auf die Hindernisse bei der Nachhaltigkeitsorientierung gleichzeitig seinen Fokus auf Nachhaltigkeitsinnovationen richten, indem er Innovationsimpulse, -anreize, -ideen etc. in Richtung Nachhaltigkeit gibt. Dies ist insb. über die Gestaltung der Normierungsverantwortung im Rahmen der Konzeption eines BNM im KMU möglich, da der Unternehmer …

- als strukturpolitischer Akteur die Verhaltensweisen der Stakeholder in Richtung Nachhaltigkeit beeinflusst und somit die Innovationsimpulse und -anreize in Richtung nachhaltigkeitsorientiertes Verhalten setzen kann (z. B. über einen systematischen Stakeholderdialog);[1200]
- über die Wahrnehmung von Nachhaltigkeitsveranwortung für die Initiierung und Umsetzung eines BNM im KMU werben und Sorge tragen kann und zugleich mit diesen Aktivitäten den

---

[1199] Vgl. Lanninger 2009, S. 49; Gruhler 1994, S. 171; Mank 1991, S. 65; Pfohl 2013a, S. 19; Scharpe 1992, S. 155.

[1200] Zum Unternehmen als strukturpolitischen Akteur vgl. Schneidewind 1998 sowie Hesselbarth 2009, S. 271–275, und Giddens 2013.

- Abbau von Nachhaltigkeitsbarrieren unterstützt und gleichzeitig
- Nachhaltigkeitspotenziale für KMU schafft (Schnittmengenerweiterung).

KMU können als „hochgradig vernetzte, in zahlreiche Interaktions-, Kommunikations- und Kooperationsprozesse eingebundene Schlüsselakteure“[1201] aufgefasst werden, „die über diskretionäre Handlungsspielräume, Macht und Ressourcen, Spezialwissen sowie Normierungskapazität verfügen“.[1202] Gerade KMU werden nicht nur als Verursacher, sondern als Problemlöser wahrgenommen, welche über umfangreiche Möglichkeiten der Mitgestaltung, Einflussnahme und Weiterentwicklung der nachhaltigkeitsbezogenen Rahmenbedingungen (z. B. auf politischer Ebene) verfügen und über die Wahrnehmung der Rolle als strukturpolitischer Akteur eine nachhaltige Entwicklung vorantreiben können (z. B. über die Schnittmengenerweiterung).[1203] Dabei kommt der Zuschreibung von Verantwortung auf den Unternehmer durch die Stakeholder („ordnungspolitische Mitverantwortung“[1204], „Normsetzungspflicht“[1205]) wachsende Bedeutung zu.[1206] Hesselbarth fasst diesbezüglich zusammen:[1207]

- „Der Staat sieht sich zunehmend eingeschränkten Handlungsspielräumen und Gestaltungspotenzialen gegenüber und fordert unter der Anerkennung der Nichtexistenz einer zentralen Steuerungsmöglichkeit für Sustainability die Beteiligung aller wirtschaftlichen und gesellschaftlichen Akteure an der ‚Sustainable Governance‘.“[1208]
- „Nachhaltigkeit als regelungsbedürftiges Problemfeld und Partizipationskonzept erfordert grundsätzlich eine interdisziplinäre, interaktive und partizipative Bearbeitung durch die Gesamtheit der wirtschaftlichen und gesellschaftlichen Akteure aller Ebenen.“[1209]
- „Unternehmen verfügen in einer zunehmend globalen Weltwirtschaft über Normierungskapazität (diskretionäre Handlungsspielräume, Spezialwissen, Zugang zu Kommunikationswegen und notwendige Gestaltungskapazitäten und -mittel) (…) und somit über umfangreiche Einflussmöglichkeiten. Unternehmen eignen sich aufgrund vorhandener Kausalität und der Freiheit zur Alternative insb. zur Übernahme der Ordnungsverantwortung: Sie sind ressourcenmächtig, multinational tätig, können durch umfangreichen Einfluss

1201 Hesselbarth 2009, S. 164.
1202 Hesselbarth 2009, S. 164.
1203 Vgl. Hesselbarth 2009, S. 164–165. Wobei sich die im Rahmen der Arbeit angesprochene Rolle des Unternehmers als strukturpolitischer Akteur immer auf eine Wirkung in Richtung nachhaltiger Entwicklung bezieht.
1204 Ulrich 1998, S. 21.
1205 Homann 2004, S. 5.
1206 Vgl. Hesselbarth 2009, S. 165.
1207 Hesselbarth 2009, S. 166.
1208 Hesselbarth 2009, S. 166 unter Verwendung von Schwarz 2003, S. 606; Wieland 2002, S. 14.
1209 Hesselbarth 2009, S. 166.

volatiles Geschehen stabilisieren, planen und agieren langfristiger als politische Systeme und sind am Schutz ihrer Reputation interessiert."[1210]

- „Neben die quantitative Dimension des Bedeutungsgewinns tritt eine qualitative: Unternehmen wird zunehmend die Verursachung ökologischer und sozialer Problemlagen angelastet, sie stellen gleichzeitig aber auch die dezentralen Orte der Wissensakkumulation und Innovation dar. Somit besitzen Unternehmen umfangreiche Potenziale zur Produktion sowohl negativer als auch positiver externer Effekte."[1211]
- „Unternehmen, insb. global agierenden Multinationals, kommt als wesentlichen Trägern des sozialen Wandels im In- und Ausland eine gewisse Vorbildfunktion zu. Daraus wird eine Verpflichtung zur Wahrung von Arbeitnehmerrechten sowie Umwelt- und Sozialstandards über den Rahmen der gesetzlichen Vorschriften hinaus abgeleitet."[1212]

Aber auch KMU kommt nicht nur aufgrund ihrer quantitativen Bedeutung eine Vorbildfunktion zu. Sie übernehmen insb. auf regionaler Ebene Verantwortung für ihr Handeln und leisten damit einen Beitrag zum Wandel. Über ihre Funktion als Zulieferer zeigt dieser regionale Beitrag zudem globale Wirkung.[1213]

Unternehmer in KMU könnten neben der von außen zugeschriebenen Verantwortung als „strukturpolitischer Akteur" aber auch eine intrinsische Motivation haben, sich zu engagieren.[1214] Begründet kann sie insb. in zwei Ansätzen sein:

- Vorteilsökonomische Begründung:
  Es besteht eine wechselseitige Abhängigkeit zwischen Wirtschaft und Gesellschaft. KMU wollen ihre Licence to operate und Position in der Gesellschaft sichern. Eine aktive Strukturpolitik führt zur Schnittmengenerweiterung und eröffnet dem KMU Möglichkeiten der Gewinnerzielung.[1215]
- Subjektphilosophische Begründung:
  KMU betrachten sich als wesentlichen Bestandteil der Gesellschaft und „leiten daraus die ethische Selbstverpflichtung zur Wahrnehmung von Normierungs-

---

1210 Hesselbarth 2009, S. 166, unter Verwendung von Homann 2004, S. 7–8. Wobei Hesselbarth unter Verwendung von Schneider 2004, S. 23, darauf hinweist, dass dieser Argumentation die empirisch bestätigte Kurzfristorientierung, das Agency-Problem sowie die Entstehung externer Effekte widersprechen (vgl. Hesselbarth 2009, S. 166).

1211 Hesselbarth 2009, S. 166.

1212 Hesselbarth 2009, S. 166 unter Verwendung von Aßländer 2006, S. 18; Freiberg/Lohrie 2004, S. 82 ff.

1213 Vgl. die Ausführungen in Kapitel B.4.

1214 Vgl. Hesselbarth 2009, S. 166–167. Zu den Möglichkeiten und Grenzen unternehmerischer Strukturpolitik am Beispiel des EU-EHS vgl. Hesselbarth 2009, S. 349–359.

1215 Vgl. Hesselbarth 2009, S. 166–167.

verantwortung und die Beteiligung an der Gestaltung nachhaltigkeitsorientierter Strukturen ab“[1216].

Das KMU als strukturpolitischer Akteur hat die Aufgabe, das Verhalten der Stakeholder in Richtung Nachhaltigkeit zu lenken sowie an der Gestaltung der Rahmenbedingungen von Wirtschaft und Gesellschaft (in Richtung Nachhaltigkeit) mitzuwirken.[1217]

Innerhalb des KMU kann der Unternehmer als strukturpolitischer Akteur interpretiert werden. Seiner Aufgabe als strukturpolitischer Akteur kommt der Unternehmer im Rahmen des Stakeholderdialoges nach und kann darin das Verhalten der Stakeholder in Richtung Nachhaltigkeit lenken sowie auf die Veränderung der Rahmenbedingungen in Richtung Nachhaltigkeit hinwirken. Innerhalb des BNM findet eine intensive Analyse der Stakeholder im Rahmen der Betroffenheitsanalyse statt.[1218] Bei der Wahrnehmung der Aufgabe der Normierungsverantwortung kann der Unternehmer auf diese Erkenntnisse zurückgreifen. Der Stakeholderdialog gilt dabei als Instrument der Normierungsverantwortung,[1219] wobei die nachfolgenden Besonderheiten von KMU bei der Gestaltung des Stakeholderdialoges Berücksichtigung finden sollten.[1220]

Die Stakeholdergruppen im KMU sind genau definiert. Dies kann auf den im Vergleich zu Großunternehmen weniger komplexen Aufbau von KMU zurückgeführt werden.[1221] Zudem sind die Stakeholder in ihrer Zahl geringer (KMU haben in der Regel weniger Stakeholder als Großunternehmen und innerhalb der einzelnen Stakeholdergruppen finden sich weniger Mitglieder), klar abgegrenzt und zumeist persönlich bekannt.[1222]

Der Druck der Stakeholder auf KMU ist tendenziell größer als bei Großunternehmen. In KMU sind die Stakeholdergruppen in der Regel kleiner. Aus diesem Grund kennen sich die einzelnen Mitglieder der Gruppe zumeist und können ihre An-

---

1216 Hesselbarth 2009, S. 167.

1217 Vgl. Zabel 2004a, S. 75–76, sowie Hesselbarth 2009, S. 167. Zu den strukturpolitischen Ansatzpunkten am Beispiel des EU-Emissionshandels vgl. Hesselbarth 2009, S. 349.

1218 Vgl. Kapitel C.4.1.

1219 Vgl. Zabel 2010a, S. 25; Brinkel 2017, S. 53–24.

1220 Die folgenden Ausführungen basieren auf Seeberg 2013, welche die Besonderheiten der Stakeholderbeziehungen von KMU im Vergleich zu Großunternehmen (basierend auf einer empirischen Untersuchung von 12 KMU) ausführlich thematisiert hat (vgl. Seeberg 2013). Vgl. auch die Ausführungen in Kapitel B.4.

1221 Vgl. Seeberg 2013, S. 111.

1222 Vgl. Seeberg 2013, S. 111–112.

sprüche freier artikulieren und einfacher abstimmen.[1223] Daraus ergibt sich eine größere Macht der Stakeholder, welche für das KMU durch Druck spürbar gemacht werden kann.[1224] Zudem sind KMU in ländlichen Regionen „sichtbarer" als Unternehmen gleicher Größe in Großstädten.[1225] KMU verfügen außerdem meist nur über einen Unternehmensstandort, der häufig in kleineren Städten oder ländlichen Gemeinden liegt.

In KMU agieren die Stakeholder häufig in Personalunion. Stakeholder in KMU agieren häufig in Personalunion.[1226] So sind Mitarbeiter z. B. auch Anwohner des Fabrikgeländes oder der Unternehmer vereint in der Rolle des Eigentümers und des Vertreters im Gemeinderat Stakeholder der Anspruchsgruppe Politik.[1227] Neben positiven Effekten aus den Überschneidungen der Rollen können aber auch Zielkonflikte entstehen.[1228] So könnte ein Unternehmer z. B. aufgrund seiner Tätigkeit im Gemeinderat gut zum Arbeitsstand der Errichtung einer Autobahnzufahrt informiert sein und würde diese aus unternehmerischer Sicht auch befürworten. Als Gemeinderatsmitglied setzt er sich aber für die Naturbelassenheit und Ruhe in der Region ein und muss deshalb eine direkte Autobahnzufahrt ablehnen.

KMU verfügen über persönliche Beziehungen zu ihren Stakholdern. Die KMU verfügen zu den wenigen Stakeholdern über persönliche, informelle Beziehungen, die häufig schon lange bestehen und die die Zusammenarbeit vereinfachen.[1229] So kennt ein in der Region aufgewachsener und verwurzelter Unternehmer z. B. die Lokalpolitiker und kann mit diesen auf persönliche Weise in Kontakt kommen und seine Ansprüche formulieren.

Die Substitution von Stakeholdern durch das KMU ist vergleichsweise schwer. Viele Stakeholderrollen sind in KMU nur einmal besetzt. So arbeiten viele Unternehmen z. B. nur mit einer Bank zusammen und setzen sich damit Risiken wie bspw. einer gewissen Abhängigkeit aus.[1230]

1223 Vgl. Seeberg 2013, S. 112.
1224 Vgl. Seeberg 2013, S. 112.
1225 Vgl. Seeberg 2013, S. 112.
1226 Vgl. Seeberg 2013, S. 112.
1227 Vgl. Seeberg 2013, S. 112.
1228 Vgl. Seeberg 2013, S. 112.
1229 Vgl. Seeberg 2013, S. 112.
1230 Vgl. Seeberg 2013, S. 113.

Aus den genannten Aspekten lässt sich eine stärkere Abhängigkeit der KMU von ihren Stakeholdern schlussfolgern: Sie

> „richten sich stärker an den Bedürfnissen und den Ansprüchen der bekannten Stakeholder aus. (...) Sie werden gezwungen, auf die Stakeholderansprüche einzugehen, da sie Konsequenzen einer Nichtbeachtung fürchten müssen. (...) Doppelrollen von Managern und Eigentümern oder Mitarbeitern und Kunden müssen in strategischen Entscheidungen berücksichtigt werden, da sie Konflikte implizieren können. (...) Persönliche und direkte Kommunikation erhöht die moralische Intensität (...) von Ansprüchen. (...) Fehlende Substitutionsmöglichkeiten zwingen zum Erhalt des Status quo."[1231]

Insb. für KMU ist es erfolgsrelevant, den Dialog mit den Stakeholdern zu professionalisieren, da der Stakeholderdialog die Integration der Ansprüche der Betroffenen in die Entscheidungen des KMU ermöglicht und somit Erfolgspotenziale aufzeigt.[1232] Durch die Kommunikation innerhalb des Stakeholderdialoges mit den verschiedenen Anspruchsgruppen können sowohl Erkenntnisse ausgetauscht, der Erkenntnisstand erhöht als auch Konflikte angesprochen und gelöst werden.[1233]

Bei der Gestaltung des Stakeholderdialoges können sich KMU an folgender Abfolge orientieren (vgl. ***Abbildung 37***):[1234]

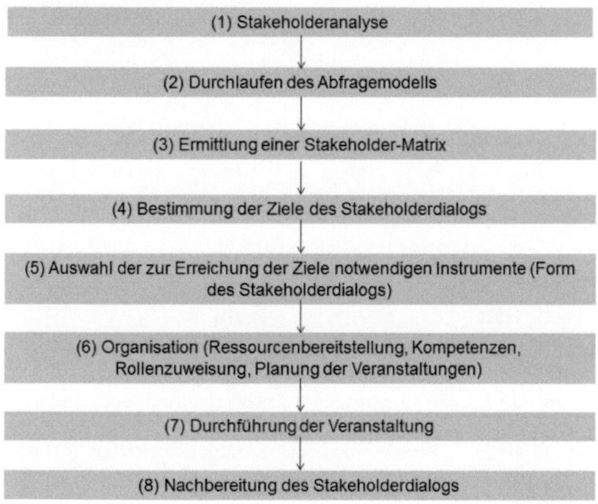

Abbildung 37: Ablauf des Stakeholderdialoges in KMU

Quelle: Eigene Darstellung unter Verwendung von Seeberg 2013; Günther/Weber 2011 sowie Schaltegger/Herzig/Kleiber u. a. 2007.

1231 Seeberg 2013, S. 113–114.
1232 Vgl. Zabel 2004a, S. 57 f, Brinkel 2017, S. 81; Ulrich 1991, S. 200.
1233 Vgl. Schaltegger/Herzig/Kleiber u. a. 2007, S. 105.
1234 Eine alternative Abfolge findet sich im Leitfaden zum Stakeholderdialog bei Günther/Weber 2011, S. 5–11.

Zu den Phasen 1 bis 5

Insbesondere in den Phasen 1 bis 3 können KMU auf die Erkenntnisse aus der Analyse der indirekten Betroffenheit zurückgreifen.[1235] Dies ist auch in der vierten Phase, bei der Bestimmung der Ziele des Stakeholderdialoges, möglich, wobei speziell auf die Anspruchsgruppen mit Betroffenheitsgrad 4 geachtet werden sollte. Bei der Auswahl der Instrumente des Stakeholderdialoges (im Folgenden werden diese als „Formen" bezeichnet) gilt es, die in Phase 3 festgelegten Ziele zu berücksichtigen. Es existieren zahlreiche Formen zur Umsetzung des Stakeholderdialoges durch KMU (vgl. ***Abbildung 38***).

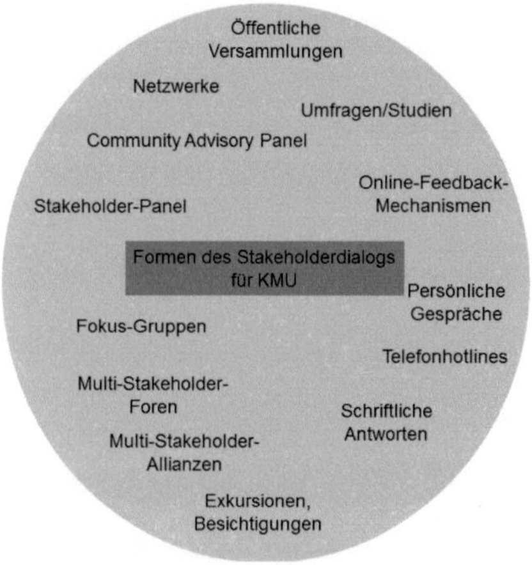

Abbildung 38: Formen des Stakholderdialogs in KMU

Quelle: Eigene Zusammenstellung basierend auf Günther/Weber 2011 sowie Schaltegger/Herzig/Kleiber u. a. 2007.

Im Folgenden werden das Community Advisory Panel und Netzwerke als für KMU besonders geeignete Formen des Stakeholderdialoges vorgestellt.[1236]

Community Advisory Panel

Community Advisory Panels (CAP) sind Nachbarschaftsforen bzw. Bürgerbeiräte, die „der Pflege eines intensiven Dialogs zwischen Unternehmensstandorten (Werken) und Nachbarn"[1237] dienen.

1235 Vgl. die Ausführungen in Kapitel C.4.1.2.
1236 Die folgenden Ausführungen basieren auf Schaltegger/Herzig/Kleiber u. a. 2007, S. 105–108.

Das zumeist auf Unternehmensinitiative einberufene Gremium (hierfür sollte sich der Unternehmer verantwortlich zeigen) ermöglicht den regelmäßigen, intensiven Austausch zwischen KMU und engagierten Bürgern (z. B. geografische Nachbarn, Vertreter von Behörden und Umweltorganisationen, Personen aus Bildungs- und Gesundheitswesen) zu verschiedenen nachhaltigkeitsbezogenen Themen.[1238] KMU haben durch das CAP die Chance, die interessierten Nachbarn regelmäßig über Entwicklungen des Unternehmens zu informieren.[1239] Mögliche Themen sind: „Arbeitsbedingungen in den Betrieben, Umweltfragen, Sicherheit, Erkrankungen, Verkehr, Ausbildung, Erweiterungsprojekte usw."[1240] Im Fokus der Treffen steht die gemeinsame Erarbeitung und Umsetzung von Problemlösungen.[1241] Die Zusammenarbeit unterliegt dabei folgenden Prinzipien: Freiwilligkeit, Eigenverantwortung der Mitglieder, Vertrauen und Akzeptanz, Bereitschaft, auch kritische Themen anzusprechen, offener Umgang mit den Sorgen und Bedenken „der anderen Seite", Ergebnisoffenheit und Berücksichtigung der entwickelten Vorschläge (da diese nicht verpflichtend sind).[1242]

Netzwerke

Im vorliegenden Kontext werden Netzwerke als „Ansatz zur Kommunikation und Kooperation zwischen Mitarbeitern von Unternehmen oder zwischen dem Unternehmen und Stakeholdern auf dem Gebiet der nachhaltigen Entwicklung verstanden."[1243] Sie werden in der Praxis zwischen dem KMU und anderen Unternehmern oder Organisationen – z. B. sozialen Einrichtungen wie Kindertagesstätten, Umweltorganisationen (z. B. Greenpeace, Naturschutzbund Deutschland (NABU) – geschlossen und dienen „grundsätzlich dem Gedanken- und Informationsaustausch sowie der Realisierung von Wettbewerbsvorteilen durch Nutzung des gemeinsam geschaffenen Informationspools".[1244] Sinnvoll ist dies, weil durch die Zusammenarbeit Betroffenheiten und somit Risiken für das KMU reduziert und Potenziale realisiert werden können. Netzwerke verfügen in diesem Zusammenhang über folgende Charakteristika: tendenziell wenige formale Regeln innerhalb des Netzwerkes, Ausrichtung des

---

1237 Schaltegger/Herzig/Kleiber u. a. 2007, S. 105.
1238 Vgl. Schaltegger/Herzig/Kleiber u. a. 2007, S. 105.
1239 Vgl. Schaltegger/Herzig/Kleiber u. a. 2007, S. 105.
1240 Schaltegger/Herzig/Kleiber u. a. 2007, S. 105.
1241 Vgl. Schaltegger/Herzig/Kleiber u. a. 2007, S. 105.
1242 Vgl. Schaltegger/Herzig/Kleiber u. a. 2007, S. 105.
1243 Schaltegger/Herzig/Kleiber u. a. 2007, S. 106.
1244 Schaltegger/Herzig/Kleiber u. a. 2007, S. 106.

Netzwerkes an den Prinzipien Freiwilligkeit, Offenheit, Autonomie der Akteure sowie Vertrauen, welche die Kooperation und Kommunikation im Netzwerk prägen sollen.[1245]

Die Entwicklung in den neuen Medien (Facebook, Blogs, Wikis) sollte der Unternehmer nutzen, indem er Netzwerke zur Verhaltensnormierung in Richtung Nachhaltigkeit unter Nutzung der neuen Medien initiiert und aufbaut, da dadurch ein ressourcenarmer und niederschwelliger Zugang zu diesem Instrument besteht.[1246]

Zu den Phasen 6 bis 8

Aufbauend auf der Form des Stakeholderdialoges in KMU ist der Unternehmer für dessen Organisation bzw. die Delegation der Organisation verantwortlich (Phase 6). Dazu zählt insb. die Bereitstellung der notwendigen Ressourcen. Zudem müssen Aufgaben bzw. Rollen zugewiesen und Kompetenzen bestimmt bzw., wenn notwendig, erarbeitet werden.[1247] Auf der operativen Ebene bedarf es zudem einer Planung der Veranstaltung (z. B. Termin- und Raumplanung, Organisation der Verpflegung, Bereitstellung eines Moderators) (Phase 7). Während der Durchführungsphase ist es sinnvoll, das Feedback und die Erfahrungen der Stakeholder zu erfassen. In der letzten Phase des Stakeholderdialoges (Phase 8) bedarf es der Auswertung der Veranstaltung und darauf aufbauend der Ableitung von Handlungen (z. B. Festlegung der Ergebnisse, weiterer Ziele, der Steuerungsinstrumente und Kennzahlen). Zudem muss entschieden werden, ob an dem Instrument weiter festgehalten und der Dialog verstetigt wird oder ob es zu einem „Abschluss" der Veranstaltung kommt und z. B. eine Abschlussveranstaltung organisiert wird.

Innerhalb des Stakeholderdialoges übernimmt der Unternehmer als Universalpromotor verschiedene Aufgaben, die in ***Tabelle 32*** exemplarisch dargestellt sind (vgl. ***Tabelle 32***):

1245 Vgl. Schaltegger/Herzig/Kleiber u. a. 2007, S. 106.
1246 Vgl. Schaltegger/Herzig/Kleiber u. a. 2007, S. 106.
1247 Vgl. Kapitel F.2.

Promotorenrolle des Unternehmers als Universalpromotor	Leistungsbeiträge bzw. Aufgaben der Promotoren im Rahmen des Stakeholderdialoges
Macht- und Ressourcenpromotor	• Der MRP gibt dem Stakeholderdialog und den in diesem Rahmen stattfindenden Veranstaltungen Bedeutung und kommuniziert diese nach innen und nach außen. • Er stellt die notwendigen allgemeinen und speziellen Ressourcen zur Verfügung (z. B. Zeitfenster für die Vorbereitung und Durchführung der Veranstaltungen während der Arbeitszeit, Räumlichkeiten für die Veranstaltungen, Budget für die Versorgung bei den Veranstaltungen, Budget für die Kommunikation der Veranstaltungen). • Er legt die Form des Stakeholderdialoges fest.
Fach- und Informationspromotor	• Der FIP fördert den Stakeholderdialog durch sein diesbezügliches Fachwissen. • Er stellt allgemeine Informationen mit Nachhaltigkeitsbezug sowie mit Bezug zum Stakeholderdialog zur Verfügung. • Er sammelt relevante Informationen und gibt diese weiter.
Prozesspromotor	• Der Prozesspromotor vermittelt zwischen denen am Stakeholderdialog beteiligten Personen mit hierarchischem Potenzial sowie nachhaltigkeitsbezogenem Fachwissen (intraorganisationale Prozesse und Beziehungen). • Er bestimmt die innerhalb des KMU vom Stakeholderdialog Betroffenen und gewinnt diese für die Idee eines BNM. • Er ist dafür verantwortlich, die aus Nachhaltigkeitsperspektive relevanten (Prozess-)Informationen zu sammeln, diese zu filtern und gezielt innerhalb des KMU weiterzugeben, • die (Prozess-)Informationen im internen Kommunikationsprozess zu „übersetzen“, aufzubereiten und zu interpretieren, • die Förderung von nachhaltigkeitsbezogenen Kommunikations- und Kooperationsbeziehungen (intraorganisational) zu fördern, • nachhaltigkeitsbezogene Tätigkeiten sowie die Unterstützung der Interaktionspartner in Nachhaltigkeitsfragen als Anwalt und Berater zu koordinieren, • Insellösungen zu verhindern, indem er sich als Unternehmer und Prozesspromotor dafür stark macht, dass Nachhaltigkeitsaspekte im Rahmen des BNM systematisch in Produkte, Prozesse und Verhaltensweisen integriert werden und • er übersetzt die „Sprache der Nachhaltigkeit“ in die „Sprache des KMU“.
Beziehungs- und Netzwerkpromotor	• Der BNP übernimmt die Anbahnung, Gestaltung und Pflege der Beziehungen des KMU nach außen; • er entwickelt und nutzt – darauf aufbauend – neue Netzwerkbeziehungen und erreicht damit externe Stakeholder; • er bringt das KMU mit externen Stakeholdern bzw. die externen Stakeholder untereinander zusammen, um den Stakeholdrdialog zu fördern; • er führt den Dialog mit den externen Stakeholdern und steuert die Prozesse.
Verhaltenspromotor	• Der Verhaltenspromotor steuert die Aktivitäten, um das Verhalten aller Stakeholder des KMU in Richtung Nachhaltigkeit zu lenken (durch den Stakeholderdialog); • er initiiert Maßnahmen zur Reaktivierung der genetischen Prägungen (über die Förderung regelmäßiger Face-to-Face-Kontakte, Erhöhung der Zeitflexibilität, Ermöglichung von Mitbestimmung innerhalb des Stakeholderdialoges) sowie zum Abbau genetischer Fehlsteuerung (z. B. Informationsveranstaltungen im Rahmen des Stakeholderdialoges zu nachhaltigkeitsrelevanten Themen, Eindämmung der Interessenkonflikte durch offene Kommunikation, demokratische Entscheidungspartizipation); • er zeichnet sich für den Abbau von kulturellen Fehlsteuerungen, situativen Zwängen und nachhaltigkeitsfeindlichen Gruppenbeziehungen verantwortlich (grundsätzliche Förderung des Instruments „Stakeholderdialog“, Schaffung einer nachhaltigkeitsfreundlichen Unternehmenskultur mit Einfluß auf den Stakeholderdialog (z. B. an den Unternehmensleitlinien orientierte Regeln für den Ablauf des Stakeholderdialoges) und die Stärkung von Lern- und Innovationsprozessen für Nachhaltigkeit im KMU (z. B. durch Fortbildungen, Seminare und Workshops mit Bezug zum Stakeholderdialog).

Tabelle 32: Promotorenrollen und Aufgaben im Rahmen des Stakeholdermanagements

Quelle: Eigene Zusammenstellung basierend auf den Ausführungen in *Kapitel F.2.*

Beispielhaft werden im Folgenden die Aufgaben des Unternehmers im Rahmen des Stakeholderdialoges bei der Ausübung der Rolle als MRP und NBP dargestellt.[1248] In seiner Rolle als MRP gibt der Unternehmer bspw. dem Stakeholderdialog und den in diesem Rahmen stattfindenden Veranstaltungen die für die erfolgreiche Durchführung notwendige Bedeutung und kommuniziert diese nach innen und nach außen (insb. in Phase 1 bis 4 des Stakeholderdialoges). Er legt die Form des Stakeholderdialoges fest (in Phase 5). Zudem stellt er die notwendigen allgemeinen und speziellen Ressourcen zur Verfügung (z. B. Zeitfenster für die Vorbereitung und Durchführung der Veranstaltungen während der Arbeitszeit, Räumlichkeiten für die Veranstaltungen, Budget für die Versorgung bei den Veranstaltungen, Budget für die Kommunikation der Veranstaltungen; insb. in Phase 6 und 7).

Als BNP übernimmt der Unternehmer z. B. die Anbahnung, Gestaltung und Pflege der Beziehungen des KMU zu den externen Stakeholdern (damit wird seine Bedeutung in allen Phasen des Stakeholderdialoges deutlich). Dazu entwickelt und – darauf aufbauend – nutzt er Netzwerkbeziehungen. Er bringt das KMU mit externen Stakeholdern bzw. die externen Stakeholder untereinander zusammen und fördert den Stakeholderdialog, indem er diesen führt und die relevanten Prozesse steuert.

Mit der Erfüllung der Promotorenrollen innerhalb des systematischen Stakeholderdialoges sichert der Unternehmer als Universalpromotor für Nachhaltigkeit in KMU somit die Erfüllung der Konzeption des BNM in KMU und dadurch die Innovationsaktivierung und -sicherung sowie den Barrierenabbau.

[1248] Vgl. zu den folgenden Ausführungen Tabelle 32 sowie Kapitel F.2.1 und F.2.4.

G Ein Leitfaden zur Umsetzung eines BNM in KMU

G1 BaSAB: Ein Leitfaden zur Umsetzung eines BNM in KMU

Ein Instrument, das systematisch Barrieren bei der Nachhaltigkeitsorientierung von KMU abbaut, den Unternehmer in der Wahrnehmung seiner Rolle als Universalpromotor unterstützt sowie hilft, ein theoretisch fundiertes BNM in KMU zu etablieren, bildet der im Rahmen der vorliegenden Arbeit entwickelte Leitfaden „BaSAB – Nachhaltigkeit in vier Stufen“ (vgl. ***Abbildung 39***).[1249]

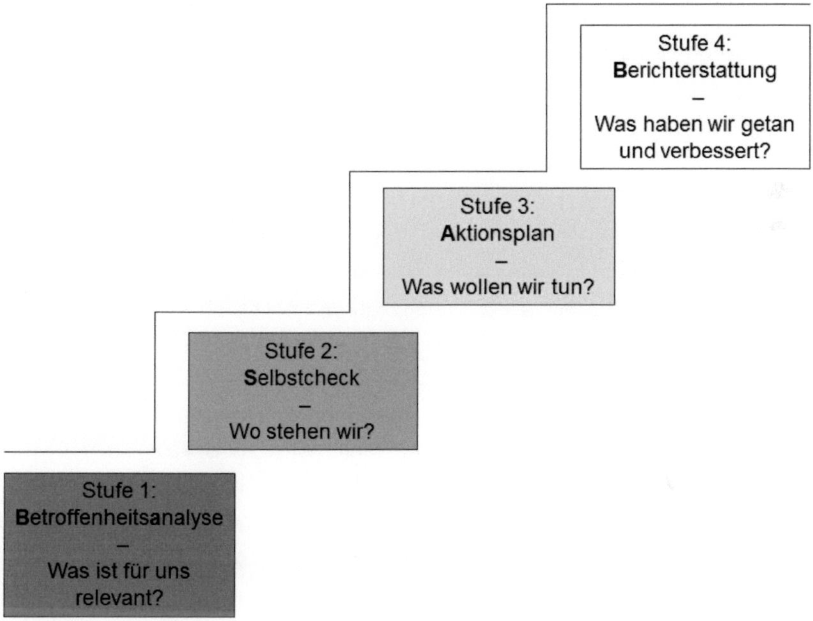

Abbildung 39: BaSAB – Die vier Stufen des Leitfadens
Quelle: Eigene Darstellung.

Die vier Stufen beinhalten die Betroffenheitsanalyse („Was ist für uns relevant?“), den Selbstcheck („Wo stehen wir?“), den Aktionsplan („Was wollen wir tun?“) und die

[1249] BaSAB steht für Betroffenheitsanalyse-Selbstcheck-Aktionsplan-Berichterstattung.

Berichterstattung („Was haben wir getan und verbessert?").[1250] Aus den vier Stufen leitet sich der Name des Leitfadens „BaSAB-Leitfaden" ab.

Der Unternehmer als Universalpromotor für Nachhaltigkeit in KMU kann, aufgrund der Besonderheiten von KMU im Vergleich zu Großunternehmen, bestehende Konzepte und Instrumente des BNM für Großunternehmen nicht unkommentiert auf KMU übertragen.[1251] Für eine erfolgreiche Rollenübernahme des Unternehmers als Universalpromotor für Nachhaltigkeit im KMU bedarf es deshalb der Modifikation bestehender bzw. der Schaffung neuer Instrumente zur Einführung und Anwendung eines BNM in KMU.[1252]

In der Literatur existieren bereits einige nachhaltigkeitsbezogene Hilfestellungen in Form von Leitfäden, Checklisten und Selbstchecks für KMU, die in ***Tabelle 33*** ohne Anspruch auf Vollständigkeit dargestellt sind.

Der vorliegende Leitfaden basiert auf einer Analyse bestehender Instrumente und Leitfäden für ein BNM bzw. für ein BNM in KMU (vgl. ***Tabelle 33***). Er berücksichtigt die in ***Kapitel B.4*** herausgearbeiteten Charakteristika von KMU sowie die Machtquellen und Leistungsbeiträge der Promotoren und ermöglicht somit einen niederschwelligen, einfachen und selbstständigen Einstieg in die Thematik des nachhaltigen Wirtschaftens. Der vollständige Leitfaden findet sich im Anhang.[1253]

Der Leitfaden dient als Referenzrahmen für verantwortliches und somit erfolgreiches Handeln in KMU.[1254] Er sensibilisiert Unternehmer für das Thema Nachhaltigkeit, lenkt den Blick auf die Chancen einer vorausschauenden Wirtschaftsweise und regt zur Weiterbeschäftigung mit dem Thema an.[1255] Damit bildet er die Grundlage zur Umsetzung von Nachhaltigkeitsinnovationen in KMU. Der Leitfaden soll weniger einer umfassenden Detailanalyse dienen, sondern Ansatzpunkte für die Umsetzung von Nachhaltigkeitsaspekten in KMU zeigen, wobei er dem Unternehmer Gestal-

---

1250 Vgl. Abbildung 39.
1251 Vgl. Kapitel B.5.
1252 Vgl. Herzig/Rheingans-Heintze/Schaltegger 2003, S. 45.
1253 Vgl. Anhang 3.
1254 Vgl. Müller-Christ 2012, S. 211.
1255 Vgl. Merten/Westermann/Rohn u. a. 2005, S. 2.

tungsmöglichkeiten eröffnet, die es ihm ermöglichen, die Individualität seines KMU zu berücksichtigen.[1256]

Herausgeber oder Autor(en)	Titel des Leitfadens	Erscheinungsjahr
Zum Nachhaltigkeitsmanagement in KMU		
Dresewski/Hartmann	Verantwortliche Unternehmensführung im Mittelstand: Ausgewählte nationale und internationale Leitfäden und Instrumente	2006
respACT	CSR-Leitfaden für Ein-Personen-Unternehmen: Erfolgsfaktor FAIRantwortung	2013b
Müller-Christ	Der CSR-Check: Die Sicherung des langfristigen Unternehmensbestandes durch Corporate Social Responsibility	2011
Merten/Westermann/Rohn u. a.	Der Initiale Nachhaltigkeitscheck – Wissen wo Ihr Unternehmen heute steht! (Online-Tool)	2005
Winter	„Das umweltbewußte Unternehmen: Ein Handbuch der Betriebsökologie mit 22 Checklisten für die Praxis“	1987
Zu ausgewählten Themen im Rahmen des Nachhaltigkeitsmanagements		
Bertelsmann-Stiftung (Hrsg.)	Leitfaden zum Deutschen Nachhaltigkeitskodex: Orientierungshilfe für mittelständische Unternehmen	2014
GRI (Hrsg.)	Bereit für den Nachhaltigkeitsbericht? Nachhaltigkeitsberichte für KMU	2014
respACT	In 6 Schritten zum Nachhaltigkeitsbericht: Ein Leitfaden für Klein- und Mittelunternehmen	2013a
UGA	EMAS-Leitfaden – In fünf Etappen sicher zum Ziel	2011
Pernkopf/Jasch/Weber	Leitfaden für die Erstellung von Nachhaltigkeitsberichten in KMUs – abgestimmt mit den Kriterien der Global-Reporting-Initiative	2010
BMWi (Hrsg.)	Gemeinsam stärker – Kooperationen durchführen: Ein Leitfaden für kleine und mittlere Unternehmen	2003
Kompass Nachhaltigkeit	Nachhaltige Beschaffung für kleine und mittlere Unternehmen (Online-Tool)	2017

Tabelle 33: Nachhaltigkeitsbezogene Leitfäden für KMU

Quelle: Eigene Zusammenstellung ohne Anspruch auf Vollständigkeit.

Er ist zur Selbstanalyse vorgesehen und durch den Unternehmer durchführbar, da dieser in seiner Rolle als MRP über die besten Möglichkeiten verfügt, das Thema Nachhaltigkeit im Unternehmen einzubringen und zu etablieren. Eine Begleitung, z. B. durch externe Berater oder die HWK und IHK ist nicht zwingend notwendig, jedoch bei Bedarf möglich. Eine zur Vertiefung ergänzende Nutzung der online verfüg-

[1256] Denn KMU sind keine homogene Gruppe, sondern sehr unterschiedlich (vgl. die Ausführungen in Kapitel B.4).

baren Nachhaltigkeitsportale, welche „Best Practice“-Beispiele vorhalten, erweist sich meist als sinnvolle Ergänzung.[1257]

Folgende Vorteile hat der BaSAB:

- Der Leitfaden steht kostenlos zur Verfügung.
- Er ist systematisch aus der Theorie hergeleitet und berücksichtigt gleichermaßen die Charakteristika von KMU,
- die Barrieren bei der Nachhaltigkeitsausrichtung von KMU,
- die Möglichkeiten der nachhaltigkeitsorientierten Innovationsaktivierung und -sicherung sowie
- die Bedeutung der Person des Unternehmers als Universalpromotor für ein BNM in KMU.
- Als ganzheitlicher Ansatz integriert der Leitfaden ökonomische, ökologische und soziale Aspekte und
- gewährleistet die Anschlussfähigkeit an normierte Managementsysteme sowie Berichterstattungsstandards.

Bereits im Jahr 1987 legte Georg Winter mit seinem Buch „Das umweltbewußte Unternehmen: Ein Handbuch der Betriebsökologie mit 22 Checklisten für die Praxis“ und dem darin erläuterten „Winter-Modell“ einen Vorschlag vor, wie Unternehmen die Unternehmensführung umweltorientiert gestalten könnten.[1258] Müller-Christ hat im Rahmen eines Projekts auf Veranlassung des Landes Bremen zur „Förderung der Beratungen von kleinen und mittelständischen Unternehmen zur Verankerung, Umsetzung und Dokumentation von Corporate Social Responsibility (CSR)“ einen weiteren Leitfaden entwickelt, der sich speziell an KMU richtet.[1259]

Der vorliegende Leitfaden knüpft an der Idee des Selbstchecks und des CSR-Plans von Müller-Christ an. Allerdings basiert letzterer auf den Dimensionen ökologische, soziale und ökonomische Verantwortung und daraus abgeleiteten Handlungsfeldern, wohingegen der vorliegende Selbstcheck auf der Konzeption des BNM nach Zabel

---

1257 Vgl. Müller-Christ 2012, S. 216. Vgl. zum Thema nachhaltige Beschaffung z. B. die Internetseite von KOMPASS-Nachhaltigkeit, kleine und mittlere Unternehmen (http://kmu.kompass-nachhaltigkeit.de/) mit einem interaktiven Leitfaden zur nachhaltigen Beschaffung von KMU.

1258 Vgl. Winter 1987.

1259 Vgl. Müller-Christ 2011 sowie Müller-Christ 2012, S. 209–233.

fußt.[1260] Die Unterschiede zwischen den Arbeiten von Winter, Müller-Christ sowie Zabel und dem hier vorgestellten Leitfaden lassen sich im einzelnen in folgenden Bereichen feststellen:

- Die Theoriebasis des hier vorgeschlagenen Leitfadens bildet die auf KMU-Spezifika angewandte Konzeption des BNM nach Zabel unter Berücksichtigung der Dialektik von Erfolg und Verantwortungsübernahme sowie den Erkenntnissen der Promotorenmodelle zu den Barrieren der Nachhaltigkeitsorientierung von KMU (vgl. insb. ***Kapitel E.1***) und den Erkenntnissen der Rolle des Unternehmers als Universalpromotors für Nachhaltigkeit in KMU (vgl. ***Kapitel F***).
- Die Leitfäden unterscheiden sich wesentlich im Umfang und dem damit verbundenen Detaillierungsgrad der Checklisten (der vorliegende Leitfaden ist kürzer) und dem Untersuchungsrahmen (Müller-Christ schließt mit dem CSR-Plan und gibt keine Handlungsempfehlungen zur Kontrolle und Berichterstattung). Des Weiteren unterscheiden sie sich in der grundsätzlichen Idee des Nachhaltigkeitschecks, Beratungsinstitute in die Bearbeitung des Leitfadens zu integrieren (der vorliegende Leitfaden kann auch ohne die Unterstützung von Beratungsinstituten durchgeführt werden).
- Der BaSAB wurde speziell für die Anwendung durch KMU entwickelt und orientiert sich durchgängig an den aus der Theorie abgeleiteten internen und externen Charakteristika.[1261]

Zu den Besonderheiten eine kurze Wiederholung mit Erläuterung und in direkter Bezugnahme zum Leitfaden:[1262]

Im Vergleich zu Großunternehmen wichtige interne Charakteristika von KMU für die erfolgreiche Umsetzung eines Nachhaltigkeitsmanagements

- **Die Bedeutung der Person des Unternehmers und die Einheit von Eigentum und Leitung:**

  Der Unternehmer als Universalpromotor für Nachhaltigkeit in KMU ist für die Anwendung des Leitfadens verantwortlich. Er kann die Fragen des Leitfadens alleine beantworten und sich ein Bild von der Nachhaltigkeitsperformance seines KMU machen.

1260 Vgl. Kapitel B.5 und Kapitel C.4.

1261 Vgl. Kapitel B.4.

1262 Vgl. dazu die theoretischen Ausführungen in Kapitel B.4 und die dort angegebene Literatur.

- **Wertorientierung und persönliche Beziehungen:**

  Da der Unternehmer eigenverantwortlich die einzelnen Checklisten anwenden kann, ist er in der Lage, in den identifizierten Handlungsfeldern seiner Wertorientierung zu entsprechen und diesbezügliche neue Handlungsfelder, Projekte, Ziele und Maßnahmen zu entwickeln. Zudem kann der Unternehmer persönliche Beziehungen nutzen und bei Interesse Mitarbeiter in die einzelnen Ablaufschritte integrieren oder die Hilfe von Beratern in Anspruch nehmen, die ihm persönlich bekannt sind und zu denen vertrauensvolle Beziehungen bestehen.

- **Handlungsorientierung:**

  Unternehmer agieren handlungsorientiert. Aus diesem Grund wurde auf Fachsprache sowie auf ausführliche Erläuterungen und Begriffsdefinitionen verzichtet. Dadurch konnte der Umfang des Leitfadens auf das Wesentliche reduziert werden, was wichtig war, um die bereitwillige Teilnahme des Unternehmers zu gewährleisten (Motto: „Je dicker, desto mehr Arbeit."). Stattdessen ist er kurz gestaltet, verständlich geschrieben und entsprechend einfach anzuwenden. Die Beispiele im Leitfaden sollen diesen Eindruck unterstützen.

- **Strategische Ausrichtung und Zeit:**

  Der Leitfaden orientiert sich an der Langfristorientierung von KMU. Der Unternehmer ist dazu angehalten, langfristige Ziele und Maßnahmen zu formulieren (Motto: „Weniger ist manchmal mehr!"). Aufgrund des in KMU vorherrschenden Zeitmangels ist der Leitfaden kompakt formuliert und schnell auszufüllen.

- **Wissen/Know-how:**

  Für die Anwendung des Leitfadens ist kein nachhaltigkeitsspezifisches Fachwissen nötig. Deshalb ist er ohne Hilfe (z. B. von Beratern) anwendbar: Unternehmen können sich Handlungsfelder auswählen,[1263] Ziele selbst stecken und Maßnahmen nach eigenen Bedürfnissen bestimmen. Weiterführende Hinweise werden dem Unternehmer gegeben. Damit wird der Leitfaden der „Beratungsresistenz" und „Scheu" der Unternehmer gerecht, die Hilfe externer Dritter an-

---

[1263] Die Handlungsfelder ermöglichen den KMU die Darstellung eines Bezugsrahmens und somit das Aufzeigen von Stärken und Schwächen der eigenen Nachhaltigkeitsperformance (vgl. Müller-Christ 2012, S. 212).

zunehmen.[1264] Eine Integration von Beratern ist aber bei Bedarf grundsätzlich möglich.

- **Hierarchie:**
  Aufgrund der in KMU vorherrschenden flachen Hierarchien führt die alleinige Anwendung des Leitfadens durch den Unternehmer zu geringem Abstimmungsbedarf und zu wenigen Abstimmungsproblemen.

- **Flexibilität:**
  Die in KMU vorherrschende Flexibilität wird im Leitfaden genutzt, da dieser einfach und individuell an sich verändernde Bedürfnisse und Rahmenbedingungen angepasst werden kann.

- **Information und Kommunikation:**
  Durch die Anpassungsfähigkeit des Leitfadens an die Bedürfnisse des KMU kann der Informations- und Kommunikationsbedarf durch den Unternehmer selbst bestimmt werden.

- **Beziehung zu den internen Stakeholdern am Beispiel Mitarbeiter**
  Aufgrund der engen persönlichen Beziehung zu den Mitarbeitern können diese je nach Bedarf einbezogen werden und am Prozess entlang dem Leitfaden mitarbeiten. Die hohe Kreativität der Mitarbeiter kann der Unternehmer z. B. bei der Suche nach Maßnahmen im Rahmen eines Brainstormings nutzen.

Im Vergleich zu Großunternehmen wichtige interne Charakteristika von KMU für die erfolgreiche Umsetzung eines Nachhaltigkeitsmana-gements

- **Beziehung zu den externen Stakeholdern**
  KMU stehen in engem Kontakt mit ihren externen Stakeholdern.[1265] Dies kann bei der Anwendung des Leitfadens von Vorteil sein, wenn deren Bedürfnisse flexibel berücksichtigt werden.

[1264] Vgl. Schweinsberg 2006, S. 68; Pedersen 2000, S. 203–218.
[1265] Vgl. Kapitel B.4.

- **Regionalität sowie Umfeld- und Heimatbezug**

  KMU verfüge über einen starken Bezug zu ihrem direkten Umfeld.[1266] Im Leitfaden können regionale Kontakte berücksichtigt werden bzw. die Ergebnisse können für die Verbesserung regionaler Beziehungen genutzt werden.

- **Kapital(-beschaffung)**

  Der Leitfaden ermöglicht es dem KMU durch die Komponente „Berichterstattung“ z. B. Potenziale bei der Kapitalbeschaffung zu generieren.[1267] Zudem ermöglicht er dem KMU, weiteres Potenzial z. B. bei der nachhaltigen Beschaffung zu erkennen.

Zum Aufbau und der Rollenübernahme des Unternehmers als Universalpromotor im Rahmen des Leitfadens

Der Aufbau des Leitfadens orientiert sich an der Konzeption des BNM nach Zabel sowie der KMU-spezifischen Weiterentwicklung (vgl. ***Kapitel C.4***) und nicht, wie andere, an den drei Säulen der Nachhaltigkeit: Ökonomie, Ökologie und Soziales. In den einzelnen Bestandteilen finden die Erkenntnisse der vorliegenden Arbeit zu den Barrieren der Nachhaltigkeitsorientierung von KMU (basierend auf den Promotorenmodellen und dem Verhaltensmodell nach Zabel) und der Rolle des Unternehmers als Universalpromotor für Nachhaltigkeit in KMU (vgl. ***Kapitel F***) Berücksichtigung. Der Leitfaden eröffnet so auf der einen Seite Ansatzpunkte zur Umsetzung eines BNM mit Hilfestellungen aus der Theorie, auf der anderen Seite zeigt er, dass sich z. B. über das Schnittmengenmanagement einfach und schnell ein ökonomisches Erfolgspotenzial für das KMU ergibt; somit setzt er auf Umsetzungsanreize.

Er gliedert sich in vier Stufen: Betroffenheitsanalyse, Selbstcheck, Aktionsplan sowie Berichterstattung und berücksichtigt die internen und externen Besonderheiten von KMU für ein BNM.[1268] Die Abbildung (vgl. ***Abbildung 40***) stellt den Ablaufplan des Leitfadens grafisch dar.

[1266] Vgl. Kapitel B.4.
[1267] Vgl. u. a. Günther/Weber 2010.
[1268] Vgl. Abbildung 40.

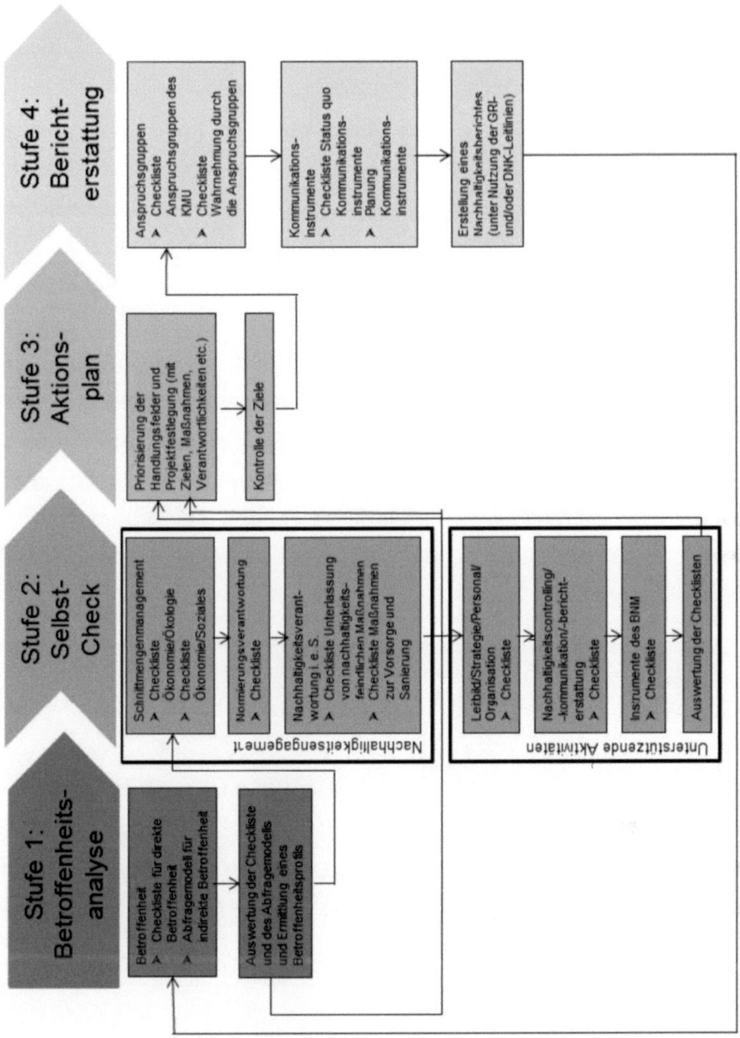

Abbildung 40: Ablaufplan BaSAB – vier Stufen zu einem BNM im KMU

Quelle: Eigene Darstellung.

Basis der einzelnen Ablaufstufen des BaSAB bilden verschiedene Checklisten (insb. in Stufe 1 und Stufe 2).[1269] Mit Hilfe der bearbeiteten Checklisten wird der Status quo sowie der gewünschte Soll-Zustand des BNM im KMU formuliert. Daran anknüpfend

---

[1269] Vgl. Abbildung 40.

werden Handlungsfelder und Projekte zur Umsetzung eines BNM im KMU bzw. Nachhaltigkeitsaktivitäten im KMU entwickelt (Stufe 3).[1270] Ziel ist es, in der letzten Phase darüber zu kommunizieren bzw. Bericht zu erstatten (Stufe 4).[1271] Der Leitfaden sollte im KMU in der dafür vorgesehenen Reihenfolge (siehe die Pfeile in ***Abbildung 40***) durchlaufen werden, wenn die Betroffenheitsanalyse keinen akuten Handlungsbedarf ermittelt hat. Falls akuter Handlungsbedarf besteht, folgt auf die Betroffenheitsanalyse die direkte Festlegung von Handlungsfeldern und Projekten (vgl. den Pfeil in ***Abbildung 40*** von „Auswertung der Checkliste und des Abfragemodells und Ermittlung eines Betroffenheitsprofils“ zu „Priorisierung der Handlungsfelder und Projektfestlegung (mit Zielen, Maßnahmen, Verantwortlichkeiten etc.)“). Das BNM in KMU ist als „kontinuierlicher Entwicklungs- und Verbesserungsprozess“[1272] zu verstehen, weshalb es eine Verbindung zwischen den einzelnen Stufen des Prozesse und von der vierten Stufe in die erste Stufe gibt (vgl. insb. den Pfeil in ***Abbildung 40*** von „Erstellung eines Nachhaltigkeitsberichts (unter Nutzung der GRI- und/oder DNK-Leitlinien)“ zu „Betroffenheit: Checkliste für direkte Betroffenheit, Abfragemodell für indirekte Betroffenheit“.

Phase des Innovationsprozesses		**Betroffenheitsanalyse**	**Selbstcheck**	**Aktionsplan**	**Nachhaltigkeitsberichterstattung**
Rolle des Unternehmers als Universalpromotor	**Macht- und Ressourcen-promotor**	Hoher Grad	Mittlerer Grad	Hoher Grad	Mittlerer Grad
	Fach- und Informationspromotor	Hoher Grad	Hoher Grad	Hoher Grad	Mittlerer Grad
	Prozesspromotor	Hoher Grad	Hoher Grad	Hoher Grad	Hoher Grad
	Beziehungs- und Netzwerkpromotor	Hoher Grad	Geringer Grad	Hoher Grad	Hoher Grad
	Verhaltenspromotor	Hoher Grad	Hoher Grad	Hoher Grad	Hoher Grad

Legende:	Hoher Grad an Rollenübernahme	Mittlerer Grad an Rollenübernahme	Geringer Grad an Rollenübernahme

Tabelle 34: Promotorenrollenübernahme im Nachhaltigkeitsinnovationsprozess

Quelle: Eigene Darstellung.

1270 Vgl. Abbildung 40.
1271 Vgl. Abbildung 40.
1272 Brinkel 2017, S. 111.

Der BaSAB richtet sich an die Person des Unternehmers in seiner Rolle als Universalpromotor, welcher ein BNM in seinem KMU einführen möchte, aber auch an KMU, die bereits Nachhaltigkeitsaspekte berücksichtigen, können unter Nutzung des BaSAB Anregungen für die Umsetzung eines systematischen BNM im KMU erhalten. Der Leitfaden dient dem Unternehmer dabei als Orientierung und muss nicht eins zu eins umgesetzt werden, es besteht die Möglichkeit Aspekte wegzulassen bzw. zu ergänzen.

Für die Umsetzung des Leitfadens kommt dem Unternehmer als Universalpromotor eine wesentliche Rolle zu. Einen Überblick zum Grad der Rollenübernahme durch den Unternehmer als Universalpromotor für Nachhaltigkeit in KMU gibt ***Tabelle 34.***

In den einzelnen Phasen des Leitfadens kommt den unterschiedlichen Promotorenrollen eine verschieden hohe Bedeutung zu. So ist der Anteil an Rollenübernahme im Rahmen der Betroffenheitsanalyse beim Prozesspromotor und NBP besonders hoch, da diese Promotoren über enge Beziehungen zu den Stakeholdern verfügen und die daraus resultierenden Erkenntnisse in die Betrofenheitsanalyse einbringen können.[1273] Eine geringe Rolle spielen diese beiden Promotoren z. B. in der Phase „Selbstcheck“, in der insb. das Know-how des FIP gefragt ist.[1274] Von einem durchweg hohen Grad der Rollenübernahme ist beim Verhaltenspromotor auszugehen, da in allen Stufen des Leitfadens Verhaltensaspekte und die Beeinflussung von Verhalten in Richtung Nachhaltigkeit Relevanz hat (auf der Anwendungs- und auf der Lenkungsebene).

G.2 Die Stufen des Leitfadens

G.2.1 Stufe 1: Die Betroffenheitsanalyse

Die Betroffenheitsanalyse in einem KMU sollte von der zentralen Person des KMU, dem Unternehmer, durchgeführt werden.[1275] Im Gegensatz zur Betroffenheitsanalyse in Großunternehmen ist eine ausführliche Analyse nach Zeithorizont, Art, Raumbezug, Grad, Inhalt, Kriterien und Reaktionsmöglichkeit in KMU in der Regel nicht not-

---

1273 Vgl. dazu die Ausführungen zu den Promotorenrollen in Kapitel F.2.

1274 Vgl. Tabelle 34. Zur Betroffenheitsanalyse vgl. die Abbildungen 4–22 im angehängten Leitfaden (Anhang 3).

1275 Vgl. Castrellon Gutierrez/Mittelstädt/Zabel 2014, S. 156.

wendig.[1276] Eine Betroffenheitsanalyse für KMU muss schnell und einfach durchführbar und übersichtlich sein. Zudem muss der Unternehmer diese in Eigenregie, ohne nachhaltigkeitsspezifisches Wissen und Kosten realisieren können.[1277] Die Intensität der ökologischen und sozialen Ansprüche und Forderungen an das KMU wird vom Unternehmer subjektiv bewertet (subjektive Betroffenheit) und durch objektive Kriterien (z. B. Branche) ergänzt.[1278]

Analyse der direkten Betroffenheit

Bei der Beantwortung der Checkliste zur direkten Betroffenheit steht im Fokus „sich der individuellen Unternehmenssituation bewusst zu werden und darauf aufbauend konkret zu eruieren, inwiefern man von Nachhaltigkeitsthemen betroffen ist oder sich betroffen fühlt."[1279] Das Ausfüllen der Checkliste zur direkten Betroffenheit (vgl. ***Tabelle 11***) dient zunächst der Ermittlung der direkten Betroffenheit des KMU, um darauf aufbauend die Auswirkungen mit Blick auf die Betroffenheit unter Zuhilfenahme der ABC-Analyse zu bewerten.[1280]

Analyse der indirekten Betroffenheit

Im Anschluss wird die indirekte Betroffenheit analysiert.[1281] Dazu bedarf es der Ermittlung relevanter Stakeholder und ihrer Ansprüche mit Hilfe eines Analysebogens.[1282] Um die Analyse für den Unternehmer zu vereinfachen, ist im Leitfaden beispielhaft eine Systematisierung von Stakeholdern und Stakeholderansprüchen an die Person des Unternehmers angehängt.[1283] Mit Hilfe des Abfragemodells zur Ermittlung der Legitimität sowie des Macht- und Bedrohungspotenzials lässt sich der Betroffenheitsgrad ermitteln.[1284] Dabei gilt es, sich zunächst auf wenige Stakeholder zu konzentrieren. Wobei alle Stakeholder mit Betroffenheitsgrad 4 beachtet werden müssen. Überführt man den Betroffenheitsgrad der relevanten Stakeholder in die

---

[1276] Vgl. Zabel 2012a, S. 178 sowie Brinkel 2017.
[1277] Zur theoretischen Herleitung der Betroffenheitsanalyse vgl. die Ausführungen in Kapitel C.4.1.
[1278] Vgl. Speis/Czymmeck 2003, S. 2; Kirchgeorg 1990, S. 87; Nitze 1991, S. 224.
[1279] Gawron 2014, S. 324.
[1280] Vgl. Tabelle 10 und 11, die Ausführungen in Kapitel C.4.1.1, sowie die Abbildungen 4–6 im angehängten Leitfaden (Anhang 3).
[1281] Vgl. Kapitel C.4.1.2.
[1282] Vgl. Abbildung 8–14 in Anhang 3.
[1283] Vgl. Abbildung 8–11 in Anhang 3 sowie Tabelle 12.
[1284] Vgl. Abbildung 16–18 in Anhang 3 sowie Abbildung 14.

Stakeholdermatrix, ist es möglich, eine Strategie zum Umgang mit dem relevanten Stakeholder abzuleiten.[1285]

Führt man die Analyse der direkten und indirekten Betroffenheit zusammen, lässt sich die Betroffenheitssituation des KMU ablesen (schwach, mittel, stark – vgl. ***Abbildung 16***). Aus der Betroffenheitssituation des KMU lässt sich schließlich der Grad der im KMU zu erfüllenden Ausbaustufe bestimmen („light", „modular", „intensiv") (vgl. ***Abbildung 16)***.[1286]

Zur leichten Betroffenheit: Das KMU ist in keiner sensiblen Branche ansässig. Nachhaltigkeitsthemen haben zum aktuellen Zeitpunkt keine bzw. eine untergeordnete Bedeutung.[1287] Dies ermöglicht dem KMU, frühzeitig ökologische oder soziale Ansprüche zu erkennen und auf diese zu reagieren (Strategie: Monitoring). In diesem Fall ist die Anwendung des BNM im KMU in der ***Ausbaustufe „light"*** zu empfehlen.

Zur mittleren Betroffenheit: Das KMU kann in einer sensiblen Branche ansässig sein. Es ist bereits heute partiell von nachhaltigkeitsrelevanten Wirkungen betroffen und/oder mit Ansprüchen von Stakeholdern konfrontiert.[1288] Als Einstig in das Themenfeld Nachhaltigkeit ist die Einführung eines BNM in der ***Ausbaustufe „modular"*** sinnvoll. Zusätzlich wird regelmäßiges Monitoring empfohlen.

Zur starken Betroffenheit: Das KMU kann in einer sensiblen Branche ansässig sein. Es ist mit nachhaltigkeitsrelevanten Wirkungen und/oder Ansprüchen von Stakeholdern in vielfältiger Weise konfrontiert.[1289] Für diese Unternehmen empfiehlt sich die Einführung eines BNM in einer hohen Ausbaustufe (***Ausbaustufe „intensiv"***) in Kombination mit regelmäßigem Monitoring.

[1285] Vgl. Abbildung 19–20 in Anhang 3 sowie Abbildung 15.

[1286] Wozu der Unternehmer als MRP und Leiter des KMU die notwendigen Ressourcen zur Verfügung stellen muss (vgl. die Ausführungen in Kapitel F.2.1).

[1287] Vgl. Gawron 2014, S. 467.

[1288] Vgl. Gawron 2014, S. 467. Ausgangspunkt der Argumentation ist, dass in der heutigen Zeit jedes Unternehmen von ökologischen und sozialen Problemen betroffen ist (z. B. den steigenden Renten- und Krankenkassenbeiträgen), jedoch nicht zwingend akuter Handlungsbedarf besteht.

[1289] Vgl. Gawron 2014, S. 467.

G.2.2 Stufe 2: Der Selbstcheck

In einem zweiten Schritt ist es notwendig, den Status quo des BNM im KMU zu ermitteln (IST-Analyse).[1290] Als Instrument eignet sich ein Selbstcheck, der vom Unternehmer durchgeführt werden kann.[1291] In einzelnen Abschnitten wird er dabei mit Checklisten zu seinem Nachhaltigkeitsengagement befragt. Es schließen sich Checklisten zu den unterstützenden Nachhaltigkeitsaktivitäten an.

Frage 2–1: Führen Sie in Ihrem Unternehmen Maßnahmen durch, die sowohl ökologisch als auch ökonomisch vorteilhaft sind?		
Ökologisch/ökonomisch vorteilhafte Maßnahmen		
Rohstoffe	ja	nein
Maßnahmen zur Senkung des Ressourcenverbrauchs/Steigerung der Ressourceneffizienz (z. B. Reduzierung des Einsatzes von Roh-, Hilfs- oder Betriebsstoffen durch optimiertes Produktionsverfahren, Senkung des Wasserverbrauchs)		
Energie		
Maßnahmen zur Senkung des Energieverbrauchs/Steigerung der Energieeffizienz		
Emissionen		
Maßnahmen zur Senkung von Emissionen/des CO_2-Ausstoßes		
Abfall		
Maßnahmen zur Abfallvermeidung, -minimierung, Maßnahmen zum Recycling, Kreislaufwirtschaft		
Sonstige Maßnahmen, die im Unternehmen durchgeführt werden und die sowohl ökologisch als auch ökonomisch vorteilhaft sind:		

Tabelle 35: Frage 2–1: Führen Sie in Ihrem Unternehmen Maßnahmen durch, die sowohl ökologisch als auch ökonomisch vorteilhaft sind?

Quelle: BaSAB, Anhang 3.

Die einzelnen Checklisten ermitteln den Status quo des BNM in den Handlungsfeldern Schnittmengenmanagement, Normierungsverantwortung, Nachhaltigkeitsverantwortung i. e. S. sowie in den Handlungsfeldern Leitbild/Strategie/Personal/Organisation, Nachhaltigkeitscontrolling/-kommunikation/-berichterstattung und Instrumente des BNM. Für jedes Handlungsfeld sind die Fragen von einer bzw. zwei Checklisten

1290 Zum Selbstcheck vgl. die Abbildungen 23–30 im angehängten Leitfaden (Anhang 3).

1291 Merten, Westermann und Rohn u. a. legen im Rahmen eines Projektes einen Selbstcheck für Unternehmen der Ernährungswirtschaft vor, der im Internet durchgeführt werden kann (vgl. Merten/Westermann/Rohn u. a. 2005).

zu beantworten. Beispielhaft ist an dieser Stelle die Checkliste für ökologisch/ökonomisch vorteilhafte Maßnahmen (Schnittmengenmanagement/ökologisch-ökonomisch) aufgeführt (***Tabelle 34***). Die Checkliste wird mit einer einleitenden Frage eingeführt (im Beispiel die Checkliste für ökologisch/ökonomisch vorteilhafte Maßnahmen lautet diese: „Führen Sie in Ihrem Unternehmen Maßnahmen durch, die sowohl ökologisch als auch ökonomisch vorteilhaft sind?").

Zudem ist es sinnvoll, die im Unternehmen bereits genutzten Instrumente zu erfassen. Alle Checklisten finden sich in ***Anhang 3***.

G.2.3 Stufe 3: Aktionsplan

Nach der Analyse der Betroffenheit, der Festlegung der anzustrebenden Ausbaustufe sowie der Durchführung des Selbstchecks bietet der Leitfaden mit ***Tabelle 36*** eine Übersicht der Handlungsfelder an, in denen aus Sicht des KMU der größte Handlungsbedarf besteht (ausgehend von der Betroffenheit und der für den SOLL-Zustand festgelegten Ausbaustufe).[1292]

	Bewerten Sie die Handlungsfelder mit: A = großer Handlungsbedarf B = Handlungsbedarf C = kaum Handlungsbedarf und tragen Sie die Ergebnisse in dieser Spalte ein!	Bestimmen Sie Projekte, die sie durchführen möchten! Setzen Sie dabei Prioritäten! Bringen Sie Ihre Handlungsfelder bzw. Projekte in eine Prioritätenreihenfolge!
Handlungsfeld 1 Schnittmengenmanagement		
Handlungsfeld 2 Normierungsverantwortung		
Handlungsfeld 3 Nachhaltigkeitsverantwortung i. e. S.		
Handlungsfeld 4 Leitlinien/Strategie/Organisation/Personal		
Handlungsfeld 5 Nachhaltigkeitscontrolling/ -kommunikation/-berichterstattung		
Handlungsfeld 6 Instrumente		

Tabelle 36: Handlungsfelder

Quelle: BaSAB, *Anhang 3*.

[1292] Zum Aktionsplan vgl. die Abbildungen 31–36 im angehängten Leitfaden (Anhang 3).

Da es sinnvoll ist, zunächst die für das KMU besonders relevanten (Hot-Spot-)Projekte zu bearbeiten und mit weniger nachhaltigkeitsbezogenen Projekten zu beginnen, werden diese zunächst bewertet und nach ihrer Relevanz für das KMU gerankt.[1293] Dabei gilt es festzulegen:

- welche Handlungsfelder für das Unternehmen
- welche Bedeutung haben,
- welche Ziele angestrebt werden,
- mit welchen Maßnahmen diese Ziele unter Nutzung welcher Ressourcen
- unter wessen Verantwortung
- bis wann erreicht werden sollen.[1294]

Treten Probleme bei der Festlegung der Ziele und Maßnahmen auf, können Unternehmer bedarfsorientiert auf Hilfe zurückgreifen: Es liegen ausführliche Leitfäden und Beispiele für „Good Practices“ vor und es besteht die Möglichkeit, Beratungsleistungen von IHK, HWK oder auf Nachhaltigkeit spezialisierte Beratungsunternehmen in Anspruch zu nehmen.[1295] Die Beratung und das Coaching sollten staatlich subventioniert sein, um dem Unternehmer einen leichteren Zugang zu gewähren. Zur Unterstützung des Leitfadens ist perspektivisch die Erarbeitung einer interaktiven Homepage und die Einrichtung einer E-Learning-Plattform zur Informationsvermittlung zum Thema Nachhaltigkeit vorgesehen.[1296]

Grundsätzlich verfolgt der Leitfaden aber das Ziel, dass Unternehmer diesen alleine anwenden können und Hilfen nur in Ausnahmefällen notwendig sind.

Der Aktionsplan beinhaltet auch Empfehlungen zur Kontrolle der festgelegten Ziele und Maßnahmen. Ein Beispiel findet sich im Leitfaden in ***Anhang 3.***

Zur Kontrolle muss der Unternehmer regelmäßig folgende Fragen beantworten:[1297]

- Wurden die gesetzten Ziele erreicht?
- Wenn nein, was sind die Ursachen für die Nichterreichung der Ziele?

1293 Vgl. Müller-Christ 2012, S. 216.
1294 Vgl. Abbildung 35 sowie Müller-Christ 2011, S. 60.
1295 Vgl. Müller-Christ 2012, S. 216.
1296 Damit wird dem Unternehmer die Möglichkeit gegeben sich zeitunabhängig zum Thema Nachhaltigkeit weiterzuqualifizieren.
1297 Vgl. z. B. respACT 2013b, S. 12.

- Welche Änderungen sind notwendig, um die Ziele zu realisieren bzw. wie müssen die Ziele modifiziert werden?

G.2.4 Stufe 4: Berichterstattung

Stufe vier dient der Berichterstattung der Erfolge sowie der noch offenen Fragen bzw. Probleme.[1298]

Die Formen der Kommunikation für KMU sind vielfältig, neben Kundengesprächen eignen sich für KMU gut folgende Maßnahmen: „Tag der offenen Tür“, Newsletter, Infobriefe, Kundenprospekte, Tagungen, Vorträge, Flyer und Folder sowie ihre Internetpräsenz und die sozialen Medien zur Kommunikation ihres Nachhaltigkeitsengagements.[1299] Außerdem besteht die Möglichkeit, Nachhaltigkeitsthemen im Geschäftsbericht des Unternehmens aufzugreifen oder eigens einen Umweltbericht und/oder Nachhaltigkeitsbericht zu erstellen. 26 von 30 KMU, die einen Nachhaltigkeitsbericht verfassten, gaben an, dass die Motivation hierfür aus dem Unternehmen selbst kam.[1300]

Für die Berichterstattung können KMU auf ausführliche Leitfäden zurückgreifen, deren hohe Qualität sich z. B. daran zeigt, dass diese sich an den Kriterien der Global-Reporting-Initiative (GRI) orientieren.[1301] Diese Leitfäden zielen auf die Erstellung eines Nachhaltigkeitsberichts ab, der einer externen Validierung z. B. durch die GRI standhält.[1302] Die Erstellung eines eigenen Nachhaltigkeitsberichts ist sehr zeit- und arbeitsintensiv, da z. B. strenge Dokumentationsvorschriften eingehalten werden müssen. Für viele KMU sind die Barrieren der Nutzung von Nachhaltigkeitsberichten deshalb sehr hoch. Viele empfinden die Erstellung von Nachhaltigkeitsberichten zeit- und arbeitsintensiv, unpraktikabel und für sich nicht durchführbar. Diese KMU sollten niederschwellige Ansätze der Nachhaltigkeitskommunikation nutzen und sich im Bereich der Berichterstattung folgende Fragen stellen:[1303]

- Welche Stakeholder haben Interessen an unserer Nachhaltigkeitsperformance?

1298 Zur Berichterstattung vgl. die Abbildungen 37–43 im angehängten Leitfaden (Anhang 3).

1299 Vgl. Westermann/Merten/Grelewitz u. a. 2009, S. 5. Vgl. auch die Ausführungen von Greven/Lahme 2014 zu Transparenz und Digitalisierung als Antrieb für glaubwürdige Nachhaltigkeitskommunikation (vgl. Greven/Lahme 2014, insb. S. 99–101).

1300 Vgl. Westermann/Merten/Grelewitz u. a. 2009, S. 6.

1301 Vgl. z. B. respACT 2013a; Pernkopf/Jasch/Weber 2010.

1302 Vgl. respACT 2013a, S. 24.

1303 Vgl. respACT 2013b, S. 12.

- Nehmen (diese) Stakeholder unsere Maßnahmen auch von außen positiv wahr?
- Wie werden die interessierten Anspruchsgruppen über unsere Nachhaltigkeitsleistung informiert (unter Beachtung des Aufwand-Nutzen-Verhältnisses)?

Für KMU, deren BNM sich in der Ausbaustufe „light" befindet, ist es sinnvoll, zunächst die bestehenden Kommunikationskanäle zu nutzen (z. B. die Website, Newsletter, Kundengespräche). Dabei ist es nicht notwendig, dass die Projekte abgeschlossen sein müssen, über die berichtet wird. Es besteht die Möglichkeit, sie über Ziele zu informieren und mit den Stakeholdern in einen Feedbackprozess zu kommen.[1304]

Für Unternehmen, die bereits über ein BNM in der Ausbaustufe „intensiv" verfügen, eignet sich ein Nachhaltigkeitsbericht.[1305] Dieser sollte für eine hohe Qualität und Glaubwürdigkeit z. B. nach dem DNK oder der GRI erstellt werden.[1306]

Im Sinne eines kontinuierlichen Verbesserungsprozesses sollten die KMU die einzelnen Stufen des BaSAB-Leitfadens regelmäßig durchlaufen. Nur so können die Veränderungen von Betroffenheiten frühzeitig erkannt und im KMU umgesetzt werden und ein BNM in einer hohen Ausbaustufe erzielt werden (vgl. ***Abbildung 40***).

1304 Vgl. respACT 2013b, S. 12 sowie die Ausführungen in Kapitel F.4.

1305 Vgl. dazu respACT 2013a.

1306 Vgl. Pernkopf/Jasch/Weber 2010. Zum DNK in seiner Auslegung für mittelständische Unternehmen vgl. Bertelsmann-Stiftung 2014. Zu einem Leitfaden für KMU zur Berichterstattung nach GRI vgl. GRI 2014.

H Zusammenfassung und Ausblick

Eine nachhaltige Entwicklung von Wirtschaft und Gesellschaft ist nur durch die Beteiligung von Unternehmen zu erreichen.[1307] Für unsere Zukunftssicherung ist es deshalb wichtig, dass sich so viele Unternehmen wie möglich am Leitbild Nachhaltigkeit orientieren.[1308] Besonders bei der großen Gruppe der kleinen und mittleren Unternehmen (laut Statistischem Bundesamt sind im Jahr 2015 6 923 861 von 6 938 078 deutschen Unternehmen KMU)[1309] besteht Handlungsbedarf auf der einen und Unterstützungsbedarf auf der anderen Seite.[1310] An dieser Stelle knüpfte die vorliegende Arbeit an, welche sowohl anstrebte, das theoretische Feld Nachhaltigkeit in KMU weiter theoretisch zu fundieren, als auch praktische Implikationen in Form eines theoriebasierten Leitfadens zu geben, um KMU einen niederschwelligen Einstieg in das Thema Nachhaltigkeit und den Ausbau zu einem ganzheitlichen, theoriebasierten BNM zu ermöglichen.

Ein Anliegen dieser Arbeit war es zu zeigen, dass die zentralen Herausforderungen unserer Zeit, wie der Klimawandel oder der demografische Wandel, auch vor KMU nicht halt machen[1311] und dass die Bewältigung dieser Herausforderungen auch für KMU von existenzieller Bedeutung ist.[1312] Aus dieser Überlegung heraus wurde ein Leitfaden zur Etablierung eines BNM in KMU entwickelt.[1313]

In der vorliegenden Arbeit wurden dazu zunächst die Besonderheiten von KMU im Nachhaltigkeitskontext diskutiert[1314] und darauf aufbauend dargelegt, weshalb in KMU bestehende Instrument des Nachhaltigkeitsmanagements nicht einfach übernommen werden können. KMU benötigen zur Umsetzung eines betrieblichen Nachhaltigkeitsmanagements einen ganzheitlichen, systematischen Ansatz, welcher basierend auf einem humanistischen Nachhaltigkeitsverständnis im KMU Anwendung finden kann. Dabei wurde auf die Konzeption des BNM nach Zabel zurückgegriffen,

---

[1307] Vgl. Schaltegger 2018, S. 352; Schaltegger/Frey 2001.
[1308] Vgl. Castrellon Gutierrez/Mittelstädt/Zabel 2014, S. 150-151.
[1309] Vgl. Statistisches Bundesamt 2017b.
[1310] Vgl. Europäische Kommission 2011, S. 8.
[1311] Vgl. Kapitel B.2.
[1312] Vgl. Kapitel C.
[1313] Vgl. Kapitel G.
[1314] Vgl. Kapitel B.4.

welche im weiteren Verlauf der Arbeit zur Entwicklung einer Nachhaltigkeitskonzeption für KMU genutzt wird.[1315]

In der Arbeit konnte gezeigt werden, dass das Thema Nachhaltigkeit für KMU erfolgsrelevant ist: zu diesem Zweck wurde die Dialektik zwischen Erfolg- und Verantwortungsübernahme dargestellt und die ökonomischen, ökologischen und sozialen Erfolgsfaktoren (intern und extern) der Nachhaltigkeitsorientierung von KMU dargelegt.[1316] Durch seine Verantwortung und generelle Bedeutung für den Erfolg von KMU kommt insb. der Person des Unternehmers Relevanz bei der Umsetzung von Nachhaltigkeit zu.[1317]

Zur konzeptionellen Ausgestaltung der Nachhaltigkeitsorientierung präsentiert die Arbeit ein BNM für KMU unter Berücksichtigung von Erfolgs- und Verantwortungsaspekten.[1318] Der in der Arbeit vorgeschlagene Ansatz baut auf einer Betroffenheitsanalyse auf, die Ansprüche der relevanten Stakeholder berücksichtigt und die Erkenntnisse aus der direkten und indirekten Betroffenheitsanalyse zusammenführt und damit die Auswirkungen auf die Betroffenheitssituation des KMU und die dort vorherrschende Ausbaustufe des BNM ermöglicht. Die Ergebnisse der Betroffenheitsanalyse dienen als Basis zur Ausgestaltung der Nachhaltigkeitsmaßnahmen (dazu zählen das Schnittmengenmanagement, die Normierungsverantwortung sowie die Nachhaltigkeitsverantwortung i. e. S.) und der unterstützenden Aktivitäten (wie die Entwicklung eines Nachhaltigkeitsleitbildes bzw. von Nachhaltigkeitsleitlinien, die Nachhaltigkeitsstrategie, Nachhaltigkeitsorganisation und -personalmanagement sowie das Nachhaltigkeitscontrolling und die Nachhaltigkeitskommunikation und -berichterstattung) die innerhalb der Arbeit unter Berücksichtigung der KMU-Spezifika analysiert werden.

Die Arbeit legt offen, dass eine Verantwortungsübernahme durch eine systematische Nachhaltigkeitsorientierung nur vermittels gezielter Innovation von Produkten, Prozessen und Verhaltensweisen möglich ist.[1319] Nachhaltigkeitsinnovationen und die Umsetzung eines BNM in KMU sind in der Praxis zahlreichen Barrieren ausgesetzt

---

[1315] Vgl. Kapitel B.5.
[1316] Vgl. Kapitel C.1.
[1317] Vgl. Kapitel C.2 und C.3.
[1318] Vgl. Kapitel C.4.
[1319] Vgl. Kapitel D.1.

(z. B. Zeitmangel, Personalmangel, fehlendes Know-how). Unter Rückgriff auf die Promotorenmodelle und das Verhaltensmodell nach Zabel ermittelte und systematisierte die Arbeit wesentliche Barrieren der Nachhaltigkeitsorientierung von KMU und entwickelte ein Barrierenkonzept der Nachhaltigkeitsinnovationen in KMU.[1320] Zu den identifizierten Barrieren zählen:

1. Allgemeinen Barrieren der Nachhaltigkeitsorientierung wie allgemeine Ressourcenbarrieren, allgemeine Fähigkeitsbarrieren und Informationsbarrieren;
2. Barrieren der Willensbildung wie Willensbarrieren, Barrieren aufgrund genetischer Fehlsteuerungen und Barrieren aufgrund kultureller Fehlsteuerungen;
3. Spezielle Ressourcenbarrieren wie spezielle Fähigkeitsbarrieren, Beziehungsbarrieren, organisationale Barrieren, Barrieren aufgrund situativer Zwänge sowie Barrieren aufgrund gruppendynamischer Prozesse.

Vorhandene Barrieren führen dazu, dass sich das Thema Nachhaltigkeit in KMU bisher nur bedingt durchsetzt. So konnte in der Arbeit bspw. gezeigt werden, dass Informationsbarrieren Nachhaltigkeitsinnovationen behindern. Wenn z. B. keine Erfassung von Energieverbräuchen im KMU erfolgt, fehlen die relevanten Informationen für die Investition in Energieeinsparmaßnahmen. Nachhaltigkeitsinnovationen werden aufgrund dieser Barrieren verhindert, verzögert oder verformt.[1321]

An dieser Stelle kommt der Unternehmer als Universalpromotor für Nachhaltigkeit in KMU zum Einsatz. Über ihn geht der Weg, die Opponenten der Innovation umzustimmen und die Nachhaltigkeitsinnovationen im KMU umzusetzen. Basierend auf den Barrieren der Nachhaltigkeitsorientierung von KMU werden in der Arbeit die Promtorenrollen Macht- und Ressourcenpromotor, Fach- und Informationspromotor, Prozesspromotor, Beziehungs- und Netzwerkpromotor und Verhaltenspromotor vorgestellt und weiterentwickelt. Der Unternehmer wird zum Universalpromotor für Nachhaltigkeit im KMU, übernimmt die relevanten Promotorenrollen und erbringt die Leistungsbeiträge, stellt seine Macht(-quellen) zur Verfügung und wirkt somit als Schlüsselperson für ein erfolgreiches BNM.[1322] Besondere Bedeutung kommt der Promotorenrolle „Verhaltenspromotor" zu,[1323] da zwingend davon auszugehen ist,

---

1320 Vgl. Kapitel E.4.
1321 Vgl. Kapitel E.2.
1322 Vgl. Kapitel F.
1323 Vgl. Kapitel F.2.5.

dass zur Überwindung der Barrieren der Nachhaltigkeitsorientierung eine Veränderung im Verhalten erreicht werden muss.

Abbildung 41 stellt die theoretische Verbundenheit der Barrieren der Nachhaltigkeitsorientierung mit den entwickelten Promotorenrollen dar.

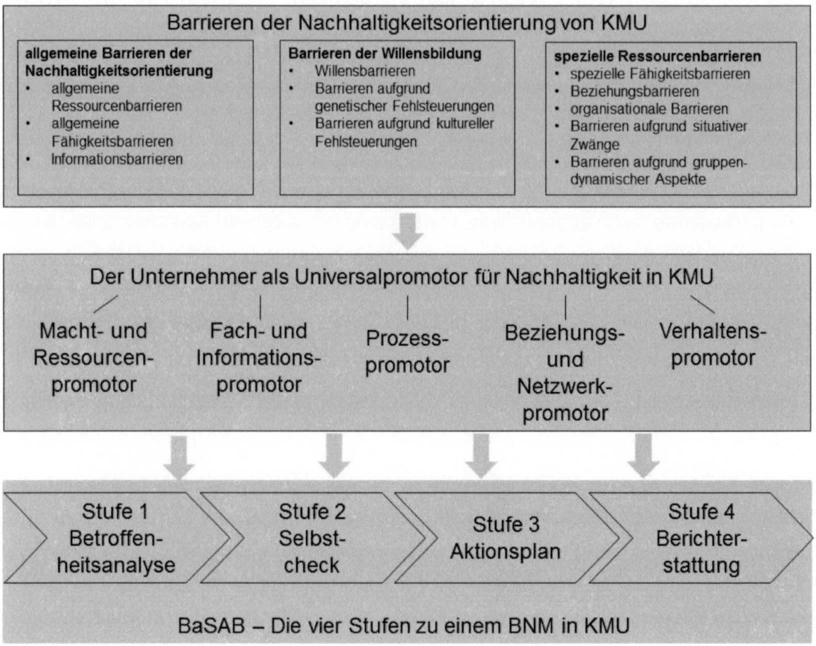

Abbildung 41: Der Unternehmer als Universalpromotor für ein BNM in KMU und seine Aufgaben im BaSAB

Quelle: Eigene Darstellung.

Wie aus der Abbildung ersichtlich, münden die theoretischen Erkenntnisse der Arbeit in der Entwicklung eines Leitfadens, welcher sich, basierend auf der Konzeption des BNM für KMU, in die vier Stufen Betroffenheitsanalyse, den Selbstcheck, den Aktionsplan und die Berichterstattung („BaSAB") unterteilt.[1324] Der Leitfaden basiert auf der in der Arbeit entwickelten Konzeption des BNM für KMU und berücksichtigt die in der Arbeit herausgestellten Besonderheiten von KMU.

[1324] Vgl. Anhang 3.

Es ist festzuhalten, dass die vorliegende Arbeit als ein weiterer Schritt zur Schließung der Forschungslücke „Nachhaltigkeit in KMU“ gesehen werden kann. Sie deckt aber auch weiteren Forschungsbedarf auf:

Es erscheint zweckmäßig, die Person des Unternehmers weiter in den Fokus der Nachhaltigkeitsforschung zu nehmen. Die Analyse der Persönlichkeitsmerkmale von Unternehmern und der Bedeutung dieser für eine Nachhaltigkeitsorientierung sollte beispielsweise tiefergehend erforscht werden. Weiterer Forschungsbedarf besteht bei der emprischen Überprüfung des in der Arbeit entwickelten Barrierenkonzeptes und der aus dem Barrierenkonzept abgeleiteten Promotorenrollen. Ziel sollte es sein, das Vorhandensein der Barrieren und der Promotorenrollen statistisch zu belegen. Daran anknüpfend scheint eine empirische Untersuchung des Zusammenspiels der Promotorenrollen und der Bedeutung des Unternehmers als Universalpromotor für Nachhaltigkeit in KMU erfolgsversprechend.

Zur Übertragung der theoretischen Erkenntnisse der Arbeit in die unternehmerische Praxis bieten sich die empirische Erprobung des Leitfadens und die darauf aufbauende Einführung des BaSAB in KMU an. Erste Schritte zur interaktiven Gestaltung und Umsetzung des Leitfadens als Online-Tool konnten im Rahmen der Forschung zur vorliegenden Arbeit bereits gemacht werden. Eine Bereitstellung des Leitfadens als kostenloses Online-Tool für KMU wird angestrebt, um eine breite Zahl an KMU mit einem kostenlos und individuell anpassbaren Instrument bei der Einführung eines BNM und damit für eine nachhaltige Entwicklung zu unterstützen.

Zudem erscheint es sinnvoll Möglichkeiten der Nutzung von Managementsystemen mit Nachhaltigkeitsbezug in KMU (z. B. Umweltmanagementsysteme nach EMAS III bzw. ISO 14 001 oder Energiemanagementsysteme nach ISO 50 001) und der Verbindung des Leitfadens mit den verschiedenen Managementsystemen weitergehend zu analysieren.

Grundsätzlich wäre eine Intensivierung der Unterstützung der Nachhaltigkeitsorientierung von KMU durch KMU-relevante Institutionen wie IHK und HWK für das Ziel einer nachhaltigen Entwicklung zielführend. In diesem Zusammenhang besteht Forschungsbedarf bzgl. der Relevanz staatlicher Unterstützung für eine Nachhaltigkeitsorientierung von KMU.

Jenseits der wissenschafltichen Nachhaltigkeitsforschung ist jedoch zu hoffen, dass das Thema Nachhaltigkeit eine Vielzahl an Unternehmern begeistert und in KMU auf breiter Basis Einzug hält!

Anhang

Betriebswirtschaftliche Funktion	Klein- und Mittelbetriebe	Großbetriebe
Unternehmensführung	- Eigentümer-Unternehmen - mangelnde Unternehmensführungskenntnisse - technisch orientierte Ausbildung - unzureichendes Informationswesen zur Nutzung vorhandener Flexibilitätsvorteile - patriarchalische Führung - kaum Gruppenentscheidungen - große Bedeutung von Improvisation und Intuition - kaum Planung - durch Funktionshäufung überlastet; wenn Arbeitsteilung, dann personenbezogen - unmittelbare Teilnahme am Betriebsgeschehen - geringe Ausgleichsmöglichkeiten bei Fehlents - cheidungen - Führungspotenzial nicht austauschbar	- Manager - fundierte Unternehmensführungskenntnisse - gutes technisches Wissen in Fachabteilungen und Stäben verfügbar - ausgebautes formalisiertes Informationswesen - Führung nach Management-by-Prinzipien - häufig Gruppenentscheidungen - geringe Bedeutung von Improvisation und Intuition - umfangreiche Planung - hochgradige sachbezogene Arbeitsteilung - Ferne zum Betriebsgeschehen - gute Ausgleichsmöglichkeiten bei Fehlentscheidungen - Führungspotenzial austauschbar
Organisation	- auf den Unternehmer ausgerichtetes Einliniensystem, von ihm selbst oder mit Hilfe weniger Führungspersonen bis in die Einzelheiten überschaubar - Funktionshäufung - kaum Abteilungsbildung - kurze, direkte Informationswege - starke persönliche Bindung - Weisung und Kontrolle in direkten personenbezogenen Kontakt - Delegation in beschränktem Umfang - kaum Koordinationsprobleme - geringer Formalisierungsgrad - hohe Flexibilität	- personenunabhängig an den sachlichen Gegebenheiten orientierte komplexe Organisationsstruktur - Arbeitsteilung - umfangreiche Abteilungsbildung - vorgeschriebene Informationswege - geringe persönliche Bindung - formalisierte unpersönliche Weisungs- und Kontrollbeziehungen - Delegation in vielen Bereichen - große Koordinationsprobleme - hoher Formalisierungsgrad - geringe Flexibilität
Beschaffung	- schwache Position am Beschaffungsmarkt - häufig auftragsbezogene Materialbeschaffung	- starke Position am Beschaffungsmarkt - überwiegend auftragsunabhängige Materialbeschaffung, abgesichert durch langfristige Verträge mit Lieferanten
Produktion	- arbeitsintensiv - geringe Arbeitsteilung - überwiegend Universalmaschinen - geringe Kostendegression mit steigender Ausbringungsmenge - häufig langfristig gebunden an eine bestimmte Basisinnovation	- kapitalintensiv - hohe Arbeitsteilung - überwiegend Spezialmaschinen - starke Kostendegression mit steigender Ausbringungsmenge - keine langfristige Bindung an eine Basisinnovation
Absatz	- Deckung kleindimensionierter individualisierter Nachfrage in einem räumlich und/oder sachlich schmalen Marktsegment - Wettbewerbsstellung sehr uneinheitlich	- Deckung großdimensionierter Nachfrage in einem räumlich und/oder sachlich breiten Marktsegment - gute Wettbewerbsstellung

Betriebs-wirt-schaft-liche Funktion	Klein- und Mittelbetriebe	Großbetriebe
Logistik	- keine systematische Umsetzung von Logistikkonzepten - keine institutionalisierte Logistikabteilung - Schwerpunkt auf der Ausführung der operativen logistischen Tätigkeit	- oft Logistikkonzepte vorhanden - meist institutionalisierte Logistikabteilung - operatives und strategisches Logistikmanagement
Finanzierung	- im Familienbesitz - kein Zugang zum anonymen Kapitalmarkt, dadurch nur begrenzte Finanzierungsmöglichkeiten - keine unternehmensindividuelle, kaum allgemeine staatliche Unterstützung in Krisensituationen	- in der Regel breit gestreuter Besitz - ungehinderter Zugang zum anonymen Kapitalmarkt, dadurch vielfältige Finanzierungsmöglichkeiten - unternehmensindividuelle, staatliche Unterstützung in Krisenfällen wahrscheinlich
Forschung und Entwicklung	- keine dauernd institutionalisierte Forschungs- und Entwicklungsabteilung - kurzfristig-intuitiv ausgerichtete Forschung und Entwicklung - fast ausschließlich bedarfsorientierte Produkt- und Verfahrensentwicklung - kaum Grundlagenforschung - relativ kurzer Zeitraum zwischen Erfindung und wirtschaftlicher Nutzung	- dauernd institutionalisierte Forschungs- und Entwicklungsabteilung - langfristig-systematisch angelegte Forschung und Entwicklung - Produkt und Verfahrensentwicklung in engem Zusammenhang mit Grundlagenforschung - relativ langer Zeitraum zwischen Erfindung wirtschaftlicher Nutzung
Personal	- geringe Anzahl von Beschäftigten - häufig unbedeutender Anteil von ungelernten und angelernten Arbeitskräften - wenige Akademiker beschäftigt - überwiegend breites Fachwissen vorhanden - vergleichsweise hohe Arbeitszufriedenheit	- hohe Anzahl von Beschäftigten - häufig großer Anteil von ungelernten und angelernten Arbeitskräften - Akademiker in größerem Umfang beschäftigt - starke Tendenz zum ausgeprägten Spezialistentum - geringe Arbeitszufriedenheit
Entsorgung	- oft extreme Verhaltensweisen (Umgehung abfallpolitischer Normen oder aber Nutzung entsorgungsrelevanter Innovationspotenziale) - kein öffentliches Interesse an der Entsorgungspolitik des Unternehmens	- häufig reaktive Politik der Risikobegrenzung - Entsorgungspolitik oft Bestandteil der PR, da großes öffentliches Interesse

Anhang 1: Betriebsgrößenabhängige Unterschiede in der Unternehmensführung sowie für einzelne Unternehmensfunktionen

Quelle: Pfohl 2013a, S. 19–22.

Vertreter Unternehmerdefinition	Beschreibung
Cantillon „Unternehmer sind Personen, die auf Märkten auf eigenes Risiko agieren mit dem Ziel, Gewinne zu machen." (Cantillon 1931, S. 39)	• „Die Übernahme des Risikos auf eigene Rechnung impliziert das Zusammenfallen von Eigentum und Unternehmensführung. • Dadurch, dass der Unternehmensleiter gleichzeitig Eigentümer ist, wird er sich anders verhalten als ein im Unternehmen nicht finanziell engagierter Unternehmensleiter. • Die Unsicherheit ist das entscheidende Problem des Unternehmers, mit dem er umgehen muss(…). • Die Bereitschaft des Unternehmers Risiko zu übernehmen ist konstitutiv für die Entstehung und den Bestand des Unternehmens." (Cantillon 1931, S. 39).
Schumpeter „(…)Wirtschaftssubjekt, deren Funktion die Durchsetzung neuer Kombinationen (…)" ist (Schumpeter 1997, S. 111).	• „Der Schumpetersche Pionierunternehmer ist ein Gleichgewichtszerstörer, der Neuerungen, seien es technische oder organisatorische Innovationen, neue Ressourcenkombinationen oder neue Ressourcennutzungen, durchsetzt. • Er muss selbst kein Innovator sein. • Seine durch die Neuerungen bedingte, allerdings nur temporäre, Monopolstellung mitsamt ihren Vorsprungsgewinnen wird durch das Auftreten von Imitatoren erodiert. • In der Theorie Schumpeters bringen die Imitatoren das ökonomische System wieder in ein (neues) Gleichgewicht." (Gabler 2014, S. 3268) • Das Handeln des Unternehmers als Zerstörer beinhaltet positive als auch negative Aspekte (die schöpferische und die zerstörerische Seite) (vgl. Gergs 2007, S. 175). • Der in Deutschland umgangssprachlich als Unternehmer bezeichnete Besitzer eines Betriebes fällt nicht unter das Schumpetersche Unternehmerverständnis (vgl. Gergs 2007, S. 175–176).
Kirzner „Entscheidungsträger, dessen gesamte Rolle ausschließlich in seiner Findigkeit bezüglich bisher unbekannter Gelegenheiten besteht." (Kirzner 1978, S. 32)	• „Der Kirznersche Unternehmer ist stark am Misesschen Homo agens orientiert. • Er ist ein Arbitrageur (Arbitrage) im Ungleichgewicht, der bestehende Koordinationslücken mit seiner Findigkeit für sich ausnutzt, d. h. auf diese Lücken oder Gelegenheiten absichtsvoll reagiert. • Da das ökonomische System durch exogene Veränderungen der Daten permanent im Ungleichgewicht ist, übt die vom Kirznerschen Unternehmer durchgeführte Arbitrage eine Kraft in Richtung Gleichgewicht aus. • Im Gegensatz zum [Schumpeterschen Unternehmer] zerstört er nicht ein bestehendes Gleichgewicht, sondern ist vielmehr eine gleichgewichtsbildende Kraft. • Das Schließen von Koordinationslücken kann allerdings auch neue Lücken aufreißen oder neue Gewinngelegenheiten schaffen. • Kirzner verwendet einen sehr weit gefassten Arbitragebegriff, der z. B. auch die Produktion mit einschließt. • Umstritten ist, ob der Kirznersche Unternehmer auch Gelegenheiten im Sinn Schumpeters durch die Durchsetzung neuen technischen Wissens schafft, weil Kirzner selbst die bereits vorhandenen Gelegenheiten in seiner Theorie herausstreicht, die der Unternehmer „lediglich" finden muss." (Gabler 2014, S. 3268–3269)
Heuß	• „Während sowohl Schumpeter als auch Kirzner die gesamtwirtschaftliche Wirkung des Unternehmers untersuchen, analysiert Heuß die Entwicklung einzelner Branchen und Märkte, wobei sich diese in vier Phasen vollzieht: Experimentier-, Expansions-, Ausreifungs- und Rückbildungs- bzw. Stagnationsphase. • In diesen Phasen dominieren jeweils verschiedene Unternehmer-Typen. • Heuß unterscheidet dabei die initiativen Unternehmer in Pionier- und spontan imitierende Unternehmer sowie die konservativen Unternehmer in diejenigen, die unter Druck reagieren und solche, die immobil sind." (Gabler 2014, S. 3269).

Vertreter Unternehmerdefinition	Beschreibung
Knight	• „Nach Knight ist derjenige Unternehmer, der die Leitung der Unternehmung inne hat und dem der Gewinn als Restgröße zufällt. • Dieser reine Gewinn ergibt sich aus der Differenz zwischen dem erwarteten und dem tatsächlichen Wert der Faktorleistungen. • Er entsteht zwar durch Unsicherheit, ist jedoch kein Entgelt für die Übernahme von Risiko. • Der Unternehmergewinn im Sinne Knights kann ex ante nicht optimiert werden" (Gabler 2014, S. 3269).

Anhang 2: Unternehmertypen nach Schumpeter, Kirzner, Heuß und Knight

Quelle: Tabellarisiert auf Basis von Gabler 2014, S. 3268–3269, und der dort angegebenen Literatur

BaSAB

Ein Leitfaden für kleine und mittlere Unternehmen (KMU) zur Anwendung eines Betrieblichen Nachhaltigkeitsmanagements (BNM)

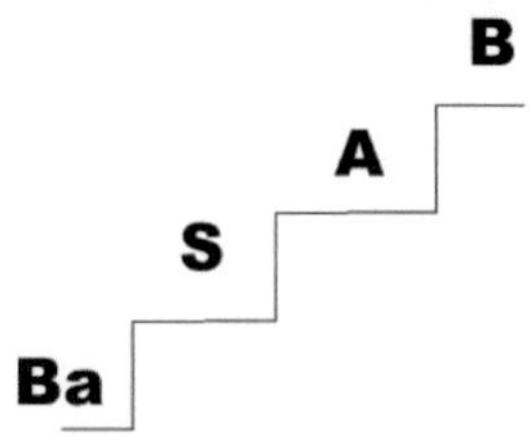

Stand: November 2017
Der Leitfaden wurde von Frau Dipl.-Kffr. Barbara Castrellon Gutierrez
im Rahmen Ihres Dissertationsprojektes „Die Nachhaltigkeitsorientierung von kleinen und mittleren Unternehmen (KMU) – Der Unternehmer als Universalpromotor" erstellt.

Abb. 1: Titelblatt Leitfaden
Quelle: Eigene.

1

Einleitung

Liebe Unternehmerinnen, liebe Unternehmer!

Der vorliegende Leitfaden soll Ihnen dabei helfen, ökologische und soziale Aspekte in Ihr Handeln, Ihre Prozesse und Ihre Produkte zu integrieren und dabei über die Verantwortungsübernahme für Mensch und Natur Erfolgspotenziale (z. B. Energieeinsparungen, Mitarbeitermotivation, Gesetzeskonformität) zu generieren! Er basiert auf der Struktur der Konzeption des Betrieblichen Nachhaltigkeitsmanagements nach Zabel (vgl. Zabel 2006, 2010, 2013a, 2013b), welche in der Dissertation von Castrellon Gutierrez „Die Nachhaltigkeitsorientierung von kleinen und mittleren Unternehmen (KMU) – Der Unternehmer als Universalpromotor" unter Berücksichtigung von KMU-Spezifika und mit Promotorenbezug (vgl. insb. Witte 1973) angewandt wird. Der Leitfaden und seine theoretische Herleitung findet sich in der Arbeit von Castrellon Gutierrez (2017).

Der Leitfaden ist in vier Stufen aufgeteilt:

- Die Betroffenheitsanalyse („Was ist für uns relevant?")
- der Selbstcheck („Wo stehen wir?")
- der Aktionsplan („Was wollen wir tun?")
- die Berichterstattung („Was haben wir getan und verbessert?")

Jeder Stufe sind Checklisten mit Beispielen sowie kurzen Erläuterungen (hellgrün hinterlegt) zugeordnet, damit Sie den Leitfaden selbstständig und mit geringem Aufwand durchführen können.
Sollten Sie Interesse haben, das Thema weiter zu vertiefen, gibt der Leitfaden zusätzlich Hinweise für weiterführenden Projekte und Ansprechpartner.

Wir wünschen Ihnen viel Erfolg bei der Umsetzung von Nachhaltigkeitsmaßnahmen in Ihrem KMU!

Abb. 2: Einleitung Leitfaden
Quelle: Eigene Darstellung.

2

Einleitung

Diese Abbildung gibt Ihnen einen Überblick zum Ablauf der einzelnen Maßnahmen innerhalb des Leitfadens.

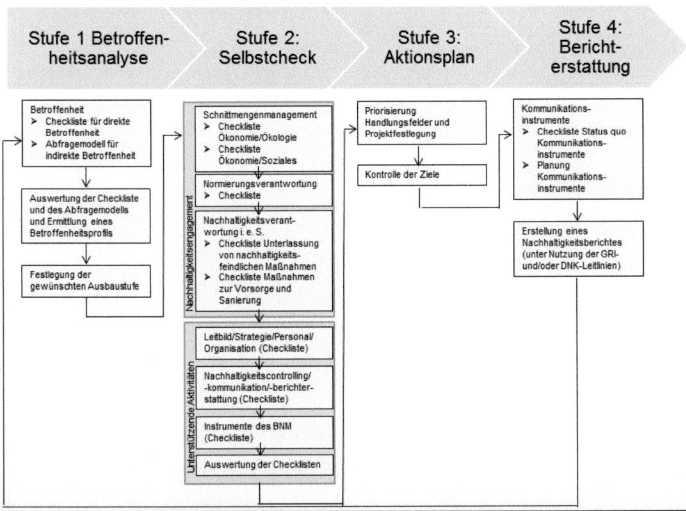

Abb. 3: BaSAB – vier Stufen zu einem BNM in KMU
Quelle: Eigene Darstellung.

Stufe 1: Betroffenheitsanalyse

Wir beginnen mit der ersten Checkliste (Frage 1-1) im Rahmen der Betroffenheitsanalyse.

Frage 1-1:
Bitte beantworten Sie folgende Fragen zu Ihrem Unternehmen.

	ja	nein
Ist Ihr Unternehmen in einer ökologisch oder sozial sensiblen Branche tätig?		
Gehen von Ihrem Unternehmen nennenswerte ökologische und/oder soziale Wirkungen (z.B. Ressourcenverbrauch, Emissionen, Luft- und Bodenverschmutzung, Krankheitsfälle aufgrund zu starker Arbeitsbelastung, Betriebsunfälle) aus?		
Ist Ihr Unternehmen von ökologischen und/oder sozialen Wirkungen (z. B. Knappheit von Ressourcen, hohen Energiepreisen, Fachkräftemangel, Zunahme psychischer Erkrankungen) direkt betroffen?		

Bei der Konkretisierung der Antworten hilft Ihnen die Abbildung auf Seite 5, welche beispielhaft Kriterien enthält. Diese können Sie nutzen und durch das Einfügen weiterer Zeilen durch zusätzliche, für Ihr KMU relevante Kriterien ergänzen.

Im Anschluss ist es notwendig, die Bedeutung der einzelnen Kriterien mit Hilfe der Bewertungskriterien A, B oder C (siehe Tabelle unten) vorzunehmen.

A	sehr wichtig/sehr problematisch	dringlicher Handlungsbedarf
B	wichtig/problematisch	mittelfristiger Handlungsbedarf
C	unwichtig/unproblematisch	kein Handlungsbedarf

Klassifizierung bei der ABC-Analyse
Quelle: Schaltegger u. a. 2002, S. 19.

Abb. 4: Checkliste direkte Betroffenheit
Quelle: Eigene Darstellung basierend auf Speis/Czymmek 2003 sowie Gawron 2013, S. 466.

Stufe 1: Betroffenheitsanalyse

Beispiel

	Kriterien	Bewertung (A, B, C)
Ist das KMU in einer ökologisch oder sozial sensiblen Branche tätig?	z.B. Chemie, Pharma, Energieversorgung, verarbeitendes Gewerbe, Handel	A
Gehen vom KMU nennenswerte ökologische und/oder soziale Wirkungen aus?	**ökologische Wirkungen**	
	erhöhter Energieverbrauch	A
	erhöhter Rohstoffverbrauch	B
	erhöhter Wasserverbrauch	B
	Wasserqualität	C
	erhöhter Bodenverbrauch	C
	erhöhtes Abfallaufkommen	C
	soziale Wirkungen	
	Arbeitsunfälle	B
	psychische Erkrankungen	B
	Probleme mit der Arbeitszufriedenheit	C
	erhöhte Schadstoffbelastungen	C
	Arbeit mit gefährdenden Stoffen	A
	erhöhte Gesundheitsgefährdungen	B
Ist das KMU von ökologischen und/oder sozialen Wirkungen direkt betroffen?	**ökologische Wirkungen**	
	Sturmschäden	C
	Schäden nach Hochwasser	A
	soziale Wirkungen	
	Fachkräftemangel	A
	fehlende geeignete Bewerber um Ausbildungsplätze	A

Abb. 5: Beispiel Checkliste direkte Betroffenheit
Quelle: Eigene Darstellung basierend auf Speis/Czymmek 2003 sowie Gawron 2013, S. 466.

5

Stufe 1: Betroffenheitsanalyse

	Kriterien	Bewertung (A, B, C)
Ist das KMU in einer ökologisch oder sozial sensiblen Branche tätig?		
Gehen vom KMU nennenswerte ökologische und/oder soziale Wirkungen aus?	**ökologische Wirkungen**	
	soziale Wirkungen	
Ist das KMU von ökologischen und/oder sozialen Wirkungen direkt betroffen?	**ökologische Wirkungen**	
	soziale Wirkungen	

Abb. 6: Checkliste direkte Betroffenheit zum Ausfüllen
Quelle: Eigene Darstellung basierend auf Speis/Czymmek 2003 sowie Gawron 2013, S. 466.

6

Stufe 1: Betroffenheitsanalyse

- Nach der Ermittlung der direkten Betroffenheit ist es nun notwendig, die Betroffenheit ihres KMU anhand von Forderungen von Anspruchsgruppen, sogenannter Stakeholder, zu erfassen.
- Zur Bewertung der Stakeholder und ihrer Interessen (welche Stakeholder und welche Interessen sollen vom KMU berücksichtigt werden?) eignet sich eine stufenweise Vorgehensweise.
- Dazu füllen Sie bitte zunächst die folgenden drei Tabellen (Folie 12–14) zu den
  - internen unternehmensbezogenen Anspruchsgruppen,
  - externen unternehmensbezogenen Anspruchsgruppen und den
  - externen marktbezogenen Anspruchsgruppen aus.
- Zur Unterstützung zeigen Ihnen Folie 8–11 zunächst beispielhaft, welche Anspruchsgruppen sich für Ihr KMU ergeben können und welche Ansprüche möglich sind.

Abb. 7: Erläuterung der weiteren Vorgehensweise
Quelle: Eigene Darstellung.

7

Stufe 1: Betroffenheitsanalyse

Anspruchsgruppen und deren nachhaltigkeitsbezogenen Ansprüche an die Person des Unternehmers

interne, unternehmensbezogene Anspruchsgruppen und deren Ansprüche an den Unternehmer (Auswahl)

	Ansprüche des jeweiligen Stakeholders an den Unternehmer	**Ansprüche des Unternehmers an den jeweiligen Stakeholder**
Unternehmerfamilie	ökonomische Ansprüche – Sicherung des Familieneinkommens und damit des sozialen Standards der Familie – Zeit/Einhaltung der Work-Live-Balance – Möglichkeit der Mitarbeit im Unternehmen – Erhalt des Unternehmens für nachfolgende Generationen ökologische Ansprüche – Ökologieverträglichkeit der Produkte, Prozesse und Verhaltensweisen – Beitrag zu einer nachhaltigen Entwicklung soziale Ansprüche – Sozialverträglichkeit der Produkte, Prozesse und Verhaltensweisen – Integration in und Engagement für die Region – Beitrag zu einer nachhaltigen Entwicklung – Erhalt der Tradition	ökonomische Ansprüche – kein finanzieller Druck – Identifikation mit dem KMU – Interesse an einer Mitarbeit im KMU – Interesse an der Unternehmensnachfolge ökologische Ansprüche – ökologieverträgliches Verhalten der Unternehmerfamilie soziale Ansprüche – sozialverträgliches Verhalten der Unternehmerfamilie – Verständnis – Unterstützung und Rückhalt – Motivation
Miteigentümer/ Eigenkapitalgeber	ökonomische Ansprüche – Sicheres, geregeltes und angemessenes Einkommen – langfristig hohe Rendite ökologische Ansprüche – ökologisch unbedenkliche Bedingungen für alle Stakeholder – Motivation durch Umweltschutz – umweltfreundliche Produkte soziale Ansprüche – Arbeitssicherheit und Gesundheitsschutz für alle Stakeholder – sinnvolle Betätigung, Entfaltung der eigenen Fähigkeiten – Sicherung des KMU – gute Arbeitsbedingungen (Verzicht auf Kinderarbeit) – Motivation	ökonomische Ansprüche – ausreichend finanzielle Mittel/Liquidität ökologische Ansprüche – Sicherung der Ökologieverträglichkeit der Produkte, Prozesse und Verhaltensweisen, z.B. Substitution gefährlicher Stoffe soziale Ansprüche – Sicherung der Sozialverträglichkeit der Produkte, Prozesse und Verhaltensweisen, z.B. gute Arbeitsbedingungen
Mitarbeiter	ökonomische Ansprüche – sicheres, geregeltes und angemessenes Einkommen, faire Vergütung – Mitgestaltung – Beteiligung am Unternehmen ökologische Ansprüche – ökologisch unbedenkliche Arbeitsbedingungen – Motivation durch Umweltschutz – umweltfreundliche Produktion, umweltfreundliche Produkte soziale Ansprüche – Arbeitssicherheit und Gesundheitsschutz – sinnvolle Betätigung, Entfaltung der eigenen Fähigkeiten – Sicherung des Arbeitsplatzes – faire Vergütung – gute Arbeitsbedingungen (Verzicht auf Kinderarbeit)	ökonomische Ansprüche – Identifikation mit dem KMU – Leistungsfähigkeit ökologische Ansprüche – ökologieverträgliches Handeln der Mitarbeiter soziale Ansprüche – sozialverträgliches Handeln der Mitarbeiter – Motivation

Beispiel

Abb. 8: Beispiel Systematisierung der Stakeholderansprüche an die Person des Unternehmers (wechselseitig) (1/4)
Quelle: Eigene Zusammenstellung in Anlehnung an Schmid 1996, S. 92 und 98, Meffert/Kirchgeorg 1998, S. 94–96.

8

Stufe 1: Betroffenheitsanalyse

externe, marktbezogene Anspruchsgruppen und deren Ansprüche an den Unternehmer (Auswahl)

	Ansprüche des jeweiligen Stakeholders an den Unternehmer	Ansprüche des Unternehmers an den jeweiligen Stakeholder
Fremdkapitalgeber	ökonomische Ansprüche – sichere Kapitalanlage – ausreichende Verzinsung – Vermögenszuwachs ökologische Ansprüche – Minimierung ökologieinduzierter Kreditrisiken – Umweltschutz als Voraussetzung für Kreditwürdigkeit soziale Ansprüche – gute Arbeitsbedingungen zur Sicherung der Unternehmenstätigkeit – Minimierung sozialer Risiken (z.B. Zahlung von Mindestlöhnen)	ökonomische Ansprüche – einfache Bereitstellung von Fremdkapital – faire Verzinsung ökologische Ansprüche – Bekenntnis zum Thema Nachhaltigkeit und Ausrichtung an den Prinzipien der Nachhaltigkeit, z.B. Berücksichtigung ökologischer Aspekte bei der Kreditvergabe soziale Ansprüche – Bekenntnis zum Thema Nachhaltigkeit und Ausrichtungen an Prinzipien der Nachhaltigkeit, z.B. faire Arbeitsbedingungen, Vereinbarkeit von Beruf und Familie
Versicherungen	ökonomische Ansprüche – pünktliche Zahlungen der Versicherungsprämien ökologische Ansprüche – Minimierung ökologieinduzierter Risiken – Umweltschutz als Voraussetzung für Versicherungsfähigkeit – Vermeidung unabsehbarer Versicherungsrisiken soziale Ansprüche – gute Arbeitsbedingungen zur Sicherung der Unternehmenstätigkeit	ökonomische Ansprüche – unkomplizierte Schadensregulierung ökologische Ansprüche – Bekenntnis zum Thema Nachhaltigkeit und Ausrichtung an Prinzipien der Nachhaltigkeit soziale Ansprüche – Bekenntnis zum Thema Nachhaltigkeit und Ausrichtung an den Prinzipien der Nachhaltigkeit
Lieferanten	ökonomische Ansprüche – stabile Lieferbedingungen/Planungssicherheit – faire Konditionen – Zahlungsfähigkeit der Abnehmer ökologische Ansprüche – Honorierung umweltfreundlicher Zulieferteile – umweltschonende Anlieferung (z.B. Just-in-Time per Bahn) soziale Ansprüche – faire Lieferbedingungen	ökonomische Ansprüche – attraktive Konditionen – kurze Lieferfristen – individuelle Angebote ökologische Ansprüche – Angebot nachhaltigkeitsfreundlicher Zulieferteile soziale Ansprüche – faire Arbeitsbedingungen

Beispiel

Abb. 9: Beispiel Systematisierung der Stakeholderansprüche an die Person des Unternehmers (wechselseitig) (2/4)
Quelle: Eigene Zusammenstellung in Anlehnung an Schmid 1996, S. 92 und 98, Meffert/Kirchgeorg 1998, S. 94–96.

9

Stufe 1: Betroffenheitsanalyse

	Ansprüche des jeweiligen Stakeholders an den Unternehmer	Ansprüche des Unternehmers an den jeweiligen Stakeholder
Kunden	ökonomische Ansprüche – qualitativ und quantitativ befriedigendes Preis-/Leistungsverhältnis – langlebige Produkte – Service – günstige Konditionen ökologische Ansprüche – Material- und energiesparende Produkte – Recycling- und entsorgungsfreundliche Erzeugnisse – ökologische Gütekriterien (z.B. Blauer Engel) – Produktverantwortung über gesamten Produktlebenszyklus soziale Ansprüche – fair hergestellte Produkte – Soziallabel	ökonomische Ansprüche – hohe Zahlungsbereitschaft für ökologie- und sozialverträgliche Produkte und Dienstleistungen – Bereitschaft zum Wiederkauf ökologische Ansprüche – ökologieverträglicher Umgang mit den erworbenen Produkten soziale Ansprüche – sozialverträglicher Umgang mit den erworbenen Produkten
(Zwischen-) Händler	ökonomische Ansprüche – günstige Lieferkonditionen – spezielle Konditionen (Boni, Skonti etc.) – termingerechte Leistung – hochwertige Produkte – faire Wettbewerbsbedingungen – keine Beschränkung des Marktes ökologische Ansprüche – ökologischer „Gatekeeper" für Endverbraucher – Vermeidung überflüssiger Verpackungen – Einhaltung ökologischer Standards soziale Ansprüche – fair hergestellte Produkte	ökonomische Ansprüche – faire Konditionen – frühzeitige Bestellungen – freier Zugang zum Markt ökologische Ansprüche – Berücksichtigung ökologiefreundlicher Produkte in seinem Sortiment – Einhaltung ökologischer Standards im Handel soziale Ansprüche – faire Arbeitsbedingungen
Konkurrenten	ökonomische Ansprüche – faire Preise ökologische Ansprüche – Induzierung eines ökologisch bestimmten Wettbewerbs – Eröffnung umweltbezogener Konkurrenzfelder soziale Ansprüche – Beteiligung an Branchenstandards	ökonomische Ansprüche – faire Preise ökologische Ansprüche – Induzierung eines ökologisch bestimmten Wettbewerbs – Eröffnung umweltbezogener Konkurrenzfelder soziale Ansprüche – Beteiligung an Branchenstandards

Beispiel

Abb. 10: Beispiel Systematisierung der Stakeholderansprüche an die Person des Unternehmers (wechselseitig) (3/4)
Quelle: Eigene Zusammenstellung in Anlehnung an Schmid 1996, S. 92 und 98, Meffert/Kirchgeorg 1998, S. 94–96.

10

Stufe 1: Betroffenheitsanalyse

externe, gesellschaftsbezogene Anspruchsgruppen und deren Ansprüche an den Unternehmer (Auswahl)		
	Ansprüche des jeweiligen Stakeholders an den Unternehmer	**Ansprüche des Unternehmers an den jeweiligen Stakeholder**
Staat/Religion/Gesellschaft/Allgemeinheit/Öffentlichkeit	ökonomische Ansprüche – Steuerzahlungen – Sicherung der Arbeitsplätze – Sozialleistungen – positive Beiträge zur Gestaltung der Infrastruktur – Complience bezüglich der vorhandenen Gesetze	ökonomische Ansprüche – Subventionierung bzw. Steuerbefreiung für nachhaltige Unternehmen – Schaffung einer guten Infrastruktur – positives Image
	ökologische Ansprüche – ökologiebezogene Beschwerden von Anwohnern – umwelt- und naturschutzgetriebene Meinungsbildung und institutionalisierte Interessenvertretung – genereller ökologischer Wertewandel – neue (wissenschaftliche) Erkenntnisse über ökologische Grundbestände und Zusammenhänge	ökologische Ansprüche – strenge Umweltschutzgesetze, -verordnungen und -initiativen – Maßnahmen zur Internalisierung externer Effekte – hohe Umwelt- und Nachhaltigkeitsstandards – ökologisch geprägte Parteiprogramme
	soziale Ansprüche – Sicherung der Ressourcenbasis und (Über-)Lebensbedingungen zukünftiger Generationen – Einhaltung von Rechtsvorschriften, Gesetzen und Normen – Beiträge zu Wissenschaft und Kultur	soziale Ansprüche – strenge Sozialgesetzgebung – Belohnung hoher Sozialstandards – Förderung eines Wertewandels in Richtung Nachhaltigkeit

Beispiel

Abb. 11: Beispiel Systematisierung der Stakeholderansprüche an die Person des Unternehmers (wechselseitig) (3/4) 11
Quelle: Eigene Zusammenstellung in Anlehnung an Schmid 1996, S. 92 und 98, Meffert/Kirchgeorg 1998, S. 94–96.

Stufe 1: Betroffenheitsanalyse

Bitte ausfüllen!

Anspruchsgruppe und deren nachhaltigkeitsbezogenen Ansprüche an die Person des Unternehmers		
interne, unternehmensbezogene Anspruchsgruppen und deren Ansprüche an den Unternehmer		
	Ansprüche des jeweiligen Stakeholders an den Unternehmer	**Ansprüche des Unternehmers an den jeweiligen Stakeholder**
Name der Anspruchsgruppe	ökonomische Ansprüche –	ökonomische Ansprüche –
	ökologische Ansprüche –	ökologische Ansprüche –
	soziale Ansprüche –	soziale Ansprüche –
	ökonomische Ansprüche –	ökonomische Ansprüche –
	ökologische Ansprüche –	ökologische Ansprüche –
	soziale Ansprüche –	soziale Ansprüche –
	ökonomische Ansprüche –	ökonomische Ansprüche –
	ökologische Ansprüche –	ökologische Ansprüche –
	soziale Ansprüche –	soziale Ansprüche –
	ökonomische Ansprüche –	ökonomische Ansprüche –
	ökologische Ansprüche –	ökologische Ansprüche –
	soziale Ansprüche –	soziale Ansprüche –

Abb. 12: Systematisierung der Stakeholderansprüche an die Person des Unternehmers (wechselseitig) zum Ausfüllen (1/3) 12
Quelle: Eigene Zusammenstellung in Anlehnung an Schmid 1996, S. 92 und 98, Meffert/Kirchgeorg 1998, S. 94–96.

Stufe 1: Betroffenheitsanalyse

externe, marktbezogene Anspruchsgruppen und deren Ansprüche an den Unternehmer		
	Ansprüche des jeweiligen Stakeholders an den Unternehmer	**Ansprüche des Unternehmers an den jeweiligen Stakeholder**
Name der Anspruchsgruppe	ökonomische Ansprüche –	ökonomische Ansprüche –
	ökologische Ansprüche –	ökologische Ansprüche –
	soziale Ansprüche –	soziale Ansprüche –
	ökonomische Ansprüche –	ökonomische Ansprüche –
	ökologische Ansprüche –	ökologische Ansprüche –
	soziale Ansprüche –	soziale Ansprüche –
	ökonomische Ansprüche –	ökonomische Ansprüche –
	ökologische Ansprüche –	ökologische Ansprüche –
	soziale Ansprüche –	soziale Ansprüche –
	ökonomische Ansprüche –	ökonomische Ansprüche –
	ökologische Ansprüche –	ökologische Ansprüche –
	soziale Ansprüche –	soziale Ansprüche –

Abb. 13: Systematisierung der Stakeholderansprüche an die Person des Unternehmers (wechselseitig) zum Ausfüllen (2/3)
Quelle: Eigene Zusammenstellung in Anlehnung an Schmid 1996, S. 92 und 98, Meffert/Kirchgeorg 1998, S. 94–96.

13

Stufe 1: Betroffenheitsanalyse

externe, gesellschaftsbezogene Anspruchsgruppen und deren Ansprüche an den Unternehmer		
	Ansprüche des jeweiligen Stakeholders an den Unternehmer	**Ansprüche des Unternehmers an den jeweiligen Stakeholder**
Name der Anspruchsgruppe	ökonomische Ansprüche –	ökonomische Ansprüche –
	ökologische Ansprüche –	ökologische Ansprüche –
	soziale Ansprüche –	soziale Ansprüche –
	ökonomische Ansprüche –	ökonomische Ansprüche –
	ökologische Ansprüche –	ökologische Ansprüche –
	soziale Ansprüche –	soziale Ansprüche –
	ökonomische Ansprüche –	ökonomische Ansprüche –
	ökologische Ansprüche –	ökologische Ansprüche –
	soziale Ansprüche –	soziale Ansprüche –
	ökonomische Ansprüche –	ökonomische Ansprüche –
	ökologische Ansprüche –	ökologische Ansprüche –
	soziale Ansprüche –	soziale Ansprüche –

Abb. 14: Systematisierung der Stakeholderansprüche an die Person des Unternehmers (wechselseitig) zum Ausfüllen (3/3)
Quelle: Eigene Zusammenstellung in Anlehnung an Schmid 1996, S. 92 und 98, Meffert/Kirchgeorg 1998, S. 94–96.

14

Stufe 1: Betroffenheitsanalyse

- Nun haben Sie die Anspruchsgruppen Ihres KMU erfasst und nach den Kriterien *intern, extern und unternehmensbezogen* und *extern und marktbezogen* systematisiert.
- Im nächsten Schritt wird eine Einordnung der Anspruchsgruppen vorgenommen.
- Bitte durchlaufen Sie mit jeder ermittelten Anspruchsgruppe das Abfragemodell zur Ermittlung der indirekten Betroffenheit (vgl. Folie 16).

Abb. 15: Erläuterung der weiteren Vorgehensweise
Quelle: Eigene Darstellung.

15

Stufe 1: Betroffenheitsanalyse

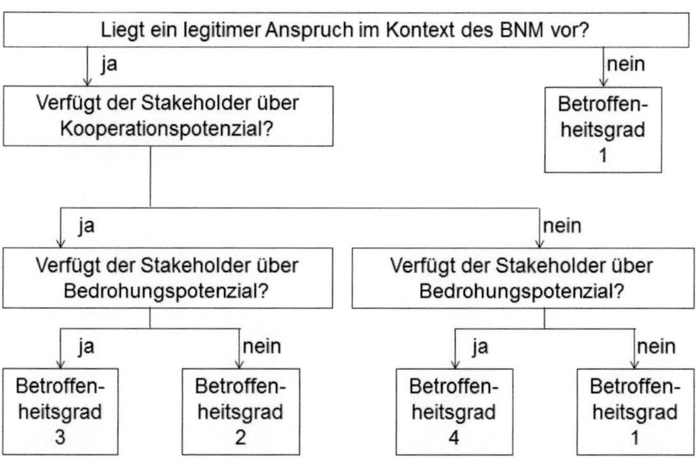

Abb. 16: Abfragemodell zur Ermittlung der indirekten Betroffenheit
Quelle: Eigene Darstellung unter Verwendung von Brinkel 2017, S. 185.

16

Stufe 1: Betroffenheitsanalyse

Die ermittelten Betroffenheiten und deren Grad werden im Betroffenheitsprofil zusammengefasst (vgl. beispielhaft Abbildung 17).

Stakeholderansprüche/-einwirkungen	Betroffenheitsgrad			
	BG 1	BG 2	BG 3	BG 4
unternehmensextern, gesellschaftsbezogen				
• Regulation durch die EU-EHS- Richtlinie				X
• Forderung von NGOs nach betrieblichen THG-Reduktionen und Beiträgen zur Anpassung an die Folgen des Klimawandels		X		
unternehmensextern, marktbezogen				
• Lieferantenforderungen nach gemeinsamen Vorsorgemaßnahmen zur Berücksichtigung von Klimawandel bedingten Risiken in der Lieferkette			X	
• Kundenforderungen nach klimafreundlichen Produkten			X	
• Forderungen der Offenlegung von betrieblichen THG-Emissionen von Investoren				X
• Kooperationsvorschläge von Wettbewerbern für neue Klimaschutzorientierte Produkte		X		

Beispiel

Abb. 17: Betroffenheitsprofil im Rahmen der Betroffenheitsanalyse (beispielhafter Ausschnitt)
Quelle: Brinkel 2017, S. 186.

17

Stufe 1: Betroffenheitsanalyse

Erstellen Sie nun ein Betroffenheitsprofil für Ihr KMU.

Stakeholderansprüche/-einwirkungen	Betroffenheitsgrad			
	BG 1	BG 2	BG 3	BG 4
interne				
unternehmensextern, gesellschaftsbezogen				
unternehmensextern, marktbezogen				

Abb. 18: Betroffenheitsprofil im Rahmen der Betroffenheitsanalyse
Quelle: Vgl. Brinkel 2017, S. 186.

18

Stufe 1: Betroffenheitsanalyse

Art der Betroffenheit	direkte ökologische und/oder soziale Betroffenheit	indirekte ökologische und/oder soziale Betroffenheit

Indikator
 	
➤ Aufbauend auf dem Betroffenheitsgrad (indirekte Betroffenheit) und der ABC-Analyse (direkte Betroffenheit) können Sie die anzustrebende Ausbaustufe des BNM in Ihrem KMU bestimmen.
	unternehmerische Faktoren
	• Branchenzugehörigkeit
	• Von der unternehmerischen Tätigkeit direkt ausgehende ökologische und/oder soziale Wirkungen (z.B. Ressourcenverbrauch, Emissionen, Luft- und Bodenverschmutzung, Krankheitsfälle aufgrund zu starker Arbeitsbelastung, Betriebsunfälle)
	• Auf die unternehmerische Tätigkeit direkt eingehende ökologische und/oder soziale Wirkungen (z.B. Knappheit von Ressourcen, Rückgang der Artenvielfalt, Fachkräftemangel, Zunahme psychischer Erkrankungen)
		durch die Ansprüche der Stakeholder
		• interne Stakeholder
		  • Die Person des Unternehmers/Eigentümer/Eigenkapitalgeber
		  • Eventuell Management
		  • Mitarbeiter
		• externe marktbezogene Stakeholder
		  • Fremdkapitalgeber
		  • Versicherungen
		  • Lieferanten
		  • Kunden
		  • Händler
		  • Konkurrenten
		• externe gesellschaftsbezogene Stakeholder
		  • Staat
		  • Gesellschaft/Allgemeinheit/Öffentlichkeit
		  • Gemeinde/Region
		  • IHK und HWK

Bewertungsmethode	ABC-Analyse	Betroffenheitsgrad

Betroffenheitssituation des KMU		
schwach	mittel	stark
anzustrebende Ausbaustufe des BNM im KMU		
light	modular	intensiv

Abb. 19: Direkte und indirekte ökologische und soziale Betroffenheit von KMU und die Auswirkungen auf die Betroffenheitssituation und die Ausbaustufe
Quelle: Eigene Zusammenstellung unter Verwendung von Speis/Czymmek 2003; Nitze 1991.

19

Stufe 1: Betroffenheitsanalyse

Bestimmen Sie die anzustrebende Ausbaustufe des BNM in Ihrem KMU!

1. Ergibt sich aus der Ermittlung der direkten Betroffenheit (ABC-Analyse ohne Kriterien bzw. Bewertung nur mit „C") und der indirekten Betroffenheitsanalyse (nur Stakeholder mit Betroffenheitsgrad 1) keine Implikationen für das KMU
   - ➤ liegt keine bzw. lediglich eine schwache Betroffenheit vor.
   - ➤ Es empfiehlt sich die Einführung bzw. Anwendung eines BNM in der Ausbaustufe „light" um über die Etablierung regelmäßiger Kontrollprozesse ein Monitoring aufzubauen und um die Chancen und Risiken aus Nachhaltigkeit zu ermitteln und umzusetzen.
2. Ergibt die direkte Betroffenheitsanalyse bei mindestens einem Kriterium die Bewertung „B" oder die indirekte Betroffenheitsanalyse bei mindestens einem Stakeholder den Betroffenheitsgrad „2" oder Betroffenheitsgrad „3"
   - ➤ so liegt eine mittlere Betroffenheit vor.
   - ➤ In diesem Fall eignet sich die Einführung bzw. Anwendung des BNM in der Ausbaustufe „modular". In dieser Ausbaustufe ist es möglich den Fokus der nachhaltigkeitsbezogenen Aktivitäten auf ein bestimmtes Themenfeld (z. B. Berichterstattung, Energie, THGM) oder eine bestimmte Stakeholdergruppe (z. B. Mitarbeiter, Kunden, Lieferanten) zu legen.
3. Ist mindestens ein Kriterium der ABC-Analyse mit „A" bewertet und verfügt mindestens ein Stakeholder über Betroffenheitsgrad „4"
   - ➤ starke Betroffenheit
   - ➤ ist ein BNM in Ausbaustufe „intensiv" zu empfehlen.

Beachten Sie: Um die Erfolgspotenziale des BNM in Ihrem KMU ausschöpfen zu können, sollten Sie grundsätzlich eine hohe Ausbaustufe des BNM anstreben (unter Berücksichtigung der individuellen Ressourcenstärke und Zumutbarkeit).

Abb. 20: Bestimmung der anzustrebenden Ausbaustufe des BNM
Quelle: Eigene Darstellung.

20

Stufe 1: Betroffenheitsanalyse

- Der Leitfaden ermöglicht Ihnen nun mit drei Ausbaustufen zu arbeiten:
  - BNM „light“: Sie erfüllen nur einzelne Themenfelder des Leitfadens mit Leben.
  - BNM „modular“: Sie entscheiden sich für ein Schwerpunktthema innerhalb des Leitfadens, z. B. Berichterstattung, und bearbeiten alle damit zusammenhängenden Themenfelder intensiv.
  - BNM „intensiv“: Sie nutzen den Leitfaden intensiv für alle Fragen rund um das Thema Nachhaltigkeit in KMU.

Abb. 21: Erläuterung der weiteren Vorgehensweise
Quelle: Eigene Darstellung

21

Die Betroffenheitsanalyse ist nun abgeschlossen.
Jetzt geht es darum zu erfassen, in welchen Bereichen Ihr KMU sich bereits ökologisch und/oder sozial engagiert.

- Zur Ermittlung Ihres Status quo füllen Sie bitte die folgenden Checklisten aus.
- Vielleicht ist es für Sie sinnvoll, auf die Unterstützung Ihres Teams zurückzugreifen und in Brainstorming-Runden die einzelnen Fragen zu beantworten?
- Möchten Sie die Hilfe eines externen Beraters nutzen?

Der Leitfaden passt sich Ihren individuellen Bedürfnissen an, je nachdem, wie Sie ihn mit Leben erfüllen wollen!

Abb. 22: Erläuterung der weiteren Vorgehensweise
Quelle: Eigene Darstellung

22

Stufe 2: Selbstcheck

Frage 2-1: Führen Sie in Ihrem Unternehmen Maßnahmen durch, die sowohl ökologisch als auch ökonomisch vorteilhaft sind?

ökologisch/ökonomisch vorteilhafte Maßnahmen	**ja**	**nein**
Rohstoffe		
Maßnahmen zur Senkung des Ressourcenverbrauchs/Steigerung der Ressourceneffizienz (z. B. Reduzierung des Einsatzes von Roh-, Hilfs- oder Betriebsstoffen durch optimiertes Produktionsverfahren, Senkung des Wasserverbrauchs)		
Energie		
Maßnahmen zur Senkung des Energieverbrauchs/Steigerung der Energieeffizienz		
Emissionen		
Maßnahmen zur Senkung von Emissionen/des CO_2-Ausstoßes		
Abfall		
Maßnahmen zur Abfallvermeidung, -minimierung, Maßnahmen zum Recycling, Kreislaufwirtschaft		
sonstige Maßnahmen, die im Unternehmen durchgeführt werden und die sowohl ökologisch als auch ökonomisch vorteilhaft sind:		

Abb. 23: Schnittmengenmanagement (1/2) zum Ausfüllen
Quelle: Eigene Darstellung unter Verwendung von Lewik 2011.

23

Stufe 2: Selbstcheck

Frage 2-2: Führen Sie in Ihrem Unternehmen Maßnahmen durch, die sowohl sozial als auch ökonomisch vorteilhaft sind?

sozial/ökonomisch vorteilhafte Maßnahmen	**ja**	**nein**
Arbeitsbedingungen		
Maßnahmen zur Gesundheitsförderung (z. B. Sportangebot für die Mitarbeiter in Kooperation mit dem örtlichen Sportverein)		
Maßnahmen zur Sicherheitsförderung (z. B. Mitarbeiterschulungen zur Arbeitsplatzsicherheit)		
Weitgehende Sozialleistungen (z. B. betriebliche Altersvorsorge, Arbeitgeberdarlehen)		
tarifliche oder übertarifliche Bezahlung		
Mitarbeiterbeteiligung am Erfolg des Unternehmens		
Vereinbarkeit von Familie und Beruf (z. B. flexible Arbeitszeit und Arbeitsplatzgestaltung, Betriebskindergarten, Kinderzimmer im Unternehmen)		
Bildung		
Ausbildung von Lehrlingen		
Weiterbildung von Mitarbeitern		
sonstige Maßnahmen, die im Unternehmen durchgeführt werden, die sowohl sozial als auch ökonomisch vorteilhaft sind:		

Abb. 24: Schnittmengenmanagement (2/2) zum Ausfüllen
Quelle: Eigene Darstellung unter Verwendung von Lewik 2011.

24

Stufe 2: Selbstcheck

Frage 2-3: Sind Sie mit Anspruchsgruppen Ihres Unternehmens über ökologische und/oder soziale Themen im Gespräch?

interne Anspruchsgruppen	**ja**	**nein**
Unternehmerfamilie		
Miteigentümer/Eigenkapitalgeber		
Mitarbeiter		
externe marktbezogene Anspruchsgruppen		
Fremdkapitalgeber		
Versicherungen		
Lieferanten		
Kunden		
(Zwischen-)Händler		
externe gesellschaftsbezogene Anspruchsgruppen	**ja**	**nein**
Staat/Religion/Gesellschaft/Allgemeinheit/Öffentlichkeit		
andere Anspruchsgruppen		
Wenn ja, welche?		

Abb. 25: Normierungsverantwortung zum Ausfüllen
Quelle: Eigene Darstellung unter Verwendung von Lewik 2011.

25

Stufe 2: Selbstcheck

Frage 2-4: Führen Sie bzw. Ihr Unternehmen nachhaltigkeitsfeindliche Maßnahmen durch, die erlaubt sind und sich für das Unternehmen rechnen?

ökologische Maßnahmen	**ja**	**nein**
Rohstoffe		
Einsatz von umstrittenen Inputfaktoren und Technologien (z. B. Nanotechnologie, Gen-Mais)		
Verwendung von erlaubten, aber gefährlichen Stoffen		
Energie		
Einsatz von nicht-regenerativen Energien (z. B. elektrische Energie aus Atomstrom)		
Emissionen		
keine Berücksichtigung von natürlichen Zeitrhythmen (z. B. beim Thema Lärm in der Produktion)		
Abfall		
Maßnahmen, die der Durchflußwirtschaft zugerechnet werden können (kein Recycling oder Kreislaufführung)		
soziale Maßnahmen		
im Bereich der Arbeitsbedingungen		
bei Arbeitszeitregelungen		
bei der Einhaltung von Mindestlohn		
sonstige ökologische und/oder soziale Maßnahmen, die kritisch sind		

Abb. 26: Nachhaltigkeitsverantwortung i. e. S. (1/2) zum Ausfüllen
Quelle: Eigene Darstellung.

26

Stufe 2: Selbstcheck

Frage 2-5: Leistet Ihr Unternehmen Beiträge zur Vorsorge und Sanierung von Umwelt- und/oder Sozialschäden?

ökologische Beiträge	ja	nein
bevorzugter Bezug von Produkten aus der Region, z. B. Förderung der regionalen Wirtschaft und Wertschöpfung		
Entwicklung und Anwendung umweltfreundlicher Herstellungsverfahren/Nutzung alternativer Technologien als Beitrag zum Umweltschutz		
Entwicklung umweltfreundlicher "grüner" Produkte/Dienstleistungen		
Berücksichtigung von ökologischen Aspekten beim Transport (z. B. kurze Transportwege bei der Beschaffung von Produkten, um CO_2 einzusparen)		
Berücksichtigung ökologischer Kriterien bei Investitionsentscheidungen		
sonstige ökologische Beiträge zur Vorsorge und Sanierung:		
soziale Beiträge		
Gleichstellung benachteiligter und beeinträchtigter Mitarbeiter/Bewerber		
Gleichstellung ausländischer Mitarbeiter/Bewerber		
Sport- und Kulturangebote		
Gesundheitsschutz		
Unterstützen Sie von Mitarbeitern durchgeführte Maßnahmen z. B. die Freistellung von Mitarbeitern für sportliche Aktivitäten?		
Freistellung der Mitarbeiter für soziales Engagement		
sonstige soziale Beiträge zur Vorsorge und Sanierung:		

Abb. 27: Nachhaltigkeitsverantwortung i. e. S. (2/2) zum Ausfüllen
Quelle: Eigene Darstellung unter Verwendung von Lewik 2011.

27

Stufe 2: Selbstcheck

Frage 2-6a: Wie ist das Thema Nachhaltigkeit in Ihrem Unternehmen verankert?

Frage 2-6a: Wie ist das Thema Nachhaltigkeit in Ihrem Unternehmen verankert?	Ja	nein
... in der Strategie/Organisation		
durch eine schriftliche Bekenntnis zu Umwelt- und Sozialaspekten (z. B. Unternehmensleitlinien)		
durch ein Managementsystem (Qualitäts-, Umwelt-, Sozialmanagementsystem)		
durch die Benennung eines Betriebsbeauftragten, der für den Umweltschutz verantwortlich ist		
durch eine Koordinierungsstelle für ökologische, ökonomische und soziale Angelegenheiten		
Sonstiges:		
... im Personalmanagement		
durch regelmäßige Mitarbeitergespräche, die ökonomische, ökologische und soziale Aspekte thematisieren		
durch Personalbeurteilungen und Anreizsysteme, die neben ökonomischen auch ökologische und soziale Aspekte berücksichtigen		
Sonstiges:		

Abb. 28: Organisatorische Verankerung von Nachhaltigkeit (1/2) zum Ausfüllen
Quelle: Eigene Darstellung unter Verwendung von Lewik 2011, Müller-Christ 2011.

28

Stufe 2: Selbstcheck

Frage 2-6b: Wie ist das Thema Nachhaltigkeit in Ihrem Unternehmen verankert?

Frage 2-6b: Wie ist das Thema Nachhaltigkeit in Ihrem Unternehmen verankert?	Ja	nein
... im Controlling		
durch Kennzahlen mit ökologischen und sozialen Bezügen		
durch Controllinginstrumente mit ökologischen und sozialen Bezügen		
Sonstiges:		
...in der Kommunikation		
Wir führen einen Stakeholderdialog durch.		
Wir informieren auf unserer Homepage zu ökologischen und sozialen Themen.		
Sonstiges:		
...in der Berichterstattung		
durch eine Nachhaltigkeitsberichterstattung		
durch integrierte Berichterstattung		
Sonstiges:		

Abb. 29: Organisatorische Verankerung von Nachhaltigkeit (2/2) zum Ausfüllen
Quelle: Eigene Darstellung unter Verwendung von Lewik 2011, Müller-Christ 2011.

29

Stufe 2: Selbstcheck

Frage 2-7: Nutzen Sie folgende Instrumente des Nachhaltigkeitsmanagements in Ihrem Unternehmen?

Frage 2-7: Nutzen Sie folgende Instrumente des Nachhaltigkeitsmanagements in Ihrem Unternehmen?	ja	nein
Audit (z. B. ISO 14001, ISO 50001, EMAS)		
Berichte (z. B. Umwelt- oder Nachhaltigkeitsberichte)		
betriebliches Vorschlagswesen		
nachhaltigkeitsbezogene Kennzahlen/Indikatoren		
Label (z. B. Umweltlabel wie der Blaue Engel für Ihre Produkte)		
Leitbilder		
Materialfluss(kosten)rechnung		
Kooperationen und/oder Netzwerke (z. B. mit andere Unternehmen aus der Branche)		
Ökobilanzen		
Öko-Design		
Qualitätszirkel, innerbetriebliche Arbeitskreise		
Sponsoring		
Sonstige Instrumente:		

Abb. 30: Instrumente des Nachhaltigkeitsmanagements zum Ausfüllen
Quelle: Eigene Darstellung unter Verwendung von Lewik 2011.

30

Stufe 3: Aktionsplan

Auf geht es zu den Aktionen!

- Der Selbstcheck ist nun abgeschlossen und Sie haben einen Überblick zum Stand der Nachhaltigkeitsaktivitäten in Ihrem KMU erhalten.
- Mit Blick auf die von Ihnen aus der Betroffenheitsanalyse ermittelten Ausbaustufe des BNM in Ihrem KMU („light", „modular", „intensiv") müssen Sie nun Handlungsfelder und Projekte festlegen, die Sie zukünftig in Ihrem KMU umsetzen möchten.

Abb. 31: Auf geht es zu den Aktionen!
Quelle: Eigene Darstellung.

31

Stufe 3: Aktionsplan

Wenn Sie den Selbstcheck durchgeführt haben, können Sie in der folgenden Tabelle die Handlungsfelder eintragen, in denen Sie den größten Handlungsbedarf für Ihr Unternehmen sehen. Es ist sinnvoll, zunächst mit wenigen Themen und Projekten zu beginnen. Der Prioritätenplan soll Ihnen helfen, die wichtigen Projekte zu identifizieren und in eine Reihenfolge zu bringen. Ein Beispiel finden Sie in Abbildung 23.

	Bewerten Sie die Handlungsfelder mit: A = großer Handlungsbedarf B = Handlungsbedarf C = kaum Handlungsbedarf und tragen Sie die Ergebnisse in diese Spalte.		**Bestimmen Sie Projekte, die Sie durchführen möchten. Setzen Sie dabei Prioritäten. Bringen Sie Ihre Handlungsfelder bzw. Projekte in eine Prioritätenfolge.**	
	Ziele	Bewertung	Projekt	Priorität
Handlungsfeld 1 Schnittmengenmanagement				
Handlungsfeld 2 Normierungsverantwortung				
Handlungsfeld 3 Nachhaltigkeitsver-antwortung i.e.S.				
Handlungsfeld 4 Strategie/Organisation/ Personal				
Handlungsfeld 5 Nachhaltigkeitscontrolling/ -kommunikation/ -berichterstattung				
Handlungsfeld 6 Instrumente				

Abb. 32: Priorisierung Handlungsfelder und Projektfestlegung (1/2) zum Ausfüllen
Quelle: Eigene Darstellung unter Verwendung von Müller-Christ 2012 und Müller-Christ 2011.

32

Stufe 3: Aktionsplan

Beispiel Priorisierung Handlungsfelder und Projektfestlegung

Beispiel

	Bewerten Sie die Handlungsfelder mit: A = großer Handlungsbedarf B = Handlungsbedarf C = kaum Handlungsbedarf und tragen Sie die Ergebnisse in diese Spalte.		**Bestimmen Sie Projekte, die Sie durchführen möchten. Setzen Sie dabei Prioritäten. Bringen Sie Ihre Handlungsfelder bzw. Projekte in eine Prioritätenfolge.**	
	Ziele	Bewertung	Projekt	Priorität
Handlungsfeld 1 Schnittmengen-management	Verringerung des Energieverbrauchs um 25 %	A	Einführung von Steckerleisten (Stand-by-Modus bei Geräten nicht benutzen)	2
			Austausch der Glühlampen durch LED-Lampen	1
			Analyse weiterer Einsparmöglichkeiten (Brainstorming)	3
Handlungsfeld 2 Normierungsverantwortung	Einführung eines Stakeholderdialoges	C	Zur Zeit keine	
Handlungsfeld 3 Nachhaltigkeitsver-antwortung i.e.S.	Reduzierung der Autofahrten	A	Job-Ticket für Mitarbeiter	2
			Kauf von Diensträdern	1
Handlungsfeld 4 Leitlinien/Strategie/Organi-sation/ Personal	Entwicklung von Nachhaltigkeitsleitlinien	A	Workshop zur Entwicklung von Nachhaltigkeitsleitlinien	1
	Formulierung einer Nachhaltigkeitsstrategie	B	Brainstorming	2

Abb. 33: Beispiel Priorisierung Handlungsfelder und Projektfestlegung (Auszug)
Quelle: Eigene Darstellung unter Verwendung von Müller-Christ 2012 und Müller-Christ 2011.

33

Stufe 3: Aktionsplan

Beispiel

Übertragen Sie die Prioritäten!	**Welche Ziele sollen im Bereich Schnittmengen-management (ökonomisch/ökologisch) erreicht werden?**	**Welche Maßnahmen sollen umgesetzt werden?**	**Wer ist verantwortlich?**	**Wie viele Ressourcen können eingesetzt werden?**	**Bis wann soll das Ziel erreicht werden?**
Priorität 1	Verringerung des Energieverbrauchs um 25 %	Einführung von Steckerleisten (Stand-by-Modus bei Geräten nicht benutzen)	Unternehmer Hausmeister	Mitarbeiterinforma-tion (30 Minuten) 300 €	in einem Monat
		Austausch der Glühlampen durch LED-Lampen	Hausmeister	1000 €	in einem Monat
		Analyse weiterer Einsparmöglichkei-ten (Brainstorming)	Unternehmer gemeinsam mit Mitarbeitern	1 Arbeitstag	in drei Monaten
Priorität 2	Reduzierung der Autofahrten	Job-Ticket für Mitarbeiter	Unternehmer	50 € pro Mitarbeiter	in drei Monaten
		Kauf von Diensträdern	Unternehmer	1500 €	in einem Monat
Priorität 3					
Priorität 4					
Priorität 5					

Abb. 34: Beispiel Ablaufplan (Auswahl)
Quelle: Eigene Darstellung unter Verwendung von LfU 2016, S. 15 und respAct 2013.

34

Stufe 3: Aktionsplan

Nun müssen die Projekte, die von Ihnen zur Bearbeitung ausgewählt wurden, in einen Handlungsplan überführt werden. Dabei ist durch Sie festzulegen, welche Ziele und welche Maßnahmen mit welchem Ressourceneinsatz für Ihr Unternehmen angemessen sind.
An dieser Stelle kann es sinnvoll sein, die Unterstützung von Beratern in Anspruch zu nehmen. Sprechen Sie Ihre Handwerkskammer oder Industrie- und Handelskammer an. Sie kennen die richtigen Partner und eventuelle finanzielle Fördermöglichkeiten!

Übertragen Sie die Prioritäten von Seite 8!	Welche Ziele sollen erreicht werden?	Welche Maßnahmen sollen umgesetzt werden?	Wer ist verantwortlich?	Wie viele Ressourcen können eingesetzt werden?	Bis wann soll das Ziel erreicht werden?
Priorität 1					
Priorität 2					
Priorität 3					
Priorität 4					
Priorität 5					

Abb. 35: Konkretisierung der Prioritäten zum Ausfüllen
Quelle: Eigene Darstellung unter Verwendung von Müller-Christ 2012 und Müller-Christ 2011.

35

Stufe 3: Aktionsplan

Kontrollieren Sie nun regelmäßig, ob die von Ihnen festgelegten Maßnahmen erfolgreich durchgeführt werden! Nutzen Sie dazu die folgende Abbildung!

Übertragen Sie die Prioritäten von Seite 8!	Wurden die gesetzten Ziele erreicht?		Wenn nein, was sind die Ursachen für die Nichterreichung der Ziele?	Welche Änderungen sind notwendig, um die Ziele zu realisieren bzw. wie müssen die Ziele modifiziert werden?
	ja	nein		
Priorität 1				
Priorität 2				
Priorität 3				
Priorität 4				
Priorität 5				

Abb. 36: Kontrolle der Ziele zum Ausfüllen
Quelle: Eigene Darstellung unter Verwendung von respACT 2013b, S. 12.

36

Stufe 4: Berichterstattung

Tue Gutes und Rede darüber!

- Nun ist es notwendig, den Stand der Berichterstattung im KMU zu analysieren, um darauf aufbauend Kommunikationsmaßnahmen festzulegen.
- Vielleicht ist es für Ihr KMU sogar sinnvoll, einen Nachhaltigkeitsbericht zu erstellen?

Abb. 37: Tue Gutes und Rede darüber!
Quelle: Eigene Darstellung.

37

Stufe 4: Berichterstattung

In den Stufen 1 bis 3 haben Sie bereits viel erreicht! Nun geht es darum, dies zu dokumentieren und nach außen zu kommunizieren. Beantworten Sie dazu folgende Fragen (berücksichtigen Sie dabei Ihre Erkenntnisse aus der Betroffenheitsanalyse)!

Frage 4-1: Welche Anspruchsgruppen haben Interessen an unserer Nachhaltigkeitsperformance?

Interne Anspruchsgruppen	**ja**	**nein**
Unternehmerfamilie		
Miteigentümer/Eigenkapitalgeber		
Mitarbeiter		
Externe marktbezogene Anspruchsgruppen		
Fremdkapitalgeber		
Versicherungen		
Lieferanten		
Kunden		
(Zwischen-)Händler		
Externe gesellschaftsbezogene Anspruchsgruppen	**ja**	**nein**
Staat/Religion/Gesellschaft/Allgemeinheit/Öffentlichkeit		
Andere Anspruchsgruppen		
Wenn ja, welche?		

Abb. 38: Anspruchsgruppen des KMU zum Ausfüllen
Quelle: Eigene Darstellung basierend auf Schmid 1996, S. 92 und 98.

38

Stufe 4: Berichterstattung

Frage 4-2: Nehmen die Anspruchsgruppen Ihre Maßnahmen auch von außen positiv wahr?

Interne Anspruchsgruppen	**ja**	**nein**
Unternehmerfamilie		
Miteigentümer/Eigenkapitalgeber		
Mitarbeiter		
Externe marktbezogene Anspruchsgruppen		
Fremdkapitalgeber		
Versicherungen		
Lieferanten		
Kunden		
(Zwischen-)Händler		
Lieferanten		
Externe gesellschaftsbezogene Anspruchsgruppen	**ja**	**nein**
Staat/Religion/Gesellschaft/Allgemeinheit/Öffentlichkeit		
Andere Anspruchsgruppen		
Wenn ja, welche?		

Abb. 39: Wahrnehmung der Anspruchsgruppen zum Ausfüllen
Quelle: Eigene basierend auf Schmid 1996, S. 92 und 98.

39

Stufe 4: Berichterstattung

Frage 4-3: Wie werden die interessierten Anspruchsgruppen über Ihre Nachhaltigkeitsleistung informiert?

Kommunikationsinstrumente	**ja**	**nein**
„Tag der offenen Tür"		
Newsletter		
Infobriefe		
Kundenprospekte		
Tagungen		
Vorträge		
Flyer und/oder Folder		
Internetpräsenz		
soziale Medien		
Umweltbericht		
Nachhaltigkeitsbericht		
Sonstige Kommunikationsinstrumente		

Abb. 40: Status quo der Kommunikationsinstrumente des KMU zum Ausfüllen
Quelle: Eigene Zusammenstellung unter Verwendung von Westermann/Merten/Grelewitz u. a. 2009, S. 5.

40

Stufe 4: Berichterstattung

Nutzen Sie die Erkenntnisse von Folie 30, 31 und 32 für die Einführung neuer Kommunikationsinstrumente! Bedenken Sie auch hier: Weniger ist manchmal mehr!

Übertragen Sie die Kommunikationsinstrumente von Seite 16!	Welches Instrument soll genutzt werden?	Welche konkreten Maßnahmen sollen umgesetzt werden?	Wer ist verantwortlich?	Wie viele Ressourcen können eingesetzt werden?	Bis wann sollen die Maßnahmen umgesetzt werden?
Kommunikationsinstrument 1					
Kommunikationsinstrument 2					
Kommunikationsinstrument 3					
Kommunikationsinstrument 4					
Kommunikationsinstrument 5					

Abb. 41: Planung Kommunikationsinstrumente zum Ausfüllen
Quelle: Eigene Darstellung

41

Stufe 4: Berichterstattung

Beispiel Planung Kommunikationsinstrumente

Beispiel

Übertragen Sie die Kommunikationsinstrumente von Seite 16!	Welches Instrument soll genutzt werden?	Welche konkreten Maßnahmen sollen umgesetzt werden?	Wer ist verantwortlich?	Wie viele Ressourcen können eingesetzt werden?	Bis wann sollen die Maßnahmen umgesetzt werden?
Kommunikationsinstrument 1	Stakeholderdialog	Organisation eines Community Advisory Panel	Unternehmer mit Projektteam	4 Arbeitstage (32 Stunden) Budget von 1.000 €	Innerhalb von 6 Monaten
		Durchführung eines Community Advisory Panel	Unternehmer mit Projektteam	Zweistündige Veranstaltung in eigenen Räumen Budget 2.000 €	Innerhalb von 6 Monaten
		Nachbereitung des Community Advisory Panel	Unternehmer mit Projektteam	2 Arbeitstage (16 Stunden)	Innerhalb von 6 Monaten
Kommunikationsinstrument 2	Erweiterung der Homepage um eine Rubrik „Nachhaltigkeitsengagement“	Einstellen der Nachhaltigkeitsleitlinien und des Nachhaltigkeitsberichtes	Unternehmer mit IT-Verantwortlichem	2 Stunden	Innerhalb von einem Monat

Abb. 42: Planung Kommunikationsinstrumente (Auswahl)
Quelle: Eigene Darstellung

42

Stufe 4: Berichterstattung

Vielleicht hat Ihre Analyse ergeben, dass für Ihr KMU ein Nachhaltigkeitsbericht sinnvoll ist, um Ihre Anspruchsgruppen anzusprechen.

Einen Einstieg in die Nachhaltigkeitsberichterstattung bieten Ihnen zwei Leitfäden, die wir Ihnen an dieser Stelle empfehlen möchten:

- Der Leitfaden zum Deutschen Nachhaltigkeitskodex für mittelständische Unternehmen

  http://www.deutscher-nachhaltigkeitskodex.de/fileadmin/user_upload/dnk/dok/leitfaden/DNK_Leitfaden.pdf

- Der Leitfaden der Global Reporting Initiative (GRI): Bereit für den Nachhaltigkeitsbericht? Nachhaltigkeitsberichte für KMU:

  https://www.globalreporting.org/resourcelibrary/Ready-to-Report-SME-booklet-online-German.pdf

Abb. 43: Erläuterung der weiteren Vorgehensweise
Quelle: Eigene Darstellung. 43

**Liebe Unternehmerinnen,
liebe Unternehmer!**

Nach der Durchführung der Aufgaben des Leitfadens haben Sie bereits viel erreicht!!!

Im Sinne eines kontinuierlichen Verbesserungsprozesses sollten Sie die Ablaufschritte des Leitfadens regelmäßig wiederholen!

Falls Sie Anregungen benötigen: Schauen Sie auch, was andere Unternehmen machen („Good Practices")! Auch im Internet finden Sie weitere Angebote! Einige davon haben wir für Sie auf der nächsten Seite zusammengefasst.

Alternativ können Sie auf die Leistungen der IHK und HWK sowie der Verbände zurückgreifen. Auch Berater können Sie bei der ökologie- und sozialverträglichen Umgestaltung Ihres Unternehmens unterstützen!

Wir wünschen Ihnen dabei weiterhin viel Erfolg!

Abb. 44: Schlusswort
Quelle: Eigene Darstellung. 44

Beispiele für Leitfäden, Informationsmaterialien und Internetseiten zu KMU und/oder Nachhaltigkeitsthemen

Herausgeber oder Autor(en)	Titel des Leitfadens	Erscheinungsjahr
Zum Nachhaltigkeitsmanagement in KMU		
respACT	CSR-Leitfaden für Ein-Personen-Unternehmen: Erfolgsfaktor FAIRantwortung	2013b
Merten u. a.	Der Initiale Nachhaltigkeitscheck – Wissen wo Ihr Unternehmen heute steht! (Online Tool)	2005
Müller-Christ	Der CSR-Check: Die Sicherung des langfristigen Unternehmensbestandes durch Corporate Social Responsibility	2011
Winter	Das umweltbewußte Unternehmen: Ein Handbuch der Betriebsökologie mit 22 Checklisten für die Praxis	1987
Zu ausgewählten Themen im Rahmen des Nachhaltigkeitsmanagements		
GRI (Hrsg.)	Bereit für den Nachhaltigkeitsbericht? Nachhaltigkeitsberichte für KMU	2014
Bertelsmann Stiftung (Hrsg.)	Leitfaden zum Deutschen Nachhaltigkeitskodex: Orientierungshilfe für mittelständische Unternehmen	2014
BMWi (Hrsg.)	Gemeinsam stärker – Kooperationen durchführen: Ein Leitfaden für kleine und mittlere Unternehmen	2003
Kompass Nachhaltigkeit	Nachhaltige Beschaffung für kleine und mittlere Unternehmen (Online Tool)	
respACT	In 6 Schritten zum Nachhaltigkeitsbericht: Ein Leitfaden für Klein- und Mittelunternehmen	2013a
Pernkopf u.a.	Leitfaden für die Erstellung von Nachhaltigkeitsberichten in KMUs - abgestimmt mit den Kriterien der Global Reporting Initiative	2010
Internetseiten zu Nachhaltigkeitsthemen z.T. mit KMU Bezug		
KOMPASS Nachhaltigkeit	Nachhaltige Beschaffung in KMU mit Informationen, Tools und Beispielen (http://kmu.kompass-nachhaltigkeit.de/)	

Abb. 45: Beispiele für Leitfäden, Informationsmaterialien und Internetseiten zu KMU und/oder Nachhaltigkeitsthemen
Quelle: Eigene Zusammenstellung.

45

Im Leitfaden verwendete Literatur (1/3)

Bayrisches Landesamt für Umwelt (LfU) (Hrsg.) (2016): Wer will eigentlich was von Ihrem Unternehmen? Anspruchsgruppenanalyse und -dialog, Ein Praxisleitfaden für KMU, Augsburg, Stand: September 2016. URL: https://www.ihk-muenchen.de/ihk/documents/Umwelt-und-Energie/leitfaden_anspruchsgruppen.pdf [Abrufdatum: 08.05.2017].

Bertelsmann-Stiftung (2014): Leitfaden zum Deutschen Nachhaltigkeitskodex: Orientierungshilfe für mittelständische Unternehmen, Gütersloh, Stand: 2016. URL: http://www.deutscher-nachhaltigkeitskodex.de/fileadmin/user_ upload/dnk/dok/Leitfaden_zum_Deutschen_Nachhaltigkeitskodex.pdf [Abrufdatum: 12.04.2017].

Brinkel, Stefanie (2017): Betriebliches Treibhausgasmanagement als Bestandteil des betrieblichen Nachhaltigkeitsmanagements, im Erscheinen.

BMWi (Hrsg.) (2003): Gemeinsam stärker – Kooperationen planen und durchführen: Ein Leitfaden für kleine und mittlere Unternehmen, Bonn 2003.

Castrellon Gutierrez, Barbara (2017): Die Nachhaltigkeitsorientierung von KMU – Der Unternehmer als Universalpromotor, im Erscheinen.

Gawron, Thomas (2013): Integrierte Managementsysteme – Betriebliche Erfolgssicherung im Nachhaltigkeitskontext, Diss., Sternenfels 2013.

Global Reporting Initiative (GRI) (Hrsg.) (2014): Bereit für den Nachhaltigkeitsbericht? Nachhaltigkeitsberichte für KMU, Stand: 2014. URL: https://www.globalreporting.org/resourcelibrary/Ready-to-Report-SME-booklet-online-German.pdf [Abrufdatum: 17.11.2016].

Lewik, Rico (2011): Nachhaltigkeitsmanagement in kleinen und mittelständischen Unternehmen in Sachsen 2011, Diplomarbeit, Dresden 2011.

Abb. 46: Im Leitfaden verwendete Literatur (1/3)
Quelle: Eigene Darstellung.

46

Im Leitfaden verwendete Literatur (2/3)

Meffert, Heribert/Kirchgeorg, Manfred (1998): Marktorientiertes Umweltmanagement – Konzeption, Strategie, Implementierung mit Praxisfällen, 3. Aufl., Stuttgart 1998.

Merten, Thomas/Westermann, Udo/Rohn, Udo u. a. (2005): Der Initiale Nachhaltigkeitscheck – Wissen wo Ihr Unternehmen heute steht! Nachhaltigkeitsprofil der Ernährungswirtschaft auf Basis durchgeführter Selbstbewertungen von 230 Unternehmen, in: Kompakt (Hrsg.) (2005): Zukunftssicherung durch nachhaltige Kompetenzentwicklung in kleinen und mittleren Unternehmen der Ernährungswirtschaft 2005.

Müller-Christ, Georg (Hrsg.) (2011): Der Nachhaltigkeits-Check: Die Sicherung des langfristigen Unternehmensbestandes durch Corporate Social Responsibility, Stand: Mai 2011. URL: http://www.wiwi.uni-bremen.de/gmc/aktuell_pdf/CSR_Check_ Formular_ neu.pdf [Abrufdatum: 28.08.2014].

Müller-Christ, Georg (2012): Der Nachhaltigkeitscheck: Einstieg in ein systematisches Nachhaltigkeitsmanagement, in: Seidel, Eberhard (Hrsg.) (2012): Georg Winter – Pionier der umweltbewussten Unternehmensführung, Festschrift zum 70. Geburtstag, Marburg 2012, S. 209–233.

Nitze, Andreas (1991): Die organisatorische Umsetzung einer ökologisch bewussten Unternehmensführung: Eine empirische Erhebung mit Fallbeispielen, Bern, Stuttgart 1991.

Pernkopf, Teresa/Jasch, Christine/Weber, Lisa (2010): Leitfaden für die Erstellung von Nachhaltigkeitsberichten in KMUs – abgestimmt mit den Kriterien der Global Reporting Initiative, Wieselburg/Wien, Stand: Jänner 2010. URL: http://www.ioew.at/ioew/download/100111_Leitfaden_NH-Berichte_KMUGRI.pdf [Abrufdatum: 06.12.2016].

respACT – austrian business council for sustainable development (Hrsg.) (2013a): In 6 Schritten zum Nachhaltigkeitsbericht: Ein Leitfaden für Klein- und Mittelunternehmen, Wien 2013.

respACT – austrian business council for sustainable development (Hrsg.) (2013b): CSR-Leitfaden für Ein-Personen-Unternehmen: Erfolgsfaktor FAIRantwortung, 2. Aufl., Wien, November 2013.

Abb. 47: Im Leitfaden verwendete Literatur (2/3)
Quelle: Eigene Darstellung 47

Im Leitfaden verwendete Literatur (3/3)

Schmid, Uwe (1996): Ökologiegerichtete Wertschöpfung in Industrieunternehmen: Industrielle Produktion im Spannungsfeld zwischen Markterfolg und Naturbewahrung, in: Bea, Franz Xaver/Zahn, Erich (Hrsg.): Schriften zur Unternehmensplanung, Bd. 40, Diss., Frankfurt u. a. 1996.

Speis, Henrike/Czymmek, Frank (2003): Die Bedeutung der ökologischen Betroffenheit für die umweltschutzorientierten Wettbewerbsstrategien von Unternehmen, in: Beuermann, Günter (Hrsg.) (2003): Arbeitsberichte zum Umweltmanagement, Arbeitsbericht Nr. 15, Köln 2003.

Westermann, Udo/Merten, Thomas/Grelewitz, Ingrid u. a. (2009): Status und Tendenzen der Nachhaltigkeitsbericht-erstattung deutscher KMU. Ergebnisse einer Befragung 2009, Münster, Berlin, Februar 2009.

Winter, Georg (1987): Das umweltbewußte Unternehmen: ein Handbuch der Betriebsökologie mit 22 Check-Listen für die Praxis, München 1987.

Witte, Eberhard (1973): Organisation für Innovationsentscheidungen: Das Promotoren-Modell, Göttingen 1973.

Zabel, Hans-Ulrich (2006): Von der Nachhaltigkeitskonzeption zur Nachhaltigkeitsökonomik und zum Nachhaltigkeitsmanagement, in: Göllinger, Thomas/Seidel, Eberhard: Bausteine einer nachhaltigkeitsorientierten Betriebswirtschaftslehre, Festschrift zum 70. Geburtstag von Eberhard Seidel, 2006, S. 89–104.

Zabel, Hans-Ulrich (2010): Betriebliches Nachhaltigkeitsmanagement – Konzeption zur Integration von Erfolg und Verantwortung, unveröffentlicht.

Zabel, Hans-Ulrich (2013a): Betriebliches Nachhaltigkeitsmanagement – Herausforderungen aus dem Klimawandel, in: Keuper, Frank/Neumann, Fritz (Hrsg.) (2013): Sustainability Management: Nachhaltige und Stake-holder-orientierte Wertsteigerung, Berlin 2013, S. 307–327.

Zabel, Hans-Ulrich (2013b): Nachhaltigkeitsmanagement, in: Hasse, Rolf/Schneider, Hermann/Weigelt, Klaus (Hrsg.): Lexikon Soziale Marktwirtschaft – Wirtschaftspolitik von A bis Z, Sankt Augustin 2013, Onlineausgabe, Stand: 2013. URL: http://www.kas.de/wf/de/71.13036/ [Abrufdatum 22.05.2017].

Abb. 48: Im Leitfaden verwendete Literatur (3/3)
Quelle: Eigene Darstellung 48

Anhang 3: BaSAB: Ein Leitfaden für KMU – Einführung und Anwendung eines BNM

Quelle: Eigene unter Verwendung der im Leitfaden angegebenen Quellen.

Literaturverzeichnis

AccountAbility (2008): AA1000: AccountAbility Principles Standard (AA1000APS), London 2008. URL: http://www.accountabiliy21.net/ aa1000series [Abrufdatum: 07.11.2017].

Ackermann, Karl-Friedrich/Blumenstock, Horst (1993): Personalmanagement in mittelständischen Unternehmen: Neubewertung und Weiterentwicklungsmöglichkeiten im Lichte unserer Forschungsergebnisse, in: Ackermann, Karl-Friedrich/Blumenstock, Horst (Hrsg.) (1993): Personalmanagement in mittelständischen Unternehmen, Stuttgart 1993, S. 3–71.

Adenauer, Sibylle (2015): Demografischer Wandel und Auswirkungen auf Unternehmen, in: Ifaa (Hrsg.) (2015): Leistungsfähigkeit im Betrieb: Kompendium für den Betriebspraktiker zur Bewältigung des demografischen Wandels, Berlin – Heidelberg 2015, S. 9–25.

Albrecht, Dorothee (2008): Management von Stakeholderbeziehungen mit dem EFQM-Modell: Untersuchung im Rahmen der Erarbeitung einer Nachhaltigkeitsstrategie der ABB Deutschland, Diplomarbeit, Lüneburg 2008.

Allen, Thomas J. (1967): Communications in the Research and Development Laboratory, in: Technology Review, Vol. 70, No. 1, Oct.-Nov. 1967, pp. 31–38.

Allen, Thomas J. (1970): Communication networks in R&D laboratories, in: R&D-Management, Vol. 1, No. 1, Oct. 1970, pp. 14–21.

Altenburger, Reinhard (2013): Gesellschaftliche Verantwortung als Innovationsquelle, in: Altenburger, Reinhard (Hrsg.) (2013): CSR und Innovationsmanagement: Gesellschaftliche Verantwortung als Innovationstreiber und Wettbewerbsvorteil, Wiesbaden 2013, S. 1–18.

Ambler, Tim/Barrow, Simon (1996): The employer brand, in: Journal of Brand Management, Vol. 4, No. 3, Dec. 1996, pp. 185–206.

Antes, Ralf (1994): Organisation des Umweltschutzes in Unternehmen, in: Umweltwirtschaftsforum (UWF), 2. Jg., Nr. 6, Juli 1994, S. 25–31.

Antes, Ralf (1996): Präventiver Umweltschutz und seine Organisation in Unternehmen, Wiesbaden 1996.

Antes, Ralf (2013): Nachhaltigkeit und Betriebswirtschaftslehre: Eine wissenschafts- und institutionentheoretische Perspektive, Marburg 2013.

Armutat, Sascha/Mödinger, Wilfried (2011): Nachhaltigkeit – Ressourcenbalance als Schlüsselprinzip für Unternehmen (nicht nur) im 21. Jahrhundert, in: DGFP (Hrsg.) (2011): Personalmanagement nachhaltig gestalten: Anforderungen und Handlungshilfen, Bielefeld 2011, S. 13–17.

Arnold, Marlen/Siebenhüner, Bernd (2007): Organisationales Lernen für Klimaschutz und Nachhaltigkeit, in: Hoffmann, Esther/Siebenhüner, Bernd/Beschorner, Thomas u. a. (Hrsg.): Gesellschaftliches Lernen und Nachhaltigkeit, Marburg 2007, S. 149–180.

Asch, Solomon E. (1956): Studies of independence and conformity: I. A minority of one against a unanimous majority, in: Psychological Monographs, Vol. 70, No. 9, pp. 1–70.

Aßländer, Michael S. (2006): Corporate Social Responsibility als neue Herausforderung an eine Corporate Identity, in: Umweltwirtschaftsforum (UWF), 14. Jg., Nr. 1, 2006, S. 16–21.

BAFA (2017): Energieberatung im Mittelstand, Berlin, Stand: o. A. URL: http://www.bafa.de/DE/Energie/Energieberatung/Energieberatung_Mittelstand/energieberatung_mittelstand_node.html [Abrufdatum: 15.05.2017].

Bahlinger, Thomas (1999): Computergestütztes betriebliches Umweltmanagement: Grundkonzepte und kostenorientiertes Informationssystem, Berlin 1999.

Baker, Norman R./Siegman, Jack/Rubenstein, Albert H. (1967): The effects of perceived needs and means on the generation of ideas for industrial research and development projects, in: IEEE Transactions on Engineering Management, Vol. EM–14, No. 4, 1967, pp. 156–163.

Bantel, Karen A./Jackson, Susan E. (1989): Top management and innovations in banking: Does the composition of the top team make a difference?, in: Strategic Management Journal, Vol. 10, No. S1, June 1989, pp. 107–124.

Baran, Pavel (1990): Verantwortung, in: Sandkühler, Jörg (Hrsg.) (1990): Europäische Enzyklopädie zu Philosophie und Wissenschaften, Hamburg 1990, S. 691–694.

Baranek, Elke/Fischer, Corinna/Walk, Heike (2005): Partizipation und Nachhaltigkeit: Reflektionen [sic!] über Zusammenhänge und Vereinbarkeiten, in: ZTG-Themenschwerpunkt: Nachhaltigkeit von sozio-ökologischen Systemen, Diskussionspapier Nr. 15/05, Stand: Januar 2005. URL: https://www.tu-berlin.de/uploads/media/Nr_15_Bara-Fisc-Walk_01.pdf [Abrufdatum: 11.11.2014].

Barnard, Chester I. (1982): The Functions of the Executive, Cambridge (Mass.) 1982.

Bauer, Joachim (2011): Prinzip Menschlichkeit – Warum wir von Natur aus kooperieren?, 5., aktual. Aufl., München 2011.

Bauer, Joachim (2012): Warum ich fühle, was du fühlst: Intuitive Kommunikation und das Geheimnis der Spiegelneurone, 18. Aufl., München 2012.

Bauer, Robert (1995): Coaching, in: Kieser, Alfred (Hrsg.) (1995): Handwörterbuch der Führung, Bd. 10, 2. Aufl., Stuttgart 1995, S. 200–211.

Bauer, Hans H./Westerhoff, Thomas/Keller, Thomas (2000): Innovationsmanagement in investiven Dienstleistungsunternehmen am Beispiel der Siemens IT-Service GmbH & Co. OHG, in: Herrmann, Andreas/Hertel, Günter/Virt, Wilfried u. a. (Hrsg.) (2000): Kundenorientierte Produktgestaltung, München 2000, S. 401–418.

Baumgartner, Rupert J. (2009): Organizational culture and leadership: preconditions for the development of a sustainable corporation, in: Sustainable Development, Vol. 17, No. 2, Jan. 2009, pp. 102–113.

Baumgartner, Rupert J. (2010): Nachhaltigkeitsorientierte Unternehmensführung: Modell, Strategien und Managementinstrumente, München – Mering 2010.

Bayertz, Kurt (1995): Eine kurze Geschichte der Herkunft der Verantwortung, in: Bayertz, Kurt (Hrsg.) (1995): Verantwortung: Prinzip oder Problem?, Darmstadt 1995, S. 3–71.

Beck, Ulrich (1988): Gegengifte: Die organisierte Unverantwortlichkeit, Frankfurt am Main 1988.

Becker, Manfred (2001): Aufbau und Bewertung von Intellektuellem Kapital, in: Thom, Norbert/Zaugg, Robert J. (Hrsg.) (2001): Excellence durch Personal- und Organisationskompetenz, Bern – Stuttgart – Wien 2001, S. 51–77.

Becker, Manfred (2013): Personalentwicklung: Bildung, Förderung und Organisationsentwicklung in Theorie und Praxis, 6., überarb. u. aktual. Aufl., Stuttgart 2013.

Becker, Wolfgang/Fischer, Stefan/Staffel, Michaela u. a. (2008): Implementierungsstand von Unternehmensführung und Controlling in mittelständischen Unternehmen: Ergebnisbericht einer empirischen Untersuchung, Bamberger Betriebswirtschaftliche Beiträge, Bd. 149, Stand: Juli 2008. URL: https://www.uni-bamberg.de/fileadmin/uni/fakultaeten/sowi_ lehrstuehle/unternehmensfuehrung/ Download-Bereich/Becker_2008_Im plementierungsstand_BBB_149.pdf [Abrufdatum: 21.05.2013].

Becker, Wolfgang/Ulrich, Patrick (2009): Mittelstand, KMU und Familienunternehmen in der Betriebswirtschaftslehre, in: Wirtschaftswissenschaftliches Studium (WiSt), 38. Jg., Nr. 1, Jan. 2009, S. 2–7.

Becker, Wolfgang/Ulrich, Patrick (2011): Mittelstandsforschung: Begriffe, Relevanz und Konsequenzen, Stuttgart 2011.

Behringer, Stefan (2012): Unternehmensbewertung der Mittel- und Kleinbetriebe: Betriebswirtschaftliche Verfahrensweisen, Management und Wirtschaft Praxis, Bd. 69, 5., neu bearb. u. erw. Aufl., Berlin 2012.

Behringer, Stefan/Meyer, Katrin (2011): Motivation zu nachhaltigem Handeln in kleinen und mittleren Unternehmen und deren Einfluss auf den langfristigen Unternehmenserfolg, in: Meyer, Jörn-Axel (Hrsg.) (2011): Nachhaltigkeit in kleinen und mittleren Unternehmen, Jahrbuch der KMU-Forschung und -Praxis 2011 in der Edition „Kleine und mittlere Unternehmen“, Lohmar 2011, S. 15–29.

Benkenstein, Martin/Steiner, Stephanie (2004): Formen von Dienstleistungsinnovationen, in: Bruhn, Manfred/Stauss, Bernd (Hrsg.) (2004): Dienstleistungsinnovationen, Wiesbaden 2004, S. 27–43.

Berger, Ulrike/Bernhard-Mehlich, Isolde/Oertel, Simon (2014): Die Verhaltenswissenschaftliche Entscheidungstheorie, in: Kieser, Alfred/Ebers, Marc (Hrsg.) (2014): Organisationstheorien, 7., aktual. u. überarb. Aufl., Stuttgart 2014, S. 118–163.

Bertelsmann Foundation (Hrsg.) **(2012)**: Megatrends in Global Interaction, Gütersloh 2012.

Bertelsmann-Stiftung (Hrsg.) **(o. J.)**: Den demographischen Wandel im Unternehmen managen: Ergebnisbericht einer Studie von Mercer und der Bertelsmann Stiftung, Stand: o. A. URL: https://www.bertelsmann-stiftung.de/fileadmin/files/BSt/Presse/imported/downloads/xcms_bst_dms _35961_35962_2.pdf [Abrufdatum: 28.03.2017].

Bertelsmann-Stiftung (Hrsg.) **(2006)**: Die gesellschaftliche Verantwortung von Unternehmen, Detailauswertung, Dokumentation der Ergebnisse einer Unternehmensbefragung der Bertelsmann Stiftung, Güthersloh 2006.

Bertelsmann-Stiftung (Hrsg.) **(2014)**: Leitfaden zum Deutschen Nachhaltigkeitskodex: Orientierungshilfe für mittelständische Unternehmen, Gütersloh, Stand: 2016. URL: http://www.deutscher-nachhaltigkeitskodex.de /fileadmin/user_upload/dnk/dok/Leitfaden_zum_Deutschen_Nachhaltigkeitskodex.pdf [Abrufdatum: 12.04.2017].

Bertelsmann-Stiftung (Hrsg.) **(2016)**: Herausforderungen und Megatrends: Die gesellschaftliche Verantwortung von Unternehmen angesichts neuer Herausforderungen und Megatrends, Gütersloh 2016.

Bertelsmann-Stiftung/Stiftung Familienunternehmen (Hrsg.) **(2007)**: Das gesellschaftliche Engagement von Familienunternehmen: Dokumentation der Ergebnisse einer Unternehmensbefragung, Gütersloh 2007.

BGB (2017): Bürgerliches Gesetzbuch in der Fassung der Bekanntmachung vom 2. Januar 2002 (BGBl. I S. 42, 2909; 2003 I S. 738), das zuletzt durch Artikel 1 des Gesetzes vom 20. Juli 2017 (BGBl. I S. 2787) geändert worden ist. URL: https://www.gesetze-im-internet.de/bgb/BGB.pdf [Abrufdatum: 22.11.2017].

Birkel, Simone (2002): Zukunft wagen – ökologisch handeln, Theologie und Praxis, Bd. 15, Diss., Münster, Eichstätt 2002.

Blessin, Bernd (2001): Innovationskultur oder Kulturinnovation, in: Meyer, Jörn-Axel (Hrsg.) (2001): Innovationsmanagement in kleinen und mittleren Unternehmen, Jahrbuch der KMU-Forschung und -Praxis 2001 in der Edition „Kleine und mittlere Unternehmen“, München 2001, S. 11–24.

Blumenstock, Horst (2013): Nachhaltiges Personalmanagement, in: Ernst, Dietmar/Sailer, Ulrich (Hrsg.) (2013): Nachhaltige Betriebswirtschaft, Konstanz, München 2013, S. 83–100.

Blümm, Christian (2002): Die Bedeutung impliziten Wissens im Innovationsprozeß: Zum Aufbau dynamischer Wettbewerbsvorteile, Wiesbaden 2002.

BMU (Hrsg.) **(2008)**: Megatrends der Nachhaltigkeit: Unternehmensstrategie neu denken, Berlin, Stand: Mai 2008. URL: http://www. akzente.de/ fileadmin/Publikationen/PDF_Publikationen/BMU_Megatrends-der-Nachhaltigkeit_2008.pdf [Abrufdatum: 30.12.2014].

BMU (Hrsg.) **(2009)**: Innovation durch CSR: Die Zukunft nachhaltig gestalten, Berlin 2009. Stand: 2009. URL: http://www.akzente.de/fileadmin/Publikationen/ PDF_ Publikationen/BMU_Innovation-durch-CSR_2009.pdf [Abrufdatum: 24.09.2014].

BMU (Hrsg.) **(2010)**: Produktbezogene Klimaschutzstrategien: Product Carbon Footprint verstehen und nutzen, Berlin 2010.

BMWi (Hrsg.) **(2003)**: Gemeinsam stärker – Kooperationen planen und durchführen: Ein Leitfaden für kleine und mittlere Unternehmen, Bonn 2003.

BMWi (Hrsg.) **(2007)**: Der Mittelstand in der Bundesrepublik Deutschland: Eine volkswirtschaftliche Bestandsaufnahme, Dokumentation Nr. 561, Berlin 2007.

BMWi (Hrsg.) **(2016)**: Erneuerbare Energien in Zahlen: Nationale und internationale Entwicklung im Jahr 2015, Berlin, Stand: September 2016. URL: http://www.erneu erbare-energien.de/EE/Redaktion/DE/ Downloads/er neuerbare-energien-in-zahle n–2015.pdf?__blob=publication File&v=6 [Abrufdatum: 25.01.2017].

Bonini, Sheila/Görner, Stephan/Jones, Alissa (2010): McKinsey's Global Survey results: How companies manage sustainability, McKinsey Quarterly, March 2010. URL: https://www.mckinseyquarterly.com/PDFDownload. aspx?ar= 25582010 [Abrufdatum: 25.03.2013].

Börner, Christoph J. (2013): Finanzierung, in: Pfohl, Hans-Christian (Hrsg.) (2013): Betriebswirtschaftslehre der Mittel- und Kleinbetriebe: Größenspezifische Probleme und Möglichkeiten zu ihrer Lösung, Grundlagen und Praxis der Betriebswirtschaft, Bd. 44, 5., neubearb. Aufl., Berlin 2013, S. 311–346.

Brettel, Malte/Heinemann, Florian/Weiß, Kathrin u. a. (2009): Erfolgreiche Unternehmerteams: Teamstruktur – Zusammenarbeit – Praxisbeispiele, Wiesbaden 2009.

Brinkel, Stefanie (2017): Betriebliches Treibhausgasmanagement als Bestandteil des betrieblichen Nachhaltigkeitsmanagements, Diss., im Erscheinen.

Brockhoff, Klaus (1999): Forschung und Entwicklung – Planung und Kontrolle, 5. Aufl., München 1999.

Bröckermann, Reiner (2012): Personalwirtschaft: Lehr- und Übungsbuch für Human Resource Management, 6. überarb. Aufl., Stuttgart 2012.

Brohmann, Bettina/ Grießhammer, Rainer (2015): Wie Transformationen und gesellschaftliche Innovationen gelingen können, Transformationsstrategien und Models of Change für nachhaltigen gesellschaftlichen Wandel, Baden-Baden 2015.

Brown, Tim (2009): Change by design: How Design Thinking Transforms Organizations and Inspires Innovation, New York 2009.

Buchholz, Wolfgang (Hrsg.) **(2009)**: Für die Zukunft richtig aufgestellt? Nachhaltigkeit in Klein- und mittelständischen Unternehmen der EUREGIO, Studie der Fachhochschule Münster zum Stand der Integration von Nachhaltigkeit in die Geschäftstätigkeit von KMU der Druck-, Ernährungs- und Metallbranche in der EUREGIO, Stand: September 2009. URL: https://www.fh-muenster.de/isun /downloads/Nachhaltigkeitsstudie_1_.pdf [Abrufdatum: 25.04.2014].

Buerke, Günther (2012): Ausgewählte Aspekte zu Corporate Social Responsibility bei deutschen Großunternehmen und Nachhaltigkeit bei produzierenden KMU in Sachsen und Thüringen, in: Wirtschaftswissenschaftliche Schriften, Reihe: Marktorientierte Unternehmensführung, Fachbereich Betriebswirtschaft, Heft 01/2012, Stand: 2012. URL: http://www.econstor.eu/bitstream/10419/68479/1/73496546X.pdf [Abrufdatum: 08.05.2014].

BUND (Hrsg.) **(2011)**: Apfelsorten für Allergiker, Pressemitteilung vom 27. Oktober 2011, Stand: 2011. URL: http://www.bund.net /index.php?id=936&tx_ ttnews%5Btt_news%5D=4708&cHash=af88bac3b73da9237497df89af2baa1f&L=&type=98 2011. [Abrufdatum: 16.10.2012].

Burritt, Roger L./Schaltegger, Stefan/Zvezdov, Dimitar (2011): Carbon Management Accounting: Explaining Practice in Leading German Companies, in: Australien Accounting Review (AAR), Vol. 21, No. 1, March 2011, pp. 80–98.

Burschel, Carlo/Losen, Dirk/Wiendl, Andreas (2004): Betriebswirtschaftslehre der nachhaltigen Unternehmung, Lehr- und Handbücher zur ökologischen Unternehmensführung und Umweltökonomie, München 2004.

Busch, Timo (2006): Emissions trading and effects on financial markets, in: Antes, Ralf/Hansjürgens, Bernd/Letmathe, Peter (Eds.): Emissions Trading and Business, Heidelberg 2006, pp. 257–272.

Busse, Daniel (2005): Innovationsmanagement industrieller Dienstleistungen: theoretische Grundlagen und praktische Gestaltungsmöglichkeiten, Wiesbaden 2005.

Cantillon, Richard (1931): Abhandlung über die Natur des Handels im allgemeinen, Sammlung sozialwissenschaftlicher Meister, Bd. 25, Jena, 1931.

Carbon Disclosure gGmbH (Hrsg.) **(o. J.):** Was ist CDP? 72 Länder, 767 Investoren, >4500 Unternehmen, eine Vision, Stand: o. A. URL: http://klimaranking.de/ueber-cdp/ [Abrufdatum: 26.06.2017].

Carroll, Archie B. (1991): The Pyramid of Corporate Social Responsibility: Toward the Moral Management of Organizational Stakeholders, in: Business Horizons, Vol. 34, No. 4, July-August 1991, pp. 39–48.

Carroll, Archie B./Buchholtz, Ann K. (2012): Business & Society: Ethics and Stakeholder Management, 8th edition, Stanford 2012.

Castrellon Gutierrez, Barbara/Mittelstädt, Franziska/Zabel, Hans-Ulrich (2014): Nachhaltigkeits- und Energiemanagement – theoretischer Ansatz und empirische Befunde für kleine und mittlere Unternehmen (KMU) in Sachsen-Anhalt, in: Meyer, Jörn-Axel (2014) (Hrsg.): Jahrbuch der KMU-Forschung und -Praxis 2014, Energie- und Umweltmanagement in kleinen und mittleren Unternehmen, Lohmar 2014, S. 149–184.

Chakrabarti, Alok K. (1974): The Role of Champion in Product Innovation, in: California Management Review, Vol. 17, No. 2, Dec., pp. 58–62.

Chakrabarti, Alok K./O'Keefe, Robert D. (1977): A Study of Key Communicators in Research and Development laboratories, in: Groups and Organization Studies, Vol. 3, No. 2, Sept. 1977, pp. 336–346.

Christie, Ian/Rolfe, Heather/Legard, Robin (1995): Cleaner Production in Industry: Integrating Business Goals and Environmental Management, London 1995.

Colsman, Bernhard (2016): Nachhaltigkeitscontrolling: Strategien, Ziele, Umsetzung, Wiesbaden 2016.

Commerzbank (Hrsg.) **(o. J.)**: Wirtschaft im Wertewandel: Unternehmertum und Verantwortung im Mittelstand, Stand: o. A. URL: https://www.unternehmerperspektiven.de /media/up/studien/6studie/studie_6_wertewandel_okt_2008.pdf [Abrufdatum: 22.10.2013].

Conradi, Walter (1983): Personalentwicklung, Stuttgart 1983.

Cook, John/Nuccitelli, Dana/Green, Sarah A. et al. (2013): Quantifying the consensus on anthropogenic global warming in the scientific literature, in: Environmental Research Letters, Vol. 8, No. 2, 15. May 2013, pp. 1–7.

Costanza, Robert/Cumberland, John H./Daly, Herman E. u. a. (2001): Einführung in die ökologische Ökonomik, München 2001.

Corsten, Hans (1989): Überlegungen zu einem Innovationsmanagement – organisationale und personale Aspekte, in: Corsten, Hans (Hrsg.) (1989): Die Gestaltung von Innovationsprozessen: Hindernisse und Erfolgsfaktoren im Organisations-, Finanz- und Informationsbereich, Berlin 1989, S. 1–56.

Corsten, Hans/Gössinger, Ralf/Schneider, Herfried (2006): Grundlagen des Innovationsmanagements, München 2006.

Crane, Andrew/Matten, Dirk/Spence, Laura J. (2008): Corporate Social Responsibility: Readings and cases in a global context, London 2008.

Daly, Herman E. (1973): The Steady-State Economic, San Francisco 1973.

Daly, Herman E. (1999): Wirtschaften jenseits vom Wachstum – Die Volkswirtschaftslehre nachhaltiger Entwicklung, Salzbug, München, Original: Beyond Growth The Economics of Sustainable Development, Boston 1999.

Dees, J. Gregory (1998a): The Meaning of Social Entrepreneurship, Original Draft: October 31, 1998, Reformatted and revised: May 30 2001. URL: https://entrepreneurship.duke.edu/news-item/the-meaning-of-social-entre preneurship/ [Abrufdatum: 22.10.2013].

Dees, J. Gregory (1998b): „Enterprising Nonprofits“, in: Harvard Business Review, Vol. 76, No. 1–2, January-February 1998, pp. 55–67.

Dees, J. Gregory/Economy, Peter (2001): Social Entrepreneurship, in: Dees, J. Gregory/Emerson, Jed/ Economy, Peter (Eds.) (2001): Enterprising Nonprofits: A toolkit for Social Entrepreneurs, New York 2001, pp. 1–18.

Detzer, Kurt A./Dietzfelbinger, Daniel/Gruber, Andreas u. a. (1999): Nachhaltig wirtschaften – Expertenwissen für umweltbewußte Führungskräfte in Wirtschaft und Politik, Augsburg 1999.

Deutscher Bundestag (1998): Abschlußbericht der Enquete-Kommission „Schutz des Menschen und der Umwelt – Ziele und Rahmenbedingungen einer nachhaltig zukunftsverträglichen Entwicklung, Konzept Nachhaltigkeit: Vom Leitbild zur Umsetzung, Drucksache 13/1120, Bonn 1998.

DIHK (Hrsg.) **(2017)**: EMAS-Register, Stand: 06.09.2017. URL: http://www.emas-register.de/recherche?regnr=DE-&cb_1_10=on&cb_11_ 50=on&cb_51_250=on&cb_ 251_=on&erweitert=true [Abrufdatum: 12.04.2017].

DIN ISO 26000:2011 (2011): Leitfaden zur gesellschaftlichen Verantwortung (ISO 26000:2010); Berlin, Januar 2011.

DIN EN ISO 50001:2011 (2011): Energiemanagementsysteme – Anforderungen mit Anleitung zur Anwendung (ISO 50001:2011); Deutsche Fassung EN ISO 50001:2011, Berlin, Dezember 2011.

DIN EN ISO 14067:2014 (2014): Treibhausgase – Carbon Footprint von Produkten – Anforderungen an und Leitlinien für Quantifizierung und Kommunikation (ISO/TS 14067:2013); Deutsche und Englische Fassung CEN ISO/TS 14067:2014, Berlin Juni 2014.

DIN EN ISO 14001:2015 E (2015): Environmental management systems – Requirements with guidance for use (ISO 14001:2015), Brussel, September 2015.

Disselkamp, Markus (2012): Arten von Innovationen, in: Disselkamp, Markus (Hrsg.) (2012): Innovationsmanagement: Instrumente und Methoden zur Umsetzung im Unternehmen, 2., kompl. überarb. Aufl., Wiesbaden 2012, S. 21–30.

DNK (o. J.): Nachhaltigkeitskodex zur Erfüllung der CSR-Berichtspflicht geeignet, Stand: o. A. URL: http://www.deutscher-nachhaltigkeitskodex. de/de/dnk/eu-berichtspflicht.html [Abrufdatum: 12.04.2017].

DNK (2016): Der Deutsche Nachhaltigkeitskodex Maßstab für nachhaltiges Wirtschaften, 3., aktual. Fassung 2016, Texte Nr. 52, Gütersloh, Stand: Juni 2016. URL: http://www.deutscher-nachhaltigkeitskodex.de/fileadmin/user_upload/dnk/dok/kodex/RNE_Der_Deutsche_Nachhaltigkeitskodex_ DNK_texte_Nr_52_Juni_2016.pdf [Abrufdatum: 12.04.2017].

DNK (2017): Deutscher Nachhaltigkeitskodex (DNK): Halbjahresbilanz 2017, Pressemitteilung, Berlin, Stand: 04. Juli 2017. URL: http://www.deutscher-nachhaltigkeitskodex.de/fileadmin/user_upload/ dnk/pressemitteilungen /170704_DNK_PM_ Halbjahresbilanz.pdf [Abrufdatum: 19.09.2017].

Doz, Yves L. (1988): Technology Partnerships between Larger and Smaller Firms: Some Critical Issues, in: International Studies of Management & Organization, Vol. 17, No. 4, 1988, pp. 31–57.

Dresewski, Felix/Hartmann, Julia (2006): Verantwortliche Unternehmensführung im Mittelstand: Ausgewählte nationale und internationale Leitfäden und Instrumente, Arbeitspapier der Bundesinitiative „Unternehmen: Partner der Jugend“ (UPJ) e. V. im Rahmen der Kampagne „Verantwortliche Unternehmensführung im Mittelstand“, Berlin 2006.

Drucker, Peter F. (1989): What business can learn from Nonprofits, Harvard Business Review, Vol. 67, No. 7–8, July-Aug. 1989, pp. 88–93.

Dyllick, Thomas (1992): Management der Umweltbeziehungen – Öffentliche Auseinandersetzungen als Herausforderung, 1. Aufl., Nachdruck, Wiesbaden 1992.

Dyllick, Thomas/Hockerts, Kai (2002): Beyond the business case for sustainability, in: Business Strategy and the Environment, Vol. 11, No. 2, 8. March 2002, pp. 130–141.

Dyllick, Thomas/Hamschmidt, Jost (1999): Wirkungen von Umweltmanagementsystemen: Eine Bestandsaufnahme empirischer Studien, in: Zeitschrift für Umweltpolitik und Umweltrecht (ZfU), 22. Jg., Nr. 4, 1999, S. 507–540.

Eberhardt, Stefan (2000): Wertorientierte Unternehmensführung: Der modifizierte Stakeholder-Value-Ansatz, in: Management Revue, 11. Jg., Nr. 3, Wiesbaden 2000, S. 191–194.

Edwards, Tim/Delbridge, Rick/Munday, Max (2005): Understanding innovation in small and medium-sized enterprises: a process manifest, in: Technovation, Vol. 25, No. 10, Oct. 2005, pp. 1119–1127.

Eibel-Eibesfeldt, Irenäus (2004): Die Biologie des menschlichen Verhaltens: Grundriss der Humanethologie, 5. Aufl., München 2004.

Elkington, John (1994): Towards the Sustainable Corporation – Win-Win-Win Business Strategies for Sustainable Development, in: California Management Review, Vol. 36, No. 2, 1 Jan. 1994, pp. 90–100.

Enquete-Kommission „Schutz des Menschen und der Umwelt" (1994): Die Industriegesellschaft gestalten – Perspektiven für einen nachhaltigen Umgang mit Stoff- und Materialströmen, Bonn 1994.

Ergenzinger, Rudolf/Krulis-Randa, Jan (2006): Unternehmertum als Erfolgsfaktor von KMU – was kann das Management davon lernen?, in Berndt, Ralph (Hrsg.) (2006): Management-Konzepte für Kleine und Mittlere Unternehmen, Berlin – Heidelberg 2006, S. 65–83.

Ernst & Young AG Wirtschaftsprüfungsgesellschaft und Steuerberatungsgesellschaft (Hrsg.) **(2008)**: Agenda Mittelstand: Verantwortung und Entrepreneurship – Nachhaltige Unternehmensführung im Mittelstand hat unter Mitarbeit des UNESCO Lehrstuhls für Entrepreneurship und Interkulturelles Management an der Fachhochschule Gelsenkirchen (FH Gelsenkirchen), Stand: 2008. URL: http://www.upj.de/fileadmin/user_upload/MAIN-dateien/Infopool/Forschung/ernstyoung_verantwortung_entrepreneurship2008.pdf [Abrufdatum: 20.05.2014].

Europäische Kommission (1996): Empfehlung der Kommission vom 3. April 1996 betreffend die Definition der kleinen und mittleren Unternehmen (Text von Bedeutung für den EWR) (96/280/EG), Nr. L 107/4, Stand: 30.04.1996. URL: http://eur-lex.europa.eu/legal-content/DE/TXT/PDF/?uri=CELEX:31996H0280&from=DE [Abrufdatum: 24.11.2016].

Europäische Kommission (2002): Europäische KMU und soziale und umweltbezogene Verantwortung, Beobachtungsnetz der europäischen KMU 2002, Nr. 4, Stand: 2002. URL: http://www.pedz.uni-mannheim.de/daten/edz-h/gdb/02/ smes_observatory_2002_report4_de. pdf2002b [Abrufdatum: 22.08.2013].

Europäische Kommission (2003): Empfehlung der Kommission vom 6. Mai 2003 betreffend die Definition der Kleinstunternehmen sowie der kleinen und mittleren Unternehmen, (Bekanntgegeben unter Aktenzeichen K(2003) 1422), (Text von Bedeutung für den EWR), (2003/361/EG), L 124/36, Stand: 20.05.2003. URL: http://eur-lex.europa.eu/legal-content/DE/TXT/PDF/?uri=CELEX:32003H0361&from=DE [Abrufdatum: 24.11.2016].

Europäische Kommission (2006): Die neue KMU-Definition. Benutzerhandbuch und Mustererklärung, Unternehmen und Industrie, Stand: o. A. URL: http://ec.europa.eu/enterprise/policies/sme/files/sme_definition/sme _user_guide_de.pdf [Abrufdatum: 16.05.2013].

Europäische Kommission (2011): Mitteilung der Kommission an das Eu-ropäische Parlament, den Rat, den Europäischen Wirtschafts- und Sozial-ausschuss und den Ausschuss der Regionen – Eine neue EU-Strategie (2011–14) für die soziale Verantwortung der Unternehmen (CSR), Brüssel 25.10.2011.

Europäische Union (EU) (2009): Verordnung (EG) Nr. 1221/2009 des Europäischen Parlaments und des Rates vom 25. November 2009 über die freiwillige Teilnahme von Organisationen an einem Gemeinschaftssystem für Umweltmanagement und Umweltbetriebsprüfung und zur Aufhebung der Verordnung (EG) Nr. 761/2001, sowie der Beschlüsse der Kommission 2001/681/EG und 2006/193/EG, in: Amtsblatt der Europäischen Union vom 22.12.2009, L 342/44. URL: http://eur-lex.europa.eu/legal-content/DE/TXT/PDF/?uri=CELEX:32009R1221&from=DE [Abrufdatum: 07.11.2017]

Europäische Union (EU) (2014): Richtlinie 2014/95/EU des europäischen Parlaments und des Rates vom 22. Oktober 2014 zur Änderung der Richtlinie 2013/34/EU im Hinblick auf die Angabe nichtfinanzieller und die Diversität betreffender Informationen durch bestimmte große Unternehmen und Gruppen, Straßburg, 22.10.2014, in: Amtsblatt der Europäischen Union vom 15.11.2014, L 330/9. URL: http://eurlex.europa.eu/legal-content/DE/TXT/PDF/?uri=CELEX:32014L0095&from=EN [Abrufdatum: 07.11.2017].

Fallgatter, Michael J. (2002): Theorie des Entrepreneurship: Perspektiven zur Erforschung der Entstehung und Entwicklung junger Unternehmen, neue betriebswirtschaftliche Forschung, Nr. 299, Wiesbaden 2002.

Feldbauer-Durstmüller, Birgit/Wolfsburger, Horst (2005): Wertorientierte Konzepte für mittelständische Unternehmen, in: Schauer, Reinbert/Kailer, Norbert/Feldbauer-Durstmüller, Birgit (Hrsg.) (2005): Mittelständische Unternehmen: Probleme der Unternehmensnachfolge, Linz 2005, S. 243–283.

Felden, Birgit/Hack, Andreas (2014): Management von Familienunternehmen: Besonderheiten – Handlungsfelder – Instrumente, Wiesbaden 2014.

Fetzer, Joachim (2004): Die Verantwortung der Unternehmung: Eine wirtschaftsethische Rekonstruktion, Schriftenreihe Leiten, Lenken, Gestalten, Bd. 14, Gütersloh 2004.

Fichter, Klaus (1998): Schritte zum nachhaltigen Unternehmen – Anforderungen und strategische Ansatzpunkte, in: Fichter, Klaus (Hrsg.) (1998): Schritte zum nachhaltigen Unternehmen – zukunftsweisende Praxiskonzepte des Umweltmanagements, Berlin – Heidelberg – New York 1998, S. 3–26.

Fichter, Klaus (2005): Nachhaltige Nutzerintegration im Innovationsprozess, in: Fichter, Klaus/Paech, Nico/Pfriem, Reinhard (Hrsg.) (2005): Nachhaltige Zukunftsmärkte: Orientierung für unternehmerische Innovationsprozesse im 21. Jahrhundert, Marburg 2005, S. 351–370.

Fichter, Klaus/Clausen, Jens (2013): Erfolg und Scheitern „grüner" Innovationen: Warum einige Nachhaltigkeitsinnovationen am Markt erfolgreich sind und andere nicht, Marburg 2013.

Fichter, Klaus/Noack, Torsten/Beucker, Severin u. a. (2006): Nachhaltigkeitskonzepte für Innovationsprozesse, Stuttgart 2006.

Fieber, Marco (2016): Aktueller Baby-Boom in Deutschland: Ein Demograf erklärt, was dahinter steckt, in: The Huffington Post, veröffentlicht am 18.10.2016. Stand: 19.10.2016. URL: http://www.huffingtonpost.de /2016/10/18/baby-boom-geburten rate-deutschland_n_12537026.html [Abrufdatum: 14.01.2015].

Figge, Frank/Schaltegger, Stefan (2000): Was ist „Stakeholder Value"? Vom Schlagwort zur Messung, Lüneburg 2000.

Fischer, Steffen (2010): Nachhaltiges Personalmanagement als Teil einer nachhaltigen Unternehmensführung in inhabergeführten Unternehmen, in: Weißenrieder, Jürgen/Kosel, Marijan (Hrsg.) (2010): Nachhaltiges Personalmanagement in der

Praxis: Mit Erfolgsbeispielen mittelständischer Unternehmen, Wiesbaden 2010, S. 171–187.

Folkerts, Liesa (2001): Promotoren in Innovationsprozessen: Empirische Untersuchung zur personellen Dynamik, Wiesbaden 2001.

Folkerts, Liesa/Hauschildt, Jürgen (2002): Personelle Dynamik in Innovationsprozessen: neue Fragen und Befunde zum Promotorenmodell, in: Die Betriebswirtschaft (DBW), 62. Jg., Nr. 1, 2002, S. 7–23.

Frank, Christian (1994): Strategische Partnerschaften in mittelständischen Unternehmen, Wiesbaden 1994.

Franken, Swetlana (2010): Verhaltensorientierte Führung: Handeln, Lernen und Diversity in Unternehmen, 3., überarb. u. erw. Aufl., Wiesbaden 2010.

Freeman, Edward R. (1984): Strategic management: A stakeholder approach, Boston 1984.

Freeman, Edward R./Harrison, Jeffrey S./Wicks, Andrew C. et al. (2010): Stakeholder Theory: The State of the Art, Cambridge 2010.

Freiberg, Dietlind/Lohrie, Achim (2004): Nachhaltigkeitsmanagement in der strategischen Unternehmensentwicklung, in: Wieland, Josef (Hrsg.) (2004): Handbuch Wertemanagement – Erfolgsstrategien einer modernen Corporate Governance, Hamburg 2004, S. 81–101.

Freiling, Jörg (2006): Entrepreneurship: Theoretische Grundlagen und unternehmerische Praxis, Vahlens Handbücher der Wirtschafts- und Sozialwissenschaften, München 2006.

Freiling, Jörg/Weißenfels, Sven (2003): Innovationsorientierte industrielle Dienstleistungsnetzwerke: Aufbau, Steuerung und Wettbewerbsvorteilspotenziale, in: Bruhn, Manfred/Strauss, Bernd (Hrsg.) (2003): Dienstleistungsmanagement Jahrbuch 2000 – Forum Dienstleistungsnetzwerke, Wiesbaden 2003, S. 467–489.

Freimann, Jürgen (2006): Nachhaltig Wirtschaften!, in: Göllinger, Thomas (2006): Bausteine einer nachhaltigkeitsorientierten Betriebswirtschaftslehre, Festschrift zum 70. Geburtstag von Eberhard Seidel, Marburg 2006, S. 35–56.

Freimann, Jürgen (2013): Des Menschen Wolf: wie die Herrschaft der Geldökonomie unser Leben zerstört und was wir dagegen tun können, Marburg 2013.

Fritz, Wolfgang (1992): Marktorientierte Unternehmensführung und Unternehmenserfolg: Grundlagen und Ergebnisse einer empirischen Untersuchung, Betriebswirtschaftliche Abhandlungen, Bd. 90, Stuttgart 1992.

Fröhlich, Walburga (2016): Die Auswirkungen von Informationsbarrieren auf Franchisesysteme und Wege zu deren Überwindung, in: Martius, Waltraud/Hecker, Achim/Renzl, Birgit (Hrsg.) (2016): Wissens- und Informationsmanagement in der Franchisepraxis: Nachhaltig erfolgreich durch Replikation und Innovation, Wiesbaden 2016, S. 45–62.

Fueglistaller, Urs/Halter, Frank (2006): Führen – Gestalten – Leben: KMU in Bewegung – Eine Auseinandersetzung mit lebenszyklusorientierter Unternehmensführung, St. Gallen 2006.

Fueglistaller, Urs/Müller, Christoph/Volery, Thierry (Hrsg.) **(2008)**: Entrepreneurship: Modelle, Umsetzung, Perspektiven, 2. Aufl., Wiesbaden 2008.

Fueglistaller, Urs/Müller, Christoph/Müller, Susan u. a. (Hrsg.) **(2016)**: Entrepreneurship: Modelle, Umsetzung, Perspektiven, 4. Aufl., Wiesbaden 2016.

FUGO (2004): Perspektiven einer kulturwissenschaftlichen Theorie der Unternehmung, Marburg 2004.

Gabler (1988): Eintrag „Top Management", Bd. L–Z, in: Gabler (1988) (Hrsg.): Gabler Wirtschaftslexikon, 12. Aufl., Wiesbaden 1988, S. 1960.

Gabler (2014): Eintrag „Unternehmer", Bd. T–Z, in: Gabler (2014) (Hrsg.): Gabler Wirtschaftslexikon, 18. Aufl., Wiesbaden 2014, S. 3268–3269.

Gantzel, Klaus J. (1962): Wesen und Begriff der mittelständischen Unternehmung, Köln 1962.

Gawron, Thomas (2014): Integrierte Managementsysteme – Betriebliche Erfolgssicherung im Nachhaltigkeitskontext, Diss., Sternenfels 2014.

Gelbmann, Ulrike (2010): Establishing strategic CSR in SMEs: an Austrian CSR quality seal to substantiate the strategic CSR performance of SMEs, in: Sustainable development, Vol. 18, Nr. 2, pp. 90–98.

Gelbmann, Ulrike/Baumgartner, Rupert J. (2015): Strategische Implementierung von CSR im Unternehmen mit Schwerpunkt auf KMU, in: Schneider, Andreas/Schmidpeter, René (Hrsg.) (2015): Corporate Social Responsibility: verantwortungsvolle Unternehmensführung in Theorie und Praxis, 2., erg. u. erw. Aufl., Berlin – Heidelberg, 2015, S. 427–440.

Gelbmann, Ulrike/Rauter, Romana/Engert, Sabrina u. a. (2013): CSR-Innovationen in kleinen und mittleren Unternehmen, in: Altenburger, Reinhard (Hrsg.) (2013): CSR und Innovationsmanagement: Gesellschaftliche Verantwortung als Innovationstreiber und Wettbewerbsvorteil, Wiesbaden 2013, S. 31–54.

Gemünden, Hans G. (1993): Informationsverhalten, in: Hauschildt, Jürgen/Grün, Oskar (Hrsg.) (1993): Ergebnisse empirischer betriebswirtschaftlicher Forschung: zu einer Realtheorie der Unternehmung, Festschrift für E. Witte, Stuttgart 1993, S. 841–877.

Gemünden, Hans G. (1994): European Business-to-Business Relationships of Baden-Württemberg´s Firms – Results of an Empirical Study, in: Urban, Sabine (Ed.) (1994): Europe´s Economic Future, Wiesbaden 1994, pp. 187–209.

Gemünden, Hans G./Walter, Achim (1995): Der Beziehungspromotor – Schlüsselperson für interorganisationale Innovationsprozesse, in: Zeitschrift für Betriebswirtschaft (ZfB), 65. Jg., Nr. 9, 1995, S. 971–986.

Gemünden, Hans G./Walter, Achim (1999): Der Beziehungspromotor – Schlüsselperson für zwischenbetriebliche Innovationsprozesse, in: Hauschildt, Jürgen/Gemünden, Hans Georg (Hrsg.) (1999): Promotoren: Champions der Innovation, Wiesbaden 1999, S. 111–132.

Gemünden, Hans G./Walter, Achim/Helfert, Gabi (1996): Grenzüberschreitende Geschäftsbeziehungen: Erfolgsfaktoren und Gestaltungsempfehlungen für kleine und mittlere Unternehmen, Münster 1996.

Gergs, Hans-Joachim (2007): Vom Sozialmanagement zum Social Entrepreneurship – Sozialen Mehrwert schaffen durch unternehmerisches Denken und Handeln, in: König, Joachim/Oerthel, Christian/Puch, Hans-Joachim (Hrsg.) (2007): Mehrwert des Sozialen – Gewinn für die Gesellschaft, Kongressdokumentation zur ConSozial 2006, München 2007, S. 173–185.

Gerlach, Anne (o. J.): Innovativität und Sustainability Intrapreneurship, Stand: o. A. URL: http://archives.smia.info/2003/SMIA03Gerlach.pdf 2003 [Abrufdatum: 10.12.2013].

Gerlach, Anne (2006): Entscheidungsdefekte als Barrieren bei der Umsetzung von Nachhaltigkeitsinnovationen, in: Pfriem, Reinhard/Antes, Ralf/Fichter, Klaus u. a. (Hrsg.): Innovationen für eine nachhaltige Entwicklung, Wiesbaden 2006, S. 201-214.

Gerlach, Anne (2007): Entscheidungsdefekte als Barrieren für Nachhaltigkeitsinnovationen: Ansätze zur Identifikation, Erklärung und Überwindung, Empirische Personal- und Organisationsforschung, Bd. 32, hrsg. v. Weber, Wolfgang/Martin, Albert/Nienhüser, Werner, München – Mering 2008.

Geschäftsstelle Nachhaltigkeitsstrategie/WIN/Ministerium für Umwelt, Klima und Energiewirtschaft (2014): WIN Charta: Stück für Stück ans Ziel, Stand 2014. URL: http://www.win-bw.com/fileadmin/downloads/4_service /WIN_Charta_

Leitfaden.pdf [Abrufdatum: 30.11.2016].

Giddens, Anthony (1984): The Constitution of Society – Outline of the Theory of Structuration, Cambridge 1984.

Giddens, Anthony (1997): Die Konstitution der Gesellschaft – Grundzüge einer Theorie der Strukturierung, 3. Aufl., Frankfurt am Main – New York 1997.

Giddens, Anthony (2013): The constitution of society: outline of the theory of structuration, Cambridge u. a. 2013.

Global Compact Netzwerk Deutschland (o. J.): Teilnehmerverzeichnis, Stand: o. A. URL: http://www.globalcompact.de/de/teilnahme/teilnehmer verzeichnis.php [Abrufdatum: 17.11.2016].

Göbel, Elisabeth (1995): Der Stakeholderansatz im Dienste der strategischen Früherkennung, in: Zeitschrift für Planung (ZP), 6. Jg., Nr. 1, S. 55–67.

Göbel, Elisabeth (2013): Unternehmensethik. Grundlagen und praktische Umsetzung, 3., überarb. Aufl., Konstanz 2013.

Goeke, Manfred (2008): Der Deutsche Mittelstand: Herzstück der deutschen Wirtschaft, in: Goeke, Manfred (Hrsg.) (2008): Praxishandbuch Mittelstandsfinanzierung: Mit Leasing, Factoring & Co. unternehmerische Potenziale ausschöpfen, Wiesbaden 2008, S. 9–22.

Göllinger, Thomas (2006): Bausteine einer nachhaltigkeitsorientierten Betriebswirtschaftslehre, Festschrift zum 70. Geburtstag von Eberhard Seidel, Marburg 2006.

Graap, Torsten (2001): Nachhaltigkeit und Kooperation: zum Verständnis eines Leitbildes und Handlungstyps in einer komplexen Welt, Frankfurt am Main – New York 2001.

Greven, Kathrin/Lahme, Georg (2014): Freiwillige Transparenz führt zum Erfolg, in: Wagner, Riccardo/Lehme, Georg/Breitbarth, Tim (Hrsg.) (2014): CSR und Social Media: unternehmerische Verantwortung in sozialen Medien wirkungsvoll vermitteln, Berlin – Heidelberg 2014, S. 99–116.

GRI (Hrsg.) **(2014)**: Bereit für den Nachhaltigkeitsbericht? Nachhaltigkeitsberichte für KMU, Stand: 2014. URL: https://www.globalreporting.org/ resourcelibrary/Ready-to-Report-SME-booklet-online-German.pdf [Abrufdatum: 17.11.2016].

Grießhammer, Rainer/Buchert, Matthias/Gensch, Carl-Otto u. a. (2007): Prosa – Product Sustainability Assessment, Leitfaden, Freiburg 2007.

Grieshuber, Eva (2015): CSR als Hebel für ganzheitliche Innovation, in: Schneider, Andreas/Schmidpeter, René (Hrsg.) (2015): Corporate Social Responsibility: verantwortungsvolle Unternehmensführung in Theorie und Praxis, 2., erg. u. erw. Aufl., Berlin – Heideberg, 2015, S. 581–594.

Grothe, Anja/Goldmann, Gerhard/Marke, Nico u. a. (2011): Herausforderungen des Wissenstransfers zwischen Hochschule und Unternehmen: Nachhaltiges Wirtschaften in kleinen und mittleren Unternehmen, in: Ökologisches Wirtschaften, 26. Jg., Nr. 2, 2011, S. 47–50.

Grothe, Anja (Hrsg.) **(2012)**: Nachhaltiges Wirtschaften für KMU: Ansätze zur Implementierung von Nachhaltigkeitsaspekten, München 2012.

Grothe, Anja/Marke, Nico (2012): Nachhaltiges Wirtschaften – eine besondere Herausforderung für KMU, in: Grothe, Anja (Hrsg.): Nachhaltiges Wirtschaften für KMU: Ansätze zur Implementierung von Nachhaltigkeitsaspekten, München 2012, S. 26–35.

Gruber, Katrin A. (2009): Der Begriff der gesellschaftlichen Verantwortung und seine Ausgestaltung durch Unternehmen: Eine Illustration am Beispiel der deutschen Automobilhersteller, Schriftenreihe Ethik und Ökonomie, Bd. 9, Marburg 2009.

Gruhler, Wolfram (1994): Wirtschaftsfaktor Mittelstand: Wesenselemente der Marktwirtschaft in West und Ost, 2. Aufl., Köln 1994.

Grunwald, Armin/Kopfmüller, Jürgen (2006): Nachhaltigkeit, Frankfurt am Main 2006.

Grunwald, Armin/Kopfmüller, Jürgen (2012): Nachhaltigkeit, 2., aktual. Aufl., Frankfurt am Main 2012.

Günterberg, Brigitte (2012): Unternehmensgrößenstatistik – Unternehmen, Umsatz und sozialversicherungspflichtig Beschäftigte 2004 bis 2009 in Deutschland, Ergebnisse des Unternehmensregisters (URS 95), in: Daten und Fakten, Bd. 2, Bonn 2012.

Günterberg, Brigitte/Wolter, Hans-Jürgen (2002): Institut für Mittelstandsforschung Bonn, Unternehmensgrößenstatistik 2001/2002 – Daten und Fakten, in: IfM-Materialien, Nr. 155, Bonn 2002.

Günther, Edeltraud (2008): Ökologieorientiertes Management: Um-(weltorientiert) Denken in der BWL, Stuttgart 2008.

Günther, Edeltraud/Weber, Gabriel (2010): Carbon Disclosure Project, in: WISU (Das Wirtschaftsstudium), Düsseldorf, 39. Jg., Nr. 3/10, S. 342–343.

Günther, Edeltraud/Weber, Gabriel (Hrsg.) **(2011)**: Leitfaden zum Stakeholder-Management unter Mitarbeit von Herrmann, Jana/Plischtil, Max/Seifert, Johannes u. a., in: Lehrstuhl für Betriebswirtschaftslehre, Betriebliche Umweltökonomie (Hrsg.) (2011): Dresdner Beiträge zur Lehre der Umweltökonomie, Nr. 49/2011, Dresden, Stand: 2011. URL: http://www.qucosa.de/fileadmin/data/qucosa/documents/11723/Nr.%2049%20Gesamt.pdf [Abrufdatum: 15.01.2015].

Gutersohn, Alfred (1986): Zu einer Managementlehre für das Gewerbe aus der Sicht eines Volkswirtschaftlers, in: Pleitner, Hans Jobst (Hrsg.) (1986): Aspekte einer Managementlehre für kleinere Unternehmen, Berlin – München – St. Gallen 1986, S. 32–51.

Hackman, James Richard (1987): The design of work teams, in: Lorsch, Jay W. (Ed.) (1987): Handbook of Organizational Behavior, Englewood Cliffs 1987, pp. 315–342.

Hagemann, Harald/Hauff, Michael von (2010): Nachhaltige Entwicklung – das neue Paradigma in der Ökonomie, Marburg 2010.

Hamer, Eberhard (2013): Volkswirtschaftliche Bedeutung von Klein- und Mittelbetrieben, in: Pfohl, Hans-Christian (Hrsg.) (2013): Betriebswirtschaftslehre der Mittel- und Kleinbetriebe: Größenspezifische Probleme und Möglichkeiten zu ihrer Lösung, Grundlagen und Praxis der Betriebswirtschaft, Bd. 44, 5., neubearb. Aufl., Berlin 2013, S. 27–54.

Handelsblatt (2015): Clean Power Plan: Obama definiert Klimawandel als größte Gefahr der Welt, Stand: 03.08.2015. URL: http://www.handelsblatt.com/politik/international/clean-power-plan-obama-definiert-klimawandel-als-groesste-gefahr-der-welt/12141724.html [Abrufdatum: 23.01.2017].

Hansjürgens, Bernd (2015): Zur Neuen Ökonomie der Natur: Kritik und Gegenkritik, in: Wirtschaftsdienst, 95. Jg., Nr. 4, 2015, S. 284–291.

Hansjürgens, Bernd/Ring, Irene/Schröter-Schlaak, Cristoph (2015): Green Economy und Ökosystemleistungen: Zur ökonomischen Bedeutung von Biodiversität, in: Jaeckel, Liv (Hrsg.) (2015): Die Diversität der Biodiversität: Rechtliche und sozioökonomische Auseinandersetzungen mit einem globalen Thema, Tübingen 2015, S. 115–142.

Hansjürgens, Bernd/Wieler, Barbara (2013): Naturkapital Deutschland – Unternehmen und ökologische Vielfalt, in: Ökologisch Wirtschaften, Nr. 3, S. 8–9.

Hart, Stuart (1997): Beyond Greening: Strategies for a Sustainable World, in: Harvard Business Review, Vol. 75, Nr. 1, pp. 66–76.

Hartmann, Heinz (1968): Der deutsche Unternehmer: Autorität und Organisation, Frankfurt am Main 1968.

Hauff, Michael von (2011): Nachhaltigkeit – ein Erfolgsfaktor für mittelständische Unternehmen: Anforderungen an Politik, Gewerkschaften und Unternehmen, in: WISO Diskurs: Expertise im Auftrag der Abteilung Wirtschafts- und Sozialpolitik der Friedrich-Ebert-Stiftung, Bonn 2011.

Hauff, Michael von/Kleine, Alexandro (2009): Nachhaltige Entwicklung: Grundlagen und Umsetzung, München 2009.

Haunschild, Ljuba/Wolter, Hans-Jürgen (2010): Volkswirtschaftliche Bedeutung von Familien- und Frauenunternehmen, in: IfM-Materialien Nr. 199, Bonn 2010.

Hauschildt, Jürgen (1993a): Innovationsmanagement – Determinanten des Innovationserfolges, in: Hauschildt, Jürgen/Grün, Oskar (Hrsg.) (1993): Ergebnisse empirischer betriebswirtschaftlicher Forschung: zu einer Realtheorie der Unternehmung; Festschrift für Eberhard Witte, Stuttgart 1993, S. 295–326.

Hauschildt, Jürgen (1993b): Innovationsmanagement, München 1993.

Hauschildt, Jürgen (1998): Promotoren – Antriebskräfte der Innovation, in: Reihe BWL aktuell, Nr. 1, Klagenfurt 1998.

Hauschildt, Jürgen (1999): Zur Weiterentwicklung des Promotorenmodells, in: Hauschildt, Jürgen/Gemünden, Hans G. (Hrsg.) (1999): Promotoren: Champions der Innovation, 2. Aufl., Wiesbaden 1999, S. 255–282.

Hauschildt, Jürgen (2000): Unternehmenskrisen – Herausforderungen an die Bilanzanalyse, in: Hauschildt, Jürgen/Lecker Jens (Hrsg.) (2000): Krisendiagnose durch Bilanzanalyse, 2. Aufl., Köln 2000, S. 1–18.

Hauschildt, Jürgen/Chakrabarti, Alok K. (1988): Arbeitsteilung im Innovationsmanagement – Forschungsergebnisse, Kriterien und Modelle, in: Zeitschrift Führung und Organisation (ZFO), 57. Jg., Nr. 6, S. 378–388.

Hauschildt, Jürgen/Chakrabarti, Alok K. (1999): Arbeitsteilung im Innovationsmanagement, in: Hauschildt, Jürgen/Gemünden, Hans G. (Hrsg.) (1999): Promotoren: Champions der Innovation, Wiesbaden 1999, S. 67–87.

Hauschildt, Jürgen/Kirchmann, Edgar (1997): Arbeitsteilung im Innovationsmanagement - Zur Existenz und Effizienz von Prozeßpromotoren, in: Zeitschrift Führung und Organisation (ZFO), Jg. 66, Nr. 2, 1997, S. 68-74.

Hauschildt, Jürgen/Kirchmann, Edgar (1999): Zur Existenz und Effizienz von Prozeßpromotoren, in: Hauschildt, Jürgen/Gemünden, Hans G. (Hrsg.) (1999): Promotoren: Champions der Innovation, Wiesbaden1999, S. 89–107.

Hauschildt, Jürgen/Salomo, Søren (2007): Innovationsmanagement, 4., überarb., erg. u. aktual. Aufl., München 2007.

Hauschildt, Jürgen/Salomo, Søren (2008): Promotoren und Opponenten im organisatorischen Umbruch, in: Fisch, Rudolf/Müller, Andrea/Beck, Dieter (Hrsg.) (2008): Veränderungen in Organisationen: Stand und Perspektiven, Wiesbaden 2008, S. 163–176.

Hauschildt, Jürgen/Salomo, Søren (2011): Innovationsmanagement, 5., überarb., erg. u. aktual. Aufl., München 2011.

Hauschildt, Jürgen/Schewe, Gerhard (1997): Gatekeeper und Promotoren – Schlüsselpersonen in Innovationsprozessen in statischer und dynamischer Perspektive, in: Die Betriebswirtschaft (DBW), 57. Jg., Nr. 4, S. 506–616.

Hauschildt, Jürgen/Schewe, Gerhard (1999): Gatekeeper und Prozeßpromotoren, in: Hauschildt, Jürgen/Gemünden, Hans G. (Hrsg.) (1999): Promotoren: Champions der Innovation, 2. Aufl. Wiesbaden 1999, S. 159–176.

Hayek, Friedrich A. von (1952): Individualismus und wirtschaftliche Ordnung, Erlenbach-Zürich 1952.

Hayn, Doris/Nölting, Benjamin/Voß, Jan Peter (2009): Methodenfragen der Nachhaltigkeitsforschung: Normativ, integrativ, partizipativ – aber wie?, in: Volkens, Annette/ Fischer, Corinna/Karmanski, Andreas u. a. (Hrsg.): Orte nachhaltiger Entwicklung: Transdisziplinäre Perspektiven, Tagungsband zum Kongress 20. bis 22. Juni 2003 in Hamburg, Schriftenreihe Vereinigung für ökologische Wirtschaftsforschung (VöW), Berlin 2009, S. 4–9.

Hegel, Georg Wilhelm Friedrich (1812): Wissenschaft der Logik, Bd. 1, Buch 1, Nürnberg, 1812.

Heidbrink, Ludger (2003): Kritik der Verantwortung: Zu den Grenzen verantwortlichen Handelns in komplexen Kontexten, Weilerswist 2003.

Heidbrink, Ludger/Seele, Peter (2007): Greenwash, Bluewash und die Frage nach der weißen Weste: Begriffsklärung zum Verhältnis von CSR, PR und inneren Werten, Nr. 4/2007, Essen, Stand: 2007. URL: http://www.responsibility-research.de/resources/WP_4_Greenwash_Blue wash.pdf [Abrufdatum: 05.12.2014].

Heinen, Edmund (1992): Betriebswirtschaftliche Führungslehre: Grundlagen – Strategien – Modelle, 2., verb. u. erw. Aufl., Wiesbaden 1992.

Helten, Elmar/Bittl, Andreas (1998): Produktinnovationshemmnisse in der Versicherungswirtschaft, in: Franke, Nikolaus/Braun, Christoph-Friedrich von (Hrsg.) (1998): Innovationsforschung und Technologiemanagement: Konzepte, Strategien, Fallbeispiele, Berlin – Heidelberg – New York u. a. 1998, S. 373–385.

Herzig, Christian/Rheingans-Heintze, Anke/Schaltegger, Stefan (2003): Nachhaltiges Wirtschaften im Handwerk – Stand der Praxis in Hamburg, Nordrhein-Westfalen und Thüringen, Lüneburg 2003.

Hesselbarth, Charlotte (2009): Wirkungen des EU-Emissionshandels als ökonomisches Instrument der Umweltpolitik auf das Betriebliche Nachhaltigkeitsmanagement, Berichte aus der Betriebswirtschaft, Diss., Aachen 2009.

HGB (2017): Handelsgesetzbuch in der im Bundesgesetzblatt Teil III, Gliederungsnummer 4100-1, veröffentlichten bereinigten Fassung, das zuletzt durch Artikel 11 Absatz 28 des Gesetzes vom 18. Juli 2017 (BGBl. I S. 2745) geändert worden ist. URL: https://www.gesetze-im-internet.de/hgb/BJNR002190897.html [Abrufdatum: 07.11.2017].

Hinterberger, Friedrich/Welfens, Maria J. (1994): Stoffpolitik und ökologischer Strukturwandel, in: Wirtschaftsdienst, 74. Jg., Nr. 8, 1994, S. 403–408.

Hockerts, Kai N. (2003): Sustainability innovations: Ecological and social entrepreneurship and the management of antagonistic assets, Diss., Bamberg 2003.

Hockerts, Kai N./Wüstenhagen, Rolf (2010): Greening Goliaths versus Emerging Davids – Theorizing about the Role of Incumbents and New Entrants in Sustainable Entrepreneurship, in: Journal of Business Venturing, Vol. 25, No. 5, pp. 481–492.

Hofer, Charles W./Schendel, Dan (1978): Strategy formulation: Analytical concepts, St. Paul 1978.

Hofstede, Geert (1980): Culture's Consequences – International Differences in Work Related Values, London – Neu-Delhi 1980.

Hofstede, Geert (1997): Lokales Denken, globales Handeln: Kulturen, Zusammenarbeit und Management, München 1997.

Homann, Karl (2004): Gesellschaftliche Verantwortung der Unternehmen – Philosophische, gesellschaftstheoretische und ökonomische Überlegungen, in: Schneider, Ursula/Steiner, Peter (Hrsg.): Betriebswirtschaftslehre und gesellschaftliche Verantwortung – Mit Corporate Social Responsibility zu mehr Engagement, Wiesbaden 2004, S. 1–16.

Homann, Karl/Blome-Drees, Franz (1992): Wirtschafts- und Unternehmensethik, Göttingen 1992.

Hopfenbeck, Waldemar/Willig, Matthias (1995): UmweltorientiertesPersonalmanagement – Umweltbildung, Motivation, Mitarbeiterkommunikation, Landsberg/Lech 1995.

Howell, Jane M./Higgins, Christopher A. (1990): Champions of Technological Innovations, in: Administrative Science Quarterly, Vol. 35, No. 2, pp. 317–341.

Hube, Gerhard/Engelhardt, Fabian (2014): Strategisches Innovationsmanagement für kleine und mittlere Unternehmen, in: Granig, Peter/Hartlieb, Erich/Lercher, Hans (Hrsg.) (2014): Innovationsstrategien: Von Produkten und Dienstleistungen zu Geschäftsmodellinnovationen, Wiesbaden 2014, S. 35–42.

Huber, Joseph (2011): Allgemeine Umweltsoziologie, 2. vollst. überarb. Aufl., Wiesbaden 2011.

Hungenberg, Harald/Wulf, Torsten (2015): Grundlagen der Unternehmensführung: Einführung für Bachelorstudierende, 5. Aufl., Berlin – Heidelberg 2015.

IfM Bonn (Hrsg.) (o. J.): Die 10 häufigsten Fragen rund um den deutschen Mittelstand, Bonn, Stand: o. A. URL: http://www.ifm-bonn.org/mittelstandsdefinition/faq-fragen-zum-mittelstand/#accordion =0&tab=9 [Abrufdatum: 02.01.2015].

IHKG (2017): Gesetz zur vorläufigen Regelung des Rechts der Industrie- und Handelskammern in der im Bundesgesetzblatt Teil III, Gliederungsnummer 701-1, veröffentlichten bereinigten Fassung, das zuletzt durch Artikel 93 des Gesetzes vom 29. März 2017 (BGBl. I S. 626) geändert worden ist. URL: http://www.gesetze-im-internet.de/ihkg/IHKG.pdf [Abrufdatum: 22.11.2017].

IHK Nürnberg für Mittelfranken (o. J.): CSR-Manager/in (IHK): Gesellschaftliche Verantwortung im Unternehmen nachhaltig umsetzen, Stand: o. A. URL: https://www.ihk-nuernberg.de/de/media/PDF/Weiterbildung /csr-manager-ihk-.pdf [Abrufdatum: 04.09.2017].

IÖW/Future e. V. – Verantwortung unternehmen (Hrsg.) **(2016)**: Nachhaltigkeitsberichterstattung in Deutschland – Ergebnisse und Trends im Ranking der Nachhaltigkeitsberichte 2015, Berlin/Münster, Stand: 29.09.2016. URL: http://www.ranking nachhaltigkeitsberichte.de/data/ranking/user_upload/2015/RankingNachhaltigkeits berichte_2015_Ergebnisbericht. pdf [Abrufdatum: 14.10.2016].

IPCC (2007a): Fourth Assessment Report 2007 – The AR4 Synthesis Report, New York 2007.

IPCC (2007b): Zusammenfassung für politische Entscheidungsträger, in: Klimaänderung 2007: Wissenschaftliche Grundlagen, Beitrag der Arbeitsgruppe I zum Vierten Sachstandsbericht des Zwischenstaatlichen Ausschusses für Klimaänderung (IPCC), Solomon, Susan/Qin, Dahe/Manning, Martin u. a., Cambridge – New York, deutsche Übersetzung durch ProClim-, österreichisches Umweltbundesamt, deutsche IPCC-Koordinationsstelle, Bern – Wien – Berlin, Stand: 2007. URL: https://www.ipcc.ch/pdf/reports-nonUN-translations/deutch/ IPCC2007-WG1.pdf [Abrufdatum: 23.01.2017].

IPCC (2007c): Zusammenfassung für politische Entscheidungsträger, in: Klimaänderung 2007: Auswirkungen, Anpassung, Verwundbarkeiten. Beitrag der Arbeitsgruppe II zum Vierten Sachstandsbericht des Zwischenstaatlichen Ausschusses für Klimaänderung (IPCC), Parry, Martin L./Canziani, Osvaldo F./Palutikof, Jean P. u. a., Cambridge, deutsche Übersetzung durch ProClim-, österreichisches Umweltbundesamt, deutsche IPCC-Koordinationsstelle, Bern/Wien/Berlin, Stand 2007. URL: https://www.ipcc.ch/pdf/reports-nonUN-translations/deutch/ IPCC2007 -WG2.pdf [Abrufdatum: 14.10.2016].

IPCC (Hrsg.) **(2014)**: Climate Change 2014 – Impacts, Adaptation, and Vulnerability, Part B: Regional Aspects: Contribution of Working Group II to the Fifth Assessment Report of the Intergovernmental Panel on Climate Change, Annex II, Glossary, Cambridge (UK) – New York (USA), Stand: 2014. URL: http://www.ipcc.ch/pdf/ assessment-report/ar5/wg2/WGIIAR5-AnnexII_FINAL.pdf [Abrufdatum: 30.06.2017]

Irle, Martin (1970): Führungsverhalten in organisierten Gruppen, in: Mayer, Arthur/Herwig, Bernhard (1970): Handbuch der Psychologie, Bd. 9, Göttingen 1970, S. 521–551.

Isaak, Robert (1998): Green logic: Ecopreneurship, theory and ethics, Sheffield 1998.

Isaak, Robert/Keck, Alexander (1997): Die Grenzen von EMAS, in: Umweltwirtschaftsforum (uwf), 5. Jg., Nr. 3, 1997, S. 76–85.

Janis, Irving L. (1972): Victims of Groupthink: A Psychological Study of Foreign-Policy Decisions and Fiascoes, Boston 1972.

Janssen, Jan (2009): Rechnungslegung im Mittelstand: Eignung der nationalen und internationalen Rechnungslegungsvorschriften unter Berücksichtigung der Veränderungen durch den IFRS for private entities und das Bilanzrechtsmodernisierungsgesetz, Wiesbaden 2009.

Jochem, Eberhard/Bradke, Harald (2005): Entwicklung der Energieeffizienz der deutschen Industrie, in: Energiewirtschaftliche Tagesfragen, 55. Jg., Nr. 4, 2005, S. 220–223.

Jonas, Hans (2013): Das Prinzip Verantwortung: Versuch einer Ethik für die technologische Zivilisation, 1. Aufl. (Nachdruck), Frankfurt am Main 2013.

Jost, Peter-J./Backes-Gellner, Uschi (2001): Die Prinzipal-Agenten-Theorie in der Betriebswirtschaftslehre, Stuttgart 2001.

Kaiser, Stephan/Ringlstetter, Max J. (2010): Work-Life-Balance, Heidelberg 2010.

Kaluza, Bernd/Pasckert, Andreas (1994): Kreislaufwirtschaft und umweltorientiertes Technologiemanagement, in: Kaluza, Bernd (Hrsg.) (1994): Unternehmung und Umwelt, Hamburg 1994, S. 105–144.

Kay, Rosemarie/Kranzusch, Peter/Suprinovič, Olga (2008): Absatz- und Personalpolitik mittelständischer Unternehmen im Zeichen des demografischen Wandels – Herausforderungen und Reaktionen, IfM-Materialien, Nr. 183, Bonn 2008.

Kayser, Gunter (1997): Unternehmensführung, in: Pfohl, Hans-Christian (Hrsg.) (1997): Betriebswirtschaftslehre der Mittel- und Kleinbetriebe: Größenspezifische Probleme und Möglichkeiten zu ihrer Lösung, Bd. 44, 3. Aufl., Berlin 1997, S. 81–102.

Kayser, Gunter (2006): Daten und Fakten – wie ist der Mittelstand strukturiert?, in: Krüger, Wolfgang u. a. (Hrsg.) (2006): Praxishandbuch des Mittelstands: Leitfaden für das Management mittelständischer Unternehmen, Wiesbaden 2006, S. 33–48.

Kemfert, Claudia/Gerbaulet, Clemens/Hirschausen, Christian von u. a. (2015): Europäische Klimaschutzziele sind auch ohne Atomkraft erreichbar, DIW-Wochenbericht, 82. Jg., Nr. 45/2015, S. 1063–1070.

Keysers, Christian (2013): Unser empathisches Gehirn: Warum wir verstehen, was andere fühlen, 2. Aufl., übersetzt aus dem Englischen, München 2013.

KfW (Hrsg.) **(2011)**: Corporate Social Responsibility, Standpunkt Nr. 7, Stand: Januar 2011. URL: https://www.kfw.de/Download-Center/Konzernthemen/Research/PD

F-Dokumente-Standpunkt/Standpunkt-Nr.–7-Januar–2011.pdf [Abrufdatum: 19.05.2014].

KfW (Hrsg.) **(2017)**: Merkblatt: Energieeffizienz im Unternehmen; KfW-Energieeffizienzprogramm – Produktionsanlagen/-prozesse, Frankfurt, Stand: 1/2017. URL: https://www.kfw.de/PDF/Download-Center/F%C3%B6rderprogramme-(Inlandsf%C3%B6rderung)/PDF-Dokumente/600000 3416_M_292_ 293_EEP_Produktion.pdf [Abrufdatum: 15.05.2017].

Khadjavi, Kyros (2005): Wertmanagement im Mittelstand, Diss., St. Gallen, Stand: 23.09.2005. URL: http://www1.unisg.ch/www/edis.nsf/www DisplayIdentifier/3088/$FILE/dis3088.pdf [Abrufdatum: 09.04.2013].

Kiefer, Rolf/Biedermann, Christiane (2008): Public Relations (PR), in: Habisch, André/Schmidpeter, René/Neureiter, Martin (Hrsg.) (2008): Handbuch Corporate Citizenship: Corporate Social Responsibility für Manager, Berlin, S. 117–131.

Kieser, Alfred/Ebers, Marc (Hrsg.) **(2014)**: Organisationstheorien, 7., aktual. u. überarb. Aufl., Stuttgart 2014.

Kirchgeorg, Manfred (1990): Ökologieorientiertes Unternehmensverhalten: Typologien und Erklärungsansätze auf empirischer Grundlage, Wiesbaden 1990.

Kirchmann, Edgar M. (1994): Innovationskooperation zwischen Herstellern und Anwendern, Wiesbaden 1994.

Kirschten, Uta (2006): Nachhaltige Innovationsnetzwerke in Theorie und Praxis: Ausgewählte Forschungsergebnisse, in: Pfriem, Reinhard/Antes, Ralf/Fichter, Klaus u. a. (2006): Innovationen für eine nachhaltige Entwicklung, Wiesbaden 2006, S. 269–286.

Kirschten, Uta (2008): Integrativer Gestaltungsansatz für ein nachhaltiges Human Resource Management, in: Umweltwirtschaftsforum (UWF), 4. Jg., Nr. 16, Dez. 2008, S. 257–265.

Kirzner, Israel M. (1973): Competition and entrepreneurship, Chicago, London 1973.

Kirzner, Israel M. (1978): Wettbewerb und Unternehmertum, Tübingen 1978.

Kleine, Alexandro (2009): Operationalisierung einer Nachhaltigkeitsstrategie: Ökologie, Ökonomie und Soziales integrieren, Wiesbaden 2009.

Klemisch, Herbert/Schlömer, Tobias/Tenfelde, Walter (2007): Forschungsbericht: Wie können Kompetenzen und Kompetenzentwicklung für nachhaltiges Wirtschaften entwickelt werden?, in: HaBiNa: Werkstatt- und Forschungsberichte zum Modellversuch Handwerkliche Aus- und Weiterbildung für Nachhaltigkeit, Heft 2, Hamburg 2007. URL: http://www.habina.de/files/downloads/Forschungsbericht%202.pdf [Abrufdatum: 23.06.2015].

Kless, Sascha/Veldhues, Bernhard (2008): Ausgewählte Ergebnisse für kleine und mittlere Unternehmen in Deutschland 2005, in: Wirtschaft und Statistik, Nr. 3, 2008, S. 225–241.

Klink, Daniel (2003): Der Ehrbare Kaufmann – Das ursprüngliche Leitbild der Betriebswirtschaftslehre und individuelle Grundlage für die CSR-Forschung, in: Zeitschrift für Betriebswirtschaft (ZfB), Special Issue Nr. 3, 2008, S. 57–79.

Knopf, Jutta/Hoffmann, Esther/Quitzow, Rainer u. a. (2011): Nachhaltigkeitsstrategien in Politik und Wirtschaft: Treiber für Innovation und Kooperation?, München 2011.

Kompass Nachhaltigkeit (2017): Nachhaltige Beschaffung für kleine und mittlere Unternehmen (Online-Tool). URL: http://kmu.kompass-nachhaltig keit.de/ [Abrufdatum: 27.11.2017].

Konrad, Wilfried/Nill, Jan (2001): Innovationen für Nachhaltigkeit: Ein interdisziplinärer Beitrag zur konzeptionellen Klärung aus wirtschafts- und sozialwissenschaftlicher Perspektive, Schriftenreihe des Instituts für ökologische Wirtschaftsforschung gGmbH (IÖW) 157/01, Berlin und Heidelberg 2001.

Kopfmüller, Jürgen/Brandl, Volker/Jörissen, Juliane u. a. (2001): Nachhaltige Entwicklung integrativ betrachtet – konstitutive Elemente, Regeln, Indikatoren, Global zukunftsfähige Entwicklung – Perspektiven für Deutschland, Bd. 1, Berlin 2001.

Krämer, Werner (2003): Mittelstandsökonomik: Grundzüge einer umfassenden Analyse kleiner und mittlerer Unternehmen, München 2003.

Kratz, Thomas (1996): Abgrenzung der klein- und mittelständischen Unternehmen, in: Mayer, Horst (Hrsg.) (1996): Problembereiche klein- und mittelständischer Unternehmen, Dresdner Beiträge zu Revision und Steuerlehre, Bd. 3, Dresden 1996.

Kreikebaum, Hartmut (1992): Umweltgerechte Produktion – Integrierter Umweltschutz als Aufgabe der Unternehmensführung im Industriebetrieb, Wiesbaden 1992.

Kreikebaum, Hartmut/Zabel, Hans-Ulrich (2008): Kreislaufwirtschaft als Wirtschaftstyp zukunftsfähiger Ressourcenwirtschaft, in: Riesner, Wilhelm/Seidel, Eberhard (Hrsg.) (2008): Zukunftsfähige Ressourcenwirtschaft, Festschrift für Eberhard Garbe, Marburg 2008, S. 269–294.

Krings, Michael (1997): Ressourcenorientierte strategische Planung: Entwicklung eines Konzeptes zur Analyse und Bewertung von Kompetenzen für Großhandelsunternehmungen, Diss., Hamburg 1997.

Krischke, Wolfgang (2000): Am Eingang eines bahnbrechenden Forschungsgebietes, in: Frankfurter Allgemein Zeitung, 2000, Nr. 164 S. 53, Stand: 18.07.2000. URL: https://fazarchiv.faz.net/document?id=FAZ__ FR120000718514395 #start [Abrufdatum: 19.05.2014].

Kromminga, Peter (2011): Verantwortliche Unternehmensführung im Mittelstand, in: Hardtke, Arnd/Kleinfeld, Annette (Hrsg.) (2011): Gesellschaftliche Verantwortung von Unternehmen: Von der Idee der Corporate Social Responsibility zur erfolgreichen Umsetzung, Wiesbaden 2011, S. 71–77.

Kunze, Max (2008): Unternehmensethik und Wertemanagement in Familien- und Mittelstandsunternehmen: Projektierte Analyse, Gestaltung und Integration von Werten und Normen, Wiesbaden 2008.

Kühnle, Günter R. (2003): Die Jagd als Mechanismus der biotischen und kulturellen Evolution des Menschen: Zur soziopsychologischen Rolle des Jagdschemas als Denk- und Handlungsschema, Bonn und Trier 2003.

Kuttner, Antje/Oswald, Gertrud (2013): Den Ehrbaren Kaufmann leben – Eine Strategie für die Zukunft, in: Heinrich, Peter (Hrsg.) (2013): CSR und Kommunikation: Unternehmerische Verantwortung überzeugend vermitteln, Management-Reihe Corporate Social Responsibility, Berlin – Heidelberg, 2013, S. 45–49.

Landkreis Harburg (Hrsg.) **(o. J.)**: ÖKOPROFIT® – Umweltmanagement für KMU, Stand: o. A. URL: http://www.landkreis-harburg.de/oekoprofit [Abrufdatum: 14.11.2014].

Lanninger, Volker (2009): Prozessmodell zur Auswahl Betrieblicher Standardanwendungssoftware für KMU, Lohmar – Köln 2009.

Laszlo, Chris (2008): Sustainable Value: How the World´s Leading Companies Are Doing Well by Doing Good, Sheffield 2008.

Latif, Mojib (2007): Bringen wir das Klima aus dem Takt? Hintergründe und Prognosen, Frankfurt a. M. 2007.

Leadbeater, Charles (1997): The Rise of the Social Entrepreneur, London 1997.

Lee, Sungjoo/Park, Gwangman/Yoon, Byungun (2010): Open innovation in SMEs – an intermediated network model, in: ResPolicy Vol. 39, No. 2, March 2010, pp. 290–300.

Lehr, Petra (2000): Integrierter Umweltschutz im Innovationsprozess industrieller Unternehmen, Frankfurt am Main u. a. 2000.

Leitschuh-Fecht, Heike/Bergius, Susanne (2007): Stakeholderdialoge können besser werden, in: Umweltwirtschaftsforum (UWF), 15. Jg., Nr. 1, März 2007, S. 1–4.

Lenk, Hans/Maring, Matthias (1993): Verantwortung – Normatives Interpretationskonstrukt und empirische Beschreibung, in: Eckensberger, Lutz H./Gähde, Ulrich (Hrsg.) (1993): Ethische Norm und empirische Hypothese, Frankfurt am Main 1993, S. 222–243.

Leonard-Barton, Dorothy (1995): Wellsprings of Knowledge – Building and Sustaining the Sources of Innovation, Boston 1995.

Lerch, Volker (2008): Konzept einer Modellfabrik für integrierte Business Intelligence im Mittelstand: Theorie und Anwendung bei einem mittelständischen Unternehmen der Fertigungsindustrie, Mannheim 2008.

Lewik, Rico (2011): Nachhaltigkeitsmanagement in kleinen und mittelständischen Unternehmen in Sachsen 2011, Diplomarbeit, Dresden 2011.

Lewin, Kurt (1961): Quasi-Stationary Social Equilibria and the Problem of Permanent Change, in: Bennis, Warren G./Benne, Kenneth D./Chin, Robert (Eds.) (1961): The Planning of Change, New York 1961, pp. 238–244.

Leyh, Christian/Krischke, Andre/Strahringer, Susanne (2011): Die Herausforderung der IT-Unterstützung des Nachhaltigkeitsmanagements in KMU – eine vergleichende Betrachtung ausgewählter KMU und Großunternehmen, in: Meyer, Jörn-Axel (Hrsg.) (2011): Nachhaltigkeit in kleinen und mittleren Unternehmen, Jahrbuch der KMU-Forschung und -Praxis 2011 in der Edition „Kleine und mittlere Unternehmen“, Lohmar 2011, S. 269–288.

LfU (Hrsg.) **(2016)**: Wer will eigentlich was von Ihrem Unternehmen? Anspruchsgruppenanalyse und -dialog, Ein Praxisleitfaden für KMU, Augsburg, Stand: September 2016. URL: https://www.ihk-muenchen. de/ihk/documents/Umwelt-und-Energie/leitfaden_anspruchsgruppen.pdf [Abrufdatum: 08.05.2017].

Loew, T./Rohde, F. (2013): CRS und Nachhaltigkeitsmanagement: Definitionen, Ansätze und organisatorische Umsetzung im Unternehmen, Berlin, Stand: August 2013. URL: http://www.4sustainability.de/fileadmin /redakteur/bilder/Publikationen/ Loew_ Rohde_2013_CSR-und-Nachhaltig keitsmanagement.pdf [Abrufdatum: 29.06.2015].

Lorsch, Jay W. (Ed.) **(1987)**: Handbook of organizational behavior, Englewood Cliffs 1987.

Lück, Wolfgang (2000): Managementrisiken im Risikomanagementsystem, in: Der Betriebswirt, 53. Jg., Nr. 30, 2000, S. 1473–1477.

Mahammadzadeh, Mahammad/Chrischilles, Esther/Biebeler, Hendrik (2013): Klimaanpassung in Unternehmen und Kommunen – Betroffenheiten, Verletzlichkeiten und Anpassungsbedarf, in: IW-Analysen, Nr. 83, Köln 2013.

Mank, Peter (1991): Personalpolitik in mittelständischen Unternehmen, Frankfurt am Main 1991.

March, James G./Simon, Herbert A. (1993): Organizations, 2. ed., reprinted (twice), Cambridge (Mass.) – Oxford 1993.

Markham, Stephen, K./Green, Stephen G./Basu, Raja (1991): Champions and antagonists: Relationships with R&D project characteristics and management, in: Journal of Engineering and Technology Management, Vol. 8, No. 3–4, Dec. 1991, pp. 217–242.

Martin, Albert/Bartscher-Finzer, Susanne (2008a): Arbeitsbedingungen und deren Bedeutung für die Zufriedenheit unterschiedlicher Berufsgruppen, in: Schriften aus dem Institut für Mittelstandsforschung, Nr. 21, Lüneburg 2008.

Martin, Albert/Bartscher-Finzer, Susanne (2008b): Arbeitsbedingungen von Unternehmern, in: Schriften aus dem Institut für Mittelstandsforschung, Nr. 22, Lüneburg 2008.

Matten, Dirk/Crane, Andrew/Chapple, Wendy (2003): Behind the Mask: Revealing the True Face of Corporate Citizenship, in: Journal of Business Ethics, Vol. 45, No. 1–2, June 2003, pp. 109–120.

Matten, Dirk/Wagner, Gerd R. (1998): Konzeptionelle Fundierung und Perspektiven des Sustainable-Development-Leitbildes, in: Steinmann, Horst/Wagner, Gerd R. (Hrsg.) (1998): Umwelt- und Wirtschaftsethik, Stuttgart 1998, S. 51–79.

Maturana, Humberto R./Varela, Francisco J. (2012): Der Baum der Erkenntnis: Die biologischen Wurzeln menschlichen Erkennens, 5. Aufl., Frankfurt am Main 2012.

Matzler, Kurt/Müller, Julia/Mooradian, Todd A. (2013): Strategisches Management – Konzepte und Methoden, Wien 2013.

Maurer, Iris/Müller-Camen, Michael (2016): Nachhaltiges Personalmanagement, in: Doyé, Thomas (Hrsg.) (2016): CSR und Human Resource Management: Die Relevanz von CSR für modernes Personalmanagement, Berlin, Heidelberg 2016, S. 17–30.

Max-Rubner-Institut (2008): Ergebnisbericht: Die bundesweite Befragung zur Ernährung von Jugendlichen und Erwachsenen, Nationale Verzehrstudie II, Teil 2, Karlsruhe 2008.

Mayer, Katja (2017): Nachhaltigkeit: 111 Fragen und Antworten, Nachschlagewerk zur Umsetzung von CSR im Unternehmen, Wiesbaden 2017.

Mayr, Stefan (2010): Stakeholdermanagement in der Unternehmenskrise: Eine unternehmensethische Betrachtung, Wiesbaden 2010.

Meadows, Donella H./Randers, Jørgen/Meadows, Dennis L. (2012): Grenzen des Wachstums: das 30-Jahre-Update, Signal zum Kurswechsel, 4. Aufl., Stuttgart 2012.

Meffert, Heribert/Kirchgeorg, Manfred (1993): Das neue Leitbild Sustainable Development – der Weg ist das Ziel, in: Harvard Business Manager, 15. Jg., Nr. 2, 1993, S. 34–45.

Meffert, Heribert/Kirchgeorg, Manfred (1998): Marktorientiertes Umweltmanagement – Konzeption, Strategie, Implementierung mit Praxisfällen, 3. Aufl., Stuttgart 1998.

Meisterteam LGF GmbH & Co. KG (Hrsg.) **(o. J.)**: Nachhaltigkeitsbrochüre: Meisterteam organisiert den Umweltschutz langfristig!, Hamburg, Stand: o. A. URL: https:/ /www.meisterteam.de/index.php?eID=tx_nawsecuredl&u=0&file=/fileadmin/user_u pload/meisterteam_Nachhaltigkeitsbroschuere_meisterteamkomplett2.pdf&t=1504 882648&hash=31e87cc1ecd 377fa047585dde8252229c57dff12 [Abrufdatum: 29.05.2017].

Merten, Thomas/Westermann, Udo/Rohn, Udo u. a. (2005): Der Initiale Nachhaltigkeitscheck – Wissen, wo Ihr Unternehmen heute steht! Nachhaltigkeitsprofil der Ernährungswirtschaft auf Basis durchgeführter Selbstbewertungen von 230 Unternehmen, in: Kompakt (Hrsg.) (2005): Zukunftssicherung durch nachhaltige Kompetenzentwicklung in kleinen und mittleren Unternehmen der Ernährungswirtschaft 2005.

Meyer, Jörn-Axel (Hrsg.) **(2011)**: Nachhaltigkeit in kleinen und mittleren Unternehmen, Jahrbuch der KMU-Forschung und -Praxis 2011 in der Edition „Kleine und mittlere Unternehmen“, Lohmar 2011.

Meyer, Jörn-Axel (2013): Innovationsmanagement, in: Pfohl, Hans-Christian (Hrsg.) (2013): Betriebswirtschaftslehre der Mittel- und Kleinbetriebe: Größenspezifische Probleme und Möglichkeiten zu ihrer Lösung, Grundlagen und Praxis der Betriebswirtschaft, Bd. 44, 5., neubearb. Aufl., Berlin 2013, S. 219–243.

Meyer, Jörn-Axel/Schulz, Anja (2011): Nachhaltigkeit in kleinen und mittleren Unternehmen – Überblick über das Jahrbuch der KMU-Forschung und -Praxis 2011, in: Meyer, Jörn-Axel (Hrsg.) (2011): Nachhaltigkeit in kleinen und mittleren Unternehmen, Jahrbuch der KMU-Forschung und -Praxis 2011 in der Edition „Kleine und mittlere Unternehmen“, Lohmar 2011, S. 3–11.

Meynhardt, Timo (2014): Nachhaltigkeit – Kein Thema!: Fallstudien aus der Unternehmenspraxis, Wiesbaden 2014.

Mitchell, Ronald K./Agle, Bradley R./Wood, Donna J. (1997): Towards a Theory of Stakeholder Identification and Salience: Defining the Principle of Who and What

Really Counts, in: The Academy of Management Review, Vol. 22, No. 4, Oct. 1997, pp. 853–86.

Mittelstädt, Franziska/Backhaus-Maul, Holger/Kunze, Martin (2013): Gesellschaftliches und ökologisches Engagement von Unternehmen (CSR) in Sachsen-Anhalt, Ergebnisse einer Unternehmensbefragung von kleinen und mittleren Unternehmen, Bd. 3 der Schriftenreihe des Fachgebiets Recht, Verwaltung und Organisation, Halle (Saale) 2013.

Mödinger, Wilfried/Armutat, Sascha (2011): Nachhaltige Unternehmensführung, in: DGFP (Hrsg.) (2011): Personalmanagement nachhaltig gestalten: Anforderungen und Handlungshilfen, Bielefeld 2001, S. 27–36.

Moroko, Lara/Uncles, Mark D. (2008): Characteristics of successful employer brands, in: Journal of Brand Management, Vol. 16, No. 3, 2008, pp. 160–175.

Morris, Desmond (1996): Das Tier Mensch (The human animal), aus dem Englischen von Hasso Rost, Taschenbuchausgabe, erschienen 1994, Köln 1996.

Mugler, Josef (1998): Betriebswirtschaftslehre der Klein- und Mittelbetriebe, Kurzlehrbücher der Wirtschaftswissenschaften, Bd. 1, 3. Aufl., Wien 1998.

Müller, Axel (2004): Zur Strukturgenese von und Kommunikation in Innovationsnetzwerken, Diss., Halle, Stand: 2004. URL: https:// sundoc.bibliothek.uni-halle.de/diss-online/04/04H201/prom.pdf [Abrufdatum: 28.08.2014].

Müller-Christ, Georg (2003): Nachhaltiges Ressourcenmanagement: Wo ist der Ort der strategischen Umweltschutzinitiative?, in: Schmidt, Mario/Schwegler, Regina (Hrsg.) (2003): Umweltschutz und strategisches Handeln – Ansätze zur Integration in das betriebliche Management, Wiesbaden 2003, S. 91–123.

Müller-Christ, Georg (Hrsg.) **(2011)**: Der Nachhaltigkeits-Check: Die Sicherung des langfristigen Unternehmensbestandes durch Corporate Social Responsibility, Stand: Mai 2011. URL: http://www.wiwi.uni-bremen.de/gmc/aktuell_pdf/CSR_Check_Formular_neu.pdf [Abrufdatum: 28.08.2014].

Müller-Christ, Georg (2012): Der Nachhaltigkeitscheck: Einstieg in ein systematisches Nachhaltigkeitsmanagement, in: Seidel, Eberhard (Hrsg.) (2012): Georg Winter – Pionier der umweltbewussten Unternehmensführung, Festschrift zum 70. Geburtstag, Marburg 2012, S. 209–233.

Müller-Christ, Georg (2014): Nachhaltiges Management: Einführung in Ressourcenorientierung und widersprüchliche Managementrationalitäten, 2., überarb. u. erw. Aufl., Baden-Baden – Stuttgart 2014.

Müller-Christ, Georg/Hülsmann, Michael (2003): Erfolgsbegriff eines nachhaltigen Managements, in: Linne, Gudrun/Schwarz, Michael (Hrsg.) (2003): Handbuch nachhaltige Entwicklung: Wie ist nachhaltiges Wirtschaften machbar?, Opladen 2003, S. 245–256.

Myers, Nicolas (1995): Enviromental Exodus: An Emergant Crisis in the Global Arena, Projection of the Climate Institute, Washington D. C., June 1995.

Nahrendorf, Rainer (2008): Der Unternehmer-Code: Was Gründer und Familienunternehmen erfolgreich macht, Wiesbaden 2008.

Näsi, Juha (1995): What is Stakeholder Thinking? A Snapshot of a Social Theory of the Firm, in: Näsi, Juha (Ed.) (1995): Understanding Stakeholder Thinking, Helsinki 1995, pp. 19–32.

Naturkapital Deutschland – TEEB DE (2015): Naturkapital und Klimapolitik: Synergien und Konflikte, hrsg. von Hartje, Volkmar/Wüstemann, Henry/Bonn, Aletta, Berlin – Leipzig 2015. URL: http://www.naturkapital-teeb.de/fileadmin/Downloads/Projekteigene_Publikationen/TEEB_Broschuereneren/TEEB_DE_Klimabericht_Langfassung.pdf [Abrufdatum: 12.11.2017]

Naturkapital Deutschland – TEEB DE (2016a): Ökosystemleistungen im ländlichen Raum: Grundlagen für menschliches Wohlergehen und nachhaltige wirtschaftliche Entwicklung, hrsg, von Haaren, Christian von/Albert, Christian, Hannover – Leipzig 2016. URL: http://www.naturkapital-teeb.de/fileadmin/Downloads/Projekteigene_Publikationen/TEEB_Broschueren/TEEB_DE_Landbericht_Langfassung.pdf [Abrufdatum: 12.11.2017]

Naturkapital Deutschland – TEEB DE (2016b): Ökosystemleistungen in der Stadt: Gesundheit schützen und Lebensqualität erhöhen, hrsg. von Kowarik, Ingo/Bartz, Robert/Brenck, Miriam, Berlin – Leipzig 2016. URL: http://www.naturkapital-teeb.de/fileadmin/Downloads/Projekteigene_Publikationen/TEEB_Broschueren/TEEB_DE_Stadtbericht_Langfassung.pdf [Abrufdatum: 12.11.2017]

Nertinger, Stefan (2015): Carbon and Material Flow Cost Accounting: Ein integrierter Ansatz im Kontext nachhaltigen Erfolgs und Wirtschaftens, Diss., Wiesbaden 2015.

Netzwerk Nachhaltige Ökonomie (o. J.): Managementregeln, Stand: o. A. URL: http://nachhaltige-oekonomie.de/?page_id=52 [Abrufdatum: 17.09.2013].

Neumarkter Lammsbräu (Hrsg.) **(2016)**: Verantwortung leben. Genuss schaffen. Nachhaltigkeitsbericht 2015, 24. Öko-Controlling Bericht, Neumarkt, Stand: Mai 2016. URL: https://www.lammsbraeu.de/ fileadmin/user_upload/ nh_berichte/ NL_Nachhaltbericht2015_web.pdf [Abrufdatum: 29.05.2017].

Nitze, Andreas (1991): Die organisatorische Umsetzung einer ökologisch bewussten Unternehmensführung: Eine empirische Erhebung mit Fallbeispielen, Bern – Stuttgart, 1991.

OECD/European Commission/Eurostat (1997): Oslo Manual: Proposed Guidelines for Collecting and Interpreting Technological Innovation Data, in: The Measurement of Scientific and Technological Activities, Paris 1997.

Oechsler, Walter A. (2011): Personal und Arbeit: Grundlagen des Human Ressource Management und der Arbeitgeber-Arbeitnehmer-Beziehung, 9. Aufl., München 2011.

Oerkermann, Gerald (2015): Nachhaltige Produktgestaltung, in: Schmidpeter, René (Hrsg.) (2015): CSR und Produktmanagement, Managementreihe Corporate Sustainability, hrsg. von Torsten Weber, Berlin – Heidelberg, 2015, S. 149–159.

OHSAS 18001:2007 (2007): Arbeits- und Gesundheitsschutzmanagementsysteme – Anforderungen; BS OHSAS 18001 – Deutsche Übersetzung, in: Reihe zur Beurteilung des Arbeits- und Gesundheitsschutzes, TÜV-Media GmbH, Köln Oktober 2007.

Olfert, Klaus (2012): Organisation, in: Olfert, Klaus (Hrsg.) (2012): Kompendium der praktischen Betiebswirtschaft, 16., durchg. und aktual. Aufl., Herne 2012.

Olfert, Klaus (2015): Personalwirtschaft, in: Olfert, Klaus (Hrsg.) (2015): Kompendium der praktischen Betiebswirtschaft, 16., aktual. Aufl., Herne 2015.

Onischka, Mathias/Ritthoff, Michael/Liedtke, Christa (2008): Instrumentenwegweiser zur Steigerung der Ressourceneffizienz, Praxishandbuch des Umwelt- und

Nachhaltigkeitscontrollings für KMU, Hrsg. vom Wuppertal Institut für Klima, Umwelt, Energie GmbH, Wuppertal 2008.

Osburg, Thomas (2013): CSR-Kommunikation und soziale Innovationen, in: Heinrich, Peter (Hrsg.) (2013): CSR und Kommunikation: Unternehmerische Verantwortung überzeugend vermitteln, Management-Reihe Corporate Social Responsibility, Berlin – Heidelberg, S. 51–63.

Osburg, Thomas/Schmidpeter, René (2013): Gesellschaftliche Innovation als Managementprinzip, in: Altenburger, Reinhard (Hrsg.) (2013): CSR und Innovationsmanagement: Gesellschaftliche Verantwortung als Innovationstreiber und Wettbewerbsvorteil, Wiesbaden 2013, S. 71–77.

Paech, Nico (2005): Nachhaltiges Wirtschaften jenseits von Innovationsorientierung und Wachstum, Marburg 2005.

Paech, Nico (2012): Nachhaltiges Wirtschaften jenseits von Innovationsorientierung und Wachstum, 2., erw. und überarb. Aufl., Marburg 2012.

Paech, Nico/Pfriem, Reinhard (2002): Mit Nachhaltigkeitskonzepten zu neuen Ufern der Innovation, in: UmweltWirtschaftsForum (UWF), 10. Jg., Nr. 3, 2002, S. 12–17.

Paoli, Pascal/Merllié, Damien (2001): Third European survey on working conditions 2000, Stand: 2001. URL: http://www.eurofound.ie/ publications/files/EF0121EN.pdf [Abrufdatum: 14.08.2014].

Pappenheim, Jörg Rabe von (2009): Das Prinzip Verantwortung: Die 9 Bausteine nachhaltiger Unternehmensführung, Wiesbaden 2009.

Parent-Thirion, Agnès/Fernández Macías, Enrique/Hurley, John u. a. (Eds.) **(2007)**: Fourth European survey on working conditions, Dublin 2007.

Pavitt, Keith (1992): Internationalization of Technical Innovation, in: Science and Public Policy, Vol. 19, No. 2, 1. April 1992, pp. 119–123.

Pedersen, Charlotte (2000): Local authorities in dialogue with small and medium-sized enterprises, in: Hillary, Ruth (Ed.) (2000): Small and Medium-Sized Enterprises and the Environment: Business imperatives, Sheffield 2000, pp. 203–218.

Perl, Elke (2007): Grundlagen des Innovations- und Technologiemanagements, in: Strebel, (Hrsg.) (2007): Innovations- und Technologiemanagement, Wien 2007, S. 17–52.

Pernkopf, Teresa/Jasch, Christine/Weber, Lisa (2010): Leitfaden für die Erstellung von Nachhaltigkeitsberichten in KMUs – abgestimmt mit den Kriterien der Global Reporting Initiative, Wieselburg/Wien, Stand: Jänner 2010. URL: http://www.ioew.at/ioew/download/100111_Leitfaden_NH-Berichte_KMUGRI.pdf [Abrufdatum: 06.12.2016].

Peters, Anna (2009): Wege aus der Krise – CSR als strategisches Rüstzeug für die Zukunft, Gütersloh, Stand: 2009. URL: https://www.wko.at/Content.Node/CSR--fair antwortung-/Anna_Peters_Wege_aus_der_Krise_CSR_als_strategisches_Ruest.pdf [Abrufdatum: 04.12.2014].

Petersen, Holger (2003): Ecopreneurship und Wettbewerbsstrategie: Verbreitung ökologischer Innovationen auf Grundlage von Wettbewerbsvorteilen, Marburg 2003.

Petschow, Ulrich (2001): Kleine und mittlere Unternehmen und die Ökologie, in: UmweltWirtschaftsForum (UWF), 9. Jg., Nr. 1, 2001, S. 4–8.

Petts, Judith/Herd, Andrew/Gerrad, Simon et. al. (1999): The climate and culture of environmental compliance within SMEs, in: Business Strategy and the Environment, Vol. 8, No. 1, Jan.-Feb. 1999, pp. 14–30.

Pfeffer, Jeffrey/Salancik, Gerald R. (2009): The external control of organizations, Stanford 2009.

Pfohl, Hans-Christian (2013a): Abgrenzung der Klein- und Mittelbetriebe von Großbetrieben, in: Pfohl, Hans-Christian (Hrsg.) (2013): Betriebswirtschaftslehre der Mittel- und Kleinbetriebe: Größenspezifische Probleme und Möglichkeiten zu ihrer Lösung, Management und Wirtschaft Praxis, Bd. 44, 5., neubearb. u. erw. Aufl., Berlin 2013, S. 1–25.

Pfohl, Hans-Christian (2013b): Unternehmensführung, in: Pfohl, Hans-Christian (Hrsg.) (2013): Betriebswirtschaftslehre der Mittel- und Kleinbetriebe: Größenspezifische Probleme und Möglichkeiten zu ihrer Lösung, Grundlagen und Praxis der Betriebswirtschaft, Bd. 44, 5., neubearb. u. erw. Aufl., Berlin 2013, S. 85–117.

Pfriem, Reinhard (1991): Ökologische Unternehmensführung, Schriftenreihe des Instituts für Ökologische Wirtschaftsforschung (IÖW), 2., überarb. Aufl., Berlin 1991.

Pfriem, Reinhard (1996): Unternehmenspolitik in sozialökologischen Perspektiven, 2. Aufl., Marburg 1996.

Pfriem, Reinhard/Antes, Ralf/Fichter, Klaus u. a. (2006): Innovationen für eine nachhaltige Entwicklung, Wiesbaden 2006.

Pleitner, Hans Jobst (1995): Klein- und Mittelunternehmen in einer dynamischen Wirtschaft: ausgewählte Schriften von Hans Jobst Pleitner, in: Muger, Josef/Schmidt, Karl-Heinz (Hrsg.) (1995): Schriftenreihe des Schweizerischen Instituts für Wirtschafts-, Rechts- und Sozialwissenschaften, Bd. 12, Berlin – München – St. Gallen 1995.

Pleschak, Franz/Sabisch, Helmut (1996): Innovationsmanagement, Stuttgart 1996.

Pless, Nicola M. (2007): Understanding Responsible Leadership: Role Identity and Motivational Drivers, in: Journal of Business Ethics, Vol. 4, No. 74, Aug. 2007, pp. 437–456.

Pless, Nicola M./Maak, Thomas, (2011): Responsible Leadership: Pathways to the Future, Journal of Business Ethics, Vol. 98, No. 1, Jan. 2011, pp. 3–13.

Porter, Michael E./Kramer, Mark R. (2006): Strategy and society: the link between competitive advantage and corporate social responsibility, in: Harvard Business Review, Vol. 84, No. 12, Dec. 2006, pp. 78–92.

Pott, Oliver/Pott, André (2015): Entrepreneurship: Unternehmensgründung, Businessplan und Finanzierung, Rechtsformen und gewerblicher Rechtsschutz, 2., überarb. Aufl., Berlin – Heidelberg 2015.

Priebe, Andreas (2007): Nachhaltige Personalentwicklung in kleinen und mittleren Unternehmen – Versuch einer Annäherung vor dem Hintergrund des demographischen Wandels, Diss., Bielefeld, Stand: August 2007. URL: http://pub.uni-bielefeld.de/luur/download?func=downloadFile&recordOId= 2303874&fileOId=2303877 [Abrufdatum: 08.06.2015]

Pruckner, Maria (2012): Das Komplexitätsproblem ist ein Hirnproblem: Warum ohne bionische und kybernetische Modelle zum Problemlösen nichts mehr geht, in: Kiridus-Göller, Richard R. (Hrsg.) (2012): Evolution – Ware – Ökonomie: Bioökonomische Grundlagen zur Warenlehre, München 2012, S. 187–204.

Pulczynski, Jörn (1991): Interorganisationales Innovationsmanagement: eine kritische Analyse des Forschungsprojektes GROWIAN, Kiel 1991.

Rabbe, Stephanie/Schulz, Anja (2011a): Nachhaltigkeit in kleinen und mittleren Unternehmen – State oft the Art, in: Meyer, Jörn-Axel (Hrsg.) (2011): Nachhaltigkeit in kleinen und mittleren Unternehmen, Jahrbuch der KMU-Forschung und -Praxis 2011 in der Edition „Kleine und mittlere Unternehmen", Lohmar 2011, S. 405–425.

Rabbe, Stephanie/Schulz, Anja (2011b): Herausforderungen an ein ganzheitliches Nachhaltigkeitsmanagementsystem zur Professionalisierung des strategischen Nachhaltigkeitsmanagements in kleinen und mittleren Unternehmen, in: Meyer, Jörn-Axel (Hrsg.) (2011): Nachhaltigkeit in kleinen und mittleren Unternehmen, Jahrbuch der KMU-Forschung und -Praxis 2011 in der Edition „Kleine und mittlere Unternehmen", Lohmar 2011, S. 59–81.

Ramiller, Neil C. (1994): Perceived compatibility of information technology innovations among secondary adopters: Toward a reassessment, in: Journal of Engineering and Technology Management, Vol. 11, No. 1, March 1994, pp. 1–23.

Rankl, Dagmar (2017): Stakeholder-Kommunikation im Web 2.0: alte Theorien für neue Medien, Wiesbaden 2017.

Reinhardt, Sven (2011): Anspruchsgruppen als Determinanten der Umwelt- und Nachhaltigkeitskommunikation, in: Umweltwirtschaftsforum (UWF), 19. Jg., Nr. 3, Dez. 2011, S. 149–153.

Remer, Andreas/Sandholzer, Ulrich (1992): Ökologisches Management und Personalarbeit, in: Steger, Ulrich (Hrsg.) (1992): Handbuch des Umweltmanagements, München 1992, S. 511–536.

REN21 (2016): Renewables 2016: Global Status Report, Paris, Stand: 2016. URL: http://www.ren21.net/wp-content/uploads/2016/10/REN21_GSR2016_FullReport_en_11.pdf [Abrufdatum: 25.01.2017].

Rennings, Klaus/Ankele, Kathrin/Hoffmann, Esther u. a. (2005): Innovationen durch Umweltmanagement: Empirische Ergebnisse zum EG-Öko-Audit, Schriftenreihe des Zentrum für Europäische Wirtschaftsforschung, Heidelberg 2005.

respACT – Austrian Business Council for Sustainable Development (Hrsg.) **(2013a)**: In 6 Schritten zum Nachhaltigkeitsbericht: Ein Leitfaden für Klein- und Mittelunternehmen, Wien 2013.

respACT – Austrian Business Council for Sustainable Development (Hrsg.) **(2013b)**: CSR-Leitfaden für Ein-Personen-Unternehmen: Erfolgsfaktor FAIRantwortung, 2. Aufl., Wien November 2013.

Rheinländer, Katrin (2013): Vertrauen im betrieblichen Nachhaltigkeitsmanagement: verhaltenstheoretische Betrachtung von Vertrauen als ökonomierelevante Kategorie, Diss., Hamburg 2013.

Riess, Birgit/Schmidpeter, René (2010): Verantwortungspartnerschaften als Investition in die Region, in: Wieland, Josef (Hrsg.) (2010): Die Praxis gesellschaftlicher Verantwortung im Mittelstand: Regionale CSR-Strategien und Praxis der Vernetzung in KMU, Studien zur Governanceethik, Nr. 9., Marburg 2010, S. 27–44.

Riess, Birgit/Welzel, Carolin/Lüth, Arved (2008): Mit Verantwortung handeln: Ein CSR-Handbuch für Unternehmer, Wiesbaden 2008.

Ringel, Florian (2014): Die Chancen der Seniorenwirtschaft für kleine und mittlere Unternehmen im Zuge des demografischen Wandels in Sachsen-Anhalt, Diss., Halle 2014.

Rispas, Sven (1998): Entrepreneurship als ökonomischer Prozess: Perspektiven zur Förderung unternehmerischen Handelns, Wiesbaden 1998.

Rissbacher, Christof/Stahl, Heinz K. (2003): Kooperationsfähigkeit – Stillschweigend vorausgesetzt und doch so rar, in: Stahl, Heinz K./Hinterhuber, Hans H. (Hrsg.) (2003): Erfolgreich im Schatten der Großen, Berlin 2003, S. 117–133.

Rogall, Holger (2011): Grundlagen einer nachhaltigen Wirtschaftslehre, Marburg 2011.

Rogall, Holger (2012a): Nachhaltige Ökonomie: Ökonomische Theorie und Praxis einer Nachhaltigen Entwicklung, 2. Aufl., Marburg 2012.

Rogall, Holger (2012b): Nachhaltiger Umbau der Industriegesellschaft, in: Grothe, Anja (Hrsg.) (2012): Nachhaltiges Wirtschaften für KMU: Ansätze zur Implementierung von Nachhaltigkeitsaspekten, München, S. 36–43.

Rogall, Holger (2013): Volkswirtschaftslehre für Sozialwissenschaftler: Einführung in eine zukunftsfähige Wirtschaftslehre, 2. Aufl., Wiesbaden 2013.

Rogelj, Joeri/Elzen, Michel den/Höhne, Niklas et. al. (2016): Paris Agreement climate proposals need a boost to keep warming well below 2 °C, in: nATuRe, Vol. 534, No. 7609, 30 june 2016, p. 631–639.

Rothengatter, Werner/Schaffer, Axel (2008): Makro kompakt: Grundzüge der Makroökonomik, 2. Aufl., Heidelberg 2008.

Rothermund, Klaus/Eder, Andreas (2011): Allgemeine Psychologie: Motivation und Emotion, Wiesbaden 2011.

Rothwell, Roy/Dodgson, Mark (1991): External linkages and innovation in small and medium-sized enterprises, in: R&D Management, Vol. 21, No. 2, April 1991, pp. 125–136.

Rothwell, Roy/Dodgson, Mark (1994): Innovation and size of firm, in Dodgson, Mark/Rothwell, Roy (Eds.) (1994): The handbook of industrial innovation, Aldershot, pp. 310–324.

Rothwell, Roy/Freeman, Christopher/Horsley, Aaron u. a. (1974): SAPPHO updated – project SAPPHO phase II, in: Research Policy, Vol. 3, No. 3, Nov. 1994, pp. 258–291.

Rowold, Jens (2015): Human Resource Management: Lehrbuch für Bachelor und Master, 2., vollst. korr. u. verb. Aufl., Berlin – Heidelberg 2015.

Savage, Grant T./Nix, Timothy W./Whitehead, Carlton J. et al. (1991): Strategies for Assessing and Managing Organizational Stakeholders, in: Academy of Management Executive, Vol. 5, No. 2, 1991, pp. 61–75.

Schaaf, Holger (2012): Der Innovationsprozess kundenunterstützender Dienstleistungen: Erfolgsfaktoren von KMU des Maschinen- und Anlagenbaus, Diss., Stuttgart 2012.

Schaltegger, Stefan (2008): Erfolgsrelevant: Unternehmerische Nachhaltigkeit schaffen, in: Bankinformationen (BI), 35. Jg., Nr. 7, 2008, S. 22–25.

Schaltegger, Stefan (2018): Unternehmerische Verantwortungsübernahme für gesellschaftlichen Nutzen: Business Case for Sustainability als Mittel nachhaltiger Entwicklung, in: Backhaus-Maul, Holger/Kunze, Martin/Nährlich, Stefan: Gesellschaftliche Verantwortung von Unternehmen in Deutschland, S. 351-364.

Schaltegger, Stefan/Burritt, Roger (2005): Corporate sustainability, in: Folmer, Henk/Tietenberg, Tom (Eds.) (2005): The International Yearbook of Environmental and Resource Economics 2005/2006: A Survey of Current Issues, Cheltenham 2005, pp. 185–222.

Schaltegger, Stefan/Burritt, Roger/Petersen, Holger (2003): An Introduction to corporate environmental management: striving for sustainability, Sheffield 2003.

Schaltegger, Stefan/Dubielzig, Frank (2006): Corporate Social Responsibility: Ein Ansatz auch für KMU?, in: Münderlein, Jobst/Welzel, Michael (Hrsg.) (2006): Corporate social responsibility: Erfolgsfaktor für den Mittelstand, Münchener Beiträge zur nachhaltigen Entwicklung, München 2006, S. 172–176.

Schaltegger, Stefan/Frey, René L. (2001): Ökologisierungsprozesse in Wirtschaft und Verwaltung: eine grundsätzliche Nutzen-Kosten-Betrachtung, in: Zeitschrift für Umweltpolitik & Umweltrecht, 24. Jg., Nr. 3, S. 341–362.

Schaltegger, Stefan/Hansen, Erik (2013): Unternehmerische Nachhaltigkeitsinnovationen durch nachhaltiges Unternehmertum, in: Altenburger, Reinhard (Hrsg.) (2013): CSR und Innovationsmanagement: Gesellschaftliche Verantwortung als Innovationstreiber und Wettbewerbsvorteil, Wiesbaden 2013, S. 19–30.

Schaltegger, Stefan/Herzig, Christian/Kleiber, Oliver u. a. (2007): Nachhaltigkeitsmanagement in Unternehmen – Von der Idee zur Praxis: Managementansätze zur Umsetzung von Corporate Social Responsibility und Corporate Sustainability, Berlin 2007.

Schaltegger, Stefan/Herzig, Christian/Kleiber, Oliver u. a. (2002): Nachhaltigkeitsmanagement in Unternehmen – Konzepte und Instrumente zur nachhaltigen Unternehmensentwicklung, Bonn 2002.

Schaltegger, Stefan/Herzig, Christian/Klinke, Torsten (2007): Nachhaltigkeitsmanagement in Unternehmen, in: Umweltschutz der Wirtschaft, Nr. 3, 2007, S. 6–7.

Schaltegger, Stefan/Kleiber, Oliver/Müller, Jan (2003): Die „Werkzeuge“ des Nachhaltigkeitsmanagements: Konzepte und Instrumente zur Umsetzung unternehmerischer Nachhaltigkeit, in: Linne, Gudrun/Schwarz, Michael (Hrsg.) (2003): Handbuch nachhaltige Entwicklung: Wie ist nachhaltiges Wirtschaften machbar?, Opladen 2003, S. 331–342.

Schaltegger, Stefan/Müller, Martin (2008): CSR zwischen unternehmerischer Vergangenheitsbewältigung und Zukunftsgestaltung, in: Müller, Martin/Schaltegger, Stefan (Hrsg.) (2008): Corporate Social Responsibility: Trend oder Modeerscheinung?, München 2008, S. 17–35.

Schaltegger, Stefan/Petersen, Holger (2000): Ecopreneurship – Konzept und Typologie, Management Forum 2000, R. I. O. Impuls, Luzern 2000.

Schaltegger, Stefan/Wagner, Marcus (2006): Managing the Business Case for Sustainability: the integration of social, environmental and economic performance, Sheffield 2006.

Schaltegger, Stefan/Zvezdov, Ditnitar (2012a): Wie werden Nachhaltigkeitsinformationen gemanagt? Eine Exploration in führenden deutschen und britischen Unternehmen, in: Corsten, Hans/Roth, Stefan (Hrsg.) (2012): Nachhaltigkeit: Unternehmerisches Handeln in globaler Verantwortung, Wiesbaden 2012, S. 275–285.

Schaltegger, Stefan/Zvezdov, Ditnitar (2012b): Strategisch fundiertes Nachhaltigkeitscontrolling – Konzeption und Umsetzung in der Praxis, in: Gleich, Roland/Bartels, Peter/Breisig, Volker (Hrsg.) (2012): Nachhaltigkeitscontrolling: Konzepte, Instrumente und Fallbeispiele zur Umsetzung, Freiburg – München 2012, S. 45–60.

Schaper, Christian/Emmann, Carsten H./Linne, Nina u. a. (2013): Stakeholder-Kommunikation in kleineren und mittleren Unternehmen der Bioenergiebranche – Identfizierung Bewertung und Management relevanter Anspruchsgruppen, in: Jörn-Axel Meyer (2013) (Hrsg.): Jahrbuch der KMU-Forschung und -Praxis 2013, Kommunikation kleiner und mittlerer Unternehmen, Lohmar 2013, S. 9–28.

Scharpe, Jochen (1992): Strategisches Management im Mittelstand: Probleme der Implementierung und Ansätze zur Lösung, Diss., Köln 1992.

Schein, Edgar H. (2010): Organisationskultur – The Ed Schein Corporate Culture Survival Guide, aus dem Amerikanischen von Irmgard Hölscher, 3. Aufl., Bergisch Gladbach 2010.

Scherrmann, Ulrich (2015): Stress und Burnout in Organisationen: Ein Praxisbuch für Führungskräfte, Personalentwickler und Berater, Berlin – Heidelberg 2015.

Schmid, Uwe (1996): Ökologiegerichtete Wertschöpfung in Industrieunternehmen: Industrielle Produktion im Spannungsfeld zwischen Markterfolg und Naturbewahrung, in: Bea, Franz Xaver/Zahn, Erich (Hrsg.) (1996): Schriften zur Unternehmensplanung, Bd. 40, Diss., Frankfurt – Berlin – Bern u. a. 1996.

Schmidt, Axel (2005): Umweltmanagement und betriebswirtschaftlicher Nutzen: Eine theoretische Analyse und empirische Untersuchung am Beispiel ÖKOPROFIT München, Auszug aus der Diplomarbeit, in: Günther, E. (Hrsg.) (2005): Dresdner Beiträge zur Lehre der Umweltökonomie, Nr. I/2000, Dresden, Stand: 2005. URL: http://www.qucosa.de/fileadmin /data/qucosa/documents/1331/1121856041084-7786.pdf [Abrufdatum: 20.08.2017].

Schneider, Andreas (2015): Reifegradmodell CSR – eine Begriffsklärung und -abgrenzung, in: Schneider, Andreas/Schmidpeter, René (Hrsg.) (2012): Corporate Social Responsibility: verantwortungsvolle Unternehmensführung in Theorie und Praxis, 2., erg. u. erw. Aufl., Berlin – Heideberg 2015, S. 21–42.

Schneider, Hermann (2004): Facility-Management – planen, einführen, nutzen, Stuttgart 2004.

Schneider, Tina/Fichter, Klaus (2014): Unternehmerische Klimaanpassung: Empirische Befunde einer Unternehmensbefragung (2010 und 2012), in: Mahammadzadeh, Mahammad/Bardt, Hubertus/Biebeler, Hendrik/Chrischilles, Esther/Striebeck, Jennifer (Hrsg.) (2014): Unternehmensstrategien zur Anpassung an den Klimawandel – Theoretische Zugänge und empirische Befunde, Klimawandel in Regionen zukunftsfähig gestalten, Bd. 4, München 2014, S. 109-117.

Schneidewind, Uwe (1994): Mit COSY (Company oriented Sustainability) Unternehmen zur Nachhaltigkeit führen, IWÖ-Diskussionsbeitrag, Nr. 15, St. Gallen 1994.

Schneidewind, Uwe (1998): Die Unternehmung als strukturpolitischer Akteur: Kooperatives Schnittmengenmanagement im ökologischen Kontext, Theorie der Unternehmung, Bd. 6, Marburg 1998.

Schneidewind, Uwe (2013): Geleitwort: Eine grüne Transformation zur Entkopplung von Wohlstand und Umweltverbrauch, in: Fichter, Klaus/Clausen, Jens (2013): Erfolg und Scheitern „grüner“ Innovationen: Warum einige Nachhaltigkeitsinnovationen am Markt erfolgreich sind und andere nicht, Marburg 2013, S. 7–8.

Scholl, Wolfgang (2004): Innovation und Information: Wie in Unternehmen neues Wissen produziert wird, unter Mitarbeit von Lutz Hoffmann und Hans-Christof Gierschner, Göttingen u. a. 2004.

Schon, Donald A. (1963): Champions for Radical New Inventions, in: Harvard Business Review, Vol. 41, No. 2, 1963, pp. 77–86.

Schrader, Stephan (1991): Informal technology transfer between firms: Cooperation through information trading, Research Policy, Vol. 20, No. 2, April 1991, pp. 153–170.

Schrader, Stephan (1996): Innovationsmanagement, in: Kern, Werner/Schröder, Hans H./Weber, Jürgen (Hrsg.) (1996): Handwörterbuch der Produktionswirtschaft, 2. Aufl., Bd. 7, Stuttgart, Sp. 744–758.

Schreyögg, Georg/Koch, Jochen (2010): Grundlagen des Managements, Basiswissen für Studium und Praxis, 2. Aufl., Wiesbaden 2010.

Schröder, Torben/Wömpener, Andreas (2011): Kosten und Nutzen der Wertorientierung im Mittelstand, in: Meyer, Jörn-Axel (Hrsg.) (2011): Nachhaltigkeit in kleinen und mittleren Unternehmen, Jahrbuch der KMU-Forschung und -Praxis 2011 in der Edition „Kleine und mittlere Unternehmen", Lohmar 2011, S. 31–57.

Schulz, Klaus (1998): Betriebliches Umweltschutzengagement: Ökologische Betroffenheit als Entscheidungskriterium, Diss., Wiesbaden 1998.

Schulz von Thun, Friedemann (2016): Störungen und Klärungen: allgemeine Psychologie der Kommunikation, 53. Aufl., Reinbek bei Hamburg 2016.

Schumpeter, Joseph A. (1939): Business Cycles: A theoretical, historical and statistical Analysis of the Capitalist Process, New York 1939.

Schumpeter, Joseph A. (1997): Theorie der wirtschaftlichen Entwicklung: Eine Untersuchung über Unternehmergewinn, Kapital, Kredit, Zins und den Konjunkturzyklus, 9. Aufl., Berlin 1997.

Schumpeter, Joseph A. (2005): Kapitalismus, Sozialismus und Demokratie, 8., unveränd. Aufl., Tübingen – Basel 2005.

Schumpeter, Joseph A. (2006): Theorie der wirtschaftlichen Entwicklung, Nachdr. der 1. Aufl. von 1912, hrsg. und erg. um eine Einführung von Jochen Röpke und Olaf Stiller, Berlin 2006.

Schwalbach, Joachim/Fandel, Günter (Hrsg.) **(2007)**: Der Ehrbare Kaufmann – Modernes Leitbild für Unternehmen?, Zeitschrift für Betriebswirtschaft (ZfB), Special Issue 1/2007, Wiesbaden 2007.

Schwalbach, Joachim/Klinck, Daniel (2015): Der Ehrbare Kaufmann als individuelle Verantwortungskategorie der CSR-Forschung, in: Schneider, Andreas/Schmidpeter, René (Hrsg.) (2015): Corporate Social Responsibility: verantwortungsvolle Unternehmensführung in Theorie und Praxis, 2. Aufl., Berlin – Heideberg 2015, S. 177–197.

Schwardtländer, Johannes (1974): Eintrag „Verantwortung", in: Krings, Herman/Baumgartner, Hans M./Wild, Christoph (Hrsg.) (1974): Handbuch philosophischer Grundbegriffe, Studienausg., Bd. 6, München 1974, S. 1577–1588.

Schwarz, Michael (2003): Von der Vogelperspektive der Leitbildsteuerung zur organisationalen Bodenhaftung – Anforderungen an eine anwendungsbezogene Nachhaltigkeitsforschung, in: Linne, Gudrun/Schwarz, Michael (Hrsg.) (2003): Handbuch nachhaltige Entwicklung – Wie ist nachhaltiges Wirtschaften machbar?, Opladen 2003, S. 603–614.

Schweinsberg, Klaus (2006): Persönlichkeiten – Was macht den Mittelständler aus?, in: Krüger, Wolfgang/Klippstein, Gerhard/Merk, Richard u. a. (Hrsg.) (2006): Praxishandbuch des Mittelstands, Leitfaden für das Management mittelständischer Unternehmen, Wiesbaden 2006, S. 63–69.

Seeberg, Barbara (2013): Nachhaltigkeitsverständnis in kleinen und mittleren Unternehmen: Strategieimplikationen zum nachhaltigen Wirtschaften, Bremen 2013.

Seidel, Eberhard (2004): Brauchen wir eine nachhaltigkeitsorientierte Betriebswirtschaftslehre?, in: Hülsmann, Michael/Müller-Christ, Georg/ Haasis, Hans-Dietrich (Hrsg.) (2004): Betriebswirtschaftslehre und Nachhaltigkeit, Bestandsaufnahme und Forschungsprogrammatik, Wiesbaden 2004, S. 369–435.

Selke, Jan-Welf/Mahammadzadeh, Mahammad/Biebeler, Hendrik (2006): Die Perspektive der Nachhaltigkeit in der betriebswirtschaftlichen Forschung – Ergebnisse einer Zeitschriftenanalyse, in: UmweltWirtschaftsForum (UWF), 14. Jg., Nr. 3, 2006, S. 57–62.

Shepard, Herbert A. (1967): Innovation-Resisting and Innovation-Producing Organizations, in: The Journal of Business, Vol. 40, No. 4, Oct. 1967, S. 470–477.

Siebenhüner, Bernd (1999): Homo sustinens: Für ein neues Menschenbild, in: Universitas, Zeitschrift für interdisziplinäre Wissenschaft, 54. Jg., Nr. 635, Mai 1999, S. 448–459.

Siebenhüner, Bernd (2001): Homo sustinens: Auf dem Weg zu einem Menschenbild der Nachhaltigkeit, Ökologie und Wirtschaftsforschung, Bd. 42, Marburg 2001.

Siebenhüner, Bernd (2007): Nachhaltigkeit und kollektive Lernprozesse, in: Zabel, Hans-Ulrich (Hrsg.) (2007): Umweltmanagement auf dem Weg zur Nachhaltigkeit, Halle an der Saale 2007, S. 58–81.

Simon, Hermann (1992): Lessons from Germany´s midesize giants, in: Harvard Business Review, Vol. 70, No. 2, 1992, pp. 115–123.

Simon, Hermann (2007): Hidden Champions des 21. Jahrhunderts: die Erfolgsstrategien unbekannter Weltmarktführer, Frankfurt am Main 2007.

Sneep Hamburg (2007): Corporate Social Responsibility bei kleinen und mittleren Unternehmen in der Metropolregion Hamburg: Ein Forschungsprojekt der Studenteninitiative sneep Lokalgruppe Hamburg, Stand: September 2007. URL: http://www.stiftung-wirtschaftsethik.de/uploads/media/1196837960_projektbericht_csr_bei_kmu.pdf [Abrufdatum: 15.10.2013].

Social Accountability International (2014): Social Accountability 8000 (SA 8000), International Standard by Social Accountability International, June 2014. URL: http://sa-intl.org/_data/n_0001/resources/live/SA8000%20 Standard%202014.pdf [Abrufdatum: 07.11.2017].

Speis, Henrike/Czymmek, Frank (2003): Die Bedeutung der ökologischen Betroffenheit für die umweltschutzorientierten Wettbewerbsstrategien von Unternehmen, in: Beuermann, Günter (Hrsg.) (2003): Arbeitsberichte zum Umweltmanagement, Arbeitsbericht Nr. 15, Köln 2003.

Springer/Gabler (Hrsg.) **(2014)**: Eintrag „Kaufmann", in: Gabler Wirtschaftslexikon, Bd. G-Kn, 18., aktual. u. erweit. Aufl., Wiesbaden 2014.

Staehle, Wolfgang H. (1999): Management: Eine verhaltenswissenschaftliche Analyse, 8. Aufl., München 1999.

Stahl, Heinz K. (2003): Unternehmer und Manager – Wie aktuell sind die beiden Rollen?, in: Stahl, Heinz K./Hinterhuber, Hans H. (Hrsg.) (2003): Erfolgreich im Schatten der Großen, Berlin 2003, S. 3–29.

Stark, Wolfgang (2013): Verantwortung und Innovation: Corporate Social Innovation, in: Altenburger, Reinhard (Hrsg.) (2013): CSR und Innovationsmanagement:

Gesellschaftliche Verantwortung als Innovationstreiber und Wettbewerbsvorteil, Wiesbaden 2013, S. 55–69.

Statista – Statistisches Bundesamt (Hrsg.) **(2016)**: Bevölkerung – Entwicklung der Einwohnerzahl von Deutschland von 1990 bis 2015 (in Millionen), Stand: 2016. URL: https://de.statista.com/statistik/daten/studie/2861/ umfrage/entwicklung-der-gesamtbevoelkerung-deutschlands/ [Abrufdatum: 07.10.2016].

Statistisches Bundesamt (Hrsg.) **(o. J.)**: Natürliche Bevölkerungsbewegung, Lebendgeborene und Gestorbene, Stand: o. A. URL: https://www.destatis.de/DE/ZahlenFakten/GesellschaftStaat/Bevoelkerung/Geburten/Tabellen/LebendgeboreneGestorbene.html [Abrufdatum: 04.04.2017].

Statistisches Bundesamt (Hrsg.) **(2009)**: Bevölkerung Deutschland bis 2060: 12. koordinierte Bevölkerungsvorausberechnung, Wiesbaden; Stand: 2009. URL: https://www.destatis.de/DE/Publikationen/Thematisch/BevoelkerungVorausberechnungBevoelkeung/BevoelkerungDeutschland2060Presse5124204099004.pdf;jsessionid=3CBFECC7183A1040F9C80517B4979F04.cae3?__blob=publicationFile [Abrufdatum: 30.12.2014].

Statistisches Bundesamt (Hrsg.) **(2015)**: Bevölkerung Deutschland bis 2060: 13. koordinierte Bevölkerungsvorausberechnung, Wiesbaden 28.04.2015. Stand: 2015. URL: https://www.destatis.de/DE/Publikatio nen/Thematisch/Bevoelkerung/VorausberechnungBevoelkerung/BevoelkerungDeutschland2060Presse5124204159004.pdf?__blob=publicationFile [Abrufdatum: 07.10.2016].

Statistisches Bundesamt (Hrsg.) (**2016a)**: Alterung der Bevölkerung durch aktuell hohe Zuwanderung nicht umkehrbar, Pressemitteilung vom 20. Januar 2016 – 021/16, Stand: 12.01.2016. URL: https://www.destatis.de /DE/PresseService/ Presse/Pressemitteilungen/2016/01/PD16_021_12421pdf.pdf;jsessionid=3C476CE314F6AB9520428A771814C095.cae3?__blob=publicationFile [Abrufdatum: 07.10.2016].

Statistisches Bundesamt (Hrsg.) **(2016b)**: Geburtenziffer 2015: Erstmals seit 33 Jahren bei 1,50 Kindern je Frau, Pressemitteilung vom 17. Oktober 2016 – 373/16, Stand: 17.10.2016. URL: https://www.destatis.de/DE/PresseService/Presse/Pressemitteilungen/2016/10/PD16_373_126pdf.pdf;jsessionid=F93F0451483DC785B41DB863A64DD807.cae2?__blob=pub licationFile [Abrufdatum: 04.04.2017].

Statistisches Bundesamt (Hrsg.) **(2016c)**: 2 von 10 der 2015 geborenen Babys hatten eine Mutter mit ausländischer Staatsangehörigkeit; Pressemitteilung vom 21. September 2016 – 332/16, Stand: 21.09.2016. URL: https://www.destatis.de/DE/PresseService/Presse/Pressemitteilungen/2016/09/PD16_332_126pdf.pdf?__blob=publicationFile [Abrufdatum: 04.04.2017].

Statistisches Bundesamt (Hrsg.) **(2017a)**: 61 % der tätigen Personen arbeiten in kleinen und mittleren Unternehmen, Stand: o. A. URL: https://www.destatis.de/DE/ZahlenFakten/GesamtwirtschaftUmwelt/UnternehmenHandwerk/KleineMittlereUnternehmenMittelstand/Aktuell_.html [Abrufdatum: 23.10.2017].

Statistisches Bundesamt (Hrsg.) **(2017b)**: Anzahl der Unternehmen in Deutschland nach Beschäftigtengrößenklassen im Jahr 2015: Stand Oktober 2016. URL: https://de.statista.com/statistik/daten/studie/1929/um frage/unternehmen-nach-beschaeftigtengroessenklassen/ [Abrufdatum: 27.11.2017].

Staudt, Erich (2000): Kompetenz und Innovation, in: Clermont, Alois/Schmeisser, Wilhelm/Krimphove, Dieter (2000) (Hrsg.): Personalführung und Organisation, München 2000, S. 269–281.

Stead, W. Edward/Stead, Jean G./Starik, Mark (2004): Sustainable Strategic Management, Armonk – New York – London 2004.

Steinmann, Horst/Löhr, Albert (1994): Grundlagen der Unternehmensethik, 2., überarb. u. erw. Aufl., Stuttgart 1994.

Steinmann, Horst/Schreyögg, Georg/Koch, Jochen (2013): Management: Grundlagen der Unternehmensführung, Konzepte – Funktionen – Fallstudien, 7., vollst. überarb. Aufl., Wiesbaden 2013.

Stelzer, Daniel (2006): Produktverantwortung von Fahrzeugherstellern in Umsetzung der Altfahrzeug-Verordnung, Diss., Hamburg 2006.

Steppeler, Hubert (2010): Management von Widerstand in Innovationsprozessen, in: Loock, Herbert/Steppeler, Hubert (Hrsg.) (2010): Marktorientierte Problemlösungen im Innovationsmarketing, Wiesbaden 2010, S. 29–55.

Stern, Nicolas (2007): The Economics of Climate Change – The Stern Review, Cambridge 2007.

Stiftung-Familienunternehmen (Hrsg.) **(2015)**: Deutschlands nächste Unternehmergeneration: Eine empirische Untersuchung der Werte, Einstellungen und Zukunftspläne, München 2015.

Strina, Giuseppe/Heinen, Ewald (2011): Systematische Gestaltung von Dienstleistungen – eine KMU-Perspektive, in: Zink, Klaus J./Weingarten, Joe (Hrsg.) (2011): Produktbegleitende Dienstleistungen: Erfolgschance auf globalisierten Märkten, Idar-Oberstein 2011, S. 146–157.

Suder, Katrin/Kilius, Nelson (2011): Wettbewerbsfaktor Fachkräfte: Strategien für Deutschlands Unternehmen, hrsg. von McKinsey & Company, Berlin, Stand: 2011. URL: http://www.mckinsey.de/sites/mck_files /files/fachkraefte.pdf [Abrufdatum: 19.05.2014].

Sylter Runde (Hrsg.) **(2004)**: Social Entrepreneurship – wer unternimmt etwas für die Gesellschaft? Memorandum Socia-Entrepreneurship, Stand: Juli 2004. URL: http://www.sylter-runde.de/mediapool/6/63715/data/ 041018_Memorandum_Socia-Entrepreneurship.pdf [Abrufdatum: 04.12.2013].

Tannenbaum, Robert/Schmidt, Warren H. (1958): How to Choose a Leadership Pattern, in: Harvard Business Review, Vol. 36, No. 2, 1958, pp. 95–101.

TEEB (2010): The Economics of Ecosystems and Biodiversity: Ecological and Economic Foundations, ed. by Kumar, Pushpam, London 2010.

TEEB (2011a): The Economics of Ecosystems and Biodiversity in Business and Enterprise, ed. by Bishop, Joshua, London 2011.

TEEB (2011b): The Economics of Ecosystems and Biodiversity in National and International Policy Making, Edited by ten Brink, Patrick, London 2011.

TEEB (2012): The Economics of Ecosystems and Biodiversity in Local and Regional Policy and Management, ed. by Wittmer, Heidi/Gundimeda, Haripriya, London 2012.

Teece, David J. (2010): Business Models, Business Strategy and Innovation, in: Long Range Planning, Vol. 43, No. 2–3, April–June 2010, pp. 172–194.

Teuscher, Peter/Stäheli, Martin/Furrer, Bettina (2006): Bestimmung relevanter sozialer Themen, Diskussionspapier zum Sozialmanagement, Ine-Reihe: Beiträge zur nachhaltigen Entwicklung, Nr. 2/2006, Winterthur, Stand: 2006. URL: http://pd.zhaw.ch/hop/1057697856.pdf [Abrufdatum: 11.11.2014].

Thom, Norbert (1980): Grundlagen des betrieblichen Innovationsmanagements, 2. Aufl., Königstein (Taunus) 1980.

Thom, Norbert (1992): Innovationsmanagement, Bern 1992.

Thommen, Jean-Paul (2008): Managementorientierte Betriebswirtschaftslehre, 8. Aufl., Zürich 2008.

Thul, Martin/Ritter, Albert/Haas, Bernhard (2007): Excellence durch eine nachhaltige Unternehmensführung, in: Haas, Bernhard/Oetinger, Ralf/Ritter, Albert u. a. (Hrsg.) (2007): Nachhaltige Unternehmensführung: Excellence durch Verknüpfung wirtschaftlicher, sozialer und gesellschaftlicher Forderungen, München 2007, S. 11–34.

Tischner, Ursula/Charter, Martin (2001): Sustainable solutions: developing products and services for the future, Sheffield 2001.

Tokarski, Kim O. (2008): Ethik und Entrepreneurship: Eine theoretische sowie empirische Analyse junger Unternehmen im Rahmen einer Unternehmensethikforschung, Wuppertal 2008.

Töpfer, Armin (1984): Innovationsmanagement, in: Wieselhuber, Norbert/Töpfer, Armin (Hrsg.) (1984): Handbuch Strategisches Management, Landsberg a. L., S. 391–407.

Trivers, Robert L. (1971): The Evolution of Reciprocal Altruism, in: The Quarterly Review of Biology, Vol. 46, No. 1, 1971, pp. 35–57.

Tukker, Arnold (2004): Eight types of product-service systems: eight ways to sustainability? Experiences from SusProNet, in: Business Strategy and the Environment, Vol. 13, No. 4, July/Aug. 2004, pp. 246–260.

Türck, Rainer (1991): Das ökologische Produkt: Eigenschaften, Erfassung und wettbewerbsstrategische Umsetzung ökologischer Produkte, Diss., 2. Aufl., Ludwigsburg – Berlin 1991.

Turpin, Tim/Garrett-Jones, Sams/Rankin, Nicole (1996): Bricoleurs and Boundary Riders: Managing Basic Research and Innovation Knowledge Networks, in: R&D Management, Vol. 26, No. 3, 1996, pp. 267–282.

Tushman, Michael L./Katz, Ralph (1980): External communication and project performance: an investigation into the role of gatekeepers, in: Management science: Journal of the Institute for Operations Research and the Management Sciences, Vol. 26, No. 11, pp. 1071–1085.

Tushman, Michael L./Nadler, David A. (1986): Organizing for Innovation, Management Review, Vol. 28, No. 3, 1986, pp. 74–92.

UBA (Hrsg.) **(2008)**: Kipp-Punkte im Klimasystem: Welche Gefahren drohen?, Berlin, Stand: Juli 2008. URL: https://www.umweltbundesamt.de/sites/default/files/medien /publikation/long/3283.pdf [Abrufdatum: 25.01.2017].

UBA (Hrsg.) **(2010)**: Rechtsstellung und rechtliche Behandlung von Umweltflüchtlingen, Stand: November 2010. URL: https://www.umwelt bundesamt.de/sites/default /files/medien/461/publikationen/4035.pdf [Abrufdatum: 03.04.2017].

UGA (Hrsg.) **(2011)**: EMAS-Leitfaden – In fünf Etappen sicher zum Ziel, in: EMAS INFO: Informationen über das europäische Umweltmanagementsystem, Stand: Mai 2011. URL: http://www.emas.de/fileadmin /user_upload/06_service/PDF-Dateien/UGA_Infoblatt_EMAS-Leitfaden-fuer-KMU.pdf [Abrufdatum: 30.11.2016].

Ulrich, Peter (1998): Wofür sind Unternehmen verantwortlich?, in: Beiträge und Berichte des Instituts für Wirtschaftsethik, Nr. 80, St. Gallen 1998.

Ulrich, Peter (1991): Unternehmensethik – Führungsinstrument oder Grundlagenreflexion?; in: Steinmann, Horst/Löhr, Albert (Hrsg.) (1991): Unternehmensethik, 2., überarb. u. erw. Aufl., Stuttgart 1991, S. 189–210.

UN GC (Ed.) **(o. J.)**: Impact: Transforming business, changing the world, o. A. URL: https://www.globalcompact.de/wAssets/docs/Nachhaltigkeits-CSR-Management/i mpact-transforming_business_changing_the_world. pdf [Abrufdatum: 18.09.2017].

UN GC (Hrsg.) **(2014)**: Leitfaden für nachhaltiges Wirtschaften: Für eine nachhaltige Zukunft, Stand: 2014. URL: https://www.globalcompact.de/wAssets/docs/Nachhalti gkeits-CSR-Management/UNGC-Report-20150930-German-FINAL.pdf [Abrufdatum: 18.09.2017].

UStG (2017): Umsatzsteuergesetz in der Fassung der Bekanntmachung vom 21. Februar 2005 (BGBl. I S. 386), das zuletzt durch Artikel 11 Absatz 35 des Gesetzes vom 18. Juli 2017 (BGBl. I S. 2745) geändert worden ist. URL: https://www.gesetz e-im-internet.de/ustg_1980/UStG.pdf [Abrufdatum: 22.11.2017].

Vahs, Dietmar/Brem, Alexander (2013): Innovationsmanagement: Von der Idee zur erfolgreichen Vermarktung, 4., vollst. überarb. Aufl., Stuttgart 2012.

Van de Ven, Andrew H. (1986): Central problems in the management of innovation, in: Management Science, Vol. 32, No. 5, May 1986, pp. 590–607.

VBKI (Hrsg.) **(o. J.)**: Leitsätze ehrbarer Kaufleute: Der VBKI formuliert Normen für ethisches Wirtschaftshandeln, Stand: o. A. URL: https:// www.vbki.de/leitsaetze [Abrufdatum: 19.06.2017].

VEEK (Hrsg.) **(o. J.)**: Leitbild des Ehrbaren Kaufmanns im Verständnis der Versammlung eines Ehrbaren Kaufmanns zu Hamburg e. V., Stand: o. A. URL: https:/ /veek-hamburg.de/wp-content/uploads/2017/04/Leitbild_ VEEK_final.pdf [Abrufdatum: 19.06.2017].

Vollenbroek, Frans A. (2002): Sustainable development and the challenge of innovation, in: Journal of Cleaner Production, Vol. 10, No. 3, June 2002, pp. 215–223.

Walter, Achim (1998): Der Beziehungspromotor: Ein personaler Gestaltungsansatz für erfolgreiches Relationship Marketing, Wiesbaden 1998.

Walter, Achim (1999): Der Beziehungspromotor: Gestalter erfolgreicher Geschäftsbeziehungen – Eine theoretische und empirische Analyse, in: Marketing: Zeitschrift für Forschung und Praxis (ZFP), Vol. 21, Nr. 4, 1999, S. 267–283.

Walter, Achim/Gemünden, Hans G. (1999): Beziehungspromotoren als Förderer inter-organisationaler Austauschprozesse: Empirische Befunde, in: Hauschildt, Jürgen/Gemünden, Hans G. (Hrsg) (1999): Promotoren: Champions der Innovation, 2. Aufl. Wiesbaden 1999, S. 133–158.

WBGU (2003): Welt im Wandel: Energiewende zur Nachhaltigkeit, Hauptgutachten 2003, Berlin 2003.

WBGU (2008): Welt im Wandel: Sicherheitsrisiko Klimawandel, Hauptgutachten 2007, Berlin – Heidelberg 2008.

WBGU (2009): Welt im Wandel: Zukunftsfähige Bioenergie und nachhaltige Landnutzung. Hauptgutachten 2009, Berlin 2009.

WBGU (2011): Welt im Wandel: Gesellschaftsvertrag für eine Große Transformation, Hauptgutachten 2011, Berlin 2011.

WCED (1987): Our common future – from one earth to one world, Oxford 1987.

Werner, Micha H. (2011): Beitrag „Verantwortung", in: Düwell, Marcus/Hübenthal, Christoph/Werner, Micha H. (Hrsg.) (2011): Handbuch Ethik, 3. Aufl., Stuttgart 2011, S. 521–527.

Westermann, Udo/Merten, Thomas/Grelewitz, Ingrid u. a. (2009): Status und Tendenzen der Nachhaltigkeitsberichterstattung deutscher KMU, Ergebnisse einer Befragung 2009, Münster – Berlin 2009.

Wicher, Hans (1995): Das Promotorenkonzept – Eine Problemanalyse, in: Das Wirtschaftsstudium (WISU), 24. Jg., Nr. 10, S. 820–832.

Wieland, Josef (2002): Corporate Citizenship-Management – Eine Zukunftsaufgabe für die Unternehmen!?, in: Wieland, Josef/Conradi, Walter (Hrsg.) (2002): Corporate Citizenship – Gesellschaftliches Engagement, unter-nehmerischer Nutzen, Marburg 2002, S. 9–21.

Wieland, Josef/Schmiedeknecht, Maud (2010): Die gesellschaftliche Verantwortung im Mittelstand – Die regionale Vernetzung von CSR-Aktivitäten, in: Wieland, Josef (Hrsg.) (2010): Die Praxis gesellschaftlicher Verantwortung im Mittelstand: Regionale CSR-Strategien und Praxis der Vernetzung in KMU, Studien zur Governanceethik, Nr. 9, Marburg 2010, S. 11–26.

Wiemeyer, Joachim (2015): Tank oder Teller?; Lebensmittel als Energielieferant für Industrieländer, in: Aufderheide, Detlef/Dabrowski, Martin (Hrsg.) (2015): Markt und Verantwortung: Wirtschaftsethische und moralökonomische Perspektiven, Volkswirtschaftliche Schriften, Bd. 567, Berlin 2015, S. 209–235.

Windolph, Sarah E./Hörisch, Jacob/Harms, Dorli u. a. (2012): Mehr Partizipation wagen?: Wirkung und Potenziale einer intensiven Einbindung von Stakeholdern in Unternehmen, in: UmweltWirtschaftsForum (UWF), Vol. 21, Nr. 1–2, Sept. 2013, S. 119–126.

Winkler, Martin (2005): Klimaschutzrecht – Völker-, europa- und verfassungsrechtliche Grundlagen sowie instrumentelle Umsetzung der deutschen Klimapolitik unter besonderer Beachtung des Emissionshandels, Halle an der Saale 2005.

Winter, Georg (1987): Das umweltbewußte Unternehmen: ein Handbuch der Betriebsökologie mit 22 Check-Listen für die Praxis, München 1987.

Winter, Georg (2002): Nachhaltigkeit – eine Herausforderung für den Unternehmer, in: Zabel, Hans-Ulrich (Hrsg.) (2002): Betriebliches Umweltmanagement – nachhaltig und interdisziplinär, Schriftenreihe Initiative zum Umweltschutz, Bd. 46, Berlin 2002, S. 45–68.

Witte, Eberhard (1969): Führungsstile, in: Grochla, Erwin (Hrsg.) (1969): Handwörterbuch der Organisation, Stuttgart 1969, S. 595 ff.

Witte, Eberhard (1973): Organisation für Innovationsentscheidungen: Das Promotoren-Modell, Göttingen 1973.

Witte, Eberhard (1999): Das Gespann der Promotoren, in: Hauschildt, Jürgen/Gemünden, Hans G. (Hrsg) (1999): Promotoren: Champions der Innovation, 2. Aufl., Wiesbaden 1999, S. 9–41.

Wolf, Doris (2011): Ängste verstehen und überwinden: Wie Sie sich von Angst, Panik und Phobien befreien, Mannheim 2011.

Wolter, Hans-Jürgen/Hauser, Hans-Eduard (2001): Die Bedeutung des Eigentümerunternehmens in Deutschland – Eine Auseinandersetzung mit der qualitativen und quantitativen Definition des Mittelstands, Auszug aus: Jahrbuch zur Mittelstandsforschung 1/2001, Schriften zur Mittelstandsforschung Nr. 90, Wiesbaden, Stand: 2001. URL: http://www.ifm-bonn.org/uploads/tx_ifmstudies/90_nf_2..pdf [Abrufdatum: 05.01.2015].

Wörwag, Sebastian (1996): Entwicklung und Umsetzung von Servicestrategien in Klein- und Mittelunternehmen, Bamberg 1996.

Wossidlo, Peter R. (1993): Eintrag „Mittelständische Unternehmen", in: Wittmann, Waldemar/Kern, Werner/Köhler, Richard u. a. (Hrsg.) (1993): Handwörterbuch der Betriebswirtschaft, Teilband 2: I–Q, 5., völlig neu gestaltete Aufl., Stuttgart 1993, Sp. 2888–2898.

Wossidlo, Peter R. (1997): Probleme und Instrumente der finanziellen Führung in mittleren Unternehmungen, in: Pfohl, Hans-Christian (Hrsg.) (1997): Betriebswirtschaftslehre der Mittel- und Kleinbetriebe: Größenspezifische Probleme und Möglichkeiten zu ihrer Lösung, Bd. 44, 3. Aufl., Berlin 1997, S. 442–456.

Zabel, Hans-Ulrich (1994): Ökologiegerechte strategische Unternehmensführung – Grundlagen, Instrumente und Ablauffolgen, in: Zeitschrift für Planung, 5. Jg., Nr. 1, 1994, S. 63–80.

Zabel, Hans-Ulrich (1995): Innovationsmanagement unter besonderer Berücksichtigung ökologischer Aspekte, in: Umweltwirtschaftsforum (UWF), 3. Jg., Nr. 4, 1995, S. 9–15.

Zabel, Hans-Ulrich (1999a): Ethik im Sustainability-Kontext, in: Wagner, Gerd R. (Hrsg.) (1999): Unternehmensführung, Ethik und Umwelt, Festschrift zum 65. Geburtstag von Hartmut Kreikebaum, Wiesbaden 1999, S. 151–182.

Zabel, Hans-Ulrich (1999b): Verhaltensmodell einer ökologischen Ökono-mik, Betriebswirtschaftliche Diskussionsbeiträge der Martin-Luther-Universität Halle-Wittenberg, Wirtschaftswissenschaftliche Fakultät, Nr. 31, Halle (Saale)1999.

Zabel, Hans-Ulrich (2001): Ökologische Unternehmenspolitik im Verhaltenskontext: Verhaltensmodellierung für Sustainability, Management, Recht und Umwelt, Nr. 6, Berlin 2001.

Zabel, Hans-Ulrich (2002): Verhaltensmodellierung im Nachhaltigkeitskontext, in: Zabel, Hans-Ulrich (Hrsg.) (2002): Betriebliches Umweltmanagement – nachhaltig und interdisziplinär, Berlin 2002, S. 145–168.

Zabel, Hans-Ulrich (2003): Vor der Theoriewahl – Preanalytic Vision für ein nachhaltiges Umweltmanagement, in: Zabel, Hans-Ulrich: Theoretische Grundlagen und Ansätze einer nachhaltigen Umweltwirtschaft, Herbsttagung der Kommission Umweltwirtschaft beim Verband der Hochschullehrer für Betriebswirtschaft e.V. vom 9. bis 11. Oktober 2002 in Halle (Saale), 2003, S. 9–34.

Zabel, Hans-Ulrich (2004a): Aufgaben des Betrieblichen Nachhaltigkeitsmanagements, in: UmweltWirtschaftsForum (UWF), 12. Jg., Nr. 4, 2004, S. 70–77.

Zabel, Hans-Ulrich (2004b): Geldwirtschaft – Was passiert mit Mensch und Natur?, in: Natur und Kultur, 5. Jg., Nr. 1, 2004, S. 3–26.

Zabel, Hans-Ulrich (2005): A Model of Human Behaviour for Sustainability, in: International Journal of Social Economics, Vol. 32, No. 8, 2005, pp. 717–735.

Zabel, Hans-Ulrich (2006): Von der Nachhaltigkeitskonzeption zur Nachhaltigkeitsökonomik und zum Nachhaltigkeitsmanagement, in: Göllinger, Thomas/Seidel, Eberhard: Bausteine einer nachhaltigkeitsorientierten Betriebswirtschaftslehre, Festschrift zum 70. Geburtstag von Eberhard Seidel, 2006, S. 89–104.

Zabel, Hans-Ulrich (2007a): Egoismusannahme auf dem Prüfstand – ein Thesenpapier, Betriebswirtschaftliche Diskussionsbeiträge, Nr. 65, Halle (Saale) 2007.

Zabel, Hans-Ulrich (2007b): Umweltmanagement auf dem Weg zur Nachhaltigkeit, 10 Jahre „Betriebliches Umweltmanagement“ an der Martin-Luther-Universität Halle-Wittenberg, Betriebswirtschaftliche Diskussionsbeiträge, Nr. 62, Halle (Saale) 2007.

Zabel, Hans-Ulrich (2007c): Nachhaltigkeit mit ethischen Herausforderungen, Diskussionspapier des Lehrstuhls für Wirtschaftsethik an der Martin-Luther-Universität Halle-Wittenberg, Nr. 2007–22, Halle (Saale) 2007.

Zabel, Hans-Ulrich (2009): Technologiewahl für Kreislaufwirtschaft – Ein Kostenmodell, Betriebswirtschaftliche Diskussionsbeiträge der Martin-Luther-Universität Halle-Wittenberg Nr. 1, Halle/Saale 2009.

Zabel, Hans-Ulrich (2010a): Klimawandel – Herausforderung für Politik, Wirtschaft und Region, in: Hagemann, Harald/Hauff, Michael von: Nachhaltige Entwicklung – das neue Paradigma in der Ökonomie, Marburg 2010, S. 123–151.

Zabel, Hans-Ulrich (2010b): Klimawandel – wirtschaftliche Relevanz und Herausforderungen für das Betriebliche Nachhaltigkeitsmanagement, in: UmweltWirtschaftsForum (UWF), 18. Jg., Nr. 1, 2010, S. 21–28.

Zabel, Hans-Ulrich (2010c): Betriebliches Nachhaltigkeitsmanagement – Konzeption zur Integration von Erfolg und Verantwortung, unveröffentlicht.

Zabel, Hans-Ulrich (2011a): Nachhaltigkeitserfordernis Kreislaufwirtschaft und die Technologiewahl als ein Umsetzungsbeitrag, in: Pinter, Djordje/Schubert, Uwe (Hrsg.) (2011): Wirtschaft – Gesellschaft – Natur: Festschrift für Eberhard K. Seifert, Marburg 2011, S. 393–418.

Zabel, Hans-Ulrich (2011b): Verhaltensmodellierung für Nachhaltigkeit unter besonderer Berücksichtigung empirischer Befunde, in: Zeitschrift für Umweltpolitik & Umweltrecht (ZfU), 34. Jg., Nr. 3, Sept. 2011, S. 339–358.

Zabel, Hans-Ulrich (2011c): Nachhaltigkeitsmanagement I, Vorlesungsskript, Wintersemester 2011/2012, Martin-Luther-Universität Halle/Wittenberg, Halle/Saale 2011.

Zabel, Hans-Ulrich (2012a): Aktualität des Winter-Modells für das betriebliche Nachhaltigkeitsmanagement im Kontext des Klimawandels, in: Seidel, Eberhard (Hrsg.)

(2002): Georg Winter – Pionier der umweltbewussten Unternehmensführung, Festschrift zum 70. Geburtstag, Marburg 2012, S. 169–193.

Zabel, Hans-Ulrich (2012b): Beiträge des Betrieblichen Nachhaltigkeitsmanagements für eine Nachhaltige Energieversorgung, in: Hahn, Rüdiger/Janzen, Henrik/Matten, Dirk (Hrsg.) (2012): Die gesellschaftliche Verantwortung des Unternehmens: Hintergründe, Schwerpunkte und Zukunftsperspektiven, Festschrift für Professor Dr. Gerd Rainer Wagner, Stuttgart 2012, S. 391–424.

Zabel, Hans-Ulrich (2013a): Betriebliches Nachhaltigkeitsmanagement – Herausforderungen aus dem Klimawandel, in: Keuper, Frank/Neumann, Fritz (Hrsg.) (2013): Sustainability Management: Nachhaltige und Stakeholder-orientierte Wertsteigerung, Berlin 2013, S. 307–327.

Zabel, Hans-Ulrich (2013b): Nachhaltigkeitsmanagement, in: Hasse, Rolf/Schneider, Hermann/Weigelt, Klaus (Hrsg.): Lexikon Soziale Marktwirtschaft – Wirtschaftspolitik von A bis Z, Sankt Augustin 2013, Onlineausgabe, Stand: 2013. URL: http://www.kas.de/wf/de/71.13036/ [Abrufdatum 22.05.2017].

Zabel, Hans-Ulrich (2014): Betriebliche Nachhaltigkeitsverantwortung: Beiträge zu Erfolgssicherung und Krisenbewältigung, in: Schrader, Ulf/Muster, Viola (Hrsg.) (2014): Gesellschaftliche Verantwortung von Unternehmen: Wege zu mehr Glaubwürdigkeit und Sichtbarkeit, Weimar 2014, S. 99–121.

Zabel, Hans-Ulrich (2015a): Institutionen für eine Nachhaltige Entwicklung, Halle, Stand: o. A. URL: http://wcms.itz.uni-halle.de/download.php?down= 23482&elem= 2427679 [Abrufdatum 05.01.2015].

Zabel, Hans-Ulrich (2015b): Biokratieansatz – Lebensraumestaltung und Verhaltensperspektiven, in: Haus der Zukunft (Hrsg.) (2015): Betriebswirtschalftiche Schriften über Rechte der Natur/Biokratie, Bd. 5, Marburg 2015.

Zabel, Hans-Ulrich (2015c): Nachhaltigkeitsmanagement I, Vorlesungs-skript, Wintersemester 2015/2016, Martin-Luther-Universität Hal-le/Wittenberg, Halle/Saale 2015.

Zabel, Hans-Ulrich (2015d): Grundlagen des betrieblichen Nachhaltigkeitsmanagements, Vorlesungsskript, Sommersemester 2015, Martin-Luther-Universität Halle/Wittenberg, Halle/Saale 2015.

Zaugg, Robert J. (2006): Nachhaltiges Human Resource Management, in: Zaugg, Robert J. (Hrsg.) (2006): Handbuch Kompetenzmanagement: durch: Kompetenzen nachhaltig Werte schaffen, Festschrift für Prof. Dr. Dr. h. c. mult. Norbert Thom zum 60. Geburtstag, Bern 2006, S. 271–279.

Zeit-online (2017): Trump verkündet Ausstieg aus Pariser Klimaschutzabkommen: Der US-Präsident will den globalen Klimaschutz neu verhandeln. Deutschland, Frankreich und Italien weisen Trumps Forderung zurück, Stand: 1. Juni 2017. URL: http://www.zeit.de/politik/ausland/2017-06/usa-trump-will-pariser-klimaabkom men-aufkuendigen?print [Abrufdatum 04.08.2017].

Ziebertz, Hans-Georg (1994): Religionspädagogik als empirische Wissenschaft, Forum zur Pädagogik und Didaktik der Religion, Bd. 8, Weinheim 1994.

Zink, Klaus J. (2011): Der Wandel vom Produzenten zum Anbieter von Problemlösungen: Erfolgschancen auf globalisierten Märkten, in: Zink, Klaus J./Weingarten, Joe (Hrsg.) (2011): Produktbegleitende Dienstleistungen, Idar-Oberstein 2011, S. 14–20.

KLEINE UND MITTLERE UNTERNEHMEN

Herausgegeben von Prof. Dr. Jörn-Axel Meyer, Berlin

Band 19
Jörn-Axel Meyer
Mitarbeiterbeteiligung in KMU – State of the Art, Meinungen und Bewertung
Lohmar – Köln 2009 ♦ 124 S. ♦ € 42,- (D) ♦ ISBN 978-3-89936-815-4

Band 20
Jörn-Axel Meyer, Alexander Tirpitz und Christian Koepe
IT-Verhalten und -Defizite in KMU – Eine Analyse von Typen der IT-Nutzung und -Bedarfe in der Verlagsbranche
Lohmar – Köln 2010 ♦ 152 S. ♦ € 43,- (D) ♦ ISBN 978-3-89936-897-0

Band 21
Mario Caius Amschlinger
Internationalisierung im Mittelstand – Eine empirische Analyse kulturabhängiger Erfolgsfaktoren von Direktinvestitionen deutscher kleiner und mittlerer Unternehmen in Rumänien
Lohmar – Köln 2011 ♦ 356 S. ♦ € 64,- (D) ♦ ISBN 978-3-8441-0056-3

Band 22
Sebastian Stütz
Kleine und mittlere Industrieunternehmen in der ökonomischen Theorie
Lohmar – Köln 2011 ♦ 532 S. ♦ € 75,- (D) ♦ ISBN 978-3-8441-0065-5

Band 23
Jörn-Axel Meyer
Berliner Forschungsbeiträge zu kleinen und mittleren Unternehmen – Ausgewählte Beiträge
Lohmar – Köln 2013 ♦ 236 S. ♦ € 56,- (D) ♦ ISBN 978-3-8441-0250-5

Band 24
Barbara Castrellon Gutierrez
Die Nachhaltigkeitsorientierung von kleinen und mittleren Unternehmen (KMU) – Der Unternehmer als Universalpromoter
Siegburg 2018 ♦ 408 S. ♦ € 76,- (D) ♦ ISBN 978-3-8441-0572-8

JOSEF EUL VERLAG